中国草莓第一县

——东港市草莓产业发展史

1924 1947 1983 2019

孙承颜
李　柱　主编
谷　军

中国农业科学技术出版社

图书在版编目（CIP）数据

中国草莓第一县：东港市草莓产业发展史 / 孙承颜，李柱，谷军主编 . -- 北京：中国农业科学技术出版社，2021.6
ISBN 978-7-5116-5354-3

Ⅰ . ①中… Ⅱ . ①孙… ②李… ③谷… Ⅲ . ①草莓－作物经济－经济发展－经济史－东港 Ⅳ . ① F326.13

中国版本图书馆 CIP 数据核字（2021）第 108135 号

责任编辑 周丽丽
责任校对 李向荣
责任印制 姜义伟 王思文

出 版 者 中国农业科学技术出版社
北京市中关村南大街 12 号 邮编：100081
电 话 （010）82109194（编辑室）（010）82109702（发行部）
（010）82109709（读者服务部）
传 真 （010）82109194
网 址 http://www.castp.cn
发 行 各地新华书店
印 刷 者 北京地大彩印有限公司
开 本 170 mm × 240 mm 1/16
印 张 29 彩插 72 面
字 数 460 千字
版 次 2021 年 6 月第 1 版 2021 年 6 月第 1 次印刷
定 价 128.00 元

《中国草莓第一县——东港市草莓产业发展史》编写人员

名誉主编	张田广
主　　编	孙承颜　李　柱　谷　军
副 主 编	衣晓伟　蒋爱丽　邢春炜　谭云龙
参　　编	刁玉峰　谷旭琳　纪宏宇　王洪军　孙凤友
	丛　庆　郭怡汝　王承刚　谷海月　姜　宏
	吴裕琪　赵　双　于建军　钟传飞　李　逊
	郭长胜
执　　笔	谷　军

序

喜闻《中国草莓第一县——东港市草莓产业发展史》一书即将出版，我非常乐于为此书作序。作为中国最早从事草莓科研和生产推广的一名科技人员，又一直在辽宁工作，我见证了东港草莓从小到大、从弱到强的成长过程，我深为东港草莓产业的发展感到欣慰和自豪，同时由衷地祝福东港草莓产业有更大的发展。

我来东港市指导草莓生产的时候，这里还叫东沟县。20 世纪 50—70 年代，这里草莓的栽培面积很少，几乎全部是露地栽培，品种多以果形或地名命名，如‘鸡心’‘丹东大鸡冠’等。后来，我引入了‘戈雷拉’品种，这个品种在东沟县 20 世纪 80 年代到 90 年代初期一度成为主栽品种。再后来，我们筛选的美国品种‘哈尼’，在东港市进行推广，直到现在，这个品种还是辽宁省的主栽品种之一，广泛用于加工出口生产。20 世纪 90 年代开始，日光温室、塑料大棚等设施草莓在东港市如雨后春笋般发展起来，栽培面积迅速扩大，经济效益大大提高，很多农民因此致富，草莓生产成了东港的重要支柱产业。东港草莓因其栽培历史之久、面积之大、技术水平之高、经济效益之好，使东港成为“中国草莓第一县”。蓬勃发展的东港草莓已经成为东港市一张亮丽的名片，“东港草莓”已成为全国最具影响力的草莓品牌，闻名全国。

现在，我欣喜地看到，当地的草莓品种和栽培技术有了更进一步的提高，设施条件也有很大的改善，当地政府和科技人员正在引导农民将草莓产业由大做强，特别是东港市分别于 2011 年、2016 年成功举办了第六届、第十二届中国草莓文化节，大大推动了当地草莓产业的发展。我相信东港的草莓产业将会越来越强、越来越好。

该书系统介绍了东港草莓的栽培历史、栽培品种、栽培技术、栽培模式、栽培设施及销售方式的变迁，并对东港草莓产业进行了现状分析和未来展望。这本书提供了的很多珍贵资料，是对东港草莓栽培历史的阶段性总结，同时也包含有很多先进的栽培技术，对东港本地和其他地区发展草莓产业有很好的借鉴和指导意义，是一本很好的参考书。

邓明琴

沈阳农业大学　教授

2021 年 3 月 18 日

前 言

辽宁省东港市是中国最早引进并持续发展的草莓占地比例较高的主产区之一，自 1924 年引种，历时近百年。截至 2019 年，东港市草莓面积 14.8 万亩，总产量 37 万 t，鲜果产值 47 亿元。草莓科研、育苗、加工、出口、保鲜、营销以及相关农资设备生产企业 1 000 余家，草莓产供销产业链渐趋丰满扎实，劳动就业人数近 10 万人，全市草莓产业带动经济年创收逾 70 亿元。东港市草莓产业是当地农村经济支柱产业之一，东港市是享誉国内外的“中国草莓第一县”。

在东港草莓栽培历史即将迎来 100 周年之际，根据市政府安排，收集、整理和编撰本书。本书资料来源于史志载录、社会走访、笔者工作经历和相关单位档案与征集，力求史料真实，内容周全，避免臆测偏颇。各章节内容多以年代先后罗列叙述，嵌入科技资料选录，附有照片例证。

由于笔者愚钝笔拙，此书难免有纰漏和瑕疵之处，并有老旧照片清晰度不高等难以解决的问题，恳请读者批评指正！

谨对提供资料、支持编撰本书的相关单位、朋友敬谢。

编者

2021 年 3 月 20 日

目　录

东港市草莓产业发展大事记

1924 年

是年　椅圈镇夏家村李万春从安东三育中学（安东园艺学校）引进草莓栽植。

1930—1938 年

其间　前阳镇石桥村郑氏兄弟再次引进草莓栽植。

1945 年

是年　引进‘大鸡冠’等草莓品种。全县草莓种植 20 余亩。

1982 年

是年　东沟县示范农场承担市县农业部门草莓新品种‘戈雷拉’示范开发任务，种植 5 亩，之后全县草莓向商品化、规模化发展。

1985 年

是年　东沟县农业局召开草莓生产典型经验培训班，组织学习“草莓大王范洪昌”先进技术，在全县大力宣传推广草莓生产。

1986 年

是年　东沟县果树公司组建东沟县草莓汁加工厂。

1991 年

是年　东沟县科学技术委员会成立东沟县前阳草莓试验站。

1992 年

是年　县政府撤销前阳草莓试验站，成立东沟县草莓研究所，负责全县草莓科学研究、技术推广和产业服务。

1993 年

是年　东港市草莓研究所组建全国第一家面向生产的草莓种苗组培工厂。

1995 年

是年　辽宁省引智成果推广现场会在东港市草莓研究所召开。

1996 年

是年　东港市草莓研究所所长谷军应邀赴日本考察，为中国首先引进‘章姬’品种。

1997 年

6 月上中旬　农业部优质果品检测中心组织邓明琴等全国果业专家对东港市优质草莓生产基地检查验收。

7 月 8 日　农业部授予东港市“农业部优质果品（草莓）生产基地”称号，并举行揭匾仪式，农业部顾问汪景彦研究员、国际优质果品质检中心杨克钦副主任、中心办公室马志勇主任、中国农业科学院兴城果树研究所所长窦连登研究员、辽宁省农业厅吴宝福研究员，丹东市、东港市级领导和乡镇、相关部门负责人及媒体记者莅临仪式。

是年　成立丹东草莓专业技术研究会，挂靠东港市草莓研究所。

1999 年

9 月 18—25 日，世界著名草莓专家日本斋藤明彦与夫人应东港市草莓研究所邀请来东港市技术交流。通过先前引智渠道沟通和鉴于科技成果转化为全人类共享生产力之共识，19 日专家赠予东港市草莓研究所‘红颜’等新品种草莓苗，其中‘红颜’音译‘贝尼’，引种编号 99–03，由东港市草莓研究所首次引入中国。

2000 年

10 月 18 日　辽宁省省长、副省长以及省农业厅、财政厅、科技厅等省直部门领导与丹东市委市政府主要领导及市直部门领导考察东港草莓产业与东港市草莓研究所。

10 月 26 日　草莓科研中心大楼落成。草莓科研中心暨草莓研究所占地面积 4 500m^2、建筑面积 3 200m^2。内设种苗脱毒组培工厂、化验室、种苗气调库、培训室等。

是日　东港市草莓产业化龙头项目启动。市政府领导主持启动仪式，中国农业科学院，辽宁省农业厅、财政厅、科技厅、外国专家局、东北师范大学，丹东市农业局、财政局、科技局、丹东市科学技术协会、丹东农业科学院等领导或专家莅临祝贺。各乡镇政府主要领导、农科站科技人员以及东港市委市政府多部门领导参加仪式，东港市副市长宋悦景主持，东港市市长孙忠彦致辞，东港市草莓研究所所长谷军做项目简介，中国农业科学院兴城果树研究所窦连登所长、辽宁省农业厅陈国华处长、丹东市农业局刘洪旗副局长等领导讲话。

2001年

5月1日　全国政协第九届常委、中共辽宁省委书记、省人大常委会主任全树仁，在丹东市委书记蔡哲夫等陪同下调研、考察东港草莓生产及东港市草莓研究所。

6月20日　辽宁省委书记闻世震、常务副省长郭廷标及省直部门领导、丹东市、东港市领导视察、调研东港草莓产业与东港市草莓研究所。

是年　东港市草莓研究所被省外专局命名为辽宁省引智成果示范推广基地。

2002年

3月20日　草莓新品种‘章姬’引试项目通过丹东市科技局组织专家验收。

是月　丹东草莓专业技术研究会召开理事会议，调整研究会领导成员，吸收发展新会员，会员总数达到300多人。其中高、中级农艺师22名，聘请日本斋藤明彦、荷兰洛兰兹、沈阳农业大学邓明琴等7名国内外草莓专家任技术顾问。

7月22日　东港市草莓研究所承担国家星火计划“丹东草莓产业化开发”项目任务。

2003年

7月7日　东港市草莓协会成立大会在东港市草莓研究所召开。部分乡镇领导和各乡镇农科站、农民示范户、加工企业、草莓经纪人等120余人参加大会。市政府于国平市长、尤泽军副市长、丹东市科协，东港市农业、科协、科技、财政、人事、外经贸等部门领导以及丹东、东港多家媒体与会。从事草莓生产、加工、商贸、科学研究、技术推广、运销等相关企事业单位和关心支持草莓事业的人士103人与会登记为会员，会议选出首届理事会，选举谷军任会长。

8月20—21日　省引智成果培训班召开，培训各地区（含省外）农民、科技人员120人。

2004年

3月　宣传东港草莓的“红彤彤的草莓，红火火的日子”专题节目在中央电视台展播。

4月26日　在丹东宾馆召开的“辽宁省外国专家荣誉奖颁奖会”上，东港市政府经济技术顾问、日本专家斋藤明彦被授予辽宁省政府友谊奖。

6月5日　市政府召开紧急工作会议，部署露地草莓销售不畅应对措施。市长王立威做工作部署，要求与会的农业、外经贸、乡镇、银行、交通、公安和加工企业尽全力促使露地草莓畅销提价，保证农民收入增加。会后，全市采取交通绿色通道、银行资金扶持、公安保驾护航、财政专项资金支持、媒体集中宣传等措施，解决了露地草莓销售难的问题。

7月9日　市委市政府召开东港市露地草莓销售工作表彰大会，市委、市政府、市人大、市政协领导，各乡镇农场办事处党委书记、分管农业领导、建工企业、县级电信、协会会员代表等200余参加会议，尤泽军副市长工作总结，先进典型发言，王立威市长讲话。

7月24日　中国农业科学院在东港市草莓研究所组织召开土壤消毒技术现场演示会，丹东地区100户（经筛选）农民、各乡镇农服中心技术员和市农办、农业、科技、科协、媒体等150人参加会议。

8月8日　东港市草莓协会工作会议暨第二次代表大会在东港市草莓研究所五楼会议室召开。东港市政府领导及市农发局、科技局、计划委员会、民政局等部门的领导以及草莓协会会员100多人出席会议。会议总结了协会工作，修改了协会章程。协会与铁岭北绿公司签订露地草莓销售合同。

11月7日　“东港草莓”证明商标由东港市草莓研究所注册，国家商标局颁布使用继“盘锦大米”后辽宁省第二个证明商标。“东港草莓”证明商标标识图案由东港市草莓研究所谷军设计。“东港草莓”证明商标标识图案以双椭圆圈内中英文字组成，双椭圆圈意示东港草莓地域范围特征、中英文字适应内外贸市场使用。文字红色意示草莓艳红亮丽，中心黄底色意示金色丰收，外环绿色意示草莓植株鲜绿旺健。

11月　东港市草莓研究所被国家外专局授予国家引进国外智力成果示范推广基地。

2005年

1月10日　红实美草莓新品种选育审定命名及成果鉴定会召开。

辽宁省种子管理局与丹东市科委（省科委委托）主持，专家组成员杜建一、张运涛、雷家军、佟海恩、张红、魏永祥、曲凤金，丹东市和东港市农业、科技、外专局、种子管理部门领导参加，东港市市长王立威、副市长尤泽军、王疏等与会。会议通过红实美品种命名，通过省级科技成果鉴定。专家组一致认为，该品种的育成填补了我国自育高产优质抗病温室草莓品种的空白，有望成为日光温室草莓更新换代优良新品种，推广潜力巨大。该成果水平达到国际先进水平。

4 月 16—19 日和 7 月 18—22 日　东港市草莓研究所先后完成两期国家外专局下达的引智成果草莓栽培技术培训班任务。通过外国专家和国内专家对来自辽宁、吉林、黑龙江、山东、江苏、河南、上海、新疆等地的 200 多名学员的生产基地观摩、授课培训，将草莓新技术推向全国。

5 月 18 日　东港市草莓协会承担国家星火计划项目——“辽宁省东港市草莓科技服务建设”任务。

6 月 30 日　国家科委星火司李增来处长在辽宁省科技厅、丹东市政府领导陪同下视察东港草莓协会工作。

6 月　由谷军、雷家军、张大鹏主编，东港市草莓研究所科技人员参编的 13 万字《草莓栽培实用技术》一书由辽宁大学出版社出版发行。

7 月 20 日　东港市草莓研究所获国家级引智基地称号，辽宁省外专局冯永刚副局长授匾。

10 月 16 日至 11 月 7 日　以东港市草莓研究所所长谷军为团长，一行 5 人执行国家外专局“草莓产业化技术”培训任务，赴西班牙草莓专业技术培训。其间在西班牙欧洲种子公司和专家哈维尔·凯诺·柏希帮助下，参观学习西班牙草莓生产、育苗、加工、包装、营销等先进技术，受益匪浅。

2006 年

2 月 20 日　东港市获辽宁省无公害草莓生产基地认证。

3 月 16 日　举办东港市草莓引智成果技术培训班。此培训班由省外专局、科协协办，共有 300 人参加。

8 月 2 日至 9 月 15 日　东港市草莓研究所所长谷军为丹东市新农村建设重点乡、村领导举办 6 期草莓优质栽培技术培训班，累计培训

700人。

8月19—21日　获“辽宁省外国专家荣誉奖”的西班牙专家哈维尔·凯诺·柏希先生，在东港讲学，传授无公害草莓生产技术。

8月20日　东港草莓获农业部无公害草莓产品认证。

2007年

1月　根据东港市政府指示，草莓协会将5个草莓品种鲜果送到北京，参加全国首届草莓文化节优质果评选。在全国近百个草莓品种样品中，东港市有2个品种获一等奖、2个品种获二等奖，其中两个品种同时获“中华名果”称号。

2008年

9月8日　国家科协部门负责人，辽宁省、丹东市科协等领导同志，在东港市委常委、纪委书记白景石等领导陪同下，到东港市草莓研究所暨丹东草莓专业技术研究会、东港市草莓协会考察调研。

是年　东港市草莓研究所与上海技术交易所签订“上海技术交易所东港市草莓研究所共建技术合作能力点”协议，成为国家级技术转移合作能力点单位。

2010年

3月　由谷军、雷家军、张大鹏主编，东港市草莓研究所科技人员参编的11万字《有机草莓栽培实用技术》一书由金盾出版社出版发行。

2011年

4月　由中国园艺学会草莓分会、辽宁省农村经济委员会、丹东市委、市政府主办，东港市政府承办的“中国第六届（丹东·东港）草莓文化节”召开，200余名国内外草莓产业知名专家与会。与会嘉宾参观了草莓文化节展馆并到东港市草莓研究所、广天食品有限公司、草莓生产基地等实地考察。其间，举办两次学术峰会。峰会形成《共同支持、共同参与北京世界草莓大会倡议书》和《中国草莓东港宣言》。经东港市政府申请，中国园艺学会草莓分会常务理事会全体通过授予东港市“中国草莓第一县”荣誉称号。草莓文化节开幕式上，先后举行“辽宁草莓美食之都”“中国草莓第一县（市）”和全省“一县一业”示范县授匾仪式；授予谷军、夏广俊、马廷东、徐守明、毕瑞阳、吕明堂、潘英7人分别为东港市草莓科技、温室生产、早春大棚生产、露地生产、加工、出口和鲜果销售状元。中国草莓顶级专家、沈农大教授邓明琴，中央候补委员、全国人大代表、中国农业科学院院长翟虎渠，农业部党组成员、农业部总经济师杨绍品，中国农业大学副校长韩惠鹏，辽宁省副省长赵化明以及辽宁省、丹东市政府相关部门、东港市委、政府、人大、政协领导莅临文化节，近十万人民群众参加文化节开幕式［《共同支持、共同参与北京世界草莓大会倡议书》《中国草莓东港宣言》《中国第六届（丹东·东港）草莓文化节"评选结果》见附录］。

11 月 21 日　东港市委、市政府召开草莓产业工作调研会，市委、市政府领导，市发改委、宣传部、财政局、人事局、农经局、工商局、科技局、外经贸局、马家店镇党委等主要领导与会。会议考察东港市草莓研究所、实地选定辽宁草莓科学技术研究院建设地址，考察马家店镇双山西村和珠山村草莓园区。谷军汇报东港草莓产业与科技工作情况及建设辽宁草莓科学技术研究院规划。会议中各相关部门领导逐一表态落实草莓科技建设项目立项、研究院规格及名称报批、编制增加、财政扶持、国家级草莓出口基地申报、东港草莓品牌宣传等事宜。

2012 年

7 月 6 日　辽宁省科技厅对东港市草莓研究所研发的"硫黄熏蒸防治草莓白粉病技术研究"项目进行科技成果鉴定。鉴定委员会听取项目报告，审查有关资料，并进行现场考察。专家鉴定意见："达到国内领先水平"。

是日　辽宁省科技厅对东港市草莓研究所研发的"草莓新品种'红颜'引进及配套优质高产栽培技术研究 "项目进行科技成果鉴定。鉴定委员会听取项目报告，审查有关资料，并进行现场考察。专家鉴定意见："达到国内领先水平"。

11 月　经辽宁省科技厅批准，东港市草莓研究所更名为辽宁草莓科学技术研究院（以下简称草莓研究院）。新址位于东港市长山镇孟家村。

2013 年

12 月 9 日　草莓研究院正式落成，辽宁·东港草莓院士专家工作站、中国园艺学会草莓分会草莓新品种培育中心同日揭牌。辽宁草莓科学技术研究院是以草莓新品种培育、新技术推广、脱毒种苗生产及草莓保鲜包装技术研发为主的综合性草莓专业研发机构，承担着草莓科学研究、技术推广培训与服务指导工作任务，是东港市草莓产业发展的技术依托单位，占地面积3.8hm^2，主要包括科研办公楼、院士专家工作站、种苗脱毒组培工厂、种苗气调库、种苗驯化室、种质资源圃、科研示范基地、原种示范场等。固定资产2 000万元。

2015年

是年　草莓研究院历经7年选育成‘丹莓1号’‘丹莓2号’草莓新品种通过省品种备案登记。

是年　由谷军、王丽文、雷家军主编，相关科技人员参编的18万字的新型职业农民培训系列教材《新编草莓栽培实用技术》一书，由中国农业科学技术出版社出版发行。

2016年

12月27—28日　由中国园艺学会草莓分会主办，辽宁省东港市人民政府承办的第十二届中国（辽宁·东港）草莓文化节召开。在草莓文化节上，东港市人民政府与京东集团达成战略合作协议，确定在地理标志产品电商上行、农村电商产业发展、电商人才培训、互联网金融等领域进行合作。

2017年

1月　由王秋霞、曹坳程、谷军主编的农药减量控害实战丛书《土壤熏蒸与草莓高产栽培彩色图说》一书，由中国农业出版社出版发行。

8月7—9日　中国园艺学会草莓分会“草莓短日夜冷处理促早熟栽培技术现场观摩会”在东港市举行。草莓分会常务理事、国内草莓行业专家学者以及草莓育苗企业代表、科研人员等50余人，莅临东港参会观摩。专家一行先后到前阳镇百阳草莓专业合作社、十字街镇圣野浆果合作社、龙王庙镇政源苗业有限公司，现场观摩草莓短日夜冷处理的种苗分级、装钵、遮阳、预冷等各个环节操作方法，听取相关负责人对草莓短日夜冷处理技术及定植后管理要点的介绍及解惑答疑。

是月　由草莓研究院牵头主持的“丹东红颜草莓低温预冷促早栽培技术”项目，获丹东市科学技术进步奖二等奖。

12月10—14日　由东港市政府副市长袁家锐带队，组织科技人员、草莓种植大户、专业合作社代表及育苗企业代表等一行10人，赴日本考察草莓产业。

2018 年

4 月 9 日下午　丹东市市长孙志浩、副市长刘国栋一行到辽宁草莓科学技术研究院调研现代农业产业园建设工作，东港市委书记姜乃东、人大常委会副主任刘作仁、副市长姜春国及相关单位负责人陪同调研。

6 月 6 日　辽宁省副省长郝春荣在省农委副主任于衡陪同下，到辽宁草莓科学技术研究院调研现代农业产业园建设工作，丹东市政府市长孙志浩、副市长刘国栋以及东港市领导姜乃东、刘作仁、姜春国等陪同调研。

2019 年

12 月 6 日　东港市草莓协会从草莓研究院分离，召开第二届代表大会，修改协会章程，选举新一届理事会成员。

12 月 27—28 日　由东港市委、市政府联合中国民族贸易促进会、中国园艺学会草莓分会共同举办的 2019 首届“东港草莓”文化节。中国园艺学会草莓分会、中国民族贸易促进会、辽宁省农业农村厅、省农业产业化协会相关领导，丹东市副市长刘国栋，东港市委书记姜乃东、市人大常委会主任姜永涛、市长刘洋、市政协副主席陈福利、副市长张美华、冯刚、郑毅等莅临开幕式。开幕式上，中国园艺学会草莓分会理事长张运涛、中国民族贸易促进会常务副会长张福阳、辽宁省农业农村厅副厅长李德海和东港市委副书记、市长刘洋分别致辞。刘洋在致辞中表示，“小草莓”能书“大文章”，“小草莓”能载“大梦想”，举办东港草莓文化节，就是希望以草莓为媒，以节庆会友，邀请各界朋友品尝东港味道、倾听东港故事、共谋东港发展。东港将与各界有识之士一道，以建设国家现代农业产业园为契机，坚持“品牌化”发展道路，进一步完善农业技术支撑体系、农产品质量安全追溯体系和电商平台销售体系，打造全产业链现代农业产业示范区，不断朝着“百年产业、百亿产值”目标迈进。

第一章

绪　论

草莓果实鲜嫩多汁、郁香酸甜、风味独特，含糖5%~12%，酸0.6%~1.6%，蛋白质0.4%~0.6%，还含有维生素B、维生素C和Fe、Ca、P等多种营养成分，老幼皆宜。草莓在药理上性味平、酸、甘，功效清肺化痰、补虚补血、健胃降脂、润肠通便。食用草莓能促进人体细胞的形成，维持牙齿、骨骼、血管、肌肉的正常功能和促进伤口愈合，能促使抗体的形成，增强人体抵抗力，并且具有解毒作用。草莓中含有抗癌的异蛋白物质，能阻止致癌物质亚硝胺的合成。草莓含有多种有机酸、果酸和果胶类物质，能加快食物中脂肪的分解，促进食欲，帮助消化，促进消化液分泌和胃肠蠕动，促使排出多余的胆固醇和有害重金属。食用草莓对冠心病、高血压、高血脂、动脉硬化、便秘、贫血、气虚、消化不良、暑热烦渴、糖尿病、小便频数、遗尿等多种病症都有治疗保健作用。

草莓在果品生产中占有重要地位，是当今世界十大水果之一。草莓可食部分占98%，色泽艳丽，酸甜适口，是深受人们欢迎的时令水果，被誉为“水果皇后”。草莓除可鲜食外，还可以加工成草莓酱、罐头、汁、酒、蜜饯、脯、干、粉、粒粒莓等多种食品，满足不同市场、不同人群的需求，是人们生活中日益青睐的保健营养佳品，更是孕妇和老年人不可多得的保健食品。

在世界小浆果生产中，草莓产量与面积一直居于首位。果实成熟早，是露地栽培最早上市的水果。鲜果在春末夏初时成熟，享有“早春第一果”的美誉。草莓同其他果树比较，很适宜保护地设施栽培，通过促成、半促成或抑制栽培，可使草莓基本上做到周年供应。草莓病虫害相对其他果树较轻，很容易栽培或生产无公害果品。其种苗繁殖系数大，栽培周期短，秋季定植当年或翌春即可结果受益。草莓栽培形式灵活，既可大面积露地种植，又可温室促成栽培、早春大拱棚半促成栽培，还可间套轮作或立体、高架、无土栽培，也能在庭院、楼房阳台、花盆等进行栽培，兼有经济、营养、观赏、美化环境的作用。

一方水土养一方人，一个产业致富万千百姓。农村经济体制变革后，党的富民政策激活了丹东草莓发展势头。优越的生态条件与农民传统种植积极性相结合，草莓产业迅猛发展，很快成为当地名特优传统种植业，多年来一直是农村经济的支柱产业之一。

东港市目前有 11 万户农民种植草莓，占农户总量 60%，农业人口人均草莓收入近 900 元，草莓总产值占全市农林牧渔总产值 16%，草莓产业是本地区农村经济重要支柱产业。草莓产业的发展还关联和带动社会各行业的并行发展，其中经贸、果品加工、包装、冷藏、运输、餐饮服务等行业随草莓产业的拉动而呈现良好的发展态势。

种植草莓脱贫致富的农民典型不胜枚举，孤山镇兴隆村孔繁学、北井子镇范家山村邹元发、椅圈镇庙后村宋典仕、长安镇广老村赵志文、龙王庙镇荒地村曲文忠、前阳镇前阳村燕文军、菩萨庙镇上川村张洪军、小甸子镇三道林村宋兴华、黄土坎镇爱民村高福祥、合隆镇东果林村王涛……草莓的媚人之处，不仅仅在于她的靓丽和美味，更在于她济贫富民的不朽功绩！

截至 2003 年春天，全市草莓生产面积 9 万亩（15 亩 =1hm^2；1 亩 ≈667m^2；全书同），产量 18 万 t，产值 4 亿元，出口 1.2 万 t，创汇 1 100 万美元，面积、产量、出口量分别约占全国 8%、12%、30%。全市 11 万户农民从事草莓生产，上百家工贸企业从事草莓贸易和加工。

截至 2005 年春天，草莓生产面积 11 万亩，产量 18 万 t，产值 5 亿元，出口 1.5 万 t，创汇 1 000 万美元。全市 11 万户农民从事草莓生产，上百家工贸企业从事草莓贸易和加工，草莓生产已经成为东港市农村经济支柱产业之一。

2006，全市草莓生产面积 11 万亩，产量 18 万 t，分别占全国 8.3%、21%，草莓总产值 6 亿元。总产量的 80% 鲜果上市，市场主要在我国东北地区各大中城市，上市时间为10月至翌年6月。总产量的20%左右用于加工制品，其中年出口单冻、罐头、浓缩汁等2万t，占全国出口量30%~40%，占世界出口量2%左右，年创汇1 000万~1 500万美元。

2007年春天，全市草莓生产面积11万亩（占全国9%），产量18万t（占全国18%），产值7亿元，加工出口3.2万t，创汇1 500万美元。全市9万户农民从事草莓生产，上百家工贸企业和2 000多经纪人队伍从事草莓贸易和加工，草莓生产已经成为东港市农村经济六大支柱产业之一。

2009年，全市草莓生产面积12万亩，总产量22万t，分别占全国（190万亩、180万t）6.5%、12%。总产值8.4亿元，占全市农业总产值24%，是农村经济重要支柱产业，具有地域经济和特色产业的双重特点。全市有近7万户10余万农民种植草莓，2 000多经济人和近百家企业从事草莓生产、加工、商贸，全市呈现“草莓一业兴，牵动百业旺”的利好局面。

2010年，全市草莓生产面积15万亩，产量25万t，分别占全国8%、13.5%，草莓总产值11亿元。总产量的80%鲜果上市，市场主要在我国东北地区各大中城市，上市时间为10月至翌年6月。总产量20%左右用于加工制品。草莓产业是本地区农村经济重要支柱产业，草莓产业的发展还关联和牵动社会各行业的并行发展，其中经贸、果品加工、包装、冷藏、运输、餐饮服务等行业随草莓产业的拉动而呈现良好的发展态势。

2011年，全市草莓生产面积15万亩、产量30万t、产值18亿元。面积、产量分别占全国8%、15%，占全省的60%、75%。草莓产值占农业种植业总产值的36%，全市农业人口人均草莓收入4 500元。草莓产业是东港市农村经济支柱产业，也是市委、市政府“十二五”规划重点拉长发展产业。

2019年，东港草莓面积达到14.8万亩、产量23万t，鲜果产值达46.8亿元。全市拥有草莓专业合作社324家，家庭农场49家，全产业链配套企业50余家，行业从业人员10万余人。年出口草莓制品近4万t，出口创汇达3 500万美元，全产业链产值逾70亿元。“东港草莓”

品牌价值现已达 77.5 亿元。东港先后被确定为国家级出口草莓质量安全示范区和辽宁省草莓产业知名品牌示范区，成为全国最大的草莓生产和出口基地。

第二章

东港市草莓生态环境

东港市历史悠久，1982年，对前阳镇山城山“前阳人”古洞穴遗址的发掘，证明早在1.8万年前的旧石器晚期就有人类在此劳动生息。

一、历史沿革

东港市（原安东县）境，唐尧时为青州，虞舜时属营州，战国时属燕国辽东郡，西汉时属西安平县和武次县，唐时归安东都护府，辽初隶东平郡，金为婆速路，元时属婆娑府路，明时为宣城卫既镇江堡地。

清天命六年（1621年）属后金势力范围，清乾隆三十七年（1772年）为岫岩厅辖。清光绪二年（1876年），清廷析大东沟以东至爱河地设置安东县，隶属奉天府凤凰直隶厅。光绪三十二年（1906年）安东县归奉天省东边兵备道辖。宣统元年（1909年）东边道改名兴凤道，又属兴凤兵备道辖。

民国十八年（1929年），奉天省改属辽宁省辖。民国二十一年（1932年）2月，辽宁省复改奉天省，安东县属奉天省辖。民国二十三年（1934年）10月属安东省。民国二十六年（1937年）12月，设立安东市，从安东县中析出。

1949年4月，安东县属辽东省。1954年8月属辽宁省。1959年1月安东县隶属辽宁省安东市。1965年1月20日，安东市更名为丹东市，安东县更名为东沟县。1993年6月18日，撤销东沟县建立东港市。归丹东市辖至今。

二、地理位置

东港市地理坐标东经 123° 22′ 30″至 124° 22′ 30″，北纬 39° 45′至 40° 15′。境内江岸线（边境线）23.85km，海岸线 93.5km。位于辽宁省东南部，地处丹东市西南部；南临黄海，北、西北接凤城市、岫岩满族自治县；西与庄河市毗邻；东北和丹东市振安区相连；东隔鸭绿江同朝鲜平安北道龙川郡相望。拥有沿海、沿江、沿边地理优势，是中国海岸线上最北端的县级市。

三、人文市情

东港市陆域面积 2 445km^2，海域面积 3 500km^2，辖 3 个街道、14 个镇、1 个民族乡、5 个农场。全市总户数 195 460 户，总人口 60 万人，由汉、满、蒙古、锡伯、朝鲜、回、藏、维吾尔、苗、俄罗斯、壮、瑶、土家、黎、傈僳、畲、柯尔克孜、土、达斡尔、布依、鄂温克、鄂伦春等 24 个民族构成。

东港市地处辽东半岛东部，是辽宁沿海经济带东端起点，全国唯一的沿江、沿海、沿边县级城市，是东北东部最便捷的出海大通道和区域物流中心和黄渤海经济圈交汇点、东北亚经济圈核心地带，是连接中、韩、朝 3 国的交通枢纽和欧亚大通道的必经之地，享有“东北亚经济圈金瓶口”之美誉。境内交通基础设施完备，201 国道、丹大高速、丹大快铁、滨海公路等横贯全境；民航丹东机场和新建的鸭绿江大桥距城区不足 20km；紧邻城区的丹东港，是中国海岸线最北端的天然不冻良港，年吞吐能力超亿吨，已与 70 多个国家和地区的 80 多个港口开通了海运航线；大鹿岛、大台子两个国家级贸易口岸是发展对朝转口过境贸易的重要“桥头堡”。

四、地形地貌

东港市地貌类型多样，地势北高南低，呈阶梯状分布。北部低山丘陵，中部低丘坡岗，南部为退海平原，沿海系潮间带滩涂。北部低山丘陵重叠，面积 670km^2，山脉呈东西走向。中部低丘坡岗起伏，面积 520km^2，低丘是南北走向。南部黄海之滨是大片的退海平原，地势平坦，土质肥沃，排渠系成套，是东港市粮食、国家优质米基地。93.5km 长的海岸线近岸滩涂土质深厚、底栖生物丰富，现已成为东港市港湾养殖和滩涂养殖的基地。

五、气候

东港市属北温带湿润地区大陆性季风气候。受黄海影响，具有海洋性气候特点。冬无严寒，夏无酷暑，四季分明，雨热同季。正常年份年平均气温 8.4℃，无霜期 182d，结冻期 147d，降水量 888mm，日照时数 2 484.3h，≥ 10℃活动积温 3 000~3 300℃，相对湿度 60%~80%。

丹东地区东地区四季分明，且又冬无严寒夏无酷暑，雨量充沛，日照充足，微酸性棕壤土和半湿润四季分明的气候条件非常有利于草莓生长发育、繁殖和花芽分化。

六、草莓物候期

东港市草莓主要栽培形式为露地、早春大拱棚（半促成）和日光温室（促成）栽培 3 种形式。栽植适宜时间露地为 7 月末至 8 月初；早春大拱棚 8 月中旬；日光温室 9 月初。草莓是多年生草本植物，除四季性品种外，在东港市自然条件下露地栽植的草莓生长发育可以分以下 6 个时期。

（一）萌芽和开始生长期

当早春 10cm 土层的温度稳定在 1~2℃时，草莓根系即开始活动，根系生长比地上部早 7~10d。开始生长时，是以上一年秋季长出的未老化的根继续延长生长为主，以后随土温升高，才有新根的发生。地上部越冬的叶片首先开始进行光合作用，随后新叶陆续出现，老叶相继枯死。不同地区开始生长期的早晚不同，东港地区为 3 月下旬。

（二）现蕾期

地上部生长 1 个月后出现花蕾，当新茎长出 3 片叶，而第 4 片叶尚未伸出时，花序就在第 4 片叶的托叶鞘内露出，随后花序逐渐伸长，直至整个花序伸出。此时随着气温升高和新叶相继发生，叶片光合作用加强，根系生长达到第 1 个高峰。

（三）开花结果期

从现蕾到第1朵花开放需15d左右。露地草莓的开花期在东港为4月末至5月上中旬，花期持续时间约为20d。在同一个花序上，有时第1级序的果已经成熟，而最末的花还在开。因此，草莓的开花期与结果期很难截然分开，此物候期也有少量匍匐茎的发生。从开花到果实成熟大体上需1个月，由于花期长，果实成熟期也相应较长，约20d。果实成熟期东港地区为5月末至6月下旬。

（四）旺盛生长期

浆果采收后，在长日照和高温的条件下，首先腋芽开始大量抽生匍匐茎，随后腋芽又分化出新茎，新茎基部相继生长出新的根系。匍匐茎和新茎的大量产生，发根后形成新的植株，为分株繁殖和花芽分化奠定了基础。果实采收期如气温过高，有时也会同时抽出匍匐茎。

（五）花芽分化期

草莓经过旺盛生长期后，在较低的温度（气温在17℃以下）及短日照（12h以下）的条件下开始花芽分化。低温和短日照是花芽形成最重要的条件，温度低于9℃时，花芽分化和日照长短关系不大，短日照条件下，17~24℃的温度也能进行花芽分化，而在30℃以上，花芽分化停止，但温度过低，降到5℃以下时，花芽分化也停止。在夏季高温和长日照的条件下，只有‘四季草莓’才能进行花芽分化。东港市草莓在自然条件下，8月下旬开始花芽分化。

（六）休眠期

随着秋季的到来，日照变短，气温降低，草莓进行花芽分化之后，叶柄逐渐变短，叶面积变小，叶柄逐渐平行于地面，不再发生匍匐茎，植株呈矮化状态，即植株已进入休眠状态。当叶柄最短时，也就是休眠最深的时期。当叶柄逐渐伸长，恢复生长时，休眠即告结束。

早春大拱棚草莓11月中旬前覆地膜越冬，建好棚架，翌年2月初后覆上棚膜升温管理。2月末现蕾开花，4月上中旬开始采收，5月中旬结束。

日光温室草莓10月中下旬（休眠浅品种早于休眠深品种）覆地膜和棚膜升温管理，10月末至11月初现蕾开花，11月末开始鲜果上市，12月末进入盛果期。共经3~4茬花果期，翌年6月末至7月初因高温多湿天气导致病害严重和果品品质下降，而终止生产。

七、草莓病虫害

草莓从野生种到驯化作物种至今仅三四百年，相对其他作物适应性、抗逆性和抗病虫害性较强；东港市地处我国北方，四季分明且冬季时间较长，草莓病虫害比南方明显减少。近些年发生并曾造成为害的草莓主要病害有白粉病、灰霉病、炭疽病、褐色轮斑病、叶枯病、“V”型褐斑病、蛇眼病、黄萎病、枯萎病、疫霉果腐病、芽枯病、红中柱根腐病、芽线虫病和病毒病等。存在的虫害有蝼蛄、小地老虎、金龟子（蛴螬）、茶翅蝽、草莓粉虱、桃蚜、小家蚁、根结线虫、红蜘蛛、野蛞蝓等。

草莓移栽后1~2个月内因为种苗细小幼嫩，容易得芽枯病、叶枯病和受到蝼蛄、小地老虎、小家蚁与蛴螬虫害。

夏季多雨高温季节，草莓易得褐色轮斑病、“V”型褐斑病、蛇眼病等叶斑病和炭疽病，并可能受茶翅春、叶甲类害虫等为害；棚室草莓重茬多年易发生黄萎病、枯萎病、红中柱根腐病、芽线虫病等土传病害；根结线虫等土传病害和草莓粉虱等也会加重；草莓花果期时常受到白粉病、灰霉病、疫霉烂果病以及红蜘蛛、草莓粉虱、野蛞蝓等为害。

日本品种抗病虫害性能较差，欧美品种抗病虫害性能较强；重茬地病虫害较新茬地发生重，脱毒组培苗抗病虫害性能较强；果后续繁种苗抗病虫害性能较差，而果后续繁种苗多年利用的则出现芽线虫病为害。

露地草莓果实采收期偶遇暴雨或阴雨天过多会发生灰霉病、疫霉烂果病为害。2005年春天，连续多日阴雨寡照天气，导致露地草莓突发大面积灰霉、疫霉等烂果病害。虽经东港市草莓研究所紧急推广欧盟认证的“丁香·芹酚”有机农药进行全面防治，但多雨天气影响了施药面积和时间，全市烂果损失惨重，个别田块烂果率达到30%以上，全市约损失4 000~5 000t草莓。

白粉病是东港市日本草莓品种的主要病害。1998年全市引种日本‘丰香’草莓约500个温室，总面积600余亩，由于白粉病发生严重，产量和品质下降，全市有近30个温室几乎绝收。此后东港市草莓研究所与中国农业科学院植物保护研究所合作，研发推广硫黄熏蒸技术以及其他综合防治技术，此病害得到有效控制。

芽线虫病曾对东港市草莓生产造成巨大损失。2002—2004 年，前阳镇脉起和山城村一些农民的露地‘哈尼’品种草莓，由于果后续繁种苗长达 7~8 年，芽线虫病株率高达 20%~30%，这些病株大都是只长叶片不长花果，或有极少残缺花果，农民称谓“公子”，全市其他地区也程度不同有所发生，当年因此损失草莓 5 000t 以上；之后以此为戒，全市大力推广脱毒种苗等技术，芽线虫病得以控制。

近些年来，草莓炭疽病、“断头病”、红叶病等病害成为设施草莓的重要病害，由于科技人员和广大农民的重视和严防，这些病害得到有效防控。东港市草莓虫害主要有蛴螬、小地老虎、蚜虫、螨虫、白粉虱等，通过生物、农艺、物理、化学等综合防控，目前虫害对草莓生产的影响较小。其他病虫害时有发生，由于全市普遍推广应用草莓病虫害的几十项防治技术，多年来未发生较大虫灾。

八、自然灾害

水涝、干旱、强风、暴雪、霜冻以及突发大规模病虫害等都会殃及草莓正常生产。

1985 年前，东港市草莓生产面积小，多为露地栽培，完全依赖自然天气条件生产，常发生自然灾害，但农民损失不大，社会影响小。

2005 年 6 月初阴雨连绵，造成全市露地草莓烂果损失 5 000 余吨。

2007 年 3 月 9 日夜间，一场罕见狂风造成全市部分竹木结构早春大棚和日光温室受损，受灾面积早春大拱棚 300 多个，日光温室 100 多个，直接经济损失近千万元。

2018 年 3 月 9—10 日，东港市遭受狂风袭击，部分乡镇草莓设施生产损失较重。据统计，全市受灾设施共 500 多栋，其中除了少数早春大棚外，主要是老旧或加固不牢的全钢构高大日光温室，受灾面积 800 多亩，经济损失达 1 000 多万元。受灾区域主要集中在椅圈、龙王庙、黑沟、合隆等乡镇。

第三章

东港草莓引进及产业规模发展

一、东港市草莓产业发展概况

大果凤梨草莓在20世纪初传入我国，距今已有100多年的历史。据《北满果树园艺及果实的加工》（哈尔滨铁道局，日文，1938年）记载，1915年，一个俄罗斯侨民从莫斯科引入5 000株‘维多利亚’（Victoria）草莓到黑龙江省亮子坡栽培。1918年，又有一铁路司机从高加索引种到一面坡栽培。20世纪30年代，由高丽（今朝鲜）华侨带回草莓（高丽果）到山东黄县一带栽培，后传到烟台、福山、莱阳等地。后来，全国各地通过教堂、教会学校、大使馆等渠道也少量引入。20世纪40年代前，原南京中央大学和金陵大学农学院试验场均曾从国外引进草莓品种，进行筛选和栽培，在一些大城市零星栽培。

回顾东港市草莓引入史，就要追溯丹东草莓引入时间和了解安东园艺学校（今辽东学院农学院前身）。据《民国安东县志》记载，“基督教立三育中学校设于二区劈柴沟。清宣统三年（编者注：1911年），丹麦传教士于承恩牧师及安东教会诸领袖所创立意在辅助中国教育之不足，以期培养中国青年以普通知识及视野之技能首重园艺。当时租用民房3间，聘教师1人，有学生11人。民国成立后，逐渐购买校地206亩，建筑草房7间，始具规模。惟开办基舍及常年经费皆由牧师一人苦心筹措，民国二年（编者注：1913年）因经费无着几至停办。适于牧师归国，到处演讲该校之宗旨，热心人乐善好施，慨然捐助美金若干元。于牧师携款返华后，复改收学膳费并售出苗木若干元，逐渐增修校舍，扩充学校高等生40名、国民生30余名、神校生12名。民国八年（编者

注：1919 年），丹麦教会特派包乐深牧师为校长，乃注重普通知识，不偏重园艺力加经营，逐更名为三育中学……”

安东园艺学校创始人于承恩，丹麦人，园艺师、牧师。生于 1870 年 8 月 10 日，1896 年受丹信义会差派来到中国，1901 年 9 月来到安东（今丹东）。1906 年个人出资在劈柴沟创办三育小学。1911 年，身为园艺师的于承恩传教士怀着“期望培养中国青年以普通智识及实业之技能”的梦想在蛤蟆塘劈柴沟这个地方创办了安东地区第一所中学——安东县第一区劈材沟私立三育初级中学。当时租用民房 3 间，购校地 206 亩，建草房 7 间，学生 11 人。据《安东县志》卷 3 教育记载，三育中学“首重园艺，定名曰园艺学校”。1920 年，三育中学新建一座 3 层教学大楼，人们称之为“大红楼”，当时是安东地区的最高建筑，其旧址位于今辽东学院金山校西侧的山坡上。于承恩 1932 年 9 月 9 日去世，葬于丹东。

据《丹东地方志・农业志》记载，“丹麦人经营三育中学期间，本国朋友先后给他们邮来了草莓、杏梅、番茄、樱桃（小樱桃）等十几种可食用的植物种子，并相继在学校及周边村镇种植成功。在此之前，整个东北地区甚至全国范围内都未曾发现这些植物种类。”因此推断，安东园艺学校引进国外草莓种苗在 1915 年之前，并且建立教学试验田和苗圃，繁育种苗对外销售，随之，草莓这一舶来园艺作物在安东（丹东）地区开始种植。

东港草莓始于民国十三年（1924 年）由马家岗夏家村李万春农民从丹东劈柴沟三育中学引种草莓，20 世纪 30 年代末，前阳石桥岗郑氏兄弟再次引种。截至中华人民共和国成立，东港市零星栽培草莓面积仅几十亩。

1947 年，安东县（东港市）人民获得解放，农民分得了土地，然后从互助组到初级合作社，再到人民公社，直到改革开放之前，广大农民一直都在解决温饱和“以粮为纲”社会背景下经营土地，经济作物发展滞缓，草莓生产仍然处于极少农民房前屋后零星栽植状态。1965 年，东沟县（东港市）草莓产量只有 10t。到 1981 年，全市仅栽植 243 亩，产量 80t。东港草莓至 1982 年为引入零星生产阶段，主要生产区域有汤池、马家岗、合隆等地。这期间草莓面积小，管理粗放，产量不高。

1983 年，东沟县（东港市）改革农村经济体制，实行分田到户，土地经营权回归农民，政府支持和鼓励农民发展庭院经济脱贫致富。此后，东港草莓产业开始凸显经济优势，进入快速发展新时代。

1984 年，农民在党的改革政策指引下，种植草莓致富的积极性大增，东沟县草莓种植呈发展态势，当年面积 1 200 亩。县农业局对全县草莓生产情况进行调研了解到，种植草莓面积较大的汤池乡，全乡农户 4 900 户，发展庭院经济的 756 户。其中种植草莓的 456 户，每户平均 0.4 亩，总面积近 182.4 亩。这 456 户中，草莓收入超 500 元的 110 户，收入超 1 000 元的 232 户。集贤大队为丹东市近郊，具有草莓发展优势，全大队 859 户，耕地面积 3 300 亩，其中种植草莓 100 户、60 亩，总收入 7 万元，平均亩收入近 1 600 元，是当年种玉米收入的 20 倍以上。

1985 年，东沟县草莓面积 1 500 亩，尚属庭院经济发展过程。8 月 23—24 日，县农业局在农业中心举办全县庭院经济培训班，邀请汤池乡集贤大队一队的"草莓大王"范洪昌作草莓致富和草莓生产技术经验介绍。范洪昌自 1977 年后研究草莓栽培技术，1982 年开始种植"富羽"品种草莓 0.7 亩，收入 1 700 元；1983 年种植 0.7 亩，收入 2 000 元；1984 年种植 1 亩，收入 3 100 元，成为远近闻名的"草莓大王"。县农业局以范洪昌为典型，通过媒体宣传、"拉练"参观、乡镇农科站培训等举措，在全县推广草莓生产。

1987 年，东沟县政府根据国际市场草莓需求空间很大的形势，年初即部署农业局和外贸公司及乡镇大力发展出口草莓生产，是年全县草莓面积超过 5 000 亩。

1986—1991 年，为庭院经济向规模经济发展阶段，从 1 500 亩发展到万亩以上，主要栽培形式为露地生产。到 1991 年，面积达到 11 000 亩，产量 15 500t，平均亩产 1 400kg，总产值 2 000 万元，平均亩产值 1 800 多元。

1992—1997 年，为设施化生产新发展期，新增面积主要是日光温室和早春大棚。1997 年，总面积 28 360 亩，产量 42 457t，平均亩产 1 500kg，总产值 14 827 万元，平均亩产值 5 228 元。

1998 年至今，为高效发展期，其中高投入高产出的日光温室面积逐年增加，中投入、中产出的早春大拱棚面积逐年减少，而露地草莓受国际市场因素影响，1996 年、2001 年、2006 年 3 个年份生产面积锐减，导致全市总面积波动下降，之后复归健康稳步发展。

东港市草莓产业规模逐年扩大。1984 年，东港市草莓生产面积突破 1 000 亩，1991 年突破万亩，2013 年突破 10 万亩；东港市草莓产量 1990 年突破万 t，1999 年、2005 年、2014 年、2018 年分别突破 10 万t、20 万 t、30 万 t、40 万 t；东港草莓总产值 1985 年突破 1 000 万元，1996 年突破 1 亿元，2010 年突破 10 亿元。2019 年草莓面积 14.8 万亩，总产量 23 万 t，总产值 47 亿元，全产业链总产值突破百万元（表 3-1）。

表 3-1　东港市部分年份草莓生产面积、产量、产值

年份	面积（亩）	产量（t）	产值（万元）
1945	20		
1965		10	
1979	42		
1981	243	80	
1982		62.5	
1983		215	
1984	1 200	560	
1985	1 500	750	90
1991	11 000	15 500	2 000
1992	14 300	19 000	3 800
1993	22 000	28 000	5 200
1994	26 813	40 000	7 000
1995	30 000	42 000	8 000
1996	26 583	33 550	11 977
1997	28 360	42 457	14 827
1998	43 000	80 000	27 992
1999	55 875	101 374	27 998
2000	74 702	113 467	22 147
2001	82 379	110 000	35 000
2002	80 735	150 592	38 174
2003	90 574	156 442	40 268
2004	110 308	194 575	44 607

（续表）

年份	面积（亩）	产量（t）	产值（万元）
2005	110 800	201 008	45 282
2006	82 059	161 919	46 953
2007	90 493	185 924	68 575
2008	93 854	206 467	72 085
2009	93 739	218 885	83 523
2010	89 819	218 361	102 978
2011	93 848	258 540	125 362
2012	94 070	254 947	227 929
2013	107 691	284 019	318 429
2014	114 000	319 200	351 120
2015	118 600	343 940	361 137
2016	123 780	188 000	375 000
2017	127 550	194 000	392 000
2018	132 000	202 400	410 000
2019	148 000	230 000	468 000

二、东港市乡镇草莓生产情况简述

（一）椅圈镇

辽宁省东港市椅圈镇位于美丽富饶的辽东半岛，位居鸭绿江入海口，南临黄海，与朝鲜半岛隔江相望，东连丹东，西接大连，地处东北亚经济圈的核心地带。全镇辖 17 个行政村，154 个村民组，总人口 36 400 人。全镇区域面积 144km^2，总耕地面积 11.5 万亩。2015 年获得“辽宁特产草莓之乡”荣誉称号，2016 年获得中国园艺协会草莓分会颁发“中国设施草莓第一镇”称号。

椅圈镇草莓栽培历史悠久，最早在 1924 年由夏家村农民李万春从安东劈柴沟三育中学引入草莓进行栽植。中华人民共和国成立前后，草莓只有零星种植，以自食为主，面积不足百亩。自 1983 年改革开放后开始大面积生产，并从 20 世纪 90 年代始，草莓设施生产开始起步，草莓主栽品种逐步更新换代，由 90 年代的以‘丰香’‘宝交早生’‘杜克拉’等品种为主发展至如今以日本‘红颜’‘章姬’‘甜查理’等新品种为主，新技术推广普及率也逐年提高。到2019年，全镇设施草莓生产面积达到1万亩，温室设施占地总面积达到3万亩以上，年产量4万t，年产值8亿元；其中50亩以上现代化草莓设施小区有70多个。草莓生产已经成为椅圈镇农业主导产业。

椅圈镇草莓主要分布在椅圈镇的中北部，近年来南部才开始发展。面积较大和设施生产技术较突出的村有夏家村、李店村、依兰苏村、马家岗村、黄城村等；高标准现代化设施小区较完善的村有椅圈村、吴家村、高桥村、椅山村等；其他村在设施草莓生产方面也有好的发展。特别是近几年草莓设施面积增加很快，2018年全镇新增设施草莓面积1 000亩，新建50亩以上设施小区5个。2019年新增设施草莓面积2 000亩，新建50亩以上设施小区10个。椅圈镇草莓生产特点如下。

（1）草莓产业规模大，技术高，从业人员多。椅圈镇草莓生产不仅面积大，而且生产技术先进，钢架结构标准高，全镇有5 000多栋大棚，99%是高标准钢架结构。在全镇技术人员的推广下，不断引进草莓新技术，例如，光温室促成栽培技术、土壤消毒技术、硫黄熏蒸防治白粉病技术等都是国内最早引进应用的。其他如电灯补光、蜜蜂授粉、黑膜覆盖、滴灌、秸秆反应堆、有机肥菌肥、夜冷苗栽培等技术也是应用最早、应用面积最大的，都属于国内领先技术。草莓生产从业人员9 000人以上，占劳动力总数的70%以上。

（2）草莓品质上乘，单位面积产量效益高。椅圈镇草莓质量上乘，营养价值高，保护地生产的草莓全部用于鲜食。目前，大多草莓合作社都申请了无公害认证或正在办理有机食品认证。马家岗牌草莓以优质的品质誉满国内市场，久久香草莓在北京、香港等地每0.5kg售价百元仍供不应求。椅圈镇草莓上市时间一年有9个月，平均亩产日光温室草莓为4t以上。2018年平均单价为20元/kg，亩效益达8万元。温室最高亩产量达6t，最高亩效益达12万元以上，单位面积产量和效益居全国领先。

（3）建设标准体系完善，农民合作社、家庭农场规模大。椅圈镇在1999年就制定了草莓标准化生产技术规程，是辽宁省级草莓标准化生产示范区。几年来，在推广应用草莓生产技术方面获得多项丹东市科技成果推广奖。椅圈镇夏家村、李家店村是全国一村一品示范村。椅圈镇在发展草莓生产中，不断壮大农民合作社和家庭农场，全镇目前有草莓合作社和家庭农场 30 多家。在生产中他们加强管理，规范生产制度，保证产品质量安全，使销路畅通，为椅圈镇草莓集约化、现代化发展做出了不可估量的贡献。

（4）科技推广体系健全，培养了大批经验丰富的技术人员。多年来椅圈镇与中国园艺学会草莓分会及沈阳农业大学园艺学院知名专家合作，并经常聘请日本、西班牙专家到椅圈镇讲课，在辽宁草莓科学技术研究院（原东港市草莓研究所）技术支撑下，椅圈镇草莓技术推广水平不断提高，农业服务中心拥有高级农艺师 4 名，从事草莓技术推广人员 10 多名，并在实践中培养出了一批技术过硬"土专家"和大批的科技示范户，不但镇内生产技术推广快，几年内向外地输出技术人才 200 多名，在其他大中型城市建设基地 30 多处，又向朝鲜、俄罗斯输出草莓技术员达 20 多名。

（5）市场销路广阔，精品草莓销售量逐年上升。随着草莓生产的发展，草莓营销队伍不断壮大，椅圈镇拥有草莓经纪人 380 多位，其中电商销量大的有 180 多人，在草莓销售方面起到了不可估量的作用，使草莓不仅远销到国内十几个大中型城市，还出口到日本、俄罗斯、朝鲜、韩国等地。镇内建有远近闻名的玖玖农场。位于吴家村的玖玖农场，建成于 2013 年 3 月，总投资 3 500 万元，占地面积 1 000 亩，拥有净生产面积 14 万 m^2，混凝土钢架大棚 99 栋，育苗基地 260 亩，蓄水池 13 340m^2，包装车间、气调室、实验室齐全。玖玖农场是目前辽宁省最大的现代化草莓生产基地，在全国各地成立了 5 个销售公司，并在天猫电商平台开设马家岗草莓旗舰店，产品销往全国各地，2018 年农场总产值约 3 800 万元。

（6）政府领导措施到位，获得多项荣誉。多年来，当地政府和各相关部门在促进草莓发展、扶持设施建设等方面给予多方面的支持，在科技投入、打造品牌、拓展市场等方面做出了不懈的努力，使椅圈草莓不但创立起品牌，还获得许多荣誉，如 2012 年北京举办的第七届世界草莓大会精品草莓擂台赛上荣获两个金奖、两个银奖，在历届中国草莓文化节上获得多枚奖牌。

（7）草莓产业带动其他产业发展。椅圈镇草莓产业快速发展带动大棚钢构、保温、泡沫箱等行业快速发展，特别是草莓快递网点，增加到

20多家。全镇建冷藏库50多座、保温被厂2家、泡沫箱厂3家。建立了草莓产、销一条龙，为草莓生产解除了后顾之忧。

（二）孤山镇

孤山镇区域面积214.3km^2，人口6.8万人，全镇辖2个社区居委会，19个行政村，其中1个渔业村，1个菜农委，17个农业村，有58个城镇居民组，193个村民组。耕地面积106 995亩，其中旱田面积2.6万亩，水田面积6.8万余亩。设施草莓大棚1 600多栋，种植面积达4 000余亩，占地面积1.2万亩，年产量1.4万t，产值2.8亿元，设施草莓种植户达1 330多户。设施草莓主要分布在兴隆村、庙岭村、新立村、西土城村、万兴村，四门张村和辛店村。2019年新建50亩以上设施草莓小区2个，全镇50亩以上草莓小区达10余个，其中兴隆村和庙岭村设施草莓大棚达700多栋，已经连成片。草莓包装、冷藏业也不断发展，全镇共有草莓包装收购厂6个，发展草莓店商人员100多个，草莓经纪人45人，草莓冷藏加工企业8个。年加工鲜草莓1 980t，草莓专业合作社18家。

（三）马家店镇

马家店镇区域面积132.2km^2，人口3.1万人，全镇辖14个行政村，148个村民组。耕地面积9.7万亩，其中旱田面积6.4万亩，水田面积3.3万余亩。设施草莓大棚2 700余栋，种植面积达4 500余亩，占地面积1.4万亩，年产量1.58万t，产值超3亿元，设施草莓种植户达2 300多户。露地草莓100余亩，主要品种为‘哈尼’，年产量200t，产值达120万元。2019年新建50亩以上设施草莓小区1个。目前，全镇50亩以上草莓小区达5个，草莓品种以‘红颜’为主。

草莓包装、冷藏业、运输业不断发展。全镇共有草莓包装收购点10余个，快递网点4家，发展草莓电商人员200多个，草莓经纪人90多人，草莓专业合作社42家。

（四）前阳镇

前阳镇地处丹东、东港两市连接带上，地理位置优越，交通便利，东部是丹东民航，南部是大东港，设有高速公路进出口，是丹东地区农业大镇。区域面积122km^2，其中林地面积1.6万亩，耕地面积9.2万亩（水田7.3万亩，旱田1.9万亩），辖有14个行政村和1个社区，

143个村民小组，户籍人口6.35万人，常住人口10.76万人。

前阳镇草莓始种于1930年前后，史料记载:“三十年代末，前阳石桥岗郑氏兄弟再次引种草莓”。1991年，前阳镇成立草莓试验站，先后引进适合温室和冷棚种植的‘杜克拉’‘卡尔特一号’品种，引进适合露地种植的‘哈尼’和‘全明星’品种。露地品种‘哈尼’主要用于加工，目前也是东港地区露地草莓的主栽品种，主要出口到日本、韩国及欧洲国家和地区。

前阳镇草莓种植分为两种形式，分别为设施种植和露地种植。设施栽培主要以温室为主，分布在前阳北部7个村。现有温室738栋，生产面积1 028.2亩，主栽品种为‘红颜’，从业人数2 000余人，其中长期从业人员1 000余人。2018—2019年，草莓总产量2 300t，平均亩产3 000kg，总产值9 000万元，平均亩产值6万元。

露地栽培现有生产面积2 000亩，主栽品种为‘哈尼’，用于加工。2019年收购价为4 000元/t左右，平均亩产1.5t，亩产值6 000元，总产值1 200万元。全镇露地草莓达到无公害生产标准，出口十几年来，从未因为质量问题、农药残留问题发生纠纷。

前阳温室草莓销售一部分在本地市场，大部分通过微商和电商销售外地市场。前阳站目前电商平台正在发展壮大，打造草莓从种植到销售的全产业链，完成草莓收购、包装、物流一条龙服务。2019年，通过草莓专业合作社、家庭农场销售草莓2 000t，其中电商销售500t，农民户均增值收益15万元。前阳镇暖棚草莓曾在全国草莓评比会上获得金奖。

露地草莓一般采取“龙头公司+基地+农户”的生产模式，产品有多家来收购。前阳收购厂家以菀丰食品为主，主要出口日本；另有丹东、宽甸等厂家在收购季节来前阳收购。

目前，前阳镇在暖棚草莓销售上做得比较好的有两家。一是富民有机草莓种植专业合作社，拥有果品包装厂、果品检测及分选冷藏包装厂、物流配送中心等部门，草莓主要销往沈阳，年销售额560万元；二是东港市智格尔农业公司，下设有机草莓大棚26栋，普通农棚51栋，厂房4 000m^2，带动农户亩产增收1 000~1 500元，年销售额2 000万元。

（五）小甸子镇

小甸子镇位于东港市西北部，大小洋河交汇处，总人口 23 887 人，辖 11 个行政村，镇域面积 122.5km^2，耕地总面积 72 123 亩，其中水田 30 300 亩，旱田面积 41 823 亩，淡水养殖面积 2 620 亩，林地面积 46 691 亩。

草莓引种时间为 1985 年，从引种露地草莓‘哈尼’开始，后来又引种‘杜克拉’‘卡尔特’‘甜查理’到‘红颜’（‘99’）等。现草莓生产面积：保护地草莓品种‘红颜’（‘99’），面积 3 905 亩；露地草莓品种‘哈尼’，面积 3 854 亩；冷棚草莓品种‘爱莎’，面积 17 亩。草莓种植农户 3 280 户，草莓合作社 14 个。2018 年冬至 2019 年春保护地草莓总产量 15 620t，平均亩产量 4 000kg，总产值 23 430 万元，平均亩产值 6 万元。露地草莓总产量 7 708t，平均亩产量 2 000kg，总产值 2 004.1 万元，平均亩产值 5 200 元；冷棚草莓总产量 47.6t，平均亩产量 2 800kg，总产值 33.32 万元，平均亩产值 1.96 万元。

以镇电商中心为先端引导，11 个村设立电商服务站，成为丹东市首个电商产业区域覆盖全镇，主推的东港草莓网络形象品牌“莓小姐”借势京东大平台，品牌市场效应极大释放，带动全镇草莓产业健康发展。

围绕草莓产业建立的相关企业有纸箱厂 2 家、保温被厂 1 家、草砖厂 1 家、草帘厂 3 家。

小甸子镇草莓产业获多个奖项：林家草莓采摘园‘蜜宝’品种草莓，在第十一届中国（辽宁·辽阳）草莓文化旅游节暨中国精品草莓擂台赛活动中，获得银奖；林家草莓采摘园‘桃熏’品种草莓，在第十届中国（大连·金州）草莓文化旅游节暨中国精品草莓擂台赛活动中，获得银奖；林家草莓采摘园‘红颜’品种草莓，在第十届中国（大连·金州）草莓文化旅游节暨中国精品草莓擂台赛活动中，获得金奖；林家草莓采摘园‘桃熏’品种草莓，在第十二届中国（辽宁·东港）草莓文化旅游节暨中国精品草莓擂台赛活动中，获得银奖；东港市众发草莓专业合作社‘红颜’品种草莓，在第四届“圣野果源”杯草莓大赛暨首届“普天同乐”草莓文化节精品擂台赛活动中，荣获优胜奖。

（六）龙王庙镇

龙王庙镇地处东港市西北部，距东港市 45km，距丹东市 70km。镇域总面积 79.5km^2，含耕地面积 6 万亩。下辖 8 个行政村、83 个村民组、6 334 户、20 634 人。其中 6 个村被命名为锡伯族村，锡伯族人口 4 600 余人，是丹东地区最大的锡伯族聚居地。全镇主导产业为农业，是丹东市规模最大、品质最优的菜园子，曾获“蔬菜生产和水果生产第一镇”称号。全镇设施农业占地面积 10 237 亩，设施大棚超过 3 000 栋，主要种植草莓、蓝莓、番茄、茄子、辣椒、黄瓜等，设施农业年产值超过 3 亿元。集镇区商贸业较发达，主干路两侧，300 余家店铺林立，一片繁荣。

龙王庙镇农户于 2005 年开始种植草莓，至今有草莓种植服务专业合作社 18 家、草莓种植家庭农场 1 个，设施草莓园区 12 个，50 亩以上标准化设施草莓园区 4 个。

现有设施农业草莓种植户 1 200 余户，设施草莓温室大棚 1 500 余栋，占地面积 4 000 余亩，种植面积 1 970 亩。主要种植‘红颜’‘甜查理’草莓，一年一茬，平均亩产 2 000kg，总产量 3 940t，总产值 7 880 万元，平均亩产值 4 000 元。现有露地草莓种植户 7 户，种植面积 200 余亩。主要种植‘哈尼’草莓，一年一茬，平均亩产 2 500kg，总产量 500t，总产值 150 万元，平均亩产值 7 500 元。现有草莓种苗繁育基地 5 个，基地总面积 1 200 余亩，主要繁育品种有‘红颜’‘甜查理’‘哈密’‘章姬’。种苗主要销往凤城、宽甸、岫岩、庄河等地区，总产值 600 万元。

随着草莓种植不断发展，衍射发展的附属草莓产业应运而生。全镇现有草莓商贩 20 家，草莓电商 1 户，草莓微商 80 余人。现有草莓加工企业东港市佳明食品有限公司，年草莓加工量 1 500t，年产值 2 000 万元。

（七）合隆满族乡

合隆满族乡位于东港市中北部，距离东港 28km，是东港市唯一的少数民族乡。辖区内共有 10 个行政村、92 个村民组、6 765 户、21 193 人。区域面积 99.11km^2，耕地面积 56 330 亩，林地面积 4.5 万亩，水面面积 1.07 万亩。

1988年，合隆乡开始引进草莓种植，随着草莓收益日渐突出，农户的种植意愿得到有效激发。现草莓生产面积3 000余亩，主栽'九九'品种，栽培方式为日光温室2 876亩和冷棚127亩大垄双行。种植草莓企业1个、合作社55个、农户1 100余户。2018年冬至2019年春草莓总产量12 000余吨，平均亩产4 000kg，总产值2.4亿元，平均亩产值80 000元。

随着草莓种植面积的不断扩大，草莓加工企业也如雨后春笋般发展起来。2019年，全乡有草莓加工企业11家，主要加工草莓鲜果包装外运，年加工量5 000余吨，年产值1亿元左右。草莓经纪人33人。与草莓企业相关企业41家，其中大棚钢构8家、泡沫箱1家、保温被8家、草砖草帘11家、农膜13家。

（八）黄土坎镇

黄土坎镇区域面积105km^2，人口2.4万人，全镇所辖13个行政村、106个村民组。耕地面积5 463hm^2，其中水田面积3 320hm^2，旱田面积2 143hm^2。截至目前，全镇有设施草莓日光温室大棚1 898栋，种植面积达4 800余亩，占地面积近万亩，2018年冬至2019年春草莓生产量已达1.8万t，平均亩产达4t，总产值已达3.6亿元。设施草莓种植户达1 560多户，设施草莓产业分布在全镇的13个村，已形成村村有大棚，户户栽草莓的产业态势，草莓产业发展已成为全镇农民经济收入的主要来源。全镇已形成集中连片的设施农业小区18个，2019年新建50亩以上设施草莓小区5个。草莓包装、冷藏业不断发展，全镇共有草莓包装收购厂点8个，发展草莓电商人员200多人，草莓经纪人50多人，成立草莓种植专业合作社33家。发展与草莓产业相关的超市、商店19家。黄土坎镇草莓产业的发展带动了全镇经济的全面振兴。

（九）北井子镇

北井子镇总人口3.4万人、13个行政村，其中有2个渔业村，其他11个村均有草莓栽植，但栽植面积不大。全镇10万亩耕地，水田地占90%以上，旱田地较少。有保温被厂1家，可就地满足种植户大棚外在保温被需求。

自20世纪90年代开始引进和栽种草莓，2018年种植面积810余亩，2019年1 070余亩。2018年冬至2019年春总产量可达2 000t左右，均产2.5t左右，总产值2 400万元左右。主栽品种以‘红颜’（‘99’）草莓为主，栽种方式已由陆地栽种逐渐转为设施栽培为主，并成逐年增加趋势，种植土地以流转为主要形式。全镇栽植户250余户，其中合作社6个、家庭农场3个、企业1个。辽宁半亩田生态农业有限公司是北井子镇2018年引进有一定栽管规模和能力的一家企业，占地140余亩，实际栽植70余亩，亩产在1.5t左右，全程生物制剂有机肥生产，主要销往韩国、中国香港等地，单价为当地的2~3倍。

为推动草莓产业发展，镇政府在认真落实种植结构调整基础上，抓住新型职业农民培训的有利平台开展草莓技术培训，同时积极发挥农服中心作用，深入田间地头开展技术指导，通过电视、报纸等媒体广泛宣传。

（十）十字街镇

十字街镇位于东港市中北部，全镇人口2.7万人，有13个行政村，行政区域面积150.5km^2，耕地面积66 558亩。1978开始引种草莓，当时栽种品种为‘鸡心’‘戈雷拉’等，主要是陆地栽植。至今，全镇草莓生产面积达到1 100多亩，主栽品种为‘哈尼’和‘红颜’。主要栽培方式有陆地、冷棚和日光温室3种，其中陆地栽培面积350亩，冷棚栽植面积260亩，日光温室生产面积490亩。从事草莓生产的有190户，草莓专业合作社2个。2018年年末至2019年春草莓总产量2 200t，平均亩产2 000kg，总产值2 833万元。

十字街境内共有草莓加工企业两个，主要制品为草莓酱和去蒂速冻草莓。年加工量800t左右，年产值1 100万左右。草莓经纪人12个。境内有保温被厂1个，年产值400万元。

（十一）菩萨庙镇

菩萨庙镇区域面积125km^2，人口2.46万人。辖12个行政村，其中2个渔业村，1个菜农委，有101个村民组。耕地面积5.6万亩，其中旱田面积3.1万亩，水田面积2.5万余亩。种植设施草莓500多栋，种植面积达778.9亩，占地面积2 336.7亩，年产量1 170t，产值在2 400万元。设施草莓种植户400多户，设施草莓主要分布在祝沟村、菩萨庙村、观海山村、山嘴村、大于等村。草莓专业合作社2家。2019年，新建50亩以上设施草莓小区1个，位置在菩萨庙村，已经形成集中连成片。滋生出草莓包装、冷藏业，有草莓包装收购 5 个厂点，发展草莓电商人员 40 多个，草莓经纪人 60 多人，年草莓销量达 1 000 余吨。

（十二）长安镇

长安镇位于东港市北部山区乡镇，全镇总面积 194.6km^2，其中耕地面积 3.5 万亩，林地面积 19.2 万亩。近几年草莓产业发展较快，至今全镇草莓生产面积已达到 1 000 余亩，主要种植分布全镇 7 个村，主栽品种为‘红颜’‘九九’和‘哈尼’。其中温室大棚面积有 460 余亩，陆地栽培面积 550 余亩。从事草莓生产 130 余户，草莓生产专业合作社 1 个，1 个草莓家庭农场。草莓年总产量 3 000t 左右，平均亩产 2 500kg 左右，总产值 2 800 万元。

（十三）长山镇

长山镇区域面积 152km^2，人口 5.2 万人，19 个行政村，162 个村民组。耕地面积 12.836 5 万亩，其中水田面积 103 577 亩，玉米地面积 24 788 亩；山林面积 19 905 亩，保护地面积 4 000 多亩。

长山镇是东港市草莓种植业的重点地区之一。2019 年，草莓大棚 1 000 余栋，占地 3 000 余亩。主要分布在孤家村、东尖山村、山西村、山东村、高家村、陶家村、杨树村和柞木村。全镇有 45 家草莓合作社。规模最大的园区有 3 个：柞木村丰莨园草莓专业合作社，2019 年有草莓大棚 39 栋，占地 300 余亩；陶家村全秀公司草莓园区，2019 年有草莓大棚 22 栋；杨树村建草莓设施小区，2019 年有 14 栋草莓大棚。截至 2019 年，全镇草莓种植的品种 90% 是‘红颜’，产量 6 万 t，总产值 1.2 亿元，亩均产值 7 万左右。全产业链从业人数近 5 000 人。

（十四）新农镇

新农镇地处东港市的最西端，位于丹东、大连、鞍山 3 市交界处，区域面积 113.4km^2，其中耕地面积 7.2 万亩。辖区内 10 个行政村。近几年草莓产业发展较快，主要分布在 6 个村。至今，全镇草莓生产面积达到 1 100 余亩，其中温室大棚面积 550 余亩，陆地栽培面积 580 余亩，主栽品种为‘红颜’和‘甜查理’。

有草莓生产专业合作社 1 个。新农镇甸兴草莓合作社位于新农镇张甸村小李组，占地 48 亩，现代大棚 10 栋，总投资 130 万元，年产量

65t，由10人组建。

（十五）新城街道

新城街道辖区面积460km²，总人口30 015人。1992年开始引种草莓，现草莓面积313亩，其中露地种植150亩，设施草莓163亩，主栽品种‘红颜’。有草莓种植户35户、草莓合作社1家、草莓家庭农场2家。2018年冬至2019年春，全街道有草莓大棚62个，草莓总产量789t，平均亩产2 520kg，总产值1 035万元，平均亩产值33 067元。有草莓经纪人16人，泡沫箱厂3个。2012年，新城‘红颜’草莓被第七届世界草莓大会评为最受消费者欢迎草莓。

三、草莓生产联合体选介

（一）中国草莓第一村——夏家村

东港市椅圈镇夏家村是东港草莓的起源地。这个村“三间房”的李万春先生，1902年出生在一个小地主家庭，终身未娶，未留下后人，56岁去世。1924年李万春从当时的安东三育中学引回草莓种植，此后，草莓在三邻五村逐年繁衍发展，并成为夏家村的传统种植业。

夏家村地域面积8.9km²，耕地面积7 500亩，水田、旱田各半。辖区9个村民组，2019年569户村民，2 031人。该村拥有得天独厚的地理位置资源，小气候特别适应草莓生产，有近百年草莓发展历史。近几年更是在村委会领导班子的带领下，家家户户种草莓，致富发展靠草莓。这里的农民草莓情结特殊浓厚，尤其是热衷草莓的新品种、新技术引进与更新，当地草莓不但单产高，而且质优价高，全村草莓达到绿色食品标准，远销中国香港、北京、上海等地，供不应求。

目前该村不仅农民自己种草莓，还吸引天南海北有识之士前来投资建设园区，共享草莓发展致富。到2019年，已有20多家规模草莓园区建成生产。全村现有温室大棚近4 000亩，年产优质草莓12 000t，产值过亿元。

夏家草莓是缘（源），草莓是钱袋子，草莓是本村亮丽名片。该村先后获“中国草莓第一村”、全国“一村一品（草莓）示范村”、全国“农业（草莓）引智示范村”等荣誉。

（二）玖玖农场

成立于2013年的东港市玖玖家庭农场坐落于“中国草莓第一县”——辽宁省东港市椅圈镇吴家锡伯族村，占地面积1 520亩，投资8 000余万元，建有高标准全钢构温室大棚133栋，生产面积500多亩；露地草莓500亩，为出口加工生产基地。配置标准化草莓包装冷藏间1 400m^2，是目前全国最大的‘红颜’草莓种植园。农场另有200余亩的自助育苗基地（本地区50余亩，外省高冷地区150余亩）。

农场现有管理人员38人，职工300余人，季节性用工逾千人。2018年产量突破2 000t，总产值8 000余万元，电商产值占总产值25%，带动周边生产劳动力稳定就业400多人，年付农工工资达600万元以上。

玖玖农场以科学发展观为指导，努力打造“绿色草莓、科技草莓、文化草莓”，确立“科技前沿、精品高效、绿色生态”的企业理念，坚持“立足农业、品质为本”的发展定位。通过持续建设，稳步壮大的不懈努力，已经成为产供销一体化的草莓品种开发和种植基地，成为闻名遐迩的绿色农业示范区和高品质草莓生产示范基地；农场自创建伊始，积极寻求国内科研院所和大专院校技术支持，先后与山西农业大学、沈阳农业大学、吉林农业大学以及辽东学院达成战略合作，与辽宁草莓科学研究院建立紧密技术协作关系，已经成为多家科研院所和大专院校产学研试验基地。农场现有本科以上大学生12人，主要分布在农场各主要技术岗位上，为东港草莓奉献着自己的青春。

农场通过引进国内外农业的管理经验及先进的现代化管理模式，统一技术指导，统一销售，选用优良品种，采取绿色食品生产规范种植，保证每颗草莓的安全与品质。目前农场先后与京东、每日优鲜、天猫、盒马鲜生等大型电商平台合作，鲜果草莓远销全国各地并出口中国香港、俄罗斯等地，几百吨露地草莓全部经速冻加工销往国外。玖玖农场草莓优质安全，美味靓丽，深受客户、消费者佳评欢迎，连获第10届、第11届、第12届、第16届、第17届、中国草莓文化旅游节金奖和2016年东港电商节暨首届中国国际微商节金奖。

玖玖农场凭借坚实步伐，创出不凡业绩，先后获丹东市产业化重点龙头企业、辽东学院农学院实训基地、辽宁省农业委员会生态农业生产基地等荣誉，2014—2019年连续5年被东港市人民政府评为先进单位。

未来的农场将成为生产式、观赏式、花园式农场，打造一个东港草莓的标杆农场。

玖玖农场法定代表人崔立波，男，东港市政协委员。辽宁省丹东市人，出生日期1976年12月11日，大学本科学历，曾获东港市科普先进个人等荣誉。

（三）丹东市圣野浆果专业合作社

丹东市圣野浆果专业合作社位于“中国草莓第一县”辽宁丹东东港市的十字街镇赤榆村，合作社成立于2008年，成员出资额1 120万元。10年来，合作社秉承“好水果从种植开始”的理念，以我为人人、向善向上的合作社文化为引领，坚持生产在家、服务在社的经营管理模式，积极布局优势草莓产区，以线上线下结合销售为纽带，形成了集种苗、研发、种植、管理、包装、销售于一体的农民合作产供销体系。

合作社成立技术研发团队，研发升级产品包装、采后处理、仓储物流等。合作社研发出的‘红颜’低温冷藏促早栽培技术获得丹东市科学技术进步奖二等奖，使丹东‘红颜’草莓上市时间提早1个月以上。合作社制定了草莓果品品质标准、包装、采后处理和物流配送标准等生产管理标准，实行统一管理，统一回收、分级、包装销售，结合大棚内安装的物联网设备、溯源监管体系提升成员的种植规范水平。合作社还综合利用网络技术、射线技术、条码识别技术，农户成员将草莓生产的全程信息采集并上传到追溯平台，让消费者吃上安全港新草莓。合作社积极开拓线上市场，进驻天猫、京东、拼多多等大型电商平台。合作社产品逐步走向全国，省内24h、省外48h即可送到消费者手中（西藏自治区除外）。

合作社注重媒体和社交宣传，积极参加各地农产品展览会和农交会，注重品牌化，打造高附加值草莓果品。合作社注册了“圣野果源”商标，从2013年开始举办“圣野果源”杯草莓大赛，搭建成员、种植户交流、展示的平台。草莓大赛很好地宣传了“圣野果源”品牌形象，成为合作社的标杆节日，为东港草莓产业发展起到了助力作用。目前合作社成员发展到157户，最高日销售草莓5万kg，年销售额突破1亿元。

合作社创建的“圣野果源”品牌价值达1.82亿元，获得辽宁省先进集体、国家农民合作社示范社、全国农业农村信息化示范基地农业电子商务示范合作社、第十六届中国国际农产品交易会金奖等荣誉称号。合作社创始人马廷东先后获丹东市五四青年、全国农业农村创新创业一、中国农村电商致富带头人等荣誉。

作为辽宁省第十三届人大代表、第十二届全国青联委员和中国园艺学会草莓分会常务理事及东港市草莓协会会长，马廷东正在带领他的社员团队努力开创新的业绩，将为东港草莓产业发展做出更大的贡献。

（四）东港市由基农业科技开发专业合作社

东港市前阳镇山城村农民由信春在20世纪90年代就先后种植露地草莓和温室草莓，摸索和掌握了很好的草莓生产技术，草莓生产效益一直不错，但他并不满足现状，针对人们对草莓品质和食品安全需求水平不断提高的市场变化，决心生产更高品质档次的有机草莓。经过几年悉心准备，由信春先是组织5户农民于2008年年初组建注册了东港市由基农业科技开发专业合作社，新建日光温室8栋，生产面积不足10亩，严格按照有机草莓生产技术规程生产，并于当年经相关部门验收检查，获得有机认证，成为东港市第一家上市销售的贴标有机草莓，也是国内鲜果草莓最早获得有机认证的贴标草莓。

东港市由基农业科技开发专业合作社目前扩大社员12户，建棚30个，总资产500多万元，草莓生产面积35亩，年产有机草莓100余吨，因有机草莓价格高于普通无公害草莓2倍以上，合作社年产值300多万元，贴标的有机草莓远销北京、上海、沈阳等市场，深受市场欢迎。

东港市由基农业科技开发专业合作社有机草莓2012年在第七届中国草莓节暨中国（海淀）精品草莓擂台赛中获金奖；合作社先后获辽宁省三A及信用等级等荣誉。

眼下，作为东港市政协委员的由信春社长，正谋划再扩大合作社社员队伍，强化有机草莓生产技术管理，生产出更加靓丽的有机草莓，为“东港草莓”锦上添花，为人们提供更多水果中的精品佳肴。

（五）丹盛农业科技有限公司

丹盛农业科技有限公司（简称丹盛农业）位于东港市开发区，是东港产地草莓产业供应链平台公司，现有占地 10 000m^2 的东港电商快递产业园、占地 60 亩的草莓示范园区和 1 000m^2 的草莓分选包装中心。中心有自动化草莓保鲜包装加工流水线和压差降温预冷柜，2019 年销售额达到 1 200 万元。

丹盛农业现与央企中化农业、东港市城市投资集团将共建草莓分选工厂；丹盛农业是京东集团公司在东港的战略合作方，承接京东快递东港配送、京东东港特色馆、京东云仓和京东东港冷链直发干线业务；与海尔数字科技公司共建东港草莓智慧农业管理平台项目，为东港草莓提供供应链金融服务。

丹盛农业科技有限公司总经理刘勇与副总经理姜文刚等创业人正在规划建设的“草莓港”产业综合体项目，将打造草莓除种植和销售之外的其他全产业链服务平台，将建设种苗工厂、配肥工厂、智慧农业平台、分选工厂、交易市场等综合服务项目，为东港草莓发展做出应有的贡献。

（六）东港市村兴果蔬专业合作社

东港市村兴果蔬专业合作社位于辽宁省东港市小甸子镇，地处辽宁半岛大洋河北岸，这里冬无严寒，夏无酷暑，光照充足，雨热同季，气候宜人，素有北国江南之美誉。合作社主要生产有机无公害温室大棚‘九九’草莓。该合作社是东港市小甸子镇小甸子村党总支委员会及村民委员会首先发起，村书记、村主任孙贵树作为合作社理事长，负责经营管理，为合作社建设规划起到主导作用，使合作社发展步入快车道。合作社成立于 2018 年 3 月 12 日，合作社现有社员 50 余户，占地 500 多亩，现有高标准温室大棚 35 栋，草莓包装分拣中心 552m^2，包装设备齐全。合作社从小到大规模发展，规范经营，利润效益正初步显现。

合作社是一家种植、销售有机无公害‘九九’草莓一条龙服务的市场主体，合作社经营管理模式严格按照“合作社 + 基地 + 农户 + 科技”的产业化经营模式，以高标准温室大棚为依托，以打造“小甸子”注册商标品牌为载体，以提高绿色农产品的经济效益和社会效益为目标，以增强农产品的市场竞争力为核心，充分利用当地良好的生态环境和气候优势，打造有机无公害温室大棚‘红颜’草莓。这里的‘红颜’草莓完全按照绿色农产品和有机种植标准生产，生产过程遵循自然规律，引进美国的无土立体栽培、水肥一体化种植技术，引用地下井水灌溉，靠有机肥生长，采取无害化管理，安装 LED 补光灯和红外线杀菌灯，不使用影响健康的农药、化肥、激素及各种添加剂，使‘红颜’草莓果大味甜，入口芳香，营养丰富，获得了良好的经济效益和社会效益，为合作社发展树立良好社会形象。

有机无公害温室大棚红颜草莓通过了辽宁方圆有机食品认证有限公司有机产品国家标准认证；获得有机产品认证证书。通过中国认可国际互认通标标准技术服务（青岛）有限公司检测药物农残。

东港市村兴果蔬专业合作社将继续秉承“经济效益与社会效益相统一”的经营理念，以绿色有机健康美味农产品发展为重点，提高产品的科技含量和附加值，逐步向高产、优质、低耗和高效方向发展。

（七）东港市海萌草莓专业合作社

东港市海萌草莓专业合作社 2008 年 7 月 30 日成立，位于东港市北井子镇王家坨子村，是一家组织采购成员种植东港市草莓研究所需的生产资料，组织销售成员种植的草莓，引进新技术、新品种，开展相关的技术培训、技术交流和信息咨询服务的组织。合作社注册资金 1 000 万元，现有社员 151 户，主要分布在东港市北井子镇、椅圈镇等多个乡镇。合作社占地 745 亩。

东港市海萌草莓专业合作社由吕治君等 151 户社员发起设立，出资总额 1 000 万元。合作社实行自主经营、自负盈亏、利益共享和风险共担的运行机制，出资方式主要为货币出资。合作社的盈余收益主要来源于草莓销售收入，社员的盈余分配按成员与本社的交易量比例返还。

2018 年与沃尔玛山姆店签订草莓销售合作协议，销售额 3 000 余万元。经过 2018 年的合作，奠定了诚信基础和经济实力。2019 年沃尔玛山姆店将所有草莓订单的 75% 由合作社供给，签订 1.5 亿元草莓合同订单，收益相当可观。

东港市海萌草莓专业合作社社长吕治君，为王坨村村委会主任，大学专科学历，企业管理专业，多年来一直从事草莓种植行业，具有丰富的经验，发挥个人大胆创新，勇于实践，周密细致的科学态度，开拓东港草莓种植领域先进技术，荣获东港市十大杰出青年等多项荣誉称号。2019年被评为东港市劳动模范。在其带领下，合作社社员数量不断增加，合作社连年盈利，无破产、欠税、欠社会保险金、欠员工工资及银行欠贷问题。

[专栏]

“草莓书记”——许吉德

许吉德，东港市椅圈镇人，历任马家岗乡和孤山镇党委书记12年。这12年，他与草莓结下不解之缘，带领农民种草莓致富，当时人们誉称“草莓书记”。

1986—1993年许吉德担任马家岗乡（2002年撤乡并镇，组建新椅圈镇）党委书记，这期间马家岗乡草莓发展处于东港市草莓发展领跑地位。其间他带领乡村干部跑北京、上海、山东、河北等地学习外地草莓种植经验、考察草莓市场、推销马家岗草莓，带领乡村农业技术人员和科技示范户去中国农业科学院、沈阳农业大学、辽宁省农业科学院以及东港市草莓研究所等科研院所讨教草莓生产新技术，引进新优品种。曾夜间赶路，起早进入大连水果批发市场占摊位卖草莓；曾亲赴沈阳“12线”水果批发市场签约草莓销售合同；也曾与农民带着草莓去哈尔滨、绥芬河口岸与中外客商洽谈草莓生意，就连市场商贩都不敢相信他是乡党委书记。在马家岗工作期间，为了草莓鲜果安全运销，他组织全乡自力更生修建乡村公路，成为全市第一个柏油路村村通的乡镇；他组织成立马家岗草莓公司，实行“产前供技术，产中供物资，产后销产品”的全方位服务。树立杨洪恩、杨洪成等草莓科技高效典型，在全乡示范推广。到1993年，全乡草莓面积2 000多亩，是全市最大草莓面积乡镇（注：此乡土地面积当时在全市21个乡镇中占第15位）。马家岗乡发展草莓生产，使农民靠草莓致富，实实在在地摘掉了“贫困乡”帽子。丹东市、东港市政府先后在马家岗乡召开草莓致富现场观摩推广会，致使“马家岗草莓”至今闻名遐迩。

1995—2000年，许吉德调任孤山镇任党委书记。到任前，孤山镇农民种草莓者甚少，草莓生产基本上是从零开始。许吉德上任伊始，首先统一党政领导班子的认识，确定发展草莓产业的全新目标。为了提高农民种植草莓的认识和学会草莓种植技术，他带领镇村干部和农民前往马家岗乡学习农民草莓种植技术，远到山东寿光取园区建设管理经验。孤山农民亲眼见到草莓是致富的门路，而且学到草莓种植技术，纷纷打算种植草莓，但又遇到资金不足的困难。许吉德协调银行贷款为农民解决资金困难，实现“百万资金，百户投放，年贷年还”佳绩。为了提高农民草莓栽培技术，他动员马家岗乡草莓种植高手杨洪恩落户孤山镇辛店村，在辛店村规划建设草莓生产示范园区。杨洪恩手把手示范指导农民种草莓。全镇实行草莓种苗统一引进繁育，生产统一协调，技术统一指导，产果统一由镇村干部分片促销。在许吉德和干部、农民几年的不懈努力下，孤山镇草莓种植业迅猛发展。到2000年，孤山镇草莓面积达到6 000多亩，鲜果产值3 000多万元，一跃成为全市草莓第三大乡镇。在带领农民种植草莓发家致富的辛苦和喜悦中，许吉德也得到农民和社会的认可，“草莓书记”名声远扬。他先后获丹东市劳动模范、丹东市先进党务工作者等多项荣誉。

第四章

草莓栽培模式变化

1924 年至 20 世纪 70 年代，东港市草莓栽培都是露天平地或小垄、地毯式栽植，4~5 年倒茬一次，草莓生产面积小。春天萌芽开花结果，果后除草或追施点农家肥，秋末盖点秫秸稻草越冬，完全依赖自然天气条件生产。这样连年生长的草莓根茎老化，长势差，新生苗又密集细弱，田间病虫害严重，果实繁多但果小而且色味差，既不便管理，产量又不高，一般亩产 200~300kg。

东港市草莓地毯式栽培方法持续了 40 多年，直到 20 世纪 80 年代初，东港市出现了一个“草莓大王”范洪昌，是他在草莓生产过程中总结创新出“草莓一年一移栽，除蔓分枝”新模式，草莓产量品质提高明显，生产收入可观。“草莓大王”的名声不胫而走，四邻八村农民纷纷效仿种植，生产效益普遍提高。这项技术改革得到地方政府高度关注，当时东沟县农牧业局即组织总结范洪昌的新技术，开现场会，媒体宣传，下发科普文件，在全县推广。同时范洪昌的新技术也引起沈阳农学院邓明琴教授的注意，她不但亲自到现场考察调研，还邀请日本专家来参观指导，并且邀请范洪昌到沈阳农学院与专家、师生交流草莓栽培技术，促使“草莓一年一移栽，除蔓分枝”技术在全国推广。

[专栏]

“草莓王”的致富经

东沟县农牧业局　谷军　1985 年 10 月 5 日

辽宁省东沟县汤池乡集贤村 61 岁农民范洪昌，最近几年来，由于贯彻落实党的富民政策，充分发挥自己种草莓的技术专长，靠种植草莓发了家，被誉为“草莓大王”。

1982 年，范洪昌种植草莓七分地（1 分地≈66.67m^2），净收入 1 700 元。1983 年净收入达 2 000 元。1984 年草莓种植面积扩大到 1 亩地，总产草莓果达 2 100kg，收入 3 100 多元。用他自己的话说：种草莓投资少，收入保靠，没什么“闪失”，草莓果人人爱吃，有多少也剩不下，就是结的少点也不能赔本。

范洪昌摸索总结出来的栽培草莓新技术受到有关部门及农业专家的关注，曾被邀请到沈阳农学院与专家、学者们商榷草莓生产技术。他的“一年一移植、除蔓分枝”方法，在省内外广泛推广利用。他的亩产 2 100kg 高产纪录，就连到他家参观考察的日本农业专家都赞叹不已。

草莓又叫洋莓果、地果，属于蔷薇科多年生草本植物。草莓果实鲜美可口，含有丰富的维生素和其他营养元素，是深受人们喜爱的上好水果。草莓果除了可鲜食，还可加工成草莓酱、草莓汁、草莓酒、草莓罐头以及各种清凉饮料，在国内外市场上很受欢迎。

草莓是繁殖快、适应性强，不很娇贵的作物，一般靠串根、分墩繁殖生产，如栽植管理得当，当年栽植当年就能结果。草莓是我国北方上市最早的水果，所以商品价值比较高，发展草莓生产经济效益大，很“划”得来，在房前屋后搞庭院生产或大面积商品化生产都可以。

丹东地区有较长的草莓生产历史，农民们积累了很多草莓生产经验，范洪昌的“新招法”也是在侍弄草莓的几十年实践中逐渐摸索总结出来的。

以往的草莓栽培方法多是窄垄密植或地毯式栽培，4~5 年一移植，茎蔓遍地爬，人都很难下脚，叶密病多，遍地都有花，遍地都有果，但是许多花只开不坐果（无效花）。结的果比较小而且色、味差，许多果不到成熟就瘪掉或烂了（无效果），既不好管理，产量又低。范洪昌以前也是这样侍弄草莓的，自 1977 年以来，他才开始注意观察草莓的生长发育习性，逐渐发现草莓去掉匍匐茎后分枝增多，花数不少，坐果多而大，有增产作用，田间管理也方便许多。在栽植草莓的时候，他又注意到 4~5 年移植的草莓根须老化，根表皮用手一刮，就刮掉一层黄锈色老皮，新的白根很少，并发现移植间隔时间越长的草莓，产量也就越低，于是他便开始了一年一移栽和宽行除蔓等栽培试验。8 年来他对草莓移栽、施肥、除蔓、灌溉等生产环节仔细琢磨，终于总结出“一年一移栽、除蔓分枝”的先进技术。范洪昌栽培草莓的具体做法如下。

1. 提前移栽，一年一栽

过去人们移栽的草莓多是4~5年一次，移栽时间在立秋前后。范洪昌现在是每年移栽1次，移栽时间在小暑前后，比原来的年限缩短了3~4年，移栽时期提前1个月。草莓果收获后就移栽，延长了草莓发棵时间，使秧苗在越冬前积累了较多养分，有利于抗冻和耐旱，来年发苗旺盛。

2. 选地整地

透水、透气性好、地力较高的沙壤土最好，而板结瘠薄的黄泥土和低洼涝地不适宜草莓生长。栽前翻松土层23~27cm深，整平、整细。

3. 选苗分墩

起苗时要尽量不伤须根，保证根须完整。选择健壮无病的秧苗进行分墩，每墩3个心芽为好，如没有健壮多蘖的苗而只有一棵一芽的苗，可以每墩栽3棵，管理得好，来年就可以得到多蘖壮苗。最好是边起苗、边选苗、边移栽，起出的秧苗切不可在阳光下暴晒，要放在阴凉处，根系用潮湿的草袋子等覆盖上，以利于提高成活率，减轻缓苗。

4. 合理密植

每亩保苗4 000~4 500株，也就是60cm的行距，26.7cm左右的穴距。肥地可以稀点，薄地可密点。若采用大垄双行的形式，小行距33.3cm即可。这样有利于透风通气，方便管理。

需要注意的是切不可起高垄，高垄的草莓不抗冻也不耐寒。范洪昌邻村的一个农民听说范洪昌栽草莓60cm行距，便在自己的地里像种玉米那样起垄栽上草莓。结果冬去春来，草莓所剩无几。另外，草莓的地垄不要长，尤其是排水不好的洼地，作垄更不能长，一般垄长不能超过20m。原则是雨后能及时排出积水，因为草莓耐涝性很差。

5. 栽植方法

栽植的方式以平栽为宜，也可以起低平垄或畦栽。选择晴天傍晚时间，先把地平整好，像栽大葱那样，按行距开沟，然后将欲栽的秧苗根部粘上泥浆（可在地边挖一个坑，先和好泥浆），按株距摆好，再施入底肥，浇水培土。

栽植的深度要根据秧苗根须长短而定。一般16.7~23.3cm深，开沟要陡，根须垂直，新茎基部与地面平齐，避免过深或过浅。如果栽的过深，苗心被土压上，容易造成秧苗腐烂死亡。而复土过浅，根须外露，一是容易干死，二是不利于生长新根和新芽。要勤浇水，根据天气、土壤情况，浇3~5遍就可以。范洪昌移栽的草莓成活率都在95%以上。

为什么晴天傍晚栽比阴雨天栽好呢？因为虽然阴雨天栽植秧苗容易成活，但地被踩得板结，影响根系呼吸，抑制秧苗生长发育。沾泥浆的好处是泥浆可以把水分较长时间固定在根须上，使秧苗在短时间里有足够的水分供应，提高成活率。根须垂直的好处是根埋得深，水润透后根层墒情好，秧苗耐旱，缓苗快、成活率高。如果根系倒着栽或堆在一起栽，浮土过浅，不利于秧苗发根和吸收水分、养分、很容易干枯死亡。

秧苗覆土后不要用脚踩，脚踩会造成表土硬盖，土壤透气性差，根须不发达，秧苗发育不旺，并且死亡率也高。

6. 施肥

底肥的数量根据地力确定，用腐熟的人粪土、禽畜粪都可以，高肥力的园地可以少施点，低肥力的地一般每亩可施用有机质含量5%左右的农家肥4 000~5 000kg。

追肥的数量也要根据地力和秧苗的长相而定。高肥力的田园土和繁茂徒长的秧苗也可以不追肥。追施农家肥可用腐熟的人粪尿，人粪尿得力快，肥效时间长，还省钱。也可以追施化肥，每亩施碳酸氢铵50kg或尿素15kg。追肥最好是覆上土，以增肥效。

追肥时间一定要在缓苗后进行，不要等到翌年返青再追。过去的做法大都是冬季或早春的时候用人粪尿撒在地表上，这样做肥效低，得力晚，作用小，而头年缓过苗就追肥能促进根须发育，达到根粗、芽旺、叶茂，来年返青后花枝长得健壮，有效花、有效果自然就多。范洪昌种的草莓多数花枝像筷子那么粗，每墩7~8个花枝，最多可达15个，每墩一般坐果30~35个，约0.5kg。如果在来年返青后追肥，容易使草莓徒长而根冠比失调，立茎过高，叶片密厚，不透气不透光，秧苗素质差，容易得病，产量低，也容易烂果。但在初花期如发现秧苗明显缺肥，也可追点氮肥。

7. 去蔓除草

草莓缓苗后，会很快生出大量匍匐茎，这些匍匐茎消耗和分散大量的营养，而且不方便田间管理和采摘果实。适时去掉匍匐茎，能使养分集中到根部，促进根系分化，形成分蘖。一般要打两三遍匍匐茎，在匍匐茎长出 16.7~20cm 的时候打为宜，要贴根劈掉，在分蘖达到 7~8 个以上的时候可以不再打匍匐茎，这时候的匍匐茎也不会再长很长，但分蘖低于 4~5 个的时候，必须坚持把匍匐茎全部除掉，以保证多分蘖，多形成花枝。

田间除草最好用手拔，也可以地表铲锄，但不能深耕深铲，没有较多的杂草可以不铲不蹚，以免伤根减产。

8. 灌溉

草莓在栽植的时候一定要浇透水，尽量减少缓苗天数，提高成活率。

在生长过程中天气干旱时，如发现叶片萎蔫，就要及时灌水，特别在初花期缺水，一定要灌溉。需要注意的是在浇灌浆水的时候，一定要保证水温和地温一致，不要用井水边抽边灌，最好用河水，凉水灌溉会导致烂果。范洪昌在 1982 年草莓灌浆期用水泵抽井水灌溉，致使第一茬草莓果全烂掉了。之后总结出这个经验。

9. 采果

六月初，草莓开始成熟采收，过去传统栽法，采收时间一般不超过半个月，而一年一栽，除蔓分枝的草莓可持续采收一个月左右。采果期间是种植草莓最繁忙的季节，因为草莓果从上部到下部渐次成熟，每天都要采收一次，直到 6 月底草莓果才基本采收完。采收果实要坚持从上到下，每天早晨露水一干就进地，不要等待果实已经完全成熟再采，因为完全成熟的果实不耐储藏，不好装运，容易碰坏腐烂，降低销售价格。一般达 90% 成熟度就可以采收。

10. 越冬覆盖

草莓在北方种植一般越冬都要覆盖。覆盖的时间要在平均气温 −5~−4℃的时候进行，覆盖物用玉米秸、稻草、树叶、杂草等都可以，覆盖的厚度 6.7~10cm，最好在覆盖前灌一次封冻水，特别是地膜覆盖的草莓，在覆盖前必须灌一次透水，使苗地保持足够的水分。翌年揭覆盖物的时间要根据天气变化决定，一般在春分前后揭。揭得过早草莓容易风干死掉，揭得过晚地面见不到阳光，解冻晚，地温低，影响草莓生长发育。

11. 地膜覆盖技术

范洪昌在有关部门的指导下，在一年一栽，除蔓分枝的基础上还进行了地膜覆盖新技术试验，尝到了甜头，也积累了经验。

地膜覆盖草莓，产量能增加20%左右，草莓果也可提前十来天上市，卖价很可观，1984年范洪昌地膜覆盖的草莓果5月下旬就上市，每千克售价8元，还供不应求。而6月中旬通常栽培的草莓果每千克售价2元左右。

地膜覆盖可在冬前进行，也可在翌年早春地表解冻3.3cm的时候进行。一般是旺苗可在翌年春天覆盖，普通苗最好在冬前覆盖。冬前覆盖与春天覆盖的下果时间差不多，但冬前覆盖的产量高。

地膜覆盖的方法是在覆盖前按地膜宽幅规格作垄移栽，垄要低平，最好是大垄双行，一幅地膜覆盖两行。冬前覆盖的时间临近封冻期时进行，盖膜后灌一次足量的封冻水，越冬覆盖物仍要盖上。

地膜覆盖的草莓在长出3~4片叶时要开始打眼透风炼苗，打眼大小、多少，要根据气温和膜内地温决定，眼打的偏大偏多，起不到增温作用，打的偏小偏少又起不到通风炼苗作用。一般要打3遍眼，5d 1次，逐渐放风炼苗，在打第3遍眼时才能把苗全部拿出来，这时一般在立夏后，就是在草莓现出花蕾的时候，苗拿早了有时会遭到霜害，拿晚了要上热，影响生长发育。

地膜覆盖要压严、压实，防止漏风透气，保证地膜保温保湿作用。在苗子拿出后，随即用土压实地膜，并盖上打的膜眼，防止风串膜内，降低覆膜的作用。

12. 其他

范洪昌先后种过3个草莓品种。他认为‘鸡冠’品种喜肥水，分蘖少，不抗病（草莓叶出现锈斑）；‘富羽’品种抗病，不挑地，分蘖多，同样管理比‘鸡冠’产量高；‘华大’品种抗病，果实耐贮藏，丰产性较好。目前范洪昌的主栽品种是‘富羽’。

草莓管理得当，一般病害较轻，不用打药，因为草莓叶片出现锈斑的时期大都在扬花结果期，打药一是可能影响授粉，二是农药残毒容易留在果实上。

原文刊载于《东沟科技》，1985年第3期东港市草莓自引入种植到20世纪70年代，栽培技术相对原始落后，管理粗放，产量和效益不高。1983年东港市全面进行农村土地经营改革，广大农民有了在自己承包地上的生产经营权，草莓产业效益优势凸显，农民种植草莓积极性越来越高。其间，东沟县（东港市）政府为引导和大力推广草莓产业发展，农业局开始调研总结县内草莓生产经验，组织各乡镇科技人员、科技示范户和乡镇、村干部参观学习草莓高产高效典型，举办草莓生产技术培训班（会议），媒体宣传引导，有力推动了草莓产业的稳定、规模发展。

1985年前后，东沟县农牧业局组织各乡镇科技人员、农民到海城市感王镇参观学习日光温室蔬菜生产经验，回来后，组织推广日光温室和早春大拱棚应用技术，合隆、马家岗等地农民率先建棚生产草莓，继而全县早春大拱棚（半促成栽培）、日光温室（促成栽培）和露地栽植并行发展。

20世纪90年代至今，栽培模式呈日光温室长足发展、露地草莓起伏发展、早春大拱棚萎缩发展态势。而无土、立体、高架、柱式、阳台、创意等栽培模式也有零星种植，不成规模。

总体上露地草莓生产为低投入低产出、早春大拱棚半促成生产为中投入中产出、温室大棚促成生产为高投入高产出栽培模式。

露地生产草莓投入少，管理方便，是深加工和城市近郊鲜果上市的主要生产形式。

早春塑料大拱棚草莓可比露地草莓提早上市1~2个月，选地容易，越冬管理和倒茬轮作方便，也是可以利用的高效栽培形式。

日光温室是高投入高产出的高效栽培形式，既可拉长果品上市时间，丰富果品市场，又能充分利用土地和农村冬闲劳动力条件，获得可观的经济收入。

全市各地因地制宜采取不同草莓栽培模式，涌现出一批高产高效典型。

1997年马家岗乡夏家村村民杨洪成种植温室0.5亩‘四季’品种与‘卡尔特一号’品种两茬，草莓产值3万元，成为当年全市温室草莓生产最高效益典型。合隆镇龙源堡村张长军种植1.2亩早春大棚‘卡尔特一号’品种，亩产2.5t、产值7 500元，成为当年全市早春大棚草莓生产最高效益典型。新城区柞木村杜永合种植露地4亩‘哈尼’品种，亩产2.25t、产值6 500元，成为当年全市露地草莓生产最高效益典型。

1998年马家岗乡夏家村村民杨忠礼种植温室0.7亩，生产草莓1 600kg，卖了28 000元，折合亩产2 286kg、产值4万元，成为当年全市温室草莓生产最高效益典型。马家店镇太平村曲国俊种植1亩早春大棚‘卡尔特一号’品种，亩产草莓2.5t、产值15 000元，成为当年全市早春大棚草莓生产最高效益典型。十字街镇孙店村杨玉清种植露地1.2亩‘卡尔特一号’品种，亩产3 000kg、产值8 300元，成为当年全市露地草莓生产最高效益典型。

2005年前阳镇影背村陈远新种植温室0.7亩‘章姬’品种草莓，在东港市草莓研究所和日本专家斋藤明彦指导下，获得折亩产3.14t、产值35 700元，为当年全市草莓生产最高效益典型。

2007年菩萨庙镇山嘴村孙绪波种植温室2.4亩‘红实美’品种草莓，亩产5.5t、产值33 000元，成为当年全市温室草莓生产最高效益典型。合隆镇犸木林村马宁种植4.5亩早春大棚赛‘莱克特’品种草莓，亩产4t、产值16 000元，成为当年全市早春大棚草莓生产最高效益典型。孤山镇新立村王喜亮种植露地5亩‘哈尼’品种草莓，亩产2.2t、产值7 000元，成为当年全市露地草莓生产最高效益典型。

[专栏]

露地草莓生产典型简介

东港市草莓研究所　2006年6月6日

汤池镇集贤村农民宁诗艺是东港市草莓协会会员，种植露地草莓8年，坚持与加工企业合同订单生产，坚持无公害技术管理，几年来信守合同，与企业合作顺利，保持了连年收入稳定。

宁诗艺每年种植草莓几百亩，依靠科学种田选用好品种，利用脱毒种苗，遵守无公害生产技术和出口生产管理要求，接受企业和客商的技术指导和管理意见，几年来生产的草莓品质好、低药残，完全达到出口标准，成为稳定的优质草莓出口生产基地，并且与企业保持良好合作关系，看长远、守信誉，受到企业和客商的信赖和好评。

2003年东港地区草莓因欧洲草莓减产而价格飙升，达到4.4元/kg，宁诗艺200多亩草莓全部按合同价格销售给企业，比“随行就市”减少收入20多万元；而2004年和2005年东港地区草莓价格走低，宁诗艺的草莓却比“随行就市”多收入40多万元，仍然亩收入2 400多元。

2006年宁诗艺栽植草莓150亩，其中‘达善卡’80亩、‘哈尼’60亩、‘达赛莱克特’10亩，虽然去秋以来受到秋涝、冬旱和早春寒的灾害，今年草莓长势仍然较好。他对今年露地草莓畸形高价的看法是：“虽然一些农民今年随行就市能挣点钱，但没有订单稳定”，他仍然坚持按合同将草莓全部销售给企业，预计今年总收入将达到60万元以上。

2009年菩萨庙镇杨吉合种植温室3.3亩‘甜查理’品种，亩产5t、产值50 000元，成为当年全市温室草莓生产最高效益典型；小甸子镇三道林村宋天华种植2.5亩早春大棚‘卡尔特一号’品种，亩产2.5t、产值16 800元，成为当年全市早春大棚草莓生产最高效益典型；合隆镇齐家堡村郭洪宽种植露地8亩‘哈尼’品种，亩产2.5t、产值5 000元，成为当年全市露地草莓生产最高效益典型。

2011年合隆镇龙源堡村李福军种植温室1亩‘红颜’品种，假植苗，精细管理，亩产达5.5t、产值90 000元，成为当年全市温室草莓生产最高效益典型；小甸子镇三道林村宋天华种植2.5亩早春大棚‘卡尔特一号’品种，亩产2.8t、产值16 800元，第二次成为当年全市早春大棚草莓生产最高效益典型；小甸子镇小甸子村王平文种植露地9亩‘哈尼’品种，亩产2.5t、产值11 000元，成为当年全市露地草莓生产最高效益典型。

2018年秋天，长安镇黄岗村农民崔启鹏在1.5亩温室大棚中栽植经过夜冷处理的‘红颜’草莓，8月20日定植，11月中旬大量上市，头茬草莓上市初期70~80元/kg，后期20~30元/kg，仅这一茬果就收入11万元，到2019年6月中旬采收结束，总产量6 400kg，总收入21万元，平均亩产4 200kg，亩收入高达14万元。

从表 4-1 中可以看出，20 世纪 90 年代，东港市草莓 3 种栽培模式趋于平衡发展。

表 4-1　东港市部分年份草莓生产模式变化　（单位：亩）

年份	露地	早春大棚	日光温室
1985	1 500		
1991	4 000	5 000	3 000
1997	5 000	8 000	15 000
1998	15 998	17 037	22 822
2003	38 908	26 024	47 353
2005	22 276	27 494	33 539
2006	22 000	27 000	33 000
2007	29 000	28 000	33 000
2008	32 030	29 697	37 146
2009	25 000	29 000	38 000
2010	38 000	26 000	38 000
2011	25 000	27 000	39 000
2018	23 000	3 000	106 000
2019	25 000	1 000	122 000

露地草莓面积自 2000 年前后至今每年都在 2.2 万亩以上，其中 2003 年、2008 年、2010 年因上一年露地草莓价格看好，生产面积突破 3 万亩（全国主要露地草莓产区都在“跟风上”），结果导致草莓产量剧增，但下一年出口需要量基本不变，继而面积下滑。2011 年以来面积稳定在 2.5 万亩左右。

早春大棚草莓 20 世纪 90 年代快速发展，到 2000 年前后已突破 2 万亩，2011 年开始因温室草莓效益突出，早春大棚逐年被日光温室所取代，到 2019 年全市早春大棚面积仅 0.1 万亩左右。

日光温室面积自 20 世纪 90 年代至今，一直处于稳步发展趋势，特别是 2011 年前后草莓‘红颜’品种引进推广和东港市农民创造的全钢构一面坡日光温室结构技术推广以来，温室草莓产量、品质和效益显著提高，促使全市以平均每年 1 万亩的增速扩大面积，到 2019 年达到 12 万余亩。2004 年与 2019 年不同栽培模式效益比较如表 4-2

至表 4–4 所示。

表 4–2　2004 年和 2019 年露地草莓生产效益分析　（单位：元 / 亩）

2004 年		2019 年	
项目	金额	项目	金额
生产成本	1 470	生产成本	3 570
原种苗	200	土地租金	600
农家肥	150	种苗	250
化肥	50	粪肥	600
农膜	60	农药	150
农药	30	翻耕	200
人工（翻地、起垄、铲耕、打药、覆膜、摘果）	600	人工［栽植（第一年）、除草（3 遍）、植株整理、水肥药管理、摘果、越冬管理］	1 500
地租	300	农膜	170
村提留	80		
果品收入	3 000	果品收入	6 000
净收入	1 530	净收入	2 530

表 4–3　2004 年和 2019 年早春大拱棚草莓效益分析　（单位：元 / 亩）

2004 年		2019 年	
项目	金额	项目	金额
原种苗	300	种苗（10 000 株 ×0.35 元）	3 500
农家肥	300	农家肥	500
化肥	100	化肥（底肥、冲施肥、叶面肥）	1 000
农药	20	农药	50
地膜	80	农膜（棚膜、地膜）	1 000
棚膜	700	人工（翻地、起垄、栽苗、铲耕、打药、覆膜、摘果等）	4 000
人工（翻地、起垄、铲耕、打药、覆膜、摘果、管理等）	500	大棚折旧（钢筋结构 10 年，竹木结构 3 年）	2 000
地租（占地亩 ×1.2 倍，每亩 300 元）	360	生产费用合计	12 500
村提留	60	收入（草莓 2.5t/ 亩 ×10 000 元 /t）	25 000
拱棚折旧	500	利润	12 500
生产费用合计	2 920		
收入（2t/ 亩 ×3 000 元 /t）	6 000		
利润	3 080		

表 4-4 2004 和 2019 年日光温室草莓效益分析 （单位：元/亩）

2004 年		2019 年	
项目	金额	项目	金额
原种苗	300	种苗（10 000 株 ×0.5 元）	5 000
农家肥	300	农家肥	1 500
化肥	120	化肥（底肥、冲施肥、叶面肥）	2 000
农药	80	农药	100
地膜	1 000	农膜（棚膜、地膜）	4 000
农药	70	棉被（10 年折旧）	3 000
人工（翻地、起垄、铲耕、打药、覆膜、卷帘、摘果等）	1 000	人工（翻地、起垄、栽苗、铲耕、打药、覆膜、卷帘、摘果等）	15 000
地租（占地 1 亩 ×2 倍，300 元/亩）	600	温室折旧（钢筋结构 20 年）	5 000
村提留	100	生产费用合计	35 600
温室折旧（钢筋结构 15 年，竹木结构 5 年）	1 600	收入	60 000
生产费用合计	5 170	利润	24 400
收入	12 000		
利润	6 830		

注：一个大棚生产面积大小对单位面积效益影响不明显。

第五章

草莓生产技术改革

草莓生产技术的不断改革创新，托举了东港市草莓的优质、高产、高效和持续发展。特别是改革开放后，东港市的科技人员和广大农民先后对草莓种苗繁育、品种更新、栽培形式、地膜覆盖、两季苗、棚室结构、节水灌溉、人工补光、辅助授粉、病虫害发生及防治、保温材料替换、预冷苗、棚室温湿度调控、花果定量、赤霉素使用、栽植密度、不同地势起垄高度、人工促进花芽分化、品种间低温需求量界定、重茬障害、无公害生产、绿色食品生产和有机食品生产等技术进行科学研究，并创新、总结推广了相应的先进生产技术。

一、脱毒组培种苗

1992—1993 年东港市草莓研究所先后委派 3 名科技人员赴沈阳农业大学进行为期半年的草莓专业技术特殊培训，培训由中国草莓科研奠基人邓明琴教授和洪建源教授、任秀云教授等单独授课，课业紧张有序，理论联系实际。林丽华老师专门在实验室言传身教，一丝不苟，传授草莓种苗脱毒组培操作技术。在沈阳农业大学专家和国外专家帮助下，东港市草莓研究所于 1993 年成立全国第一家“草莓脱毒组培工厂”，开始生产脱毒组培苗。历经多年科技人员艰辛努力，政府财力支持和国内外专家交流指导，草莓研究所草莓种苗脱毒组培技术日臻成熟，生产条件和脱毒苗生产规模逐渐提升。至 2000 年扩建年产能力 2 000 万株脱毒原种苗的“东港市草莓脱毒组培中心”，到 2013 年改所建院，年产脱毒组培苗能力达 3 000 万株。全市草莓应用脱毒苗率已经达到 90% 以上（脱毒苗比常规带病毒种苗增产 20 以上），取得巨大经济效益和社会效益。

二、新优品种

东港市先后引试、推广逾200多个草莓品种，特别是自1993年东港市草莓研究所成立以来，新品种引进、试验、示范和推广工作扎实开展。沈阳农业大学、北京林业科学研究院、江苏省农业科学院、河北省农林科学院、贵州省农业科学院、山东农业大学、杭州市农业科学研究院等国内科研院所和大专院校选育的新品种几乎全部引进试验，日本、美国、西班牙、意大利、荷兰、德国、韩国等国家的一些优良品种也通过多种渠道引进试验，使东港市草莓品种更新换代先于国内其他草莓产区，良种良法配套技术合理，如‘红颜’‘章姬’‘杜克拉’‘哈尼’等新优品种在全国率先推广（更新换代概况见第六章）。

三、栽培形式

1985年前后，草莓大王范洪昌的“一年一移栽、除蔓分枝”技术，在全市推广。

1990年前后，促成栽培（一面坡日光温室）和半促成栽培（早春大拱棚）技术在全市推广，先是竹木结构，土打墙，继而砖石墙或砖墙加保温材料（珍珠岩、泡沫板等）。

1995年前后，马家岗乡、合隆满族乡等地农民小面积温室草莓一年两茬栽植，即第一茬草莓8月中下旬栽植，品种为‘宝交早生’‘安娜’等。1月上旬采摘结束，马上栽植第二茬冷储草莓苗，品种为‘卡尔特一号’等。此技术因是劳动量大，投入产出比不高，在2000年前后基本终止。另有温室间种豆角、黄瓜和露地草莓套种玉米、大豆等生产尝试，均因效益不明显而没有进行推广。

2000年前后，东港市农民革新创造了全钢构日光温室大棚，增加了大棚高度、跨度和长度，大大提高温室蓄热受光能力，整个建筑没有砖木材料，利用垃圾棉、塑料膜和草砖等墙体保温，草莓生长环境改善，草莓品质和产量进一步提升。

四、蜜蜂辅助授粉

草莓虽然是雌雄同花植物，但异花授粉结实率高，既能增产，又能保持果型靓丽，特别是反季设施生产，由于没有自然风媒和野外昆虫串花采粉，往往草莓授粉不良，影响产量和经济效益，而人工放置蜜蜂辅助授粉是很好的解决措施。

1994 年前后，东港市草莓研究所开始引进、总结和推广蜜蜂辅助授粉技术，至 1998 年前后凡种植日系品种的农民基本上都接受此项技术，此后种植欧美系品种的农民也逐渐认可并利用蜜蜂授粉，到 2019 年，全市日光温室全部、早春大棚大部都置放蜜蜂辅助授粉，有效提高了草莓授粉率，促进了产量、果型和商品品质的提高。

五、土壤消毒技术

1995 年前后，东港市草莓研究所科技人员针对草莓重茬障害问题，主要推广轮作倒茬和大棚换土等生产措施，但由于农民大都不愿轮作其他作物和换土投入过大等原因，消除草莓重茬障害的可操作技术仍未解决。

1999 年，东港市草莓研究所邀请辽宁省土肥站李丽明研究员和以色列专家到东港考察调研后，8 月 2 日，东港市草莓研究所组织东港市农业局、人事局、科协、全市各乡镇农业副乡镇长和农科站技术人员、科技示范户、电视台和广播电台记者等逾百人参加，在马家岗乡夏家村召开“溴甲烷草莓土壤消毒实用技术现场会”。谷军所长主持，以色列专家李维克和北京市农林科学院果振君博士、辽宁省土肥站专家李丽明研究员一起现场指导农户，进行技术演示操作。东港市草莓重茬障害药剂防除技术自此日后开始应用。

2001 年 3 月 5 日，东港市草莓研究所邀请国家环境保护总局对外经济领导小组项目管理一处处长朱留才、中国农业科学院植物保护研究所全国农药田间药效试验网负责人曹坳程教授、中国农业大学资源与环境学院生态环境系曹志平博士、意大利环境部官员安德力·卡姆波努拉博士、意大利都灵大学植物病理系安德力·马安拖博士等前来东港市考察草莓重茬障害问题，与东港市草莓研究所科技人员座谈，决定将联合国粮农组织和世界银行“甲基溴替代技术研究”项目中草莓部分课题与东港市草莓研究所合作实施。

2001—2002 年，在中国农业科学院植物保护研究所曹坳程教授、袁慧珠博士、段霞玉研究员等专家指导下，进行了 98% 甲基溴 +2% 氯化苦（连云港死海溴化物有限公司）、96% 棉隆（南通石庄化学有限公司）、35% 威百亩（沈阳农药有限公司）、生防制剂（De Ceuster Meststoffen 公司）、抗性草莓品种“达赛莱克特”（法国）的试验和技术研究，确定棉隆、氯化苦、威百亩 3 种土壤消毒剂可以取代甲基溴（溴甲烷）用于草莓重茬障碍与土壤消毒。此后东港市全面推广了包括高温消毒法在内的土壤消毒技术。2005 年以后，东港市每年土壤消毒解决草莓重茬障害面积都在 30 000 亩以上。

六、水肥一体化技术

1995 年，辽宁省农业厅外事处处长王莉安排以色列滴灌系统材料在东港市草莓研究所试验基地示范应用。东港市草莓研究所组织农民观摩，全市水肥一体化技术开始推广。1999 年，丹东渤海灌溉有限公司在东港市农村经济局、农机局支持下，在草莓研究所育苗基地召开喷灌演示观摩会，各乡镇农科站、农机站技术人员和部分农民代表参加会议，在全市推广滴灌、喷灌、节水灌溉和水肥一体化技术。到 2010 年以后，全市日光温室全部、早春大棚大部、露地草莓少部实现水肥一体化管理。

七、硫黄熏蒸防治草莓白粉病

1999 年 1 月，东港市引种的日本‘丰香’品种草莓白粉病暴发，粉锈宁等农药防治效果不佳，农民损失很大。东港市草莓研究所据此通过引智渠道，邀请日本专家金指信夫于 1 月 23 日前来技术指导和培训。专家现场考察了多处多栋白粉病为害温室，介绍了日本和国际上采用的硫黄熏蒸技术，一是垄背撒置适量硫黄，随棚温蒸发熏防；二是专用加温器械电热硫黄熏蒸防治。当时国内尚没有厂家生产电热熏蒸器，日方专家与我方科技人员共同研制了临时应急措施——用易拉罐盛硫黄下置电灯烤热办法应对（无奈之举，防效差且有安全隐患）。

此后东港市草莓研究所先后邀请日本专家斋藤明彦、中国农业科学院植物保护研究所袁会珠博士等前来调研指导。2002 年与中国农业科学院植物保护研究所合作攻关研发硫黄熏蒸防治白粉病技术。历经几年工作，到 2005 年本项目即制定了草莓电热硫黄熏蒸防治白粉病技术规程，在丹东地区大面积应用并在全国范围推广。其间项目单位科技人员与中国农业科学院植物保护研究所袁会珠博士、沈阳农业大学雷家军教授、日本专家斋藤明彦等先后多次在东港市进行调研、现场指导，举办专门技术培训。同时，上级科技部门予以立项、科技攻关立项支持，2012 年通过省级成果鉴定。至 2019 年预估全国年推广应用电热硫黄熏蒸防治草莓白粉病面积 40 万亩以上，增产草莓逾 40 万 t、增加社会效益 40 亿元以上。

八、疏花疏果

2000 年前，东港市草莓基本上没有疏花疏果过程，农民多以“见花三分喜”传统理念看待草莓栽培，花多花少任其长。自引进‘章姬’‘红颜’品种后，在斋藤明彦等日本专家的指导下，对伞状花序的日本品种开始推广疏花疏果技术，到 2010 年之后，东港市农民在生产实践中逐渐摸索总结‘红颜’‘章姬’留果“3.2.1 或 2.2.2”“疏果不疏花”等经验技术，并在全国推广。

九、人工补光

1996 年日本专家斋藤明彦来东港市技术交流和指导期间，介绍促成栽培草莓补光的作用和日本补光技术。此后，电灯补光和后墙挂反光膜技术得到应用，近几年国内不同类型的补光灯产品陆续引进使用。因为东港市冬季昼短夜长期间阴天较少，气温又不特别严寒，农民一方面加强温室保温措施，另一方面早卷帘（草帘或棉被）晚放帘，尽量吸收自然光，故电灯补光技术应用面积不大。

十、秸秆反应堆

2005 年前后，丹东市政协相关领导将秸秆反应堆技术介绍到东港市草莓研究所，草莓研究所将此技术推介到一些乡镇试验示范，其中椅圈、合隆、前阳等乡镇农民率先认可应用，时至今日，全市每年仍有几千亩温室草莓在使用秸秆反应堆技术。

十一、日光温室结构创新

1990 年之前，全市日光温室多为稻草搅和黏土打墙或草炭土堡垒墙，后坡和前坡竹木结构。到 2005 年前后，日光温室土墙渐渐被砖石加保温层（珍珠岩或苯板）所取代，棚上竹木结构也大都变成钢筋结构。

2010 年前后，合隆满族乡农民在建造温室过程中，不断摸索改革，开始成功建造全钢构日光温室。这项建棚新技术很快在全市推广并不断创新，近十年来东港市新建日光温室几乎都是全钢构大棚。单个温室面积也相应扩大，大棚长度多在 100m 以上，中脊高 6.5m 以上，宽度 11m 以上，个别大棚长度 400 多米、宽度 15m，单棚面积 10 亩以上。此项技术也得到外地科技人员、农民和客户参观考察所认可。现在，新疆、宁夏、山西、陕西、河北、山东以及东北三省都有东港市农民援建的全钢构日光温室。

（一）温室保温材料更新

东港市水稻生产面积 70 多万亩，稻草资源丰富，因此在很长一段时间里日光温室保温材料都是稻草帘。2010 年以后，前坡棉被代替草帘、墙体草砖代替草帘的新建温室越来越多，目前棉被保温面积约 20%。

（二）温度调控技术

以往东港市日光温室草莓的温度调控，主要是人工观察和人工开闭风口进行。随着全钢构温室推广建造，2010 年之后室温自动调控技术开始引进推广，特别是近几年新建温室，基本都安装了自动温控系统，既节省劳动力，减少劳动安全风险，又能准确调控温度。

（三）遥控卷帘技术

东港市 2000 年之前竹木结构日光温室前坡防寒草帘的卷放全是人工在棚脊上操作，既劳累又不安全，且草帘抗风性能差。2005 年之后，东港市先后引进直臂式、背拉式、滑道式等机械卷帘技术，通过应用比较，普遍选用背拉式卷帘技术，随之开始使用遥控器，致使繁重又不安全的卷放帘（或棉被）劳动过程变得既轻松又安全。目前全市日光温室基本 90% 以上应用遥控卷帘技术。

十二、平衡施肥

1995 年开始，东港市草莓研究所先后对上百个不同品牌的海藻液、EM 菌剂、微生物菌肥、有机生物菌肥以及不同配方大、中、微量化肥进行引试比较，针对草莓不同品种和不同栽培形式，制定推广相对科学的草莓平衡施肥技术。特别是广大农民在生产实践中不断总结经验，全市目前普遍应用“营养生长期氮磷钾基本平衡、花芽分化期低氮、花果期偏钾补硼”的基本平衡施肥技术。

十三、CO_2 气肥施用

2001 年市草莓研究所开始 CO_2 气肥试验，先后进行液化气燃烧、CO_2 气肥袋、CO_2 缓释颗粒肥等示范推广工作。2003 年 2 月 19 日，东港市草莓研究所召开 CO_2 缓释颗粒肥推广会议，市农牧、科技、科协部门领导、各乡镇农科站技术人员、农民以及媒体等近百人与会。CO_2 气肥在东港草莓上应用已近 20 年历史。

十四、夜冷处理促进花芽分化技术

早在 1995 年前后，日本专家斋藤明彦就在来访技术培训时传授日本草莓花芽分化技术，东港市农民也逐渐创造和总结断根、假植苗、夜冷苗、高山育苗等使用生产技术。2000 年之前断根、假植苗技术已经开始应用。

2010—2013 年，椅圈镇农民夏广俊开始利用报废集装箱尝试夜冷处理草莓苗，效果不佳。2016 年龙王庙镇农民于世成（政源苗业有限公司）投资兴建中国第一家草莓种苗夜冷处理工厂并运营成功，温室草莓夜冷苗比常规苗可提前上市 20 多天，生产效益大大提高。2016 年中国园艺学会草莓分会组织召开全国草莓夜冷苗技术现场会，在全国推广。2017 年之后，东港市农民创新拱棚安装制冷机组进行种苗夜冷处理技术，效果好且成本低，来访日本专家也赞誉有加。此项措施很快在全市推广，目前东港市夜冷苗利用面积已经超过万亩，并呈继续扩大态势。

另外，异地高山育苗技术也在近几年得到应用，一些合作社和农民开始在青海、贵州、内蒙古自治区（以下简称内蒙古）等高海拔冷凉地区育苗，然后在东港市栽植，效果也很好。

十五、营养钵（穴盘）育苗技术

土传病害（炭疽病、黄萎病等）是草莓育苗的重要障碍，防治过程费工费力又费钱，且效果难于保证。营养钵育苗就是把匍匐苗压在盛有营养土的塑料钵里单独培育，形成优质壮苗并带土定植到生产田。它的优点是育成的种苗根系发达，根茎粗，花芽分化早，栽植成活率高，果实成熟早，并且能减少土传病虫和田间杂草的为害，起到壮苗促高产的作用。2005 年之前，东港市草莓研究所开始推广此项技术，近几年，越来越多的东港市农民在应用营养钵育苗技术。

十六、保鲜包装技术

草莓鲜果娇嫩多汁，不耐碰压，不耐储运，上市销售保鲜包装技术很重要。1996 年之前，东港市鲜果草莓采摘主要利用盆、钵、筐蓝、塑料筛子等容器，运销上市靠盆装或纸箱以汽运为主。1997 年，鲜见有泡沫箱代替纸箱包装，1998 年东港市长城泡沫箱厂建立运营，之后草莓泡沫箱、塑料制品、纸箱等多家企业相继建立，各式各样包装容器推陈出新，不拘一格，海陆空运销渠道畅通。特别是 2016 年后，泡沫网套草莓加真空密封，再加泡沫箱保温，再加锡纸泡沫外包装的商品精细包装技术在东港市应运而生，突破快递运销瓶颈，致使鲜美娇贵的东港草莓可通过快递流通手段一两天之内运送至全国各大中城市。

十七、花岗岩风化砂利用

2012 年，新城区刘家泡村华正生态农业有限公司草莓园区建设时，公司负责人孙福云与退休专家谷军等实地考察论证老水田土暨草甸类型土，如何改良成适宜草莓生长发育的壤质土。其间，选择花岗岩风化砂铺垫 10~15cm，再与水田土旋混至 25~30cm，形成良好耕层，效果特别理想。此后，东港市水田地或黏重土壤建设草莓园区再无障碍。

另外，大棚后墙立体槽栽培、高架栽培、立柱栽培、温室两侧透光膜保温、草莓套袋等许多技术或生产技巧也在利用。高手在民间，东港市广大农民在生产实践中发明和创新许多经验与技术，不但本地利用，还推广到全国各地。近几年，东港市每年都有逾千名有识农民分赴多个省市区，示范生产或技术指导，将东港草莓生产技术和经验广为传播，为全国草莓产业发展做出极大贡献。

[专栏]

东港小伙儿种出方型草莓

2008-6-26　16:18:00　来源：丹东日报　作者：陈魏魏

6 月 23 日，在东港市椅圈镇吴家村石忠国家的大棚里，一颗方形草莓摆在记者面前。它一改传统草莓圆头圆脑的模样，而是方方正正，仔细看，除底面外的四个面上，还隐隐现出“万众一心”四个字。

“这是 5 月 12 日汶川地震发生后，我培育的一个纪念抗震救灾的草莓。”石忠国说。在他的草莓试验田里，第二批方形草莓实验果即将成功。石忠国说，他现在最大的理想，是在奥运会前培育出一批印有鸭绿江、丹东特产印字的方形草莓，作为港城儿女，他也想为奥运献份礼。

2008 年石忠国 25 岁，2007 年 7 月，他从河北省工程大学热能与动力工程专业毕业。大学期间，母亲一直以侍弄大棚的收入供他读书。每逢假期回家，石忠国总是尽力多帮母亲干些活儿。2007 年前的寒假里，石忠国在帮妈妈侍弄草莓时突发奇想：2007 年是金猪年，能不能种植出小猪形状的草莓呢？妈妈的一句话当即给他浇了一盆冷水：“这孩子，净胡扯，别给我添乱！”

随后，回校后的石忠国留意到，台湾的农户种植出了方形、心形、三角形的西瓜，西瓜的表面还用激光技术印上了字，非常漂亮、新奇，而被“改形”后的西瓜也身价倍增。“别人能做到的，我也能做到！”石忠国说干就干。他决定先从果实相对易塑的圣女果开始实验。到学校附近的花卉市场买来圣女果的种子，在学校农学院教授的指导下，他开始有模有样地育苗、制作模具，在果实上加模具。一个月以后，石忠国的方形圣女果成形了！面对这个结果，他对自己接下来的尝试充满信心。

尽管方形的圣女果顺利培育成功，但石忠国周围的同学对他接下来的想法——培育方形印字草莓为奥运献礼还是不太认同。其一，草莓果实太软，不容易塑形，更何况印字；其二，在农村的田间地头做实验不比学校的实验室，许多条件都不被允许。可是石忠国就是铁了心：我的家乡丹东是全国最大的草莓生产基地，选择草莓做实验才最具代表性！2007年夏天，同学们都各自奔向了工作岗位，石忠国却背着行装回到家里，开始他的方形草莓培育实验。其时，包头一家电厂已经决定接收他。但为了实验，石忠国将上班时间一再推迟。于是，家中的大棚里，又多了一个忙碌的身影。

为了支持儿子的实验，朴实的母亲专门开辟出了一块试验田，任由儿子“折腾”（实验过程略）。

4月20日，石忠国像往常一样在他的草莓试验田里巡视，突然，一颗红艳艳的几近完美的方形草莓闯进他的视线……

石忠国说，他喜欢琢磨，喜欢用自己的想象力改变平淡的生活。现在，已经培育出方形草莓的他正在研究让草莓的各个面上长出字和画的技术，他希望能以鸭绿江、丹东的特产，奥运标志等图案为素材，那时，为奥运献礼的方形草莓才更有意义。

第六章

草莓品种更新换代

众所周知，国际上农业专家普遍认定农作物品种因素占作物产量构成因素30%以上。而草莓品种好坏对产量效益的影响更是显而易见。东港市草莓产业发展历史恰是品种更新换代变革历程，国内外新优品种源源不断引入东港市，试种示范，选优推广，将草莓生产效益推向一个又一个新台阶。

1924年，马家岗夏家春三间房引进‘鸡心’品种。

1945年，引进‘大鸡冠’品种。

1979年前后，引进‘春香’‘红衣’（‘花大’）品种。

1980年前后，引入‘福羽’品种。

1982年，沈阳农业大学、丹东市果蚕站、东沟县农业局引进‘戈雷拉’品种，在东沟县示范农场试栽5亩，翌年扩大到10亩，并在县内多点试栽。

1984年前后，引入‘宝交早生’‘因都卡’‘担坦’（‘梯旦’）品种。

1985—1994年，‘戈雷拉’为东港市草莓主栽品种，搭配‘宝交早生’等其他品种。

1994年以后，东港草莓已然形成温室、早春大棚和露地3种栽培模式，以草莓研究所为主要力量的全市科技队伍积极开展品种更新换代工作，在引种、育种过程中，根据生产实际需要，扎实研发促成栽培、半促成栽培和适应露地栽培品种及配套优质高产栽培技术，新优种面积不断扩大，老旧品种很快淘汰，品种效益优势在产业发展中贡献率占主导作用。

一、不同栽培模式草莓品种更新换代

（一）日光温室草莓品种更新换代

1990年，北京三爱斯植物材料有限公司从西班牙引入代号A、代号C、‘安娜’‘露西’‘苏珊娜’等品种，其中代号A、代号C，后经智利农业部长顾问、草莓专家米切尔·雷卡拉等外国专家确认分别为西班牙‘杜克拉’品种和‘卡尔特一号’品种。1992年东港市草莓研究所与东港市科委从北京引入东港市，由东港市草莓研究所组织试验、示范、鉴定。

1992—1994年，‘杜克拉’品种在露地、早春大棚和日光温室小区试种，1995—1996年省内多点温室生产示范，1997年开始在省内及全国各地大面积生产应用，到1998年统计全国累计栽植约12万亩。

‘杜克拉’品种植株长势旺健，叶片椭圆肥大有光泽，匍匐茎抽生早且繁殖力高，抗病虫害能力强，尤其抗白粉病和黄萎病。休眠期较浅，约200h。果实长楔到长圆锥形，花萼翻卷，种子黄绿平贴果面，果面深红靓丽，硬度好，口味酸甜。一级序果平均重42g，最大单果重128g。此品种可连续抽生花序5~6次，丰产性好，一般亩产3 000~4 000kg，最高亩产可达6 000kg，适宜日光温室生产和远途运销。

1992—1993年，露地栽植观察，‘杜克拉’表现植株健壮，抗病，高产，果实硬度好。1994年在全市安排6个品种试验点，其中露地试验一个点，亩产1 650kg，比‘戈雷拉’增产1.9%，在11个参试品种中位居第三；早春大棚两个点平均亩产1 860kg，比对增产4.8%，在6个参试品种中位居第二；日光温室两个点平均亩产2 736kg，比对增产69%，在8个参试品种中位居第一。几年试验确认该品种适宜日光温室生产。

1994年，东港市日光温室‘杜克拉’生产示范近万亩，其中4个示范点调查，平均亩产3 500kg，比‘戈雷拉’增产36%；1995—1997年，在省内开原市三家子乡、凤城市兰旗镇、沈阳市浑河站乡、本溪市林业局进行多点温室示范生产，亩产2 200~3 800kg，比‘戈雷拉’增产32%~121%。1996年东港市马家岗乡李店村战素清种0.5亩‘杜克拉’草莓，折合亩产 6 500kg，亩收入 6.2 万元。

1997 年春天，东港市日光温室草莓 13 332 亩，其中‘杜克拉’12 249 亩，生产调查平均亩产达 2 250kg，比‘戈雷拉’增产 80% 以上，每亩增值 5 000 多元。1998 年春天，东港市日光温室草莓 19 831 亩，其中‘杜克拉’16 817 亩，生产调查平均亩产 2 600kg，比老品种‘戈雷拉’增产增值 1 倍以上。其中亩产 4 000kg 以上，亩收入 3 万元以上者不胜枚举。

1995—1998 年，日光温室草莓主栽品种‘杜克拉’，搭配品种‘戈雷拉’‘图得拉’‘宝交早生’等品种。

1996 年 10 月，东港市草莓研究所所长谷军随辽宁省政府福冈招商考察团赴日本考察期间，应东港市政府经济技术顾问、东港市草莓研究所技术顾问、日本著名草莓专家斋藤明彦先生邀请，到日本静冈县经济联合会考察学习和交流草莓生产技术。斋藤明彦先生对中国草莓生产十分关心，将刚刚在静冈县日光温室推广应用的‘章姬’新品种赠送给东港市草莓研究所 3 株原种钵苗，由东港市草莓研究所首次从日本将‘章姬’品种引进中国。

1996—1999 年，东港市草莓研究所安排多处日光温室品种试验示范，观察品种特征特性，总结配套生产技术。几年间，‘章姬’表现丰产、抗病、果形美、商品价值高，分别比日本品种‘丰香’‘鬼怒甘’‘宝交早生’增产增效，自此‘章姬’品种在东港市及全国推广种植。

1999—2004 年，东港市日光温室品种比较多，主要品种为‘红实美’‘杜克拉’‘章姬’‘图得拉’和‘红颜’，搭配品种为‘丰香’‘鬼怒甘’‘枥乙女’‘幸香’‘宝交早生’‘安娜’等品种。

1999 年 7 月 14 日，东港市草莓研究所所长谷军与日本专家电话沟通，邀请其来考察指导，请其赠送我方日系最新品种种苗（专家此前先后 7 次来东港考察指导，是东港政府经济技术顾问），专家应允。9 月 18 日，谷军所长从大连机场接专家至丹东。19 日，专家赠予东港市草莓研究所‘章姬’‘枥乙女’‘丽红’‘宝交早生’‘红颜’（‘99-03’）和‘丰香’（‘A10’）各 1 株，草莓硬度仪 1 台，土壤湿度测试仪 2 台。因某些原因，当时没有用‘红颜’实名，而是用引进的年份 99 代号，‘红颜’又称‘99号’由此而来。此后，东港市草莓研究所首次引进中国的‘红颜’品种，因其优质高产，很快成为全市温室草莓主栽品种，并且在全国推广，目前已经成为中国草莓第一大生产品种。

2005年之后，东港市温室品种逐渐形成以‘红颜’‘甜查理’为主栽，其他品种少量栽培的稳定布局。

2007年，全市温室品种‘红颜’20 050亩、‘甜查理’5 100亩、‘杜克拉’5 083亩、‘丰香’2 358亩、‘红实美’2 265亩、‘章姬’2 000亩、‘图得拉’1 858亩、‘宝交早生’855亩、‘枥乙女’590亩、‘鬼怒甘’262亩、‘幸香’30亩，其他500亩。

2010年，全市温室面积39 617亩，其中‘红颜’18 794亩、‘甜查理’13 651亩、‘章姬’2 900亩、‘鬼怒甘’1 395亩、‘丰香’1 291亩，其他品种不足千亩。

2011年，全市温室面积43 029亩，其中‘红颜’22 750亩、‘甜查理’13 860亩、‘章姬’2 261亩，其他10个左右品种面积均未超千亩。

2019年，全市温室面积122 000亩，其中‘红颜’约100 000亩、‘甜查理’20 000亩、‘章姬’1 000亩，其他品种1 000亩左右。

（二）早春大棚草莓品种更新换代

1992年之前，全市早春大棚草莓面积很少，主要品种为‘戈雷拉’‘宝交早生’等品种。

1992年，东港市经北京三爱斯植物材料有限公司从西班牙引入‘杜克拉’‘卡尔特一号’‘安娜’‘露西’‘苏珊娜’等品种。通过科技人员与农民连续几年试验筛选，其中‘卡尔特一号’在早春大棚半促成栽培种表现突出，无论产量、品质、商品形状和抗病性等都优于‘戈雷拉’和‘宝交早生’品种。

1994—2000年，‘卡尔特一号’成为早春大棚一枝独秀的主栽品种，全市基本没有搭配品种。

2001—2010年，早春大棚主栽品种‘卡尔特一号’，搭配品种‘达赛莱克特’。

2011年至今，早春大棚草莓生产面积逐年下降，栽培品种为‘卡尔特一号’‘达赛莱克特’‘爱莎’‘阿尔巴’等品种。

（三）露地草莓品种更新换代

1924—1978年，东港市露地草莓主要栽植‘鸡心’和‘大鸡冠’品种。

1979—1985年，主栽‘春香’‘红衣’（‘花大’）‘福羽’品种。

1982—1984年，先后引入‘戈雷拉’‘宝交早生’‘绿色种子’‘红手套’‘小尚’‘维斯塔尔’‘布兰登宝’‘因都卡’‘担坦’（‘梯旦’）和‘四季草莓’等品种。

1985—1994年，‘戈雷拉’为东港市草莓主栽品种，搭配‘宝交早生’等其他品种。

1990年，沈阳农业大学邓明琴教授将‘哈尼’品种引到东港市试种。经过几年试验示范，‘哈尼’品种在露地栽植比以往栽植品种抗病抗逆性强，产量高，果型美，果肉艳红，果汁多，尤其适合作深加工制品，深受国外客商青睐，逐渐成为陆地草莓主栽品种，直至2019年尚未有新的品种所取代。

1993年，引种‘达善卡’。

1994年，引种‘森加森加拉’。

1998年，露地草莓15 998亩，其中‘哈尼’7 894亩、‘卡尔特一号’3 329亩、‘杜克拉’2 974亩、‘宝交早生’886亩、‘图得拉’377亩、‘全明星’120亩、‘丰香’31亩、‘达善卡’‘森加森加拉’等其他品种499亩。

2005年，露地草莓22 276亩，其中‘哈尼’21 809亩，‘达善卡’‘托泰姆’‘常德乐’等其他品种317亩。

2007年，露地草莓31 015亩，其中‘哈尼’29 519亩，其他品种1 500亩。

2008年，露地草莓32 030亩，其中‘哈尼’31 930亩，其他品种100亩。

2009年，露地草莓26 280亩，其中‘哈尼’23 629亩，‘蜜宝’‘达赛莱克特’等其他品种2 651亩。

2010年，露地草莓225 591亩，其中‘哈尼’23 376亩，‘蜜宝’‘达善卡’等其他品种2 315亩。

2011年，露地草莓20 588亩，几乎全部为‘哈尼’品种，其他品种不足百亩。

2022—2019 年，年露地草莓 25 000~30 000 亩，仍然‘哈尼’品种为主栽，其他品种极少。

二、东港市 1992 年以来栽培或引种过的部分草莓品种

（一）日本品种

1. 章姬（Akihime）

日本静冈县农民育种家获原章弘以‘久能早生’×‘女峰’杂交育成的早熟品种，1992 年品种登记，为日本主栽品种之一，1996 年辽宁省东港市草莓研究所首先引入中国。植株长势强，繁殖力中等，中抗炭疽病和白粉病能力中等，丰产性好。果实长圆锥形，个大畸形果少，可溶性固形物含量 9%~14%，味浓甜、芳香，果色艳丽美观，柔软多汁，一级序果平均重 40g，最大单果重 130g，亩产 3t 以上，休眠浅，适宜礼品草莓和近距运销温室栽培。亩定植 8 000~9 000 株。

2. 红颜（Beinihoope）

原名紅ほっぺ。别名日本‘99 号’‘九九’‘红颊’草莓。日本静冈县农业试验场 1993 年以‘章姬’×‘幸香’育成。1999 年东港市草莓研究所首先引入我国，因 1999 年引进，丹东地区习称为‘99 号’。目前在全国大量栽培，已成为我国最大面积主栽品种。据中国园艺学会草莓分会统计，2010 年在我国栽培面积排名第三，2015 年已经成为种植面积最大品种，2019 年‘红颜’栽植面积占全国总面积 240 万亩的 60% 以上。果实大，圆锥形。果色鲜红，着色一致，富有光泽，果心淡红色。可溶性固形物含量 11%~12%，一级序果平均重 32.6g，平均单果重 18.65g。口感好、肉质脆、香味浓。果实硬度适中，较耐储运。耐低温能力强，在低温条件下连续结果性好。保护地促成栽培一般亩产量可达 3t 以上。株型直立、长势旺。叶色浓绿，较厚。不抗白粉病，我国南方栽培时炭疽病较重，繁苗较困难。

3. 丰香（Toyonoka）

日本农林水产省以‘卑弥乎’×‘春香’育成的早熟品种，1985 年引入我国，1995 年引入东港市。植株开张健壮，叶片肥大，椭圆形，浓绿色，叶柄上有钟形耳叶，不抗白粉病。花序较直立，繁殖力中等。

果实圆锥形，果面有棱沟，鲜红艳丽，口味香甜，味浓，肉质细软致密，可溶性固形物含量9%~11%，硬度和耐储运性中等。一级序果平均重32g，最大单果重65g，亩产1.5~2t，休眠浅，宜温室和早春大棚栽植。亩定植8 000~9 000株，注意防治白粉病。

4. 枥乙女（Tochiotome）

日本枥木县农业试验场枥木分场育成，亲本为‘久留米49号’×‘枥峰’，1996年注册，1998年引入我国并在东港市种植。植株旺盛，叶浓绿，叶片大而肥厚，繁殖力中等，较抗白粉病，花量大小中等。果实圆锥形，鲜红色，肉质淡红空心少，味香甜，可溶性固形物含量9%~11%，果个较均匀，硬度好，耐储运性强。口味、果型极佳，2007年东港市草莓协会选送样品获首届中国（北京）草莓文化节优质果擂台赛金奖。该品种第一级序果重30~40g，亩产2t左右。休眠浅，适宜温室生产，亩植9 000株。

5. 鬼怒甘（Kinuama）

日本枥木县宇都宫市农民渡边宗平等从‘女峰’品种变异株中选育而成的早熟品种，1992年品种登记，1996年引入东港市。长势旺健，株形直立，繁殖力强，耐高温，抗病能力中等。叶片长椭圆形，花蕾量中等，花柄较粗长。果实圆锥形，橙红色，种子凹陷于果面，果肉淡红，口感香甜有芳香味，可溶性固形物含量9%~10%，硬度中等。一级序果平均重35g左右，最大单果重70g，亩产2t左右。休眠浅，适宜温室栽植，亩定植8 000~9 000株，应增施农家肥满足其喜肥需求。

6. 幸香（Sachinoka）

日本农林水产省野菜茶业试验场久留米支场1987年以‘丰香’×‘爱美’杂交育成，1996年登记命名，1999年引入东港市栽植。植株长势中等，不抗白粉病，较抗炭疽病，叶片较小，叶色淡绿，植株新茎分枝多，花果量多。果实圆锥形，果色较‘丰香’深红，味甜酸，香气浓，可溶性固形物含量10%~11%。硬度好，耐储运，果个中大均匀，第一级序果平均重20g，最大单果重42g，亩产2t以上。休眠浅，适宜温室栽植，亩定植10 000~11 000株，应注重预防白粉病。

7. 佐贺清香（Sagahonoka）

日本佐贺县试验研究中心于1991年设计‘大锦’×‘丰香’组合，

1995年以品系名‘佐贺2号’在生产上进行试栽示范，1998年命名为‘佐贺清香’。植株长势及叶片形态与‘丰香’品种有些相似。果实大，一级序果平均重35.0g，最大单果重达52.5g。果实圆锥形，果面颜色鲜红色，富光泽，美观漂亮，畸形果和沟棱果少，外观品质极优，明显优于‘丰香’。温室栽培连续结果能力强，采收时间集中。果实甜酸适口，香味较浓，品质优。可溶性固形物含量10.2%。果实硬度大于丰香，而储运性强，货架寿命长。须注重预防白粉病。

8. 女峰（Nyoho）

1970年，日本栃木县农试佐野分场开始用‘春香’‘达娜’‘丽红’为亲本反复杂交育成，1984年命名，1985年引入我国。植株长势强，大而直立，匍匐茎抽生能力强，叶片椭圆形，深绿色有光泽。花序梗中等粗，较直立，低于叶面。对红蜘蛛抗性较差，对其他病虫害抗性中等。果实圆锥形、深红色，种子分布均匀，微凹于果面，果皮韧性强，耐储运，果肉红色，酸甜适中，肉质细腻，可溶性固形物含量10%左右，适宜鲜食，也可用做深加工。果个中等偏大，一级序果平均重24g，最大单果重42g，亩产2t左右。休眠浅，适宜温室反季节栽培，亩栽培9 000~10 000株，注意防治蚜虫、红蜘蛛。

9. 春香（Harunoka）

日本农林水产省野菜茶业试验场久留米支场1964年用‘促成2号’×‘达娜’杂交育成，1980年引入我国。植株长势强，冠大直立，匍匐茎抽生能力强，耐高温。叶片长椭圆形，叶色浅绿，花梗中等粗度，低于叶面，花芽形成早。果实楔形或圆锥形，橙红色、有光泽，果肉淡黄色，细腻可口，香味浓，可溶性固形物含量10%左右。果个中大均匀，一级序果平均重22g，最大单果重30g以上，亩产2t左右。休眠浅，适宜温室反季节栽培，亩栽植9 000~10 000株，注意防治白粉病和黄萎病。

10. 宝交早生（Hokowase）

1957年，日本以‘八云’×‘达娜’杂交育成的中早熟品种，植株长势旺而开张，繁殖力强，抗白粉病，对炭疽病和灰霉病抗性差，叶片椭圆呈匙形，单株花序3~4个，果实呈圆锥形，艳红亮丽，种子红或黄色，多凹入果面，果肉浅橙色，味香甜，肉质细软，可溶性固形物含量 8%~10%，硬度差，不耐储运，是鲜食极佳品种。第一级花序果平均重 31g，亩产可达 2t 以上。休眠深，适宜温室和露地栽植，亩定植 8 000~9 000 株。

11. 红珍珠（Red Pearl）

由‘爱莓’×‘丰香’育成，1991 年发表。1999 年引入我国。植株长势旺，株态开张，叶片肥大直立，匍匐茎抽生能力强，耐高温，抗病性中等，花序枝梗较粗，低于叶面。果实圆锥形，艳红亮丽，种子略凹于果面，味香甜，可溶性固形物含量 8%~9%，果肉淡黄色，汁浓，较软，是鲜果上市上乘品种，亩产 2t 左右。休眠浅，适宜温室反季节栽培，亩栽植 8 000~9 000 株，注意预防白粉病。

12. 丽红（Reiko）

日本千叶县农业试验场用‘春香’自交系和‘福羽’杂交育成，1976 年命名发表。我国从 1983 年引入。植株生长势强，直立，匍匐茎发生能力较强。叶片长椭圆形，较大，中等厚，深绿色，春夏季叶色稍带黄，单株叶片 13~14 片。花序梗粗，直立，低于叶面，单株花序 3~4 个，每花序平均 8 朵花。果实圆锥形，平均单果重 15~18g，最大单果重 30g，亩产 1.5t 以上。果面浓红色，光泽强，种子分布均匀，微凹入果面，果皮韧性强，果肉红色，肉质细，致密，汁多，香味浓，髓心橙红色，中等大，空洞小，甜酸适中，硬度较大，可溶性固形物含量 8.6%。休眠中等偏浅，适宜温室或早春大棚促成或半促成栽培。亩栽植 8 000~9 000 株，注意防治蚜虫。

13. 明宝（Meiho）

日本兵库农业试验场用‘春香’和‘宝交早生’杂交育成，1977 年命名发布。我国 1982 年从日本引入。植株生长势较强，较直立，匍匐茎抽生能力中等。叶片长椭圆形，肥厚，花序梗中等粗，低于叶面。果实短圆锥形，鲜红色，光泽强，种子分布均匀，平嵌入果面，果肉白色，髓心部小，空洞小，橙红色，肉质细，稍软，汁多，酸甜适中，具芳香味，可溶性固形物含量 8.7%。平均单果重 25g，最大单果重 40g，对白粉病及灰霉病抗性较强。休眠浅，适宜温室反季节栽培，亩栽植 8 000~9 000 株。

14. 静宝（Shizutakara）

‘久留米103号’×‘宝交早生’杂交育成，1980年定名，1982年登记。20世纪90年代引入我国。植株生长势强，高而直立，收获后半期由于结果负担而使株高降低，叶片变小，长势转弱。抗病性中等，抗黄萎病，对白粉病、炭疽病、灰霉病的抗性中等。匍匐茎发生多，叶片长圆形，较大，单株叶数多。果实楔形，鲜红色，果肉红色，果心稍空，肉质细，汁多，糖、酸多，香味浓，可溶性固形物含量10.2%~11.6%，硬度中等。耐储运性好，但果色容易转暗色，适宜鲜食和做果汁。休眠浅，适于促成栽培，亩栽植8 000株。

15. 静香（Shizunoka）

日本静冈农业试验场以（‘久留米’×‘宝交早生’）×‘宝交早生’育成，1984年从日本引入。植株长势强，株姿半开张，匍匐茎发生多。叶片椭圆形，中等大，深绿色，每株花序5~7个。果实长圆锥形，鲜红色，果肉淡红色，髓心小，肉质细，味香酸甜，可溶性固形物含量8%~9%，较软，不耐储运。第一级序果平均重28g，最大单果重50g，丰产性好，一般亩产1.5t，高产可达2t。休眠浅，适宜促成栽培或露地栽培。亩栽植8 000株。

16. 春宵（Haruyoyi）

1996年引入我国。植株长势强，株型直立，叶大而绿，叶数少，可密植栽培，匍匐茎抽生一般，耐热耐寒性强，抗病性也较强。果实圆锥形，果面鲜红有光泽，但光照不足时果色变淡。果肉硬，富有香气，糖度比‘宝交早生’高，畸形果少，果皮强度高，耐储运性好，品质优良。平均单果重15g，休眠浅，适于促成、半促成栽培，露地栽培早期花易受冻，畸形果多。亩产1.5t以上，亩栽植8 000株。

17. 久能早生（Kunouwase）

由‘旭宝’×‘丽红’育成，1983年发表。是日本静冈县石垣栽培主栽品种。该品种植株生长势强，叶片长圆形，浓绿。果实圆锥形，鲜红色，果肉较硬，橘红色，果髓空，果汁中等，口味酸甜，种子黄绿色，陷入果面较浅。可溶性固形物含量10%，果实硬度中等。最大单果重38g，平均单果重15g，亩产1.5t以上。果实品质好，可鲜食或加工。休眠较浅，适合于促成栽培和露地栽培。亩栽植8 000~9 000株。

18. 桃熏白

日本品种，植株长势强，叶密度大，叶片近圆形且肥厚，色深绿少光泽，不抗白粉病。盛果期株高29cm，花果量大。果实短圆或近圆形，但畸形果少，果面见光处乳黄晕红色，背光处乳白色，少光泽，果肉白色，淡甜具黄桃香味。可溶性固形物含量8.2%，硬度0.25kg/cm^2，不耐储运。亩产2t左右。

19. 甘王（阿玛奥）

日本中熟品种，花果期晚于对照一周左右。

植株生长势强，株高30cm，叶片短椭圆肥厚，展平，色深有光泽，叶密度大，盛果期株高30cm。中抗白粉病、灰霉病，不抗炭疽病和红蜘蛛。花枝花梗粗，花瓣大，果实短圆锥形，果萼翻卷，果形整齐，果面橘红色，沙瓤有空心，味香甜，可溶性固形物含量10.5%。硬度0.30kg/cm^2，耐储性较好。平均单果重高，最大单果重达128g，亩产2~3t。

20. 香野

2010年日本选育登记的促成品种，国内又叫它‘隋珠’。长势旺健，比‘红颜’和‘章姬’株高出2~3cm，直立生长，叶色浅绿，叶片圆形。上市早，抗炭疽病能力强，耐低温，休眠浅，糖度高。‘香野’现蕾期比‘章姬’早，温室9月10日左右定植，11月中上旬就可以收获，不需经过冷夜短日处理或者低温黑暗处理等。果实微扁平长圆锥形大果，果柄较长，果色从淡红到鲜红，果肉呈乳白色。单果重比‘甜查理’大，口味香甜，果实硬度比‘章姬’高。香野对炭疽病、白粉病的抗性强于一般的日系品种，对红蜘蛛的抗性也优于其他品种，但不抗灰霉病。

（二）中国品种

1. 红实美

1998年东港市草莓研究所杂交选育，2005年1月经辽宁省农作物品种审定委员会审定命名。植株长势旺健，株态半开张，叶梗粗，叶片近圆形，浓绿肥厚有光泽，极抗白粉病，抗螨类虫害，花梗粗壮，低于叶面，花瓣、花萼肥大，果实长圆锥形，色泽鲜红，口味香甜，果肉淡红多汁，具有东西方品种融汇特点，可溶性固形物含量8%~9%，硬度较好，为 0.55kg/cm^2，可以汽运至黑龙江及俄罗斯符拉迪沃斯托克市，果个大而亮丽，一级序果平均重 45g，最大单果重超 100g，单株平均产量 400~500g，最高产单株达 1 500g。休眠浅、早熟适宜温室反季节栽培，亩栽植 8 000~9 000 株。

2. 甘露

东港市农民从‘红颜’生产苗中选育品种。植株长势旺健，长势长相近似对照。抗病性强于对照。果实性状、颜色如同对照，畸形果少，果个较大，髓心沙瓤乳黄色，或有空心，口感和硬度略差于对照，生产能力强，最大单果重 110g，亩产 3t 以上。

3. 明晶

沈阳农业大学园艺系从美国品种自然杂交实生苗中选出。植株生长势强，株姿直立，分枝较少，植株较高。叶片椭圆形，匙状，肥大，较厚，有光泽，深绿色。花序低于叶面，单株平均抽生花序 1.8 个，每花序平均有花 9.7 朵。果实短圆锥形，鲜红色，有光泽，种子黄绿色，平嵌于果面，果皮较薄，果肉红色，肉质致密，髓心小，风味酸甜爽口，可溶性固形物含量 8.4%，硬度较大。第一级序果平均重 27.2g，最大单果重 43g。早中熟品种，适应栽培的地域广，抗逆性强，越冬性、抗寒性和抗旱性、抗晚霜能力均较强。在北方可露地和保护地栽培，亩栽植 10 000 株。

4. 明磊

沈阳农业大学园艺系从美国品种的实生苗中选出的早熟品种。该品种植株生长势较强，叶片椭圆形，呈匙状，黄绿色，较薄。果实圆锥形或楔形，鲜红色，果肉橘红色，肉质细，口味甜，种子黄绿色，陷入果面，有香味，果汁中等，可溶性固形物含量 12%，果实硬度较大。最大单果重 35g，平均果重 14g。该品种具有较强的越冬性，抗寒、抗旱能力强。果实成熟期集中，采收省工，较耐储运。适于露地和保护地栽培。亩定植 10 000~12 000 株。

5. 明旭

沈阳农业大学园艺系 1987 年用‘明晶’和‘爱美’杂交育成，1995 年 10 月通过辽宁省农作物品种审定委员会审定命名。植株生长势强，株高 30.6cm，株姿直立。叶片卵圆形，大而厚，绿色。花序梗粗而直立，花序与叶面等高，单株平均抽生花序 1.5 个，抽生匍匐茎能力强。果实近圆形，果面红色，着色均匀，果肉粉红色，肉质，香味浓，甜酸适口。种子均匀平嵌果面，萼片平贴，易脱萼，可溶性固形物含量 9.1%，果皮韧性好，果实硬度中等，较耐储运。第一级、第二级序果平均重 16.4g，最大单果重 38g，亩产 2t 以上。抗逆性强，尤其表现植株抗寒性好，适宜温室和露地栽培，亩栽植 9 000 株。

6. 硕丰

1981 年江苏省农业科学院园艺研究所用‘MDUS4484’和‘MDUS4493’杂交育成，1989 年通过省级鉴定。植株生长势强，矮而粗壮，株姿直立，冠大。叶片圆形或扇形，厚且中等偏大，深绿色，叶面平滑而有光泽，单株叶片 8~10 片。花序梗粗而直立，高于或平于叶面，每花序着生 8~9 朵花，每株平均抽生花序 3 个。丰产性好，果实短圆锥形，橙红色，果肉果心均为红色，髓小，无空洞，肉质细，汁多味浓，甜酸适度，可溶性固形物含量 10%~11%，硬度大。种子黄绿色，平嵌于果面。平均单果重 15~20g，最大单果重 50g，为晚熟品种，果实耐储运性好，耐热性强，抗旱，对灰霉病和炭疽病有较强抗性。植株休眠较深，是露地栽培的优良品种，亩栽植 10 000~11 000 株。

7. 硕蜜

1981 年江苏省农业科学院园艺研究所用‘Honeoye’和‘MDUS4429’杂交育成，1989 年通过省级鉴定。植株生长势强，矮而粗壮，株姿较直立，冠大。叶片近圆扇形，较大且厚，深绿色，叶面平滑有光泽，单株叶片 7 片。花序梗中等粗，直立生长，与叶面平，每花序着生 5~6 朵花，每株平均抽生花序 3 个。丰产性好，平均单株产量 202g，最高达 240g。果实短圆锥形，深红色，果肉红色，肉质细，果心红色，髓心稍空，汁多，风味甜浓微酸，坚韧，硬度大，可溶性固形物含量 10.5%~11%。种子红色或黄色，平于果面。平均单果重 15~20g，最大单果重 50g。中熟品种，耐储运性好，在常温下可存放 2~3d 不变质。耐热性强，是露地栽培的优良品种，亩栽植 9 000~10 000 株。

8. 硕露

1981 年，江苏省农业科学院园艺研究所用‘Scott’和‘Beavtr’杂交育成，1990 年通过省级鉴定。植株生长势强，矮而粗壮，株姿较直立，冠大。叶片长圆形，厚且中等偏大，深绿色，平滑有光泽，单株叶片 10 片。花序梗中等粗，直立生长，低于叶面，每花序着生花 10~11 朵，平均每株抽生花序 2 个。丰产性好，单株产量重 204~289g。果实近纺锤形，鲜红色，光泽好，果顶端尖，肩部狭，种子黄绿色，平嵌果面。果肉橙红色，髓心小，红色，肉质细韧，汁多，甜酸适中，硬度大，可溶性固形物含量 10.6%。平均单果重 17g，最大单果重 45g，为早熟品种，果实耐储性好，加工性能好，既可鲜食又可加工。适宜露地栽培，亩栽植 10 000 株。

9. 星都一号

1990 年，北京市农林科学院林业果树研究所以‘全明星’×‘丰香’杂交培育而成的新品种，1996 年定名。植株生长势强，株态较直立。叶椭圆形，绿色，叶片较厚，叶面平，尖向下，锯齿粗。单株花序 6~8 个，花朵总数为 30~58 朵。果实圆锥形，红色偏深有光泽，果肉深红色，种子黄、绿、红兼有，分布均匀，花萼中大，果个较大，一级序果平均重 25g，最大单果重 42g。风味酸甜适中，香味浓，可溶性固形物含量 9.5%，果实硬度大，耐储运，亩产 1.5~2t。适合鲜食、加工、速冻制汁、制酱。适合半促成及露地栽培。亩栽植 9 000~10 000 株。

10. 星都二号

植株生长势强，株态较直立。叶椭圆形，绿色，叶片厚中等。叶面平，尖向下，锯齿粗，叶面质较粗糙，光泽中等。花序梗中粗，低于叶面，单株花序 5~7 个，花朵总数为 40~52 朵。果实圆锥形，红色略深有光泽，果肉深红色，风味酸甜适中，香味较浓，种子黄绿红色兼有，平或微凸，分布密，花萼单层双层兼有。可溶性固形物含量 8.72%，一级序果平均重 27g，最大单果重 59g。果实硬度较好，适宜保护地及露地栽培，鲜食和加工均可。为早熟、大果、丰产、耐储运品种。亩栽植 9 000~10 000 株。

11. 石莓一号

石莓一号是石家庄果树研究所于 1984 年从引进的单系中选育出来的，1990 年通过省级专家鉴定并定名。植株生长势强，叶片厚，长圆形，绿色，果实长圆锥形。果色鲜红，果面有光泽。最大单果重31g，平均单果重19.8g，果肉橘红色，果汁中等，风味酸甜，有香味。可溶性固形物含量10.2%，种子深红色，陷入果面深。果柄易脱，果茎明显。丰产性能好，早熟，品质优良，适宜鲜食或加工。既可露地栽培，又适宜保护地栽培。亩栽植9 000~10 000株。

12. 港丰

辽宁省东港市农民魏金胜1998年从‘丰香’品种变异株选育。植株长势旺盛，繁殖力强，叶肥厚鲜绿，花果量多，抗病性突出。果实近圆锥形，果肉细腻，可溶性固形物含量7%~9%，味香甜，硬度较好。一级序果平均重30g，果实个头均匀，亩产3t以上，休眠浅，适宜温室栽植，亩定植9 000~11 000株。

13. 春星

1990年，河北省农林科学院石家庄果树研究所以‘183-2’×‘全明星’培育而成，1999年定名。植株生长势强，叶片近圆形，深绿色，叶展角度小，叶缘锯齿深，叶面光滑，质地较软，茸毛少。叶柄浅绿色，茸毛多。花序低于叶面。种子黄色，分布密度中，陷入果肉浅。果实圆锥形，鲜红色，平均单果重30g，最大单果重78.7g。果肉橘红色，较硬，有香味，髓心略空，酸甜适度，果汁多，品质好。可溶性固形物含量11%。该品种早熟，丰产，适宜露地和保护地栽培。亩栽植9 000株。

14. 长虹二号

1998年，沈阳农业大学园艺系选育，验收命名的中早熟四季型品种，生长势中等，植株较开张，叶椭圆形深绿色，花序低于叶面，两性花。果圆锥形，果面平整有光泽，种子凸出果面。果大，一级序果平均重20.5g，最大单果重48g，汁多，酸甜，香味浓，硬度大，耐储运。可溶性固形物近8.2%。产量高，春秋两季合计亩产1 170kg。该品种抗旱、抗寒、抗病性和抗晚霜能力都较强。亩栽植10 000株。

15. 春旭

2000年，江苏省农业科学院从‘春香’×‘波兰’引进的草莓品种（品种名不详）杂交组合中育成。目前在江苏设施栽培中有较大栽培面积。果实较大，一二级序果平均重15.0g，最大单果重36.0g。果实圆锥形，果面鲜红色、光泽强、较平整。果肉红色，果肉细，甜，味浓，有香气，汁液多。可溶性固形物含量 11.2%，品质优，果皮薄，耐储运性中等。丰产性能好，设施条件下每亩产量为 1 757~2 199kg。植株抗逆性好，耐热、耐寒性强、抗白粉病。早熟品种，早期产量高，适于大棚促成栽培。

16. 硕香

1995 年，江苏省农业科学院园艺研究所从‘硕丰’×‘春香’杂交组合中选育而成。果实大，一、二级序果平均重 17.0~20.0g，最大单果重 58.0g。果实圆锥形至短圆锥形，果面深红色、光泽好、平整。果肉深红色，果肉细，浓甜、微酸，有香气。可溶性固形物含量 10.5%，果实硬度优于‘宝交早生’，较耐储运。丰产性能好，单株平均产量 177.4g，平均每亩产 844.0~934.4kg，最高达 1 250kg。耐热性强，对草莓灰霉病、炭疽病具有较强抗性。早熟品种，果实大，果实耐储、甜、商品果率高。

17. 林果四季

北京市农林科学院林业果树研究所从国家草莓种质资源圃选出的四季型品种。长势中庸，匍匐茎抽生能力弱，早熟。果实楔形，红色，平均单果重 11.2g，最大单果重 43g，果实外观较好，风味甜酸，有香味，可溶性固形物含量 6.5%，适合草莓秋季生产和加工。春季果实硬度为 0.24kg/cm^2，单株产量平均 143.6g，秋季果实硬度更大。若秋季加强管理，可填补 8—10 月草莓市场的空白。亩栽植 10 000 株。

18. 申旭 1 号

1997 年，上海市农业科学院和日本国际农林水产业研究中心合作，以‘盛冈 23 号’×‘丽红’育成。果实较大，平均单果重 12.3g。果实圆锥形、楔形，果面深红色、着色一致、平整。果肉橙红色，果肉细，硬度中等，耐储性优于‘丰香’。酸甜适度，略有香味。可溶性固形物含量 9.7%。丰产性能好，平均单株产量 322.0g，早期产量和总产量均高于‘宝交早生’。对炭疽病、灰霉病抗性强。休眠较浅，花芽分化期与‘宝交早生’相近。早熟品种，适于促成、半促成栽培。

19. 申旭 2 号

1997 年，上海市农业科学院和日本国际农林水产业研究中心合作，以‘久留米49’×‘8418-23’（‘女峰’×‘久留米45’）育成。果实中等大小，平均单果重11.5g。果实圆锥形，果面橙红色、着色一致、有光泽、平整。果肉粉红色，髓心中等大小、心实、浅红色。果肉细，质地脆，硬度中等。酸甜适度，香味浓，汁液中等多。可溶性固形物含量9.6%。丰产性能好，单株平均着果37.8个，平均单株产量357.0g，作促成栽培时早期产量和总产量均高于‘丰香’。早熟品种休眠浅，适于南方促成栽培。

20. 秀丽

沈阳农业大学2010年从‘吐德拉’×‘枥乙女’杂交组合中育成的草莓日光温室促成栽培新品种。一级序果为圆锥形或楔形，二级序果和三级序果为圆锥形或长圆锥形；一二级序果平均重27.0g，最大单果重38.0g；果面红色，有光泽；果肉红色，髓心白色，无空洞，汁液多，风味酸甜，有香味；可溶性固形物含量10.00%，可溶性糖含量7.70%，可滴定酸含量0.80%，维生素C含量0.640mg/g，果面硬度0.43kg/cm^2；在沈阳地区日光温室促成栽培，12月中下旬果实开始成熟，1月中下旬大量成熟。

21. 紫金1号

江苏省农业科学院园艺研究所2005年从‘硕丰’×‘久留米’杂交育成。果实圆锥形，果面鲜红，洁净漂亮，种子微凹于果面，果型整齐。果肉和髓心红色或橙红色，果味酸甜。果实除萼较易。可溶性固形物含量在9%以上。平均单果重14g。该品种除保持了母本‘硕丰’果实表面和果肉红色、可溶性固形物含量高、丰产性好、抗病性强等特点外，还具有果实味酸甜浓、肉质稍软、除萼容易、植株直立等优良加工特性，适于半促成和露地栽培。

22. 宁玉

2010年，江苏省农业科学院园艺研究所由‘幸香’×‘章姬’杂交育成。果实圆锥形，果形端正，一二级序果平均重24.5g，最大单果重52.9g，产量达33 180kg/hm^2；果面红色，光泽强；果肉橙红，味甜，香浓，耐储运，可溶性固形物含量10.7%，总糖含量7.384%，可滴定酸含量0.518%，维生素C含量0.762mg/g，硬度1.63kg/cm^2。植株半直立，长势强，叶片椭圆形、粗糙。早熟品种，适于大棚栽培。

23. 宁丰

江苏省农业科学院园艺研究所用‘达赛莱克特’为母本、‘丰香’为父本经杂交选育而成的设施草莓新品种。早熟丰产，果实外观整齐漂亮，畸形果少。果实圆锥形，果面红色，光泽强。肉质细，风味甜，南京地区全年平均可溶性固形物含量9.8%，硬度1.68kg/cm^2。果大，果个均匀，平均单果重16.5g，株产328g。植株长势强，半直立。抗炭疽病，白粉病，适合我国大部分地区促成栽培。

24. 雪蜜

江苏省农业科学院园艺研究所2003年选育的新品种。原始材料由日本友人提供，经组培诱变、田间栽植后选出。株姿半直立，叶片较大，近椭圆形，株高15cm左右。果实为圆锥形，果面平整，鲜红色，着色易，光泽强；果基无颈，无种子带；果肉橙红色，髓心橙红或白色，大小中等，无空洞或空洞小；香气较浓，酸甜适中，品质优。最大单果重45g，可溶性固形物含量11%，总糖含量5.46%，可滴定酸含量0.69%，维生素C含量0.612mg/g，硬度0.68kg/cm^2。‘雪蜜’对白粉病的抗性强于‘丰香’。

25. 紫金四季

2011年，江苏省农业科学院园艺研究所由‘甜查理’×‘林果’杂交育成，为四季型品种。果实圆锥形，平均单果重16.8g，最大单果重48.3g，产量达亩产3吨左右；果面红色，光泽强；果肉红，味酸甜浓，耐储运，可溶性固形物10.3%，总糖7.152%，栽后一个月现蕾，40d开花授粉，比对照提早上市一个半月，至6月中旬花量不少，连续开花性能强。

该品种植株长势中庸偏矮，株高198cm，植株较矮，叶密度小但株势紧凑。叶片近圆形，色淡绿，需肥量大，一旦肥力不足，比其他品种叶色很快渐淡趋黄。单枝花序，花序相对较短，花果量大。果实短圆锥形，果色亮红，沙瓤有空心，口味酸甜，可溶性固形物含量8.5%，硬度0.38kg/cm^2，明显硬于对照，耐储运。丰产性强且上市早。

26. 天香

2008年，北京市农林科学院林业果树研究所从‘达赛莱克特’×‘卡姆罗莎’杂交组合中选育而成。果实圆锥形，橙红色，有光泽，种子黄绿红色兼有，平或微凸果面，种子分布中等。果肉橙红色。花萼单层双层兼有，主贴副离。一二级序果平均重29.8g，最大单果重58g。外观品质好，风味酸甜适中，香味较浓。可溶性固形物含量8.9%，维生素C含量每100g鲜果65.97mg，总糖含量5.997%，总酸含量0.717%，果实硬度0.43kg/cm^2。植株生长势中等，株态开张。

27. 燕香

2008年，北京市农林科学院林业果树研究所从‘女峰’×‘达赛莱克特’杂交组合中选育而成。果实圆锥或长圆锥形、橙红色、有光泽。果肉橙红色，风味酸甜适中，有香味。一二级序果平均重33.3g，最大单果重54g。可溶性固形物含量8.7%，维生素C含量每100g鲜果72.76mg，总糖含量6.194%，总酸0.587%，果实硬度0.51kg/cm^2。植株生长势较强，株态较直立。

28. 书香

2009年，北京市农林科学院林业果树研究所由‘女峰’×‘达赛莱克特’杂交育成。果实圆锥形，果形端正，平均单果重24.5g，最大单果重76g，深红色，光泽强，有香味，耐储运，抗白粉病，可溶性固形物含量10.9%，总糖含量5.56%，总酸含量0.52%，维生素C含量0.492mg/g，果实硬度2.293kg/cm^2。植株长势较强。在北京地区日光温室栽培条件下1月上中旬成熟。

29. 石莓6号

2008年，河北省农林科学院石家庄果树研究所从‘36021’×‘新明星’中选育而成。果实短圆锥形，一级序果平均重36.6g，二级序果平均重22.6g，三级序果平均重14.9g，最大单果重51.2g，平均单株产量401.6g，丰产性好。果面平整，鲜红色（九成熟以上深红色），萼下着色良好，有光泽，无畸形果，无裂果，有果颈。果肉红色，质地细密，髓心小无空洞。果汁中多，味酸甜，香气浓，可溶性固形物含量9.08%。果实硬度0.512kg/cm^2，硬度大，储运性好。植株长势强，叶绿色，光泽强。中熟品种。

30. 久香

2007年，上海市农业科学院林木果树研究所从‘久能早生’×‘丰香’杂交组合中选育而成。果实圆锥形，较大，一二级序果平均重

21.6g。果形整齐，果面橙红富有光泽，着色一致，表面平整。果肉红色，髓心浅红色，无空洞；果肉细，质地脆硬；汁液中等，甜酸适度，香味浓。植株生长势强，株形紧凑。花序高于或平于叶面，匍匐茎繁殖能力强。设施栽培可溶性固形物含量9.58%~12%，可滴定酸含量0.742%，维生素C含量0.978 3mg/g。对白粉病和灰霉病的抗性均强于'丰香'。

31.3 公主

2009年，吉林省农业科学院果树所从'公四莓1号'×'硕丰'杂交组合中选育而成。一二级序果平均重15.1g，一级序果平均重23.3g，最大单果重39g。一级序果楔形，果面有沟，红色，有光泽，二级序果园锥形，果面无沟。果肉红色，髓心较大，微有空隙。香气浓。味酸甜，品质上乘。四季结果能力强，在温度适宜的条件下可常年开花结果。露地栽培春、秋两季果实品质好。可溶性固形物含量春季10%，夏季8%，秋季15%。总糖含量7.01%，总酸含量2.71%，维生素C含量每100g鲜果91.35mg。丰产，抗白粉病，抗寒。生长势中等。叶片椭圆形或圆形，深绿色，有光泽。花序高于叶面。四季品种。

32. 晶瑶

2008年，湖北省农业科学院经济作物研究所从'幸香'×'章姬'杂交组合中选育而成。目前在湖北省有一定栽培面积。果实呈略长圆锥形，果面鲜红，外形美观，富有光泽，畸形果少。果实个大，丰产性好。果实整齐。肉鲜红，细腻，香味浓，髓心小、白色至橙红色，口感好，品质优，耐储性好。育苗期易感炭疽病，大棚促成栽培抗灰霉病能力与'丰香'相当，抗白粉病能力强于'丰香'。植株高大，生长势强。叶片长椭圆形，嫩绿色。植株形态与果实外观与'红颜'相近。早熟品种，适于大棚和日光温室生产。

（三）欧美品种

1. 甜查理（Sweet Charlie）

美国品种，以'FL80-456'×'Pajaro'育成，1999年由北京市农林科学院从美国引入。2001年东港市草莓研究所从北京引入，果实较大，形状规整，圆锥形。果面鲜红色，颜色均匀，富光泽。果面平整。种子较稀，黄绿色，平于果面或微凹入果面。果肉橙红色，酸甜适口，甜度较大，品质优。果较硬，较耐运输。丰产性中等。植株长势中等。匍匐茎抽生能力强。可作为日光温室或塑料大棚早熟促成栽培。

2. 杜克拉（Fujiniya）

别名‘弗吉尼亚’‘弗杰尼亚’‘弗杰利亚’‘A 果’。西班牙中早熟品种，1990 年北京三爱斯植物材料有限公司从西班牙引入北京，1992 年东港市草莓研究所从北京市“三 S”公司引入。植株旺健，抗病力强，叶片较大，色鲜绿，繁殖力强。可多次抽生花序，在日光温室中可以从 12 月下旬陆续多次开花结果至翌年 7 月。果实为长圆锥形或长平楔形，颜色深红亮泽，味酸甜，硬度好，耐储运，鲜果汽运可达俄罗斯符拉迪沃斯托克市。果个大，产量高，顶花序果平均重 42g，最大单果重可超过 100g。亩产 4t 以上，东港市日光温室最高产典型亩产曾达 6 余吨。适宜温室栽培，鲜食加工兼可，亩定植 9 000~11 000 株。

3. 全明星（AllStar）

美国农业部马里兰州农业试验站杂交育成的品种。生长势强，叶片椭圆形，较厚，深绿色。果实圆锥形，鲜红色，平均果重 21.3g，最大单果重 32g。果实硬度大，果肉橘黄色或淡红色，髓心空，味酸甜，有香味，果汁多。可溶性固形物含量 6.8%，种子黄色，向阳面红色，陷入果面较浅。该品种耐高温高湿，对枯萎病、白粉病及红中柱病的部分生理小种抗性强，对黄萎病也有一定的抗性。丰产性好，亩产 2t 以上。果实耐储运，适宜鲜食或加工。适宜露地和保护地栽培。亩栽植 9 000 株。

4. 卡麦罗莎（Camarosa）

别名：‘卡麦若莎’‘卡姆罗莎’‘童子一号’‘美香莎’。美国加利福尼亚州福罗里大学 20 世纪 90 年代育成品种，1998 年前后引入我国并在东港市小面积生产。该品种长势旺健，株态半开张，匍匐茎抽生能力强，根系发达，抗白粉病和灰霉病，休眠浅，叶片中大，近圆形，色浓绿有光泽。果实长圆锥或楔状，果面光滑平整，种子略凹陷果面，果色鲜红并蜡质光泽，肉红色，质地细密，硬度好，耐储运。口味甜酸，可溶性固形物含量 9% 以上，丰产性强，一级序果平均重 22g，最大果单重 100g，可连续结果采收 5~6 个月，亩产 4t 左右，为鲜食和深加工兼用品种。适合温室和露地栽培，亩栽植 10 000~11 000 株。

5. 托泰姆（Totem）

美国育成品种，是美国和加拿大主栽品种之一。1998 年引入我国并在东港试栽。植株长势强，株态直立，叶鲜绿色，叶片椭圆形，果梗粗壮，低于果面。果实深红色，粗圆锥形，硬度中等，口味酸甜，可溶性固形物含量 8% 以上。果个大而均匀，一级序果平均重 22g，最大单果重可超 100g，亩产 3t 以上，适宜鲜食和深加工，可温室和露地栽培，亩栽植 9 000~10 000 株。

6. 常得乐（Chandler）

别名：'常德乐'。美国品种，以'Douglas'×'Cal72.361-105（C55）'育成，1983 发表。20 世纪 90 年代美国加利福尼亚大学育成品种，1998 年引入中国并在东港试栽。植株长势稳健，半开张，抗病力强，叶色深绿，叶片近圆形，有光泽，花梗粗壮，低于叶面，果实深红色，圆锥形，硬度好，口味甜酸，可溶性固形物含量 9%，一级序果平均重 28g，最大单果重 70g，亩产 3t 以上，是鲜食和深加工兼用品种。适宜温室和露地栽培。亩栽植 10 000 株。

7. 达赛莱克特（Darslect）

1995 年，法国达鹏种苗公司培育品种，亲本是美国的'派克'与荷兰的'爱尔桑塔'，2000 年前后引入东港种植。植株生长势强，株态较直立，叶片多而厚，深绿色，对红蜘蛛抗性差，较抗其他病虫害。果实长圆锥形，果形整齐，大且均匀，一级序果平均重 25~35g，最大单果重 90g。果面深红色，有光泽，果肉全红，质地坚硬，耐远距离运输。果实风味浓，酸甜适度，可溶性固形物含量 9%~12%。丰产性好，一般株产 300g 左右。保护地栽培每亩产 3.5t，露地栽培每亩产 2.5t。休眠浅，适宜露地栽培和温室、拱棚促成、半促成栽培。亩栽植 10 000~11 000 株，应注重防治螨类虫害。

8. 森加森加拉（Senga Sengana）

别名'森加森加纳''森格森格纳''森嘎那''森嘎'。德国品种，20 世纪 80 年代初由沈阳农业大学引入我国，1994 年始，东港市部分草莓加工出口企业有订单生产面积。植株长势稳健，株态紧凑，叶色深绿，叶片中大肥厚，椭圆形，平展有光泽，花梗较粗，花序较短低于叶面，匍匐茎抽生能力强，匍匐茎粗而节间短，茎稍显红色。果实近球状，果面深红色有光泽，种子分布均匀，平于果面，果肉鲜红多汁，口味甜酸爽口，果汁多，可溶性固形物含量7%~9%。果个中大均匀，一级序果平均重16g，最大单果重25g，亩产2t左右，是加工果汁极佳品种。亩栽植11 000~12 000株。

9. 达善卡（Darasnca）

法国品种，1993年由加工企业引入东港栽植。植株长势稳健紧凑，叶色浓绿，繁殖力强，花序低于叶面，花粉稔性和结实力稍差。果实圆锥形，果面紫红色，肉质鲜红，口味酸甜，可溶性固形物含量7%~9%，硬度较好，果个中大均匀，一级序果平均重25g，最大单果重32g，亩产1.5~2t，是欧洲传统加工品种，适宜露地栽培。亩栽植11 000株。

10. 戈雷拉（Gorella）

该品种系荷兰瓦赫宁根大学园艺植物育种所育成的品种。1983年由沈阳农业大学引入东港，逐渐示范推广，成为1985—1990年东港市草莓主栽品种。生长势强，植株矮小而粗壮，繁殖力强，叶片较厚，椭圆形，深绿色，休眠中深。果实短圆锥形，鲜红色，最大单果重34g，平均单果重15g。果肉橘红色，肉细，髓心小，有空洞，果汁较多，风味甜酸适度，有香味。可溶性固形物含量10.2%。种子黄色，陷入果面中深。硬度较差，不耐储运。该品种早熟，较丰产，抗逆性较强，叶斑病少，适宜鲜食或加工。适宜露地栽培，亩栽植9 000~10 000株。

11. 安娜

西班牙四季型品种，1990年北京市“三S”公司从西班牙引入北京，1992年东港市草莓研究所从北京市“三S”公司引入。长势中等，株型紧凑，繁殖力中等。果实长圆锥或宽楔形，颜色亮红，味甜酸，可溶性固形物含量7%~9%，硬度好，可周年结果。一级序果平均重25g，最大单果重超50g，亩产可达1.5t以上，是一年栽植两茬草莓或室内盆栽的理想品种。适宜温室栽植，亩定植10 000株。

12. 苏珊娜

西班牙四季型品种，1990年北京市“三S”公司从西班牙引入北京，1992年东港市草莓研究所从北京市“三S”公司引入。长势强健，叶片肥大，有光泽，繁殖力中等，抗病力强，果实短圆锥或宽楔形，果色亮红，口味浓，可溶性固形物含量7%~9%，可周年开花结果。果实中大，一级序果平均重23g，最大单果重50g，亩产1.5~2t，硬度中等，适宜温室或室内盆栽，亩栽植10 000株。

13. 达娜（Donner）

美国品种，1945年发表。1980年引入我国。果实较大，一二级序果平均果重14.1g，最大单果重28.5g。果实圆锥或楔形，果面红色、光泽强、平整或有少量浅棱沟。果肉红色，髓心中等大、稍空、橙红色。果肉细，甜酸适中，香气浓，汁液多。可溶性固形物含量8.8%。耐储运性好。早中熟品种，果实外观美，品质较优。

14. 道格拉斯（Douglas）

美国品种，以（'Tioga'×'Sequoia'）× 'Tufts' 育成，1979年发表。引入我国后曾在一些地区试栽，但主要作为资源保存。果实较大，短圆锥形，果形较整齐，果面鲜红色、光泽强、平整。果肉红色，髓心粉白色、心空。肉质细，品质优，酸甜适口，略有香味，汁液多。可溶性固形物含量8.1%，果实硬度0.405kg/cm^2。丰产性中等，平均单株产量78.2g。对萎黄病敏感，对红中柱根腐病高度敏感。中熟品种。

15. 高斯克（Governor Simcoe）

加拿大品种。1985年由 'Holiday'×'Guardian' 育成。1990年引入我国。果实较大，一级序果平均果重24.0g，最大单果重32.0g。果实圆锥形，红色，果面平整，光泽强，果实外观评价好，香味浓，品质优。可溶性固形物含量8.5%，果实硬度为0.56kg/cm^2，极耐储运，较丰产，一般亩产1 000~1 500kg。适于大棚、小拱棚及露地栽培。植株生长势较强，匍匐茎繁殖力中等。中早熟品种，综合性状好。

16. 赛娃（Selva）

美国品种，由 'CA70.3-177'×'CA71.98-605' 育成，1983年发表。1997年引入我国。果实大，平均果重31.2g，最大单果重138.0g。果实阔圆锥形，果面鲜红色、光泽较强、果面较平整，有少量棱沟。果肉橙红色，髓心中等大、心空、橙红色。肉质细，甜酸，有香气，汁液多。可溶性固形物含量13.5%。四季型品种，产量高。

17. 三星（Tristar）

美国品种，由 'EB18'×'MDUS4258' 育成。1981年发表。1982

年引入我国。果实中等偏大，平均果重11.0~13.0g，最大单果重35.0g。果实圆锥形，果面深红色、光泽中等、较平整，少有棱沟。果肉红色，髓心小、稍空、红色。果肉细韧致密，甜酸适中，味浓，汁中等多。可溶性固形物含量10.6%，品质中等，质地韧，耐储运性较强。日中性品种，一年中可多次结果。

18. 图得拉（Tudla）

别名：‘吐德拉’‘土特拉’‘米塞尔’。西班牙Planasa种苗公司育成。东港市草莓研究所1995年引入我国并在东港试栽推广。中早熟品种，植株长势旺健，抗逆性较好，繁苗能力强，耐高温，能多次抽生花序。果实长圆锥形，果色深红亮泽，味酸甜，硬度中等，果个大而均匀。第一级花序果平均重40g，最大单果重98g，亩产2~4t，鲜食加工兼用。适宜温室栽培，亩定植9 000~11 000株。

19. 卡尔特一号

别名：‘C果’‘玛丽亚’。西班牙中熟品种。1990年北京市“三S”公司从西班牙引入北京，1992年东港市草莓研究所从北京市“三S”公司引入。植株长势强，休眠深，叶片较厚，呈椭圆形，叶缘锯齿浅，浓绿色，繁殖力较弱。果实圆锥形，果面光泽鲜红，肉质淡黄色，味芳香馥郁，可溶性固形物含量7%~9%，硬度中等。一级序果平均重35g左右，最大单果重100g，亩产2t以上，最适宜早春大棚生产，温室生产可在休眠至12月上旬后覆棚膜加温，也可作为露地生产鲜果上市。亩栽植9 000株。

20. 艾尔桑塔（Elsanta）

别名‘埃尔桑塔’。荷兰中熟品种。1996年东港市草莓研究所从荷兰引入我国，并在东港试栽。长势旺健，繁殖力较强，叶片肥厚浓绿，近圆形，叶缘翻卷向上，呈匙状。果实短圆锥形，个大且色艳，有细腻髓肉，可溶性固形物含量8%左右。味香甜，硬度中等，一级序果平均重38g左右，最大单果重80g，亩产2t以上，适宜早春大棚栽培，亩定植9 000株。

21. 哈尼（Honeoye）

美国中熟品种。1983年由沈阳农业大学引入我国，1990年东港市开始种植。株态半开张，株高中等紧凑，叶色浓绿，叶面平展光滑，匍匐茎发生早，繁殖力高，适应性强，抗病能力好。一级序果熟期集中，果个中大均匀，果实圆锥形，果色紫红，肉质鲜红，味酸甜适中，可溶性固形物含量8%~10%。硬度较好，耐储运。亩产2t左右，适宜露地生产。是深加工和速冻出口优良品种，亩栽植11 000株。

22. 阿尔巴（Alba）

意大利品种，东港市草莓研究所2008年引入我国并在东港试栽。长势较强，叶片椭圆狭长，叶柄多茸毛，叶色绿。花序高度低于叶面，花大。果实圆锥形，有棱沟，果色艳红，果实较整齐。花萼翻卷，果肩稍白，可溶性固形物含量8.5%，硬度0.50kg/cm^2，口味酸甜，畸形果少。最大单果重、平均单果重分别为65.6g、37.8g，亩产量3t左右，对白粉病抗性中等，不抗白粉虱和红蜘蛛。适宜露地和早春大拱棚栽植，亩栽植8 000~9 000株。

23. 吉马（Gemma）

东港市草莓研究所2008年引入的意大利品种，于2004—2005年在意大利生产应用。植株长势中庸，株态直立，叶片长椭圆形，叶色绿，叶柄长，叶片密度小。果实短圆锥形，果色艳丽橘红色，口味酸甜芳香，果个整齐无畸形果，果面有棱沟。可溶性固形物含量8.7%，硬度0.48kg/cm^2，耐储运，货架寿命长。最大单果重、平均单果重分别为38.3g、34.2g，亩产量3~4t。对白粉病、灰霉病抗性中等，不抗白粉虱与红蜘蛛。适宜露地和早春大棚生产。亩栽植9 000~10 000株。

24. 坎东嘎（Candonga）

西班牙品种，2008年东港市草莓研究所从意大利引进我国并在东港试栽。该品种长势旺健，株形紧凑，花量不大，抽生时间集中，果实短圆锥形，果面稍有棱沟，色深红，口味酸甜，硬度好，耐储运。亩产量3t左右，适宜露地生产，也可早春大棚栽植，亩栽植9 000~10 000株。

25. 希利亚（Syria）

意大利1999年育成品种，2008年东港市草莓研究所引入我国并在东港试栽，植株长势强健，直立，叶片椭圆形，大而厚，叶色绿。花序分枝从基部抽生，花梗粗，花大。果个大，整齐无畸形果。果实圆锥形，颜色深红亮丽。可溶性固形物含量11.6%，硬度0.54kg/cm^2，耐包装运输。较抗白粉病、白粉虱和蚜虫。最大单果重和平均单果重分别为68.9g、39.6g，亩产量3t左右，为鲜食和加工兼用品种，适宜露地栽植和早春大棚、温室生产，亩栽植8 000~9 000株。

26. 艾莎（Alsa）

意大利品种，2006—2007年在意大利推广应用。东港市草莓研究所2008年引入我国并在东港试栽。该品种植株长势强，株态直立，叶片椭圆形，叶色黄绿，叶片较薄多皱褶，叶片密度大，多单枝花序。果实长圆锥形，有髓心，花萼翻卷突出，一级序果楔形多，颜色深红艳丽，果肩稍白。可溶性固形物含量12.2%，硬度0.49kg/cm^2，口感佳。最大单果重、平均单果重分别为48.6g、36.2g。亩产3t左右。

该品种优质高产，芳香味美，耐包装运输。缺点不抗白粉病、炭疽病、白粉虱和蚜虫。可在露地和早春大棚生产。亩栽植9 000~10 000株。

27. 阿尔比（Albion）

美国加利福尼亚大学1998年育成日中性品种。2007年引入我国并在东港试栽。长势旺健，株态直立，叶片椭圆形，较抗炭疽病、黄萎病和疫霉果腐病，果个大，果实圆锥形，深红有光泽，髓心空，平均单果重33g，风味酸甜，质地细腻，硬度好，耐储运，亩产4t以上，为“四季果”习性，适宜生长条件下可全年产果，适宜各种栽培形式。亩栽植8 000株。

28. 卡米诺实（Camino Real）

美国加利福尼亚大学育成的短日照品种，2007年引入我国并在东港试栽。该品种株形直立紧凑，较抗病，授粉能力强，对雨水和高低温度等伤害有很强的抵抗力，果实亮丽，圆锥形，畸形果率低，平均单果重31g，亩产4.5t以上，硬度好，鲜食和加工兼用，耐储运，适宜温室促成栽培，亩栽植9 000株。

29. 温塔娜（Ventana）

美国加利福尼亚大学育成短日照品种，2007年引入我国并在东港试栽。该品种株态直立，长势旺健，叶片厚而深绿，叶鞘淡粉色，抗逆和抗病性强，授粉能力较好，畸形果率低。果实圆锥形，果个均匀，平均单果重31g，亩产4t以上。亩栽植8 000株。

第七章

技术支撑单位组织沿革

1982年以前，东港市草莓产业科技推广与产业服务工作由东沟县农业局负责。

1982年，县政府成立果树生产办公室，开展包括草莓在内全县果树科技推广与产业服务工作，佟明章任业务负责人。

1984年，政府撤销果树办，成立东沟县果树服务公司，负责包括草莓在内的果业技术服务等工作，于智成任经理。单位地址大东镇新兴路16号。1991年，秦永武任东沟县果树服务公司经理。1992年，谷军任东沟县果树服务公司副经理、经理。

1991年8月，为促进东港草莓这一名特优产业高效稳步发展，东沟县科委成立东沟县前阳草莓试验站，开展草莓新品种新技术引进试验、推广服务，负责人高健华，单位坐落在前阳镇。

1993年5月22日，东沟县政府撤销前阳草莓试验站，成立东沟县草莓研究所，隶属农牧局，副科级事业单位，编制8人，与果树公司合署办公，负责全县草莓科学研究，技术推广和产业服务。谷军任所长，兼任果树公司经理。当年组建全国第一家面向生产的草莓种苗脱毒组培工厂。

1996年，为强化草莓产业科技服务力度，东港市政府决定将草莓研究所与果树公司和果树技术推广站（1994年成立，谷军兼任站长）分出，独立成为事业法人单位，经费自收自支，东港市草莓研究所单位地址新兴路16号，行政级别副科级，谷军任所长。

1997年10月，成立丹东草莓专业技术研究会，为市级学会组织，工作挂靠东港市草莓研究所，谷军任会长。

1997 年 10 月 10 日，东港市政府编委办对草莓研究所增编至 12 人。

2000 年 3 月 12 日，东港市政府计划委员会批准东港市草莓研究所建“东港市草莓组培中心”。

2000 年，在市政府支持下，草莓研究所在环城大街 38 号建“草莓科研中心大楼”，占地面积 4 500m^2、建筑面积 3 200m^2，设种苗脱毒组培工厂、化验室、种苗气调库、培训室等，并规划建 100 亩原种示范场。10 月 26 日，举行“东港市草莓产业化龙头项目启动仪式暨‘草莓科研中心大楼’落成典礼”，与会人员有中国农业科学院兴城果树研究所、东北师范大学、丹东农业科学院、辽宁省农业厅、辽宁省轻工业厅、丹东市农业、财政、科技、科协等领导及专家和东港市人民政府、市人大、市政协领导，还有东港市农业、财政、科技、外经、科协、农业中心以及各乡镇领导。宋悦景副市长主持，谷军所长介绍东港市草莓产业化龙头项目及草莓科研中心概况，孙忠彦市长讲话，中国农业科学院兴城果树研究所、辽宁省农业厅、丹东市农业局领导致辞。

2000 年 12 月 28 日，东港市政府编委办对草莓研究所增编至 16 人。

2003 年 7 月 7 日，东港市成立东港市草莓协会。市长于国平等领导、市政府多部门负责人、各乡镇主要领导等与会。协会工作挂靠东港市草莓研究所，谷军兼任会长。登记会员为农民、科技人员、经纪人和企业界代表等 103 人。

2005 年各乡镇相继成立草莓协会分会，登记会员 2 800 人。协会通过产前、产中、产后服务为农民、企业开展工作。

2011 年 4 月，第六届全国草莓大会暨草莓文化节（辽宁·东港）会后，草莓研究所开始调研、论证、动议申请建设“辽宁草莓科学技术研究院”。

2011 年 11 月 21 日，东港市委市政府及相关部门领导现场选定筹建辽宁草莓科学技术研究院新址。新址位于东港市长山镇（鹤大高速东港出口南行 1 000m）。随后草莓研究所开始建设项目建议书、可研报告、立项、工程设计等工作。

2012 年 1 月，东港市政府正式批准筹建辽宁草莓科学技术研究院。

2012 年 4 月，王春花任东港市草莓研究所所长。谷军退休，受聘为东港市政府草莓产业科技顾问。

2012年10月6日，东港市政府编委办对草莓研究所增编至20人。

2012年11月30日，辽宁省科技厅批准东港市将东港草莓研究所更名为辽宁草莓科学技术研究院，王春花任负责人。

2013年12月2日，丹东市科学技术协会批准成立辽宁东港草莓院士专家工作站。

2013年12月9日，辽宁草莓科学技术研究院新建工程竣工。同日，辽宁·东港草莓院士工作站挂牌，应邀工作专家束怀瑞院士（山东农业大学）、邓明琴教授（沈阳农业大学）、雷家军教授（沈阳农业大学）、张云涛研究员（北京市农林科学院）、张志宏教授（沈阳农业大学）、黄国辉副教授（辽东学院）参加挂牌仪式。

2014年3月17日，丹东市机构编制委员会确定辽宁草莓科学技术研究院副县级规格。

2016年始，邢春炜任辽宁草莓科学技术研究院副院长，事业单位法人代表，主持全面工作。

2017年12月7日，东港市政府编委办对辽宁草莓科学技术研究院增编至30人。

2019年12月，东港市草莓协会从东港市草莓科学技术研究院分离，第二届大会选举马廷东为会长。

2020年9月，李柱任东港市农业农村技术服务中心主任，兼任辽宁草莓科学技术研究院院长。

［专栏］

辽宁草莓科学技术研究院简介

辽宁草莓科学技术研究院始建于1993年（东港市草莓研究所2013年更名为辽宁草莓科学技术研究院）是以草莓新品种培育、技术研发、推广服务为一体的科研单位，综合实力在国内同行业中处于领先地位，是全国农业引智成果示范推广示范基地，是辽宁·东港草莓院士专家工作站挂靠单位和中国园艺学会草莓分会草莓新品种培育中心。

草莓研究院位于丹大高速公路东港出口，占地面积55亩，研发设施投资 3 000 万元，集草莓科研培训中心与种苗脱毒组培中心为一体。目前拥有草莓专业科研人员 16 人，院长李柱。建院（所）以来，先后承担和完成国家、省、市级星火计划、科技攻关、科技成果转化、新技术推广项目等任务逾百项，获得省、市级科研成果 12 项和科技进步奖 14 项。先后引进试验并大面积推广了 20 余个国内外草莓新优品种及研发推广 30 余项先进生产技术，培育出‘红实美’‘丹莓 1 号’‘丹莓 2 号’等草莓新品种。

院区建有国内一流草莓种质资源圃，收集国内外草莓品牌资源 170 余个，每年向社会提供几百万株优质草莓原原种、原种和良种苗。常年与中国农业科学院、沈阳农业大学、辽东学院等国内相关科研院所和大专院校联合开展技术攻关与项目合作，先后邀请 20 多个国家的草莓专家上百人次前来考察指导和技术交流。在草莓新品种引进与选育、优质种苗培育与输出、科技指导与培训等方面为东港市、辽宁省以及全国草莓产业做出了突出贡献。先后获全国引智成果示范推广基地、全国星火计划农村专业示范协会、省科普先进集体、先进农技协会和丹东市科技、科普工作先进单位、科技扶贫先进单位等多项荣誉。

2018 年 6 月，在辽宁草莓科学技术研究院的倡导和协调下，成立由全国 7 家科研院所、3 所大专院校、1 家社会团体和 7 家骨干企业组成的辽宁草莓产业技术创新战略联盟。与国内相关科研院所和大专院校及国内外多名草莓专家建立技术合作关系，共同开展草莓科研成果的转化推广工作。

辽宁草莓科学技术研究院科技团队在院长李柱带领下正以全新姿态和坚实的步伐倾心打造成全国草莓科技研发与科技成果转化重要基地，为东港草莓产业和中国草莓产业做出更大贡献。

第八章

政府支持与引导

地方经济振兴和支柱产业发展离不开党和政府的正确领导。今天东港草莓产业的辉煌，同样是改革开放以来各级政府的支持与引导所造就的。

一、领导重视

2000年，东港市委书记唐贵昌、市长孙忠彦等领导，几次到草莓研究所调研部署草莓科技工作。2001—2002年，辽宁省委、省政府主要领导等先后考察指导东港市草莓产业工作。2003年，东港市政府于国平市长参加草莓协会成立大会并讲话，提出工作要求。2004年5月16日，东港市政府市长王立威、副市长尤泽军，以及农业、科技、财政、科协等部门领导到草莓生产基地和草莓研究所考察、调研和指导相关工作。2006年6月19日，东港市政府专门下发《关于开通草莓运输绿色通道的通知》，市委书记于国平等领导调研草莓产业。2008年，东港市副市长尤泽军与谷军所长赴西班牙参加世界草莓大会，并借东港市政府老朋友、辽宁省政府友谊奖获得者西班牙专家柏希·凯诺之力，帮助中国争取到2012年世界草莓大会在中国召开的机会。2009年6月5日，东港市市政府召开紧急工作会议，部署露地草莓加工收购工作，各乡镇主要领导、建工企业、相关部门领导与会。2009年10月17日，农业部、省农委相关领导调研考察东港草莓。2011年11月21日，东港市委、市政府领导带领多部门主要领导，到乡镇草莓基地和草莓研究所，对草莓生产与科技工作进行调研，并现场选定辽宁草莓科学技术研究院新址。2018年6月6日，辽宁省副省长郝春荣在省农委副主任于衡陪同下，到辽宁草莓科学技术研究院调研现代农业产业园建设工作，丹东市市长孙志浩、副市长刘国栋以及东港市领导姜乃东、刘作仁、姜春国等陪同调研。2017年12月10—14日，由东港市副市长袁家锐带队，组织东港市科技人员、草莓种植大户、专业合作社代表及育苗企业代表等一行10人，赴日考察学习草莓产业技术和经验。2018年4月9日，丹东市市长孙志浩、副市长刘国栋、东港市领导姜乃东、刘作仁、姜春国及相关单位负责人到辽宁草莓科学技术研究院调研现代农业产业园建设工作。2019年2月，东港市市长刘洋等领导专门到草莓产业调研。2020年2月25日，丹东市委书记裴伟东到辽宁草莓科学技术研究院调研草莓科技工作。多年来，省市农委（农业厅）、科技厅、财政厅、科协部门领导，多次莅临东港市考察指导东港市草莓产业工作。以上记载，可见上级政府及历届东港市委、市政府非常重视东港草莓产业发展。

二、政策倾斜

众所周知，就地方政府扩大税收、提高财政收入角度看，草莓种植业本身是惠民富民产业，而不是纳税增加财政收入的产业。但是，东港市历届政府发展草莓产业，帮助农民脱贫致富、发家致富的战略目标始终不渝。自第七个《东港市国民经济和社会发展五年计划》开始，东港市政府在制定每一个“五年计划”时，都凸显草莓产业在农民脱贫致富奔小康和农村经济发展中的重要地位，先后对草莓产业定位为“积极发展”“重点发展”“大力发展”“农村经济六大支柱产业”“跨世纪重中之重产业之一”“重点产业拉长发展”等，并有面积、产量和社会总产值量化目标。

在2004年之前，国家尚有农业特产税期间，东港市政府为激励草莓产业发展，一度免征全市草莓种植特产税。多年来，东港市政府将草莓生产发展状况列为乡镇政府和领导工作目标考核内容。市政府出台土地调整政策，帮助农民建设草莓生产园区。市政府组织实地核查草莓生产面积、产量、效益以及商贸加工情况，落实对乡镇村干部奖惩措施。

三、科技支持

早在20世纪80年代，东沟县政府在确定发展草莓产业的同时，即以高产典型结合先进生产技术在全县推广。1993年，市委副书记李兰棣和副县长刘春生组织草莓科技体系工作调研，决定支持农牧局关于成立草莓研究所的请示，由此，第一家承担本地草莓新品种新技术研发和技术服务职责的东沟县（翌年更名为东港市）草莓研究所成立，之后东港市草莓研究所成为东港市草莓科研服务中心。从1995年草莓研究所新兴路16号办公场所建设、2000年新建草莓研究所外环路38号科研中心办公楼，到2012年新建辽宁草莓科学技术研究院，市政府在建设立项、征地审批、资金扶持、科技人员编制配置等倾力支持；丹东市、东港市政府组织建立的辽宁省东港市草莓院士专家工作站是国内首家草莓行业院士工作站；国家、省、市、县科技、科协、外专等部门在科技立项、引进国外智力、科技普及等工作中都十分关注和支持东港草莓产业发展需求。市政府先后聘任斋藤明彦、哈维尔·凯诺等多名国内外专家为市政府草莓产业经济技术顾问。市政府为强化草莓科技服务体系建设，逐年增加草莓研究院科技人员编制，帮助解决科技人员生活后顾之忧。历届市委、市政府领导频频参加或组织草莓科技报告、培训、推广会，以及技术考察、调研。凡国内外知名草莓专家来东港市技术交流，市政府领导大都抽出时间接待会见。东港市农村精准扶贫工作大都安排科技扶贫结合草莓种植作为脱贫途径。凡此种种，突出草莓科技地位，发挥草莓科技作用。

四、资金扶持

东港草莓产业是典型的民生产业，虽然不是地方创税产业，但各级政府坚决贯彻党的富民政策，走富民强市之路，投入大量资金扶持草莓发展。自改革开放以来，国家和省市农业、科技、财政、科协、外专、经贸、民委等部门，先后对东港草莓产业发展给予专项资金扶持，推动了这一名特优传统产业健康稳定发展。草莓产业化、名特优农产品、科普惠农、科技成果转化、产业基地建设、出口基地建设、龙头企业项目、以奖代补、目标奖励、星火计划、兴边富民项目、名特优农产品、草莓新优品种引进培育、新技术开发应用、引智成果示范推广、院研建设、科研设备购置、院士工作站、草莓良种苗繁育、海外研发团队、一县一业建设等，都获得上级立项资金扶持。

五、草莓安全生产监管

近年来，东港市政府为了保证东港草莓绿色无公害生产，采取了强化农资市场管理、草莓安全质量检验检测、种苗市场规范监督和建立草莓安全生产可追溯体系建设等一系列措施。2002 年 12 月，由东港市编委办批准成立东港市农产品质量监测检验中心，负责抽查检验检测境内农产品安全生产状况。2007 年 1 月，东港市农经局成立了农业综合执法大队，依法对农资产品、农产品质量安全等领域实施监管。市农业综合执法大队开展草莓质量安全专项整治活动，对辖区内草莓专业合作社、家庭农场和种植大户、农资经营单位进行草莓质量安全专项检查，重点检查生产记录是否健全，生产过程是否规范，投入品库房是否有禁限用农药等，深入田间地头了解实际生产状况。政府市场监督管理和农业种子管理等部门联手开展工作，东港市草莓植保农药严格执行国家禁限规定，由东港市农产品质量监督检验中心对草莓样品做农药残留风险检测。做到从生产源头上确保草莓质量安全。农资市场繁荣有序，草莓安全生产技术培训遍及各乡镇农场和行政村。为全面推行“政府总负责，监管到乡镇，检测全覆盖”的农产品质量安全监管检测机制，加快乡镇农产品安全公共服务机构建设，确保农产品质量安全，东港市政府认真贯彻落实《农产品质量安全法》《辽宁省农产品质量安全管理办法》和国务院办公厅《关于加强农产品质量安全监管工作的通知》等文件精神，严格规范乡镇农产品质量安全监管行为，有效提升全市农产品质量安全监管水平。2018 东港市人民政府办公室关于印发东港市地理标志认证农产品质量安全追溯体系管理暂行办法的通知（东政办发〔2018〕16 号）。至 2019 年，全市 18 个乡镇、街道、农场实现“有机构、有人员、有场所、有设备”，全部建成农产品质量安全监管站，做到“职能明确、人员到位、力量匹配、业务规范、服务有力”。

[专栏]

东港市人民政府办公室关于印发东港市地理标志认证农产品质量安全追溯体系管理暂行办法的通知

（东政办发〔2018〕16号）

各乡镇政府、街道办事处、农场，各经济区管委会，市政府各部门：

《东港市地理标志认证农产品质量安全追溯体系管理暂行办法》已经市政府第5次常务会议审议通过，现予以印发。

东港市人民政府办公室

2018年6月4日

东港市地理标志认证农产品质量安全追溯体系管理暂行办法

第一条　为加强东港市农产品质量安全追溯管理，落实农产品生产经营主体的责任，促进提升东港市农产品生产标准化、销售分级化水平，保障消费者身体健康和消费知情权，提高农产品质量安全追溯体系建设和推广的透明度，切实保护东港地理标志产品品牌，根据国务院办公厅《关于进一步完善食品药品追溯体系的意见》（国办发〔2015〕95号）、商务部和质检总局等十部门联合印发的《关于开展重要产品追溯标准化工作的指导意见》（国质检标联〔2017〕419号）等文件要求特制定本办法。

第二条　本办法所管辖的农产品包括“东港草莓”“东港大米”“东港大黄蚬”“东港梭子蟹”“东港杂色蛤”等经过农业农村部、国家工商总局认证注册的地理标志农产品（以下简称地标产品）。

制定本办法的目标是针对东港市行政区域内的地标产品，通过本办法的约束和激励建立起从生产（含种植、捕捞、养殖、初级加工）到流通（含储存、运输、分销及零售）农产品追溯体系，保证东港市地标产品的可追溯性。

第三条　农产品生产经营责任主体包括从事地标产品生产经营的农

业企业、农民专业合作经济组织、家庭农场、种植大户、初加工企业等。生产经营责任主体必须建立能够追溯到产品最小包装物的追溯体系方可在产品包装上使用地标产品标志。

第四条　本办法由市商业局负责主导实施，包括组织制定相关制度和管理办法、组织相关标准的制定修订、建设全市统一的农产品质量安全追溯平台（以下简称追溯平台）、分层次开展培训工作，并对相关部门及各类企业开展农产品质量安全信息追溯工作情况进行评议、考核。

第五条　本办法由市商业局、农经局、海洋渔业局、市场监督管理局等行政主管部门共同负责执行与实施，包括：

（一）共同负责组织地标产品种植 / 生产、养殖 / 捕捞、初级加工环节的生产经营主体建立追溯体系；

（二）对地标产品种养殖捕捞、初级加工环节的追溯，实施监督管理与行政执法。

第六条　农产品生产经营责任主体应当将其名称、法定代表人或者负责人姓名、地址、联系方式、生产经营许可等资质证明材料上传至追溯平台，获取 OID 统一编码标识，实现农产品生产经营责任主体统一备案电子档案。

第七条　农产品生产经营责任主体应当将下列信息上传至追溯平台：

（一）使用农业投入品的名称、来源、用法、用量和使用、停用的日期；

（二）收获或者捕捞的日期；

（三）上市销售的产品的名称、批次、数量、销售日期等；

（四）上市销售的农产品的产地证明、由国家认可的第三方机构出具的质量安全检测、动物检疫等信息。

第八条　农产品生产经营责任主体应当在产品生产、交付后的 24 小时内，按照本办法规定将相关信息上传至追溯平台，申请 OID 追溯编码标识，并将统一印刷的二维码标签附加在产品包装上，在平台内激活该编码。

农产品的生产经营责任主体应当对上传信息的真实性负责。

第九条　消费者有权通过追溯平台、专用查询设备等查询追溯的来源信息。

农产品生产经营责任主体应当根据消费者的要求，向其提供追溯农产品的来源信息。

鼓励农产品的生产经营责任主体在生产经营场所或者企业网站上主动向消费者公示农产品、水产品的供货者名称与资质证明材料、检验检测结果等信息，接受消费者监督。

消费者发现农产品的生产经营责任主体有违反本办法规定行为的，可以通过追溯平台或者投诉电话，进行投诉举报。市商业局、农经局、海洋渔业局、市场监督管理局等行政管理部门应当按照各自职责及时核实处理，并将结果告知投诉举报人。

第十条　市商业部门负责组织或者委托相关行业协会、第三方机构，面向农产品的生产经营责任主体建立追溯体系、上传信息、信息传递以及追溯平台操作等，提供指导、培训等服务。

第十一条　农产品生产经营责任主体有下列行为之一的，由市商业局、农经局、海洋渔业局、市场监督管理局等行政管理部门按照各自职责责令改正；拒不改正的取消授权使用其地标产品标识资格，通报批评，情节严重的交送公安机关依法追究其刑事责任：

（一）未按照规定上传其名称、法定代表人或者负责人姓名、地址、联系方式、生产经营许可等资质证明材料的；

（二）农产品的生产经营责任主体拒绝向消费者提供农产品/水产品来源信息的；

（三）产品发生重大质量安全问题的；

（四）产品被多次投诉，造成恶劣影响，经查属实的。

第十二条　农产品生产经营责任主体积极建立农产品质量安全追溯体系，有专人负责产品追溯体系的管理、追溯信息的录入与维护，产品实体实现来源可追、去向可查，且首次追溯码激活数量大于等于其生产总量的90%的，给予相应奖励，奖励标准为：追溯码激活数量达到3万~5万个、6万~10万个、11万~15万个、16万~20万个、21万~25万个、26万~30万个、31万~35万个、36万~40万个、41万个以上，分别给予：0.6万、1.2万、1.8万、2.4万、3万、3.6万、4.2万、4.8万、5.4万元/（年·企业）的标准进行奖励。并在市级相关项目申报中优先予以考虑。

第十三条　本办法由市商业局负责解释。

第十四条　本办法自2018年6月1日起实行，有效期至2019年5月31日。

六、品牌打造

1999年7月，市政府申报并经农业部质检中心验收，东港市被授予农业部优质果品生产基地优质草莓生产基地（草莓行业第一家）。2002年9月2日，东港市政府行文委托草莓研究所申办“东港草莓”证明商标。2004年11月7日，“东港草莓”证明商标由草莓研究所注册（国内草莓行业首个，继“盘锦大米”后辽宁省第二个证明商标）。2004年3月，宣传东港草莓的“红彤彤的草莓，红火火的日子”专题节目在中央电视台展播。2005年，市政府组织实施“东港草莓”等品牌战略。2007年1月，根据市政府指示，草莓协会将5个草莓品种鲜果送到北京，参加全国首届草莓文化节优质果评选，在全国近百个草莓品种样品中，东港市有2个品种获一等奖（全国共5个）、2个品种获二等奖（全国共10个），其中两个品种同时获“中华名果”称号。2011年和2016年，东港市政府两次承办中国草莓文化节。政府连年安排草莓研究所（院）、辽宁广天食品有限公司、港岛酿酒有限公司等单位，参加深圳“中国高新技术交易会”、杨凌“中国农业博览会”等博展活动。市府领导参加世界草莓大会和国内相关部门组织的“草莓文化节”“品牌价值”“项目论证答辩”等活动。市委宣传部组织媒体宣传东港草莓，助力东港草莓的国内外行业地位和品牌影响力。2016年12月27日，第12届中国草莓文化节在丹东东港隆重启幕。开幕式现场颁布了“全国精品草莓擂台赛”获奖单位及个人，东港草莓在80个金奖奖项中揽获46个金奖、59个银奖。当天下午，在东港市椅圈镇，东港市政府正式与京东集团达成战略合作并签约，同时举行首届京东东港草莓节。京东集团将就地理标志产品电商上行、农村电商产业发展、电商人才培训、互联网金融等方面与东港进行合作。签约现场，京东授予东港市2016年度“京东农村电商推广示范市”“京东互联网＋现代农业示范市”。2017年，东港市委市政府领导多次到北京京东总部研究“东港草莓”品牌宣传方案，举办“东港草莓”品牌推介活动，不断提高东港草莓品牌影响力。

[专栏]

辽宁省东港市政府
关于授予“中国草莓第一县（市）”荣誉的
申　请

中国园艺学会草莓分会：

辽宁省东港市草莓产业发展具有以下特色优势：

一、发展历史久远

自1924年椅圈镇夏家村农民李万春从丹东劈柴沟三育中学引入日本鸡心草莓开始，已有87年历史，为中国最早引进并持续栽植发展的草莓产区。

二、产业规模大

到2011年，东港市草莓年生产面积15万亩，产量30万t，产值11亿元，年出口3万~4万t，有7万户农民2 000多经纪人队伍和40多家企业从事草莓生产、加工和商贸，产业规模全国领先，辽宁省政府已确立东港市草莓一县一业特色经济地位（目前全国唯一）。

三、草莓品质安全上乘

东港草莓先后获农业部“全国优质草莓生产基地”“无公害农产品（草莓）生产基地”荣誉，鲜果草莓和制品先后获‘99’国际农博会名牌产品、全国和辽宁省优质草莓评选“金奖”“一等奖”“中华名果”等荣誉。

四、草莓品牌声誉好

“东港草莓”商标是国内第一个经国家商标局注册的具有地理标志的证明商标，先后获中国农业区域品牌百强、综合指数四星级（目前国内最高级）、辽宁农业十佳品牌等称号；广天牌草莓罐头和鹿岛牌草莓果酒获辽宁省著名商标荣誉等。

五、强有力的科技支撑

东港市草莓研究所拥有正高职、国务院政府特殊津贴专家以下专业技术人员16名，全市从事草莓技术推广人员600余名，先后承担完成科技部“星火计划”、财政部“科技成果转化”、农业部“名特优农产品发展”、国家科协“科普惠农兴村计划”、国家外专局“农业引智成果示范推广”以级省地级科研、推广项目任务，草莓研究所获星火计划农村专业技术示范协会、辽宁省科普先进单位荣誉，市政府先后获全国科技工作先进县（市）、科普工作先进县（市）、全国农业引智先进单位等荣誉。

为此，特申请中国园艺学会草莓分会授予东港市“中国草莓第一县（市）”称号。

2011 年 4 月 20 日

关于授予辽宁省东港市“中国草莓第一县”荣誉称号的决定

近年来，全国草莓产业得到了迅速发展，为促进农村经济繁荣、推动农民增收起到了重要作用，涌现出许多先进地区和典型。为表彰先进，经中国园艺学会草莓分会常务理事会研究决定，授予辽宁省东港市“中国草莓第一县”荣誉称号。

中国园艺学会草莓分会

2011 年 4 月 24 日

七、多部门联动

多年来，在东港市委、市政府领导下，市直各部门在支持“三农”建设工作中，倾心民生产业，共同努力打造东港草莓这一农村富民、支柱产业。

（一）东港市农业农村局

新中国成立后，安东县成立农业科，具体负责全县的农、牧、林、水利、土地管理等工作。之后历经安东县农业局、东沟县农业局、东沟县农林管理站、东沟县农牧业局、东港市农牧业局、东港市农村经济发展局、东港市农业农村局等更名。虽然更名，但草莓生产行政管理、技术推广服务、草莓产业规划发展等工作隶属关系始终未变。20 世纪 60 年代，东沟县农业局果树股分管草莓生产相关业务。20 世纪 80 年代草莓庭院经济特点和优势凸显，农业局农业股和果树生产办公室共同分管草莓生产相关业务。20 世纪 90 年代初，东沟县草莓产业发展迅猛，科技研发服务工作尤显重要，农业局组建了全国第一家面向生产的东沟县草莓研究所，草莓研究所在农业局领导和支持下开展科技研发和全县草莓技术推广服务工作。1984 年始农业局组织推广草莓“一年一栽植”、地膜覆盖、温室和早春大棚生产技术。1985 年，协助外贸公司建立出口草莓生产基地。1993 年，支持草莓研究所争取到农业部“名特优农产品（草莓）发展”项目资金 20 万元。1999 年，组织申请并经农业部专家组验收东港市为首家“全国优质草莓生产基地”。2000 年之后，争取上级“农业龙头企业建设”“农业园区建设”“现代农业产业园建设”等一系列专项资金扶持草莓产业发展。一直注重做好对全市草莓生产布局、产销协调、基地建设和统计调研等工作，为市委、市政府各个“国民经济发展五年计划”提供决策依据。为打造“东港草莓”良好发展态势，促进东港草莓产业优质、高效、健康和长效发展，近年来，市农业农村局始终保持高度重视，从产业规划到政策扶持，再到产业品牌宣传打造等各个方面，全面助力“东港草莓”早日实现“百年产业 百亿产值”目标。

1. 高度重视，科学规划

市农业农村局始终把东港市草莓产业发展置于农业产业发展重要位置。为保障草莓产业健康发展，于 2019 年重组东港市草莓协会，并充分发挥协会行业指导作用。为科学规划草莓产业发展，制定了《东港市草莓产业发展规划（2019—2024 年）》，指导草莓产业长期发展。

2. 政策扶持，助力发展

积极落实种植结构调整和涉农贷款政策，引导和扶持草莓产业设施建设。2018 年种植结构调整草莓补贴面积 6 100 余亩，补贴资金 2 160 余万元，2019 年补贴面积 2 000 余亩，补贴金额 2 600 余万元。两年来发放涉农贷款 5 000 余万元用于支持农户设施建设。积极推进农产品产地初加工补助项目和乡村振兴产业发展项目落实，扶持符合条件的各类经营主体园区及仓储设施建设。

3. 强化宣传，扩大影响

注重品牌宣传和打造，积极组织产业经营者参加各类展会，举办首届“东港草莓”文化节，进一步提升“东港草莓”品牌影响力和品牌价值。市农业农村局领导参加展会直播，通过网络向全国乃至世界各地宣传“东港草莓”。

（二）东港市科技局

多年来，东港市科技局特别重视草莓产业的发展，全力支持草莓科技工作，助力草莓产业腾飞。改革开放后，科技局先后帮助或直接参与草莓科学研究、成果推广、星火计划的国家、省、市级立项100多项，组织申报草莓技术专利多项，组建辽宁省草莓产业“科技特派团”，引进国内外草莓产业高端技术团队10多个，院士、教授、研究员级的专家100多人，承担实施省、丹东市和东港市科技计划20多个，培训培养本土草莓技术人员1万多人，组织申报草莓新品种‘红实美’‘丹莓1号’‘丹莓2号’以及“草莓脱毒组培工厂化生产技术研究”“‘章姬’新品种引进”“‘红颜’新品种引进”“硫黄熏蒸防治草莓白粉病”等10余项草莓科研项目并获省级成果鉴定，在农业科技立项中重点扶持草莓产业。向科技要质量、向科技要产量、向科技要规模、向科技要发展、向科技要效益已成为东港市草莓经营者的共识。

（三）东港市财政局

自改革开放以来，财政局农财、农业综合开发办公室在市政府领导下，多方筹措专项资金，扶持东港草莓产业高效快速发展。1999年财政部批拨240万元“丹东草莓产业化开发”项目资金（国家120万元，省财政厅配套60万元，东港市财政配套60万元）用于东港市草莓研究所科研基地建设；2011年省财政厅批拨100万元用于草莓研究所草莓良种苗繁育场建设；2013年各级财政批拨120万元用于草莓研究院脱毒种苗工厂建设；仅1990年以来配合农业、科技、科协、民宗等部门申请国家“农业龙头企业”“现代化农业园区建设”“科技研发”“科普惠农”“兴边富民”等支持东港草莓产业发展专项资金逾3亿元。

（四）东港市科学技术协会

多年来，市科协充分发挥联系广泛、人才密集、智力荟萃的平台优势，围绕中心、服务大局，为助力东港草莓产业发展做出了积极的贡献。

1. 积极协助成立草莓院士专家工作站

市科协充分利用科协系统的科技、人才资源优势，以搭建服务平台、开展科技服务、推动成果转化、引进高端人才为主攻方向，为东港草莓科技创新和产业发展提供科技助力和人才支撑，为产业升级和转型发展服务。辽宁东港草莓院士专家工作站由辽宁草莓科学技术研究院承建，于 2013 年 12 月挂牌成立。院士专家团队由束怀瑞、陈温福 2 位院士和张运涛等 5 位国内外专家组成。2019 年 11 月被辽宁省科协评为辽宁省示范院士专家工作站。

2. 积极向上争取项目资金支持

东港市草莓科学技术研究院坚持“产学研”相结合，不断强化社会化服务，常年开展面向农民的科普讲座、展览、培训、咨询等科普活动，走出了一条科技助推产业发展、示范带动农民致富的新路子。全市草莓产业从业人数 9 万多人、经纪人逾 5 000 人，农民人均草莓收入 9 324 元。占农民全年人均总收入 60%，草莓生产已成为广大农民发家致富的首选产业，也是振兴地方经济的支柱产业。2008 年，东港市草莓科普示范基地被中国科协、财政部授予“2008 年全国农村科普示范基地”，获得以奖带补资金 20 万元。

3. 积极开展草莓技术培训

市科协与市草莓学会通力合作，大力开展草莓科研与技术培训指导工作。以多种形式、多种渠道联合邀请国内外草莓专家学者前来东港讲学指导和技术交流。专家通过现场指导、举办技术讲座、技术交流、实地调研等多种形式，传经送宝、建言献策，为东港草莓产业的高效发展做出了积极贡献。市科协以每年的科普之冬、科普日、科技活动周为依托，组织专家到各乡镇举办草莓技术培训班 30 多场次，举办农村科普大集 100 余场，免费发放《草莓新优品种介绍》《东港草莓与科技》《草莓实用栽培技术》《有机草莓栽培技术》等技术资料丛书达 10 万余册（份），现场接待农民咨询 5 000 多人次；结合冬季保护地草莓生产农时，组织技术指导员深入草莓科技示范村组现场技术指导培训 100 余次；通过科普惠农服务站、科普 e 站、东港电视台《科普广角》专栏、互联网、电台、报纸杂志等媒体，播放、刊发草莓生产新技术 56 篇（场）次，通过网络视频接待农民咨询问答 2 000 多人次。

4. 积极向上推荐先进典型

东港草莓产业做优做强做大的同时，东港草莓产业的科技人才竞相进出，谷军、于维盛、王春花等先后被评为全国科普惠农带头人，姜兆彤被评为辽宁省优秀科技工作者、丹东市自然学科带头人，涌现出黄日静等一大批丹东市优秀科技工作者、最美科技人才等先进典型（东港市科协：赵双）。

（五）东港市老科技工作者协会

市老科协自 2005 年成立以来，组织动员老科技工作者，发挥特长、积极作为，为经济社会发展贡献智慧和力量。尤其在东港草莓产业发展过程中做了大量积极工作。目前，全市共有退休专业技术人员 3 404 人，老科协会员 1 396 人，具有中级以上技术职称的 2 898 人。其中，副高级以上职称的 95 人。全市近百名农业退休老科技工作者大都或多或少仍在继续开展草莓科技指导、技术培训工作，为东港草莓产业持续发展做出了巨大贡献。

市老科协以建设老专家工作站和科技示范基地为平台，紧紧围绕草莓产业发展和群众需要，建立具有老科协特色的科技服务体系，助力草莓产业发展。建立了省级老专家工作站一个，丹东市级老专家工作站三个，老科协草莓种苗繁育示范基地一个。建立健全老专家科普报告团，组织老专家研发推广草莓栽培技术，繁育草莓新品种，通过东港电视台、广播电台科技栏目、“科普宣传日”“农村大集”等形式，推广普及草莓栽培技术，为全市草莓生产提供技术指导。

市老科协组织老科技工作者先后引进推广草莓新品种、新型肥料、环保农药、种苗夜冷早熟等栽培新技术 20 多项，《老科协通讯》刊载草莓栽培技术科普文章逾百篇次，老科技工作者先后为各级政府提供相关草莓产业发展的建言献策近百条，等等。市老科协的积极作用和社会功能不但对东港草莓产业发展、乡村振兴、农民脱贫致富贡献突出，也得到各级政府和社会各界的认可好评，单位和有突出贡献的老科技工作者先后获国家、省、市相关部门表彰 20 多项次。

（六）东港市交通局

新中国成立后，安东县成立了安东县交通科，之后更名为东沟县交通局和东港市交通局，具体负责境内的公路修建、养护、管理等工作。1984 年，全县公路总里程达到 814km，是中华人民共和国成立前的八倍，黑色路面达到 105.3km，其中县级以上公路 6 条 279km，公路好路率达 85.2%；村级公路 40 条 535km，1986—1990 年，境内公路通车里程增加 74km，达到 897km。黑色路面增加 54.3km，达到 155.3km。县与县、县与市之间的主要干线都实现油路化。二级路从无到有，建成丹东至北井子、达子营至西土城两段二级公路。打通 15 处断头路。县级以上公路好路率达到 87.9%、乡级公路好路率达到 80.7%。此前东港市草莓产业未具规模，外销数量不多，公路因素影响尚不突出。1991 年至 1995 年年末，东港草莓渐具规模，境外销售量剧增，由于鲜草莓不耐运储，特别不耐运输颠簸，乡村公路建设尤显重要。其间，交通局想农民之所想，急农民之所急，大力组织兴乡村公路。五年间新建全市乡级以上公路总里程达 955km，比“七五”末期增加 44km。黑色路面达 479km，占养护总里程 50.2%，比“七五”末期增加 288.5km，其中乡级油路达到 188km，实现了乡乡通油路。公路等级大幅提高，高级次高级路面 204km，比“七五”末期增加 288.5km。境内“三纵三横”除大盘线部分路段外，全部是二级路，总里程达 215km，比“七五”末期增加 128km。其中重点组织修建草莓主产区马家岗乡乡村公路，修建了椅圈至马家岗、马家岗至黄城、马家岗至德祥等多条柏油公路，使马家岗乡成为东港市第一个实现油路村村通的乡镇，马家岗乡草莓从此插上了翅膀，销往了四面八方。1996—2000 年，东港市交通局公路建设共投资 1.33 亿元，新改建黑色路面 247.5km，境内黑色路面总里程达到 599km，其中浪东线 25km、大盘线 20km GBM 工程达到省精品工程标准。建设文明样板路 170km，其中省级文明样板路 113km，占全省文明样板路总量的 1/7。建设完成 5.6km 疏港公路。到“九五”末期，全市公路总里程达 954km，公路密度达 39.4km/100km^2，高于全省和丹东市平均水平。路况质量在丹东地区排名第一。全市有 82% 的农村通上油路。桥涵配套率、等级公路比重、晴雨通车里程均达 100%，全市以鹤大线为主骨架，省市二级公路为辐射的四通八达公路网已经形成。到 2005 年年末，全市公路总里程达 1 084km，比“九五”末期增加 130km，增长 13.6%，其中高速公路从无到有达到 73km、国省干道 112km、县级公路 329km、乡级公路 570km，公路密度达 41km/100km²。黑色路面总里程 889km，占养护总里程 82%。各级公路桥梁 10 187 延长米 /487 座，比“九五”末增加 1 141 延长米 /72 座，桥涵配套率、等级公路比重和晴雨通车里程均达 100%，位居全省前列。初步形成以丹庄高速公路为主骨架“五纵五横”为辐射，农村公路网为纵深，四通八达的公路交通网络，东港草莓运输矛盾基本消除，广大农民和草莓经纪人解除了运输不便的后顾之忧。2006—2010 年是振兴辽宁省老工业基地和全面建设小康社会关键时期，也是东港市交通事业把握机遇、乘势而上、加速发展的关键五年。2006—2010 年，全市公路及场站建设共投资 20.48 亿元（其中丹海高速公路投资 8 亿元），新建黑色路面 381.6km，改建黑色路面 158km，完成油路大修工程 80.8km，中修工程 267.5km，新改建桥梁 2 259.4 延长米 /63 座；公路等级大幅度提高，二级以上公路 556.6km，比 2005 年末增加 117.6km，其中一级路从无到有，达到 85.3km。重点建设完成丹海高速公路境内段 18.05km 动迁和路基工程；鹤大线东港至丹东段 29.4km 一级路改扩建工程；在全省率先完成 96.5km 滨海公路建设任务；完成县级公路新建 79km、改建 85.3km、大修 32.6km；农村公路庙骆线 11.7km 二级路改建，农网 62 条 192.3km 新建工程和 7 条 33.2km 海防路连接线工程。2011—2016 年，东港市公路建设共投资 20.67 亿元，新建黑色路面 510.5km，改建黑色路面 122.6km，完成油路大修 351.6km、油路中修 511.2km，新改建桥梁 1 370.6 延长米 /52 座。客运场站及码头建设投资 3 420 万元，新建及维修改造场站码头 9 处。重点项目有：①高速公路项目：完成丹海高速公路工程（18.1km）；完成疏港高速公路（17.1km）动迁占和部分路基施工；完成丹大高速公路前阳立交出口项目申请。②普通公路项目：完成鹤大线东港—椅圈段一级路改扩建工程（30.6km）、集贤—桃源段路面中修工程（27.2km）；完成滨海公路长山、北井子、椅圈三条连接线一级路工程（全长 15.2km）、宝华集团—古沟段路面中修工程（12.4km）；完成大盘线全线大修工程（23.7km）；完成集龙线、红董线、宝黄线、东边线、胜三线、赵南线等 6 条 94.4km 县级公路大中修工程。③边海防公路连接线项目：完成王家村—古沟段、龙源村—獐岛段新改建工程（共计 91.7km）；完成前阳江山路一级路路基工程（12.4km）。④农村公路项目：完成农村公路新建工程 329 条线路 495.3km、大修工程 61 条线路 239.7km、中修工程 116 条线路 374.4km。⑤场站及码头建设项目：完成东港客运站和孤山客运站维修改造工程；完成前阳、龙王庙、长安、小甸子以及大鹿岛内岛客运站新建工程；完成獐岛码头和大鹿岛码头新建工程。

2016 年，东港市各等级公路达到 438 条（比“十一五”末增加 236 条），总里程 1 945.3km（比“十一五”末增加 467km），其中高速公路 2 条 91.5km、国道 2 条 182.5km、省道 1 条 23.7km、县级公路 11 条 318.2km、乡级公路 50 条 463.5km、村级公路 372 条 863.8km。公路密度为 86.39km/100km^2（比“十一五”末增加 23.03km/100km^2），高于全省（75.41）平均水平。黑色路面总里程 1 457.9km（比“十一五”末增加 286.6km），占养护总里程的 74.9%，其中县级以上公路全部实现黑色化；农村公路油路里程达到 840km（比“十一五”末增加 268.5km），占农村公路养护总里程的 63.3%。境内公路等级大幅度提高，二级以上公路达到 610.3km（比“十一五”末增加 57.4km），占公路养护总里程 31.4%。各级公路桥梁达到 14 947.3 延长米 /665 座（比“十一五”末增加 1 264.2 延长米 /72 座），在全市形成了以高速公路和国省干线为骨架、以农村公路为经络的纵横阡陌、四通八达的公路交通网络，为东港经济尤其是草莓产业发展提供了有力支撑。

2017 年以来，交通局除了继续拓建、维护、升级境内交通公路之外，加大力度支持草莓物流、快递行业建设，帮助东港草莓安全快速运销全国各地。据统计，东港市快递企业数量从 2015 年的 10 家增加到 2019 年的 31 家。全市快递企业发送草莓数量从 2015 年约 17 万件增加到 2019 年突破 100 万件，致使东港鲜草莓至少有 5 000t 以上可以在 1~3d 内保鲜送到国内各大中小城市消费者手中。

（七）东港市市场监督管理局

多年来，东港市市场监督管理局立足职能，优化服务，强化监管，助力“东港草莓”发展壮大。

1. 加强扶持引导，壮大产业主体

东港市市场监督管理局持续深化商事制度改革，进一步放宽涉农市场主体准入条件，优化服务流程。积极宣传家庭农场和农民专业合作社

相关政策、经济价值和申请注册程序，激发草莓种植从业者创办家庭农场、农民专业合作社的积极性。建立“绿色通道”，为农民专业合作社和家庭农场的登记注册提供便利化服务，积极推动全市草莓产业发展壮大。截至目前，全市共设立相关产业家庭农场 610 户，农民专业合作社 555 户。同时，建立培育库，鼓励符合条件的种植大户转企升级，并举办了专题融资对接会，结合“百亿送贷”行动，开展“送贷助转型”主题活动，帮助企业拓宽融资渠道，助力企业做大做强。

2. 加强品牌培育，提升产业价值

积极组织力量做好东港草莓品牌培育，协助东港草莓获得国家地理标志产品认证，并定期对草莓协会进行走访，了解商标使用情况，引导符合要求的生产企业、农村合作社积极使用地理标志。通过促进商标与农业的融合，将东港草莓上升为品牌农业，提高了东港草莓的美誉度和竞争力。此外，帮助“东港草莓”通过“辽宁省草莓产业知名品牌创建示范区”“全国知名品牌创建示范区”验收，从提出申请、文审答辩、获批准创建，到创建规划、材料汇总至现场专家评审，予以全力支持。组织“东港草莓”参加区域品牌价值评价，作为全国知名品牌创建示范区参加了国家级品牌价值评价，进入了全国知名品牌创示范区百强榜，“东港草莓”品牌价值 63.61 亿元。在辽宁省品牌建设促进会组织的价值评价中，2018 年“东港草莓”品牌价值被评估为 274.37 亿元。

3. 强化市场监管，维护产业利益

组织开展“质检利剑”农资打假和“红盾护农”行动，严厉打击制售假劣农资违法行为，帮助草莓种植户把好农资产品质量关，对无证生产经营、生产销售不合格农资、虚假广告宣传等违法行为进行立案查处。加大“东港草莓”知识产权保护力度，严厉打击外地草莓冒充东港草莓行为，成立打击假冒“东港草莓”工作小组，组织协调督促各方开展打击“假冒东港草莓”工作，维护“东港草莓”品牌形象。

（八）东港市民族宗教局

2010—2019 年的十年间，市民族宗教局争取国家“兴边富民”专项资金 3 400 万元，对草莓研究院、各乡镇以及相关草莓种苗、加工企业给予草莓新品种引进、种苗提纯复壮、苗木冷藏库、育苗基地、生产园区建设、新技术推广、草莓文化走廊建设等扶持，对东港草莓产业提质增效发展起到了促进作用。

（九）东港市商业局

2013 年前后，市商业局根据东港草莓销量大、传统销售渠道难于畅销的状况，开始侧重组织和推行草莓电商建设，引导企业和个人利用电商出售草莓，电商销售优势逐渐显现。

几年来，商业局为东港市委、市政府组织制定并颁发《东港市加快电子商务发展指导意见》《电子商务进农村工作实施方案》《东港市电子商务创业小额担保贷款办法》《东港市人民政府关于电子商务产业发展的奖励办法（试行）》等文件。先后召开多次专门会议，组织、协调、指导全市电子商务发展；通过各种形式组织开展电子商务培训 90 多批次，培训人员达到 6 000 多人次；组织 2016 东港电商草莓节暨中国首届国际微商节、2017 年京东北京“东港 99 草莓”狂欢节、和“浪漫情人节，爱你‘莓’商量”展销会、2018 年“恋上你—我的小‘莓’好”等电商营销推广活动，目前，“东港草莓”已纳入京东直营体系。

东港市电子商务进农村工作取得了较好成果。在 2017 年第二批电子商务进农村综合示范绩效评价中，全省排名第二。

自 2015 年以来，东港市确定了阿里巴巴、黄海大市场有限公司、小甸子镇政府、北井子镇政府、前阳镇政府等 14 家单位，为电商进农村项目承办单位。现已完成 4 个县级电子商务公共服务中心、1 个物流配送中心、3 个镇级服务中心、210 个村级电子商务服务站的建设任务。东港市政府分别与中国网库信息技术股份有限公司、阿里巴巴集团和京东集团签署战略合作协议，建立东港市草莓产业电商基地，东港市获批第二批电子商务进农村综合示范县以来，先后两次被国家评为电子商务进农村综合示范县。

（十）东港市人事局

人事局多年来一直关注和支持东港草莓产业稳步高效发展，在科技人才配置、引进、培训等工作中予以倾斜偏顾。特别是引进国外智力办公室在引进国外智力，提升草莓产业科技含量工作中贡献突出。1990 年以来，先后帮助科研、推广和相关企事业单位申报完成 50 多项国家、省级引智项目，邀请 20 多个国家和地区的草莓专家前来东港市讲学、指导和技术交流，通过引智渠道引进草莓新优品种 20 多个，引进推广国外先进技术 10 多项，有力的助推东港草莓生产技术水平与国际上发达国家接轨或接近。东港市政府因此获国家级“农业引智先进单位”，草莓研究所被评为国家和辽宁省级“引智成果转化基地”。

（十一）东港市委组织部

为提升东港草莓产业科技创新能力与技术服务水平，东港市委组织部多年来不断强化草莓人才队伍建设，采取多种形式推进柔性人才引进工作，为全市草莓产业提质增效、转型升级提供了强大的智力支撑。

在人才引进上，组织部牵头组织、支持成立了辽宁东港草莓院士专家工作站和建立了辽宁草莓产业技术创新战略联盟，以此搭建人才引进与交流平台，共引进柔性人才 17 人，其中国家级 5 人，正高职称 14 人，博士 10 人。同时借助引智渠道邀请国外草莓专家前来讲学指导、技术交流、传授国外先进的生产技术与管理理念，提升东港草莓在国内国际市场上的知名度和影响力。

在人才培养上，组织部十分重视对农村实用人才的技能培养，常年支持辽宁草莓科学技术研究院邀请国内知名专家或组织本地技术专家深入乡镇举办技术培训班、召开现场观摩会等推广新品种、新技术。东港市现有农村草莓实用人才 2 000 余人，他们当中很多都是从事在生产一线、通过培训和自学成才的“种植能手”“科技示范户”“土专家”等，在生产中发挥了很好的传帮带作用，带领广大农民推广新品种、应用新技术、接受新思想、树立新观念。

在科技队伍建设上，组织部严格考核、选拔优秀干部担任草莓研究院（所）领导，不断完善科技人员队伍结构，注重对专业技术人员的业务能力培养，不定期组织技术人员外出考察学习，邀请国内外专家前来对技术人员进行专业技术培训，招聘农业院校大学本科及以上学历的毕业生加入科研队伍中，为东港草莓产业发展充实新生科研力量。

（十二）东港市委宣传部

为打响东港草莓品牌，市委宣传部把握草莓宣传主基调，切实发挥舆论引导功能，围绕产业发动、科学引导、技术推广、品牌建立、产品销售等各个环节，统筹协调本地和上级主流新闻媒体，全方位、多角度宣传报道，为东港巩固扩大“全国草莓第一县”品牌地位营造良好的舆论氛围。目前，东港市草莓生产面积已经发展到 14.8 万亩，草莓总产量达 23 万 t，产值高达 46 亿元，年出口创汇 3 500 万美元左右，“东港草莓”品牌价值达 77.5 亿元，已成为农民增收致富的主导产业和县域发展的重要支撑力量。

创新策划，增强新闻宣传的影响力和引导力。“宣传开道，舆论当先”，市委宣传部加强对新闻媒体的领导和管理，坚持正确的舆论导向，组织协调本地媒体，做好活动前期预热宣传，活动期间报道，刊发稿件等工作。各媒体编采人员深入草莓研究院、草莓大棚一线了解果农生产状况和生产需求，通过广播、电视、纸媒、网络平台等方式，以消息、通讯、评论等体裁广泛宣传草莓种植、管理、病虫害防治等生产技术、惠民政策和典型成功经验，为草莓产业健康发展营造浓厚舆论氛围。先后在本地媒体开设“农科之窗”“致富经”“农民热线”等专题专栏 20 余个，刊发《高科技示范园大棚草莓助农增收》《东港草莓有了身份证》《东港草莓名扬世界草莓大会》《辽宁草莓科学技术研究院落成并投入使用》《“东港草莓”再获“最具影响力中国农产品区域公用品牌”殊荣》《“东港草莓”在第十八届中国草莓文化节斩获多项殊荣》等草莓产业相关报道 2 000 余篇，受到广大读者和农户好评。

拓展推介，提高“东港草莓”品牌形象的知名度和美誉度。市委宣传部将宣传触角延伸进新媒体领域，建立微信公众号“东港关注”“东港人民广播电台”、东港新闻网、东港融媒等平台，主动挖掘新闻素材，向主流媒体推荐组织采访报道，宣传草莓产业发展态势、新技术、研究成果等方面的好经验好做法，以及产业致富带头人，推介东港草莓成“网红”。丹东市级以上媒体，光明日报、新华网、学习强国、中国县域经济报等国家级媒体，刊发《草莓红了 品牌响了》《探寻辽宁东港草莓热销的密码》《辽宁日报揭秘东港草莓为什么这么“红”？》《新华社聚焦东港草莓产业发展》等专题报道；2012 年以来，辽宁卫视《黑土地》栏目传送百余期优秀节目，其中草莓节目 20 多期。以莓会友，传播文化。市委宣传部抓好中国草莓文化和东港草莓文化节系列活动宣传，制定方案、亮点策划，邀请国家、省、市级媒体人现场采访，增强“东港草莓”在国内外的知名度和影响力。同时，拓宽东港草莓网络销售渠道，邀请多名主播现场推广带货，打造“东港草莓”区域品牌，带动草莓相关产品市场及创新业态发展。

主动作为，稳定草莓发展的产业链和营销链。由于受新冠肺炎疫情影响，草莓运输困难、价格下滑，初期销量有所下降。市委市政府决策果断，利用适宜的种植环境、完整的产业链条以及科学的电商营销模式，与行业协会共同帮助农户开拓销售渠道，确保农产品运得出大棚、走得出村屯。市委宣传部急群众之所急，发挥好舆论宣传主阵地作用，多方联系邀约央视、新华社等上级主流媒体，深入小甸子镇、十字街镇的农民合作社、生产基地和种植大棚中直播，深度报道市委市政府和农业部门、草莓协会、电商企业推进草莓生产和销售务实举措，提振果农发展信心，助力拓展销售渠道，营造出疫情防控和草莓生产两不误、两促进，齐心协力战胜疫情的良好舆论氛围。疫情以来，市委宣传部积极对接新华社、央视等国家和省级主流媒体推出《东港：二茬草莓不愁卖》《辽宁东港：又见草莓红》《辽宁东港：人民子弟兵伸援手 滞销草莓不愁卖了》《商务局：电商销售助力农产品“解困”》《东港草莓样样红》《辽宁丹东：草莓生产忙》《辽宁东港：草莓协会当龙头 带动“东港草莓”产得好 销得快》等相关报道20余篇。同时，市委宣传部积极联系武汉百果园，捐赠“爱心草莓”，东港市草莓协会、电子商务协会和广大草莓种植户积极响应，共筹集560箱20 160盒“爱心草莓”，分批发往武汉抗“疫”一线，增强医护人员战“疫”信心。人民网、新华社、辽宁日报、中国产经新闻网、学习强国分别直播、转载《万盒东港“爱心草莓”发车驰援武汉》《万盒东港“爱心草莓”发往武汉》的报道，为拓展东港草莓产业链和营销链提供强有力的舆论支持。

（十三）东港电视台

在东港草莓产业发展过程中，东港电视台无论是在产业发动、科学引导、技术推广、品牌建立等方面，还是在草莓生产、销售、深加工等环节都发挥了重要作用。

在设施草莓发展伊始东港电视台就通过新闻和专题节目进行宣传，尤其是将草莓生产作为东港的支柱产业全面重点发展后，东港电视台更是加大了宣传力度。

1. 新闻宣传

充分发挥新闻宣传的优势，及时将政府发展草莓产业的好方针、好政策、好经验传达给广大农民，让种植户脑子有纲、心里有底，身上有劲，这样的新闻宣传，对草莓产业的发动起到了很好的促进作用。据不完全统计，自20世纪90年代中后期至今仅在新闻栏目中播发相关稿件1 500余条，其中《东港草莓名扬世界草莓大会》《我市成功创建国家级出口草莓质量安全示范区》《辽宁草莓科学技术研究院落成并投入使用》等稿件分别在市、省台播出起到了很好地宣传效果。

2. 专栏宣传

1997年，东港电视台一档面向三农的专栏《农科之窗》正式成立，20年来，该栏目始终把草莓产业的发展作为重点关注对象，尤其是在草莓的科学生产上给予了强有力的宣传支撑。系统的讲解了草莓病虫害防治、新优品种推广、栽培管理技术、详尽地介绍了草莓栽培示范户、产业发展的典型人物的成功经验。实现了对草莓宣传全产业链覆盖。如《草莓芽线虫的防治》《草莓白粉病的防治》《草莓根腐病的防治》等所有草莓病虫害的防治技术；草莓新优品种如《新优品种‘红实美’》《‘九九’草莓风靡东港》《草莓家族的新宠》；栽培管理技术的节目也是全方位的，如《草莓秸秆反应堆的制作应用》《草莓花果期的管理》《温室草莓的温湿度控制》；在草莓生产过程中，涌现出一批如《不务正业的草莓状元——陈远新》《草莓能人迟林国》《扬眉吐气的于大姐》这些优秀的草莓种植能手。

在对草莓产业的宣传上，精准的主题确定，深刻的问题分析，优良的制作水准引起了省台的关注，自2012年开始，东港电视台先后向辽宁卫视《黑土地》栏目传送百余期优秀节目，其中草莓节目20多期，如《打造精品草莓　开拓全国市场》《科技育种出成效　冷藏草莓春来早》《金秋草莓红》《东港草莓远嫁他乡》等在黑土地栏目播出后，都引起了良好的反响。

专题宣传。在草莓产业发展的各个时期，针对不同的形势和宣传主题，东港电视台还制作了大量的电视专题片进行深度宣传。

如专为第十二届全国草莓节在东港召开制作了《草莓红　东港美》等专题宣传片。东港人民广播电台自2007年开始将原有频率更名为新农村广播，同年开展了“大喇叭、小音箱”和“东港广播乡村行”系列活动，而“凸显地域、服务三农”也成为2007年后，东港电台发展的新思路。在这样的办台宗旨指导下，2011年元旦，《金土地》栏目应运而生，我们通过这样一档对农广播节目，以服务三农为己任，我们每年坚持开展广播农技公益课程近百堂。按照农时节气，把农民最需要的课程通过广播送进大棚。

（十四）东港市广播电台

最近几年，特别是东港草莓种植面积不断增加，使得草莓技术推广成为农业技术培训工作的重中之重。东港市广播电台在开展广播课程的同时，也带着专家走田间——通过“美丽乡村行”活动的开展，把农业专家请进草莓大棚，现场讲解农户遇到的种植难题。不管走到哪里，农户们都是早早地等在大棚里，围着专家问这问那。另一方面，广播电台也通过这样的面对面课堂，给农户们现场发放调频小音响，给更多的新手种植户介绍我们的对农节目，让他们通过广播走进更大的种植课堂。帮助很多草莓种植户解决了种植过程中遇到的各种难题。得到了东港以及凤城、庄河市等周边草莓种植大户的一致好评。

2014 年记者在黄土坎镇山河村进行了采访时，正在大棚里采摘草莓的鲁桂英和苑立军夫妇就赞不绝口：“听广播的用处大了，比如我们种草莓，到什么时候广播都会介绍这个时候该用什么药，怎么治，草莓也不烂根了，也不死苗了，产量也提高了，对生产确实有利。村里广播发下来，我就说这事做得好，我们大棚户就靠广播得知信息，电视也不能搬进来，这广播可起了大作用了。”

截至 2019 年，广播电台累计投入资金 50 多万元，为农村发放调频小音箱两万多个，发放收音机 6 000 多个。让更多的草莓种植户和农业从业者，通过广播走进科学种植的“空中大课堂”。

（十五）东港市金融界

东港农商银行依托本地得天独厚的发展草莓产业的地理优势，通过不断创新信贷产品、合理设置贷款期限、实施优惠利率政策、开展多元化担保组合等金融服务来充分满足草莓农户的需求，推进东港市成为“全国草莓第一县”。该行先后支持草莓加工企业 11 家、专业合作社 42 家、草莓园区 4 个、草莓种植专业户 3 000 户，累计发放草莓产业贷款 18 亿元，已成为当地金融支持草莓供应链发展的最大银行业机构。该行主要通过 4 个产业链支持草莓产业链发展。一是草莓种植户领域。该行为草莓农户开发了“金信种植贷产品”，最高贷款额度 50 万元，先后为1 145户农户累计贷款4亿元。二是草莓加工生产企业领域。创新多元服务模式，采取“抵押+保证+存货+订单”等组合营销策略，推行“企业+合作社+农户”服务模式，先后支持企业49户，累计贷款30亿元；三是在草莓产业链物流运输领域。该行加强对冷链，电商快递和草莓收购商户自行运输和仓储的支持，推出重型货车按揭贷款、个人小汽车消费贷款等系列融资产品，累计发放贷款3.6亿元、940户，支持了当地草莓产业交通运输及仓储做优做强；四是草莓产业电商销售领域，目前已累计支持电商企业8户，累计投放贷款10亿元。仅为东港市奔多多电子商务等电商平台发放贷款近2亿元。

邮储银行紧抓辖内草莓特色产业，加大设施农业扶持力度，一是加强平台建设及合作，通过大力挖掘平台企业、寻求战略合作，并定期走访已搭建的棉被厂、钢架厂等大棚行业平台，加深合作掌握最新行业信息，通过平台介绍批量获客，同时结合平台反馈的建议及时作出工作调整。二是主动出击营销宣传，深入各乡镇及村委掌握第一手大棚园区信息，统一印发宣传条幅在各乡镇主要大棚园区悬挂，并对辖内大棚客户进行地毯式营销，保证每个园区都要第一时间现场对接、营销到位，不留死角，并给予利率优惠政策，全线下调至年利率8%。经过不懈努力，几年来发放草莓业贷款十几亿元，仅2020年1—4月累计投放大棚设施建设资金达6 700万元。

农业银行领导多方面考察、调研，客户经理收集资料、汇总分析，多年来连续发放草莓种植贷款，累计发放贷款十几亿元，仅2020年1—5月，投放“惠农e贷”草莓种植相关贷款65笔，金额1 100万元，利率执行在5.5%左右，同时继续筛选出优质的草莓种植户，予以信贷大力支持，用于种植东港市草莓研究所需的机械设备、肥料、建设大棚等农资。

此外，东港市外经贸局、东港市检验检疫局、东港市公安局、东港税务局分别在建立国家级草莓进出口生产基地、拓展东港草莓出口市场、强化出口草莓检验检疫工作、草莓生产销售治安保障、草莓营销税收优惠（如在没有取消农业特产税期间，免收草莓特产税，以激励草莓产业发展）等方面都做了大量积极工作，有力地促进了东港草莓产业发展。

第九章

草莓科学研究成果与推广

科学技术是第一生产力。东港草莓产业能有今日之辉煌，其中科学技术引进、研发和成果推广起到重要作用。

1982—1985 年，东沟县农牧业局组织推广草莓一年一栽植和地膜覆盖技术。

1985—1987 年，东沟县农牧业局组织各乡镇农科站技术员和全县农民科技带头人赴鞍山海城等地考察学习，结合东沟县农业生产实际情况，推广草莓大拱棚半促成栽培技术和日光温室促成栽培技术。在沈阳农业大学等科研院所、专家支持下，引种日本‘宝交早生’、美国‘哈尼’等草莓品种。

1988 年，东沟县罐头厂在西班牙专家帮助下，研发出草莓罐头生产技术。

1989 年，东沟县果树公司在辽宁农科院大连轻工业学院等单位帮助下，研发并应用草莓汁生产技术。

1993 年，东沟县草莓研究所成立，草莓科学研究与成果推广工作步入快车道。

1991—1993 年，东沟县科委、东沟县草莓研究所引进西班牙‘杜克拉’‘卡尔特一号’‘安娜’等新品种，草莓研究所开始新品种引进及配套生产技术研究。

1993 年，东港市草莓研究所在沈阳农业大学和国外专家帮助下，引进日本技术，开始研发草莓脱毒组培技术，并成立全国第一家面向生产的“草莓脱毒组培工厂”，开始生产脱毒组培苗。研究所开始从沈阳农业大学、河北省农林科学院等单位引进新品种。

1994年5月18—28日，日本著名草莓专家、日本国农产部园艺农产课技术顾问斋藤明彦应邀到东港市技术交流和培训，推介日本新品种与先进技术。8月，东港市草莓研究所承担农业部“名特优农产品（草莓）开发”项目任务。11日和28日，草莓研究所“草莓新品种引进、试验、推广”项目通过丹东市级成果鉴定，获丹东市科学技术进步奖二等奖。东港市草莓研究所坚持鲜草莓保鲜试验研究和草莓品种温室、早春大棚、露地生产对比试验，从未间断。

1995年，东港市草莓研究所开始新型农药、新型肥料应用试验研究；开始品种资源引进、整理与资源圃建立。5月25日，智利草莓专家米切尔·雷卡拉等来东港市技术交流和指导，确定东港市从北京“三S”公司引进推广的‘A果’‘C果’分别为西班牙‘杜克拉’‘卡尔特一号’品种；9月16—25日，荷兰水果专家Van der Vliet Fooyt Cornlis（凡得·福利特）应东港市草莓研究所邀请到东港市进行技术交流，并做技术报告，之后专家赠送荷兰草莓新品种‘艾尔桑塔’。

1996年，东港市草莓研究所谷军所长应邀赴日本考察，我国首先引进‘章姬’品种；农民引种西班牙‘图得拉’、日本‘丰香’‘鬼怒甘’等新品种；推广黑地膜覆盖、蜜蜂授粉、电灯补光、滴灌等技术。

1997年4月16日，丹东市科委与东港市草莓研究所举办“草莓新品种暨栽培技术推广会”；7月8日，草莓研究所召开“草莓专用稀土复合肥推广会”；10月28日草莓研究所召开全市二氧化碳气肥技术推广工作会议，市农业局、科技局、科协及各乡镇农科站、示范户百余人参加，通过现场示范演示、技术讲解、政府部门认可表态，推广此项技术；草莓研究所继续多项草莓技术试验。

1998年，东港市草莓研究所谷军等的《草莓专用稀土复合肥应用研究》论文被辽宁省科协评为优秀论文并在中国园艺学会草莓分会交流；草莓研究所开始新品种培育工作；对‘杜克拉’‘图得拉’‘草莓王子’‘五峰二号’‘皇冠’‘宝交早生’‘新希望’‘全明星’‘酒心塘’‘艾尔桑塔’‘哈尼’‘丰香’‘星都一号’‘星都二号’‘雪霸’‘静香’‘俊和’‘奖赏’‘高斯克’‘开拓者’‘明旭’‘93-8-1’‘93-14-8’‘93-22-32’‘爱美’‘鬼怒甘’‘美国二号’等几十个品种进行温室栽培试验。

1999年，引种日本‘枥乙女’‘幸香’等国外新品种；杂交育种工作进行实生苗筛选；开始土壤消毒、硫黄熏蒸防治白粉病、丁香·芹酚有机农药防治真菌病害等技术研究。1月7日，东港市草莓研究所“草莓新品种大面积开发”项目通过省级科技成果鉴定，5月获丹东市科学技术进步奖二等奖，9月获辽宁省农业厅科学技术进步奖一等奖。1月23—24日，日本著名草莓专家金指信夫应草莓研究所邀请，来东港市帮助解决草莓白粉病防治难题，东港市开始认知硫黄熏蒸防治草莓白粉病技术。8月1—2日，以色列植保专家李维克在东港市做技术报告，与草莓研究所举办溴甲烷土壤消毒现场演示推广会，土壤消毒技术在东港市逐渐应用推广。9月19日，东港市草莓研究所通过引智渠道中国首先引进日本‘红颜’新品种（代号‘99’）。

2000年，东港市草莓研究所继续草莓品种试验和育种工作，开始花果定量疏除、棚室温湿度调控和病虫害综合防治、无公害生产技术研究等。11月，东港市草莓研究所组织现场观摩二氧化碳缓释颗粒剂施用效果，举办二氧化碳气肥推广会。

2001年，东港市草莓研究所开展OS-施特灵在草莓组培苗扦插生根应用方面的试验、草莓施用“华卜”系列有机肥试验、草莓组培苗扦插生根应用生根素试验、红林重茬调理剂试验、磷钾精、益益久等肥料试验、膨大素在草莓生产上应用试验、维他那等肥料在冷棚中的肥效试验等各项科学试验，与中国农业科学院植物保护研究所合作开始甲基溴替代技术研究试验。再次草莓保鲜试验研究。新引进‘宝交早生’‘穗香’‘红梅’‘静宝’‘幸香’‘女峰’‘卡麦罗莎’‘常得乐’‘托泰姆’‘达赛莱克特’‘金梅’等十几个日本、美国、法国草莓品种，进行‘章姬’×‘托泰姆’、‘森嘎那’×‘卡尔特一号’、‘艾尔桑塔’×‘图得拉’、‘苏珊娜’×‘章姬’、‘图得拉’×‘章姬’、‘港丰’×‘哈尼’6个组合的有性杂交。连同上年两个组合，共8个杂交组合已培植出实生苗和进入株系选育。4月17—20日，草莓研究所邀请日本专家斋藤明彦前来技术交流指导，重点交流草莓白粉病等病害防治技术，之后经中国农业科学院植物保护研究所袁会珠研究员引导，草莓研究所与中国农业科学院植物保护研究所合作开始电热硫黄熏蒸器防治草莓白粉病防治试验研究；4月27—30日，荷兰专家洛兰兹应邀来东港市技术交流并作技术报告，专家与科技人员交流草莓育种亲本选配、授粉方法和株系选择等技术，提升了科技人员杂交育种技术水平，8月2—6日，丹东电视台几次播放东港市草莓研究所《草莓优质高产新技术》专题节目。

2002年，东港市草莓研究所继续与中国农业科学院合作进行甲基溴替代技术试验研究并获得可喜成果，东港市解决草莓重茬障害的氯化苦、棉隆、威百亩消毒新技术第一批推广应用；继续开展多项科学实验。1月26日，东港市草莓研究所开始承担科技部下达的国家星火计划“丹东草莓产业化开发”项目任务。2月2日，辽宁省农业厅公布东港市草莓研究所‘杜克拉’草莓新品种（引进）审定命名，东港市第一个自育草莓新品种进入大面积推广阶段。2月10日，东港市草莓研究所开始承担辽宁省人事厅下达的“辽宁省优质草莓生产——精品项目”任务。6月26日，草莓研究所接受丹东市科技局下达“‘章姬’草莓新品种开发”科技攻关任务。

2003年，东港市草莓研究所继续相关科学试验，与中国农业科学院植物保护研究所合作完成世界银行国际招标项目——国家环境保护总局下达的“甲基溴消毒替代技术研究”项目草莓土壤消毒试验任务；东港市草莓研究所“草莓脱毒种苗工厂化生产技术研究”和“草莓新品种‘章姬’引进及配套生产技术研究”项目分别通过辽宁省科学技术研究成果鉴定。1月，西班牙专家凯诺、阿根廷专家路易斯、法国专家马克等来东港市考察草莓产业与技术交流，之后，东港市草莓研究所在专家帮助下引入美国‘阿尔比’‘温塔娜’‘卡米诺实’等美国草莓新品种。3月，东港市草莓研究所撰写了《草莓脱毒组培苗工厂化生产技术研究报告》和《草莓脱毒组培苗工厂化生产技术研究工作报告》。7月，英国专家鲁伯特·诺尔斯到东港市考察讲学并作技术报告，科技人员与农民提高了对草莓病虫害的认知和防治技术。

2004年，东港市草莓研究所承担完成省外专局草莓引智成果推广培训任务。年内先后邀请日本、荷兰、意大利、新西兰等多个国外草莓专家前来技术交流、技术报告和现场指导，科技人员和农民草莓生产技术受益匪浅。东港市草莓研究所“草莓脱毒种苗工厂化生产技术”和“草莓新品种‘章姬’引进及配套技术研究”分别获丹东市科学技术进步奖二等奖、三等奖。之后科技人员继续开展多品种品种试验。

2005年，东港市草莓研究所科技人员完成丁香·芹酚、垄鑫土壤消毒、彭博士、莫比朗、醚菌酯杀菌剂等8项科学实验任务；“草莓新品种‘章姬’引进及配套技术研究”获省科技厅第六届“金桥工程”优秀项目三等奖；年内邀请西班牙、日本、美国等草莓专家前来技术交流指导和学术报告，科技人员和农民的草莓种植技术和育苗技术进一步提高；东港市草莓研究所完成国家外专局下达的两期全国草莓引智成果培训班任务，向全国推广普及草莓生产先进技术。

东港市草莓研究所承担国家星火计划项目——辽宁省科技厅“丹东草莓产业化”辽科发〔1999〕89号、丹科发〔2000〕32号、东科发〔2001〕13号新品种选育项目任务，自1998年开始草莓新品种培育研究，到2005年有性杂交组合20余个，其中‘红实美’新品种抗病、优质、高产、早熟、耐运储，通过辽宁省农作物品种审定委员会审定命名和科技成果鉴定，“专家组一致认为，该品种的育成填补了我国自育高产优质抗病温室草莓品种的空白，有望成为日光温室草莓更新换代优良新品种，推广潜力巨大。该成果水平达到国际先进水平”。

2006年，东港市草莓研究所先后完成“新品种日光温室对比试验”“赤霉素在草莓生产中的应用”“嘉特海藻叶面肥温室草莓试验”“保民丰新肥试验”“双和植物增长素在草莓上的应用”“双和植物增长素在黄瓜上的应用”“温室草莓施用阿卡迪安营养液试验”“棒棒肥在冷棚甜瓜上的应用”以及“东港市草莓生产调查报告”等10余项实验、调研项目任务。3月24日，东港市举办草莓新技术现场演示会，有240人参加。4月17日，草莓研究所在沈阳市苏家屯区大沟乡举办有150人参加的草莓生产技术培训会议及技术指导。8月2日至9月15日，草莓研究所所长谷军为丹东市新农村建设重点乡、村领导举办6期草莓优质栽培技术培训班，受训达700多人。8月17—19日，谷军应邀到吉林省辉南县石道河镇举办的草莓引智成果技术培训会。

2007年，东港市草莓研究所组织科技人员完成《草莓杂交选育品种对比试验初报》《丁香·芹酚应用草莓灰霉病防治试验报告》《丁香·芹酚对草莓炭疽病的防治试验报告》《黑帝冲得利等有机肥在温室草莓中应用试验》《露地加工型草莓品种对比试验报告》《绿叶丰神等肥料在草莓生产上的应用试验》《喷施膨博士等对温室草莓生长结果的影响》《日光温室草莓优质鲜食品种对比试验报告》《塑料大棚草莓品种对比试验》《草莓生产调查》等10余项科学试验和生产调研任务，杂交育种工作按计划运行，有20多个组合进入生产试验，其中有2~3个表现较好，有望育成新的高产、优质新品种。

年内东港市草莓研究所科技人员应邀到河北石家庄、辽宁本溪等地为当地农民和企业技术人员技术培训及田间指导；邀请英国、日本等专家前来交流草莓深加工技术等。

2008年，新型肥料方兴专用肥、玛露易等在温室草莓中应用肥效试验、新型农药上黄、丁香·芹酚、香格丽、菌可得4种药剂在日光温室草莓上防治白粉病试验，新型肥料快果、脆又硬、大红大紫3种肥料在草莓生产上的应用使用效果、日光温室草莓品种对比试验、叶面肥金旺有机、果菜王有机—无机液体、绿叶丰神、天达2116植物生长营养液、好康立克环境净化微生物土壤活化剂试验。5月8日，东港市草莓研究所举办新型有机农药应用技术培训会。7月26日，中国农业科学院植物保护研究所与东港市草莓研究所举办技术培训班。12月5日，东港市草莓研究所举办新型肥料推广会。年内，草莓研究所科技人员为辽宁省农民培训师培训5期近千人。

2009年，东港市草莓研究所组织科技人员完成草莓新品种对比、意大利（5个品种）、美国（3个品种）新品种监测、新型黄油板杀虫、3种新农药、4种新型肥料等6项试验。组织进行新品种杂交11个组合，有3个组合将收获种子进行实生苗培育。2月8日以色列专家拉松来东港市技术交流，对东港市‘甜查理’草莓品种生产技术做出指导建议。6月23—26日科技人员应新疆伊宁市农业局邀请，到新疆伊宁市做草莓技术培训和田间指导。

2010年，东港市草莓研究所对引进意大利‘德马’‘艾莎’‘艾尔巴’、美国‘阿尔比’‘卡米诺实’‘温塔娜’和西班牙‘坎东嘎’7个新品种，持续进行多种形式试种鉴定。研究所新杂交组合并延续试验鉴定13个杂交组合，其中有2~3个优系表现较好，有望育成新的优良品种。完成全市草莓生产调查研究、日光温室品种试验、日光温室草莓炭疽病防治试验、草莓育种杂交组合温室栽培鉴定试验、草莓杂交选育品种对比试验、海晟宝等叶面肥在温室草莓上应用肥效实验报告、海晟宝叶面肥温室追肥试验报告、塑料大棚草莓新品种鉴定试验、植物激活蛋白在日光温室草莓生产上应用试验等9项试验报告。研究所与西安交大机械工程学院和丹东环欣电子有限公司合作开发应用国家863计划项目科研成果“节水精量施肥控灌系统技术”的示范工作在黑沟镇草莓示范园区有序进行。5月16—23日法国专家雅曼·吉尔应草莓研究所邀请来东港市技术交流和指导并作技术报告和田间指导。9月3日，与中国台湾 地区专家举办新型营养剂推广会。年内，科技人员下乡为黑沟黄土坎等乡镇草莓生产技术培训。

2011年，东港市草莓研究所对引进意大利‘德马’‘艾莎’‘艾尔巴’、美国‘阿尔比’‘温塔娜’和西班牙‘坎东嘎’6个新品种，持续进行多种形式试种鉴定，希望筛选出适合露地和早春大棚的推广新品种；东港市研究所新杂交组合并延续试验鉴定15个杂交组合，其中有3~4个优系表现较好，有望育成新的优良品种。完成全市草莓生产调查研究、日光温室品种试验、日光温室草莓炭疽病防治试验、草莓育种杂交组合温室栽培鉴定试验、草莓杂交选育品种对比试验、新型植物营养制剂在温室草莓上应用实验报告、生命素新型肥温室试验报告、塑料大棚草莓新品种鉴定试验、海晟宝新型菌肥日光温室草莓生产上应用试验、AP保鲜剂对草莓保鲜效果的试验初报10项试验报告。8月，谷军所长应邀到安徽长丰县作技术报告和技术交流。8月16日，由丹东市农委主办，东港市农经局承办，东港市农业综合执法大队3家单位协办的丹东市草莓生产质量安全培训班在东港市举办。来自丹东地区的草莓专业合作社、农业服务中心相关负责人及草莓种植大户300余人参加了此次培训。培训班邀请了沈阳农业大学教授，同东港市草莓研究所专家一道做了专题讲座，采取图文并茂、结合案例等形式展开培训。培训内容涵盖农产品生产记录、安全使用农药、农产品安全知识，以及无公害、绿色、有机草莓生产技术的管理等。

年内，东港市草莓研究所与西安交大机械工程学院和丹东环欣电子有限公司合作开发应用国家863计划项目科研成果“节水精量施肥控灌系统技术”的示范工作在黑沟镇草莓示范园区有序进行，研究所与丹东电信公司合作开发的“温室温湿度报警系统新技术”项目已获得示范应用效果；完成农业部公益性行业（农业）科研专项课题、国家外专局

“农业引智示范推广”、丹东市“草莓新品种培育”等项目任务。

2012年，“草莓新品种‘红颜’引进及配套优质高产栽培技术研究”和“硫黄熏蒸防治草莓白粉病技术研究”科研项目分别通过省科技成果鉴定，两项成果均“达到国内领先水平”。

2013年，东港市草莓研究所延续对引进意大利草莓新品种‘艾莎’‘艾尔巴’进行早春大拱棚示范，对引进的国外品种与东港市目前主栽品种在日光温室进行品试。研究所新杂交组合并延续试验鉴定20个杂交组合，其中有2个优系表现突出，准备于2014年进行品种审定。承担完成全市草莓生产调查研究、日光温室品种试验、日光温室草莓炭疽病防治试验、草莓育种杂交组合温室栽培鉴定试验、草莓杂交选育品种对比试验等10余项科研试验报告。

首次承接中国农业科学院蔬菜花卉研究所安排的国家级新型药品不同区域、不同作物的防治草莓白粉病调查任务，并较好完成试验任务，得到中国农业科学院研究生院博士生导师李宝聚的赞同和认可。李宝聚博士表示，今后，将把辽宁省东港市作为我国农业新型药品的中试基地。

首次承接德国拜耳作物科学（中国）有限公司关于在农业部登记药品在全国不同区域试验的工作任务，草莓研究院受辽宁省、东港市植保站委托，在东港市选点三处，进行了“Luna Sensation 500SC混剂”和常用的杀菌剂对比试验，明确“Luna Sensation 500SC”对草莓白粉病的防治效果，进一步为该产品今后生产使用提供科学技术依据。这一试验任务的完成，标志着草莓研究院科研实力达到可以承接国家级应用性药品试验任务。

圆满完成农业部公益性行业（农业）科研专项课题、国家外专局“农业引智示范推广”、丹东市“草莓新品种培育”等项目任务。

2014年，草莓研究院邀请沈阳农业大学张志宏、雷家军教授，多次带领科研团队前来开展科研和数据调查工作。年内，草莓研究院组织专家到乡镇及村组举办技术培训班20多场次，免费发放科技资料20 000余份。组织专家到吉林、黑龙江、天津、辽阳、沈阳、大连等地技术指导10人次，发放技术资料5 000多份。在东港电视台《农科之窗》录制专题节目9期，通过网络视频接待农民咨询与答疑解惑300多人次。草莓研究院共安排新品种引进、新型农药、肥料试验10项；安排日光温室自动温控系统、臭氧物理防治、立体栽培自动管理系统、夜冷促花技术等4项示范项目；安排草莓新品种、脱毒种苗、滴灌、黑膜覆盖、硫黄熏蒸防治白粉病、土壤消毒等12项推广项目。

2014年5月，"'红颜'草莓引进及高产栽培技术研究""硫黄熏蒸防治草莓白粉病技术"分获辽宁省农业科技贡献一等奖和辽宁省林业科技贡献二等奖。7月29日，省农产品质量安全监管局在东港市教师进修学校举办辽宁省草莓质量安全生产培训班，省农委农产品质量安全监管局相关人员与东港市草莓种植大户等300余人参加此次会议。培训班上省农委农产品质量安全监管局李局长与市农委于主任就食品安全意义、当前生产形势做了重要讲话并提出了今后发展要求。培训班邀请沈阳农业大学张志宏教授讲授了草莓产业发展现状及优质安全生产技术。

2015年，草莓研究院历经6年选育成'丹莓1号''丹莓2号'草莓新品种通过省品种备案登记。这2个新品种均为2008年谷军所长主持并亲自利用'甜查理'做母本、'红颜'做父本，有性杂交选育而成。'丹莓1号'代号：R7×99-3；'丹莓2号'代号：R7×99-2-1。年内草莓研究院组织召开4次大型技术培训会议，组织科技人员赴小甸子、孤山、椅圈、马家店、黑沟、龙王庙、合隆、十字街、前阳等乡镇、村开展草莓培训班20余场次，直接培训农民6 000余人次；安排技术人员下乡技术指导100余人次，印发科技资料3万余份，通过科普集市接待农民咨询10 000余人次，通过金农热线7122168，电话解答、现场指导1 000多次；东港电视台《农家院》栏目讲座15期、辽宁《黑土地》栏目讲座2期。科技人员先后应邀到省内外技术培训20余人次，在省内外刊物上发表论文10余篇，撰写《东港草莓产业调研报告》等调研文章2篇。本年度完成全市"辽宁东港草莓生产现状调查及分析""草莓生产调查研究""日光温室品种对比试验""草莓新品种选育选优试验""日光温室应用百川康（苦参碱）防治草莓红蜘蛛试验""露娜森防治草莓炭疽病试验""日光温室应用百川康（枯草芽孢杆菌）防治草莓病害试验""三色原"土壤修复剂处理温室土壤试验、德国菌根颗粒剂草莓育苗促根系发育试验、日光温室声频控制器试验、日光温室应用海晟宝试验等10余项试验任务；完成日光温室自动温控系统、沼气三位一体、立体栽培自动管理系统、二氧化碳智能释放系统等5项示范项目；完成草莓新品种、脱毒种苗、滴灌、黑膜覆盖、硫黄熏蒸防治白粉病、土壤消毒等12项推广项目。与中国农业科学院、北京市农林科学院农林果树研究所、沈阳农业大学、辽东学院继续开展院校合作，共同开展项目研发，科研工作再上新台阶。

2016年，草莓研究院完成本年度全市"辽宁东港草莓生产现状调查及分析""日光温室品种对比试验""草莓新品种选育选优试验""新型自动温控系统的应用试验""三合一露娜森防治草莓炭疽病试验""立体栽培生产试验""基质栽培试验""日光温室声频控制器试验""日光温室应用鞍山科技大学生物菌剂试验""脱毒组培苗选育试验"等10余项试验任务。完成日光温室自动温控系统、沼气三位一体、立体栽培自动管理系统、二氧化碳智能释放系统等5项示范项目。完成草莓新品种推广、脱毒种苗选育、捕食螨应用、蜜蜂诱剂应用、育苗定位技术、滴灌、银黑膜覆盖、硫黄熏蒸防治白粉病、土壤消毒等20余项推广项目。继续与中国农业科学院、北京市农林科学院林业果树研究所、沈阳农业大学、辽东学院保持合作。

以院士专家站为智力支撑，通过邀请专家前来科学研究与技术指导服务、开展专业技术人才培训、为东港草莓产业发展出谋划策等多种方式，提高东港草莓科研实力及生产科技含量，取得了显著成效。2016年，草莓研究院与3家科研院所及大专院校进行技术合作与项目攻关项目8个，包括：与北京市农林科学院林业果树研究所合作开展的"草莓新品种'京藏香'示范与推广"，与沈阳农业大学合作开展的"草莓新品种培育""草莓种质资源圃资源收集及实生苗筛选""'红花'草莓新品种示范及推广""设施草莓立体栽培关键技术研究""浆果系列新品种及配套栽培技术示范推广""草莓新品种'艳丽'示范与推广"项目。与辽宁省果树科学研究所合作开展的"设施果树新品种及配套技术推广项目"。为提高承担项目的科研合作力度，东港市草莓研究院根据项目实施方案，一方面通过定期邀请国内外科研院所和大专院校的草莓专家前来合作攻关与技术指导，另一方面不断加强本单位技术团队的培训力度，提高其科研水平，保证项目的顺利开展并取得实效。

草莓研究院选育的'丹莓1号''丹莓2号'草莓新品种选育成果获丹东市科学技术进步奖三等奖。

2017年，草莓研究院引进‘通州公主’‘香山公主’‘玉泉公主’‘怀柔公主’‘隋珠’‘圣诞红’‘阿玛奥’‘太空2008’‘妙香’‘久香’‘公主’等国内外新品种13个、野生草莓资源1个；利用引进品种进行杂交组合4个品系1 000个株系，正在进行实生苗培育阶段。开展新品种对比试验及农药、肥料试验10项，对二氧化碳罐装智能释放系统，臭氧气体杀菌系统、节水精量施肥控灌系统技术、声频控制器、温室后墙高架栽培技术、低温预冷促早熟栽培技术、春棚营养钵育苗技术、释放捕食螨生态防虫技术等8项新技术加大区域示范。实验推广在草莓温室应用“海神丰”海带有机液肥和“舟渔”深海鱼蛋白水溶肥，获得高产高效。

2018年，草莓研究院引进国内外草莓新品种10个，其中驻站专家北京市农林科学院林业果树研究所张运涛研究员在2017年提供的‘通州公主’‘香山公主’‘玉泉公主’‘怀柔公主’等6个新品种的基础上，又提供了‘承德公主’‘燕山公主’等两个草莓新品种，另外‘红颜’（高山育苗）、‘玉兔’‘天仙醉’‘咖啡’等8个草莓新品种也已进入田间小区试验观察，继续鉴定，为日光温室草莓品种更新换代提供科学依据。

2019年，草莓研究院引进‘通州公主’‘香山公主’‘隋珠’‘亮点’‘婉生姬’‘圣诞红’‘妙香’‘久香’等国内外新品种10余个。重点关注上年度表现优异的‘通州公主’‘隋珠’品种。经过田间小区试验观察，上述两个品种表现生育期早、植株长势健壮、花果量大、果实酸甜适口，品质极佳，下一步将扩大试验、示范面积，继续鉴定，为日光温室草莓品种更新换代提供新品种支撑。草莓研究院技术推广部在科研基地进行田间试验的新品种40余个，通过田间综合表现，期望筛选出适宜日光温室栽培的新优品种。2019年，草莓研究院育种部开展的杂交选育工作共4个组合，在2018年基础上筛选出500余个株系，于2019年9月进棚观察，现已开始复选。同时对草莓研究院自育品种‘丹莓1号’‘丹莓2号’制定高产栽培技术规程并进一步示范推广，加速国内草莓新品种推广步伐。

开展新品种对比试验及农药、肥料试验10项，对二氧化碳罐装智能释放系统、节水精量施肥控灌系统技术、温室后墙高架栽培技术、植物生长调节灯、低温预冷促早熟栽培技术、春棚营养钵育苗技术、释放捕食螨生态防虫技术等10余项新技术加大区域示范，开展了新型生物菌剂对比试验（菌剂名称五丰一号、EM原露、利福田）、气调库不同低温模式处理草莓苗促早熟技术研发、日光温室品种对比试验、草莓杂交选育株系选优试验、高原苗引进及试验推广、土壤消毒秸秆还田培肥地力技术、叶面肥青洋大丰年试验等科研试验项目。大面积推广了温室后墙高架栽培技术、低温预冷促早熟栽培技术、脱毒种苗、自动温控、10cm间距滴灌带应用、硫黄熏蒸防治白粉病、蜜蜂授粉、黄板诱虫、绿色草莓栽培技术等10余项新技术。"一种草莓立体栽培装置"获得实用新型专利（证书号第9226471号）。

东港市草莓科学研究与成果推广，得益于国内知名专家的鼎力支持。几十年来，中国草莓科研奠基人、国务院政府特殊津贴专家、世界级草莓专家，沈阳农业大学邓明琴教授一直关注和极力支持东港草莓的科学研究和新技术推广。从20世纪60—70年代至今，邓教授心系东港草莓产业，足迹走遍东港各个草莓主产区，考察调研，技术指导，为农民解决技术难题，为当地政府出谋划策。20世纪80年代开始推介草莓新品种到东港试种，90年代为东港设计草莓种苗组培工厂建设并与洪建源教授（沈阳农业大学教授，邓教授的丈夫）亲自培训授课东港3名草莓科技人员。委派沈阳农业大学的林丽华老师驻东港市草莓研究所示范操作和指导草莓种苗脱毒组培技术。带领任秀云（教授）、雷家军（博士）、郑文灿（博士）、李玉花（博士后）等专家以及国内外科研院所和大专院校的专家科技人员来东港市技术交流指导。进入21世纪后，邓教授虽然离休了，却仍然情系中国草莓和东港市草莓发展，到东港考察指导，与东港农民、科技人员结下不解之缘。

雷家军教授，1966年10月生，博士，留日博士后、博士研究生导师，沈阳农业大学教授1998—1999年在日本国立草莓研究单位——农林水产省野菜茶业试验场专门从事草莓合作研究。共主持国家、部省市级课题40余项，其中主持国家自然科学基金2项。主持培育了4个草莓新品种'俏佳人''粉佳人''粉公主''红玫瑰'。1991年，邓明琴教授前往东港，指导东港市草莓研究所进行草莓组培快繁和脱毒苗生产。青年教师雷家军协助邓老师筛选出大果、丰产、耐储运、抗病的优良品种'哈尼'，于1993年将该品种组培原种苗赠送给东港市草莓研究所，并指导该所进行草莓组培快繁。东港市草莓研究所对该品种进行大量繁殖和大力推广，使这个品种成了辽宁省迄今为止最受欢迎的出口加工草莓品种，目前仍作为主栽品种用于露地栽培加工出口。邓明琴教授退休后，雷家军教授作为邓明琴教授的亲传弟子，接过了邓教授的接力棒，继续对东港草莓的快速健康发展倾心献力。雷教授在近 20 年中，每年都多次来东港指导草莓生产，为东港市举办大型草莓栽培技术培训班，同时也进行草莓育种、日本先进栽培技术等专题讲座。从 2011 年开始，雷家军教授被中共丹东市委、丹东市人民政府聘为“决策发展咨询顾问”，是辽宁草莓科学技术研究院院士专家工作站驻站专家。2015 年，帮助辽宁草莓科学技术研究院建立了草莓资源圃。2017 年，协助辽宁草莓科学技术研究院召集“全国短日夜冷超促成栽培技术观摩会”。多次邀请日本、美国、意大利等国草莓专家来东港进行技术交流，为东港草莓产业的发展做出了贡献，受到广大草莓种植户的欢迎。

中国农业科学院植物保护研究所曹坳程教授、袁慧珠博士、段霞玉研究员、王秋霞研究员，中国农业大学张国珍教授、刘奇志教授，全国农业技术推广服务中心徐维生主任（推广研究员）、张正合推广研究员，中国农业科学院果树研究所窦连登所长（研究员）、李克勤研究员、杨振英研究员，北京市农林科学院张云涛博士、王桂霞研究员、钟传飞研究员，河北省农林科学院葛惠波博士、郝宝春研究员、杨莉研究员，江苏省农业科学院赵密珍研究员，青岛农业大学姜卓俊教授，吉林省农业科学院郑亚杰研究员，东北师范大学周名灏教授，蛟河草莓研究所李怀才、李怀宝所长，黑龙江省农业科学院陶可全研究员、杨瑞华研究员，沈阳农业大学李天来院士、洪建源教授、任秀云教授、林丽华教授、张志宏教授、戴汉萍教授、吴禄平教授、纪明山教授、吕德国教授，辽宁省果蚕技术推广站杜建一研究员、宣景宏研究员、吴宝福研究员，辽宁省农业科学院魏永祥研究员等专家学者，都曾莅临东港市进行技术指导或作学术报告，东港市人民未曾忘怀。

第十章

东港草莓与引智

东港市草莓生产源于引进国外草莓品种和栽培技术。1924—1991年，丹麦、日本、荷兰、苏联等外国专家或友人，曾为东港市草莓引进生产给予一定的技术帮助。特别是20世纪90年代后，各级政府特别是国家、省、市外专局对东港的草莓引智工作给予大力支持，辽宁省农业厅王莉巡视员、辽宁省外专局赵洪涛局长、丹东市外专局贾云艳局长等，长期对东港草莓引智工作特别关注和鼎力支持，帮助寻求邀请国外专家，立项推广引智成果，为东港草莓生产、加工等技术含量提升做出了贡献。

东港市1992年以来草莓引智工作情况：

1992年

春天，西班牙草莓专家罗伯特应东港市科委邀请来东港市技术交流和指导，专家考察东港草莓生产后，认为东港市草莓种苗存在病毒问题，建议利用脱毒种苗。专家还帮助东港市引进西班牙‘杜克拉’‘卡尔特一号’‘露茜’‘苏珊娜’等草莓品种苗。

1993年

12月16—19日，东港市草莓研究所所长谷军随辽宁省农业团到江苏省常州市参加海峡两岸农业合作洽商会，先后与中国台湾中兴大学园艺系教授张武男、荷兰驻华使馆农业参赞助理屠大炤以及中国台湾王永祥、张师竹、陈怡信、李隆宏等十几位农业企业者交流草莓生产与加工技术，其中李隆宏表示愿意帮助引进台湾目前主栽草莓品种苗。

1994年

4月15日，副市长冯孟宝与东港市草莓研究所所长谷军到抚顺市与中国台湾农业企业代表李木毕、李隆宏、李鹤宇、李志亮洽谈、交流草莓生产技术，接受中国台湾客人赠送‘雪霸一号’‘五峰二号’2个草莓品种苗各10余株。

8月24—27日，日中农业友好协会（辽宁）会长今村安幸先生应邀到东港市考察草莓生产和技术交流，今村安幸先后到前阳、合隆、龙王庙等乡镇考察草莓生产情况，与农民和科技人员技术交流。

9月15日，日本客商万山亲男、山本惠子来东港市与东港市草莓研究所和企业科技人员技术交流。

9月23日，东港市草莓研究所科技人员在沈阳市与日本长野县须板市农业企业者丸山亲男等探讨交流草莓生产技术。

1995年

3月31日，法国农业专家梯耶里·维尔梅斯在冯孟宝副市长等陪同下参观考察东港市草莓生产、科研以及加工出口情况，与科技人员交流相关技术。

5月11—12日，韩国味元集团果蔬加工科技人员郑在京、金忠雄、朴篡柱、韩玟洙、李明宰等应邀来东港市技术交流和洽商合作建设草莓系列产品加工厂事宜。韩国客人在市政府领导等陪同下参观考察东港市草莓生产基地和东港市草莓研究所，与科技人员及政府领导交流草莓生产与加工技术，探讨合作建厂可行性。

5月18—28日，日本著名草莓专家，日本国农产部园艺农产课技术顾问斋藤明彦应邀到东港市技术交流。专家先后到马家岗、龙王庙、合隆、前阳等乡镇草莓基地考察指导，分别在合隆、前阳镇召开技术培训会，授课农民300多人。其间，22日在市政府孙殿东市长主持下，召开学术报告会，来自丹东地区的200多名科技人员和农民参加会议，报告会产生极好草莓先进技术的科普效果。

5月25日，智利全国农牧技术研究所草莓专家（兼智利农业部长顾问）Michelle Legarraga（米切尔·雷卡拉）和夫人在农业部、省农业厅、丹东市农牧局相关领导陪同下来东港市技术交流和指导，专家考察了草莓生产基地和东港市草莓研究所，帮助科技人员确认1992年引进西班牙代号“A”“C”品种分别为‘杜克拉’‘卡尔特一号’品种名称。

6月12日，辽宁省引智农业现场会在东港市召开，来自全省100

多与会代表先后到汤池镇外贸草莓基地、东港市草莓研究所前阳镇种苗繁育基地和马家岗乡草莓生产基地，东港市草莓研究所所长谷军在大会作了农业引智经验介绍。

8月27—29日，韩国味元集团科技人员郑在京、金忠雄、沈君燮应邀来东港市考察草莓产业发展和深加工情况。韩国客人考察多处草莓生产基地和多个果蔬加工企业，与科技人员广泛深入交流草莓加工保鲜技术。

9月16—25日，荷兰水果专家 Van der Vliet Fooyt Cornlis（凡得·福利特）应邀到东港市技术交流，专家考察东港市多个乡镇草莓生产情况后，在黄土坎镇举办100多人参加的草莓生产新技术培训会。其间，专家还对东港市多个苹果园现场技术指导。

10月28—30日，韩国味元集团果蔬加工科技人员郑在京、金忠雄、朴篡柱、沈君燮等应邀来东港市技术交流与研讨合作建设草莓系列产品加工厂事宜。

12月8日，香港腾星实业有限公司肥料专家戴公正先生到东港市草莓研究所与科技人员研讨草莓新型肥料技术，推荐并赠送“植物动力2003”。

1996年

6月26—28日，市委组织部副部长、人事局局长周国璋与东港市草莓研究所所长谷军参加全国农业引智表彰大会，东港市政府获“全国农业引智工作先进单位”，谷军同志获“全国农业引智工作先进个人”。

10月28—11月8日，东港市草莓研究所谷军所长随辽宁省福冈地区投资说明会访日代表团（高国珠副省长带队，农业、工业、水产三分团共44人）访日。其间，谷军应日本专家斋藤明彦邀请独自前往静冈县，在日本专家陪同下，参观考察静冈县温室与石墙草莓生产情况，与当地农民技术交流。日本专家赠送5株（锥型穴盘）‘章姬’新品种苗（中国首先引进）。

1997年

6月1日，日本草莓专家望月龙也、野口裕司在沈阳农业大学李天来教授、吴禄平教授、河北农业大学葛会波教授陪同下到东港市技术交流和指导，专家们先后到马家岗乡夏家村、汤池镇集贤村、东港市草莓研究所组培工厂考察，与科技人员研讨交流草莓生产和种苗繁育相关技术。

9 月 9—11 日，乌克兰新莫斯科市政府代表团对东港市草莓产业参观考察，与东港市草莓研究所科技人员交流草莓生产、加工相关技术。

1998 年

4 月 4 日，辽宁省外国专家局将法国专家赠送的‘Nara Dabots’(‘马哈’)、‘Gorella’(‘古克拉’)、‘Rabunoa’(‘白木达’)各 2 株草莓品种苗转给东港市草莓研究所。

4 月 21—22 日，中国台湾肥料专家杨馥成来东港草莓研究所与科技人员交流草莓营养需求相关技术。

5 月 8—17 日，荷兰专家 ReoLands 应邀来东港市技术交流。专家先后到几个草莓基地考察指导，并在椅圈镇、龙王庙镇、东港市草莓研究所分别作技术报告，听课人数 500 多人，还在古山庙会参加了科协组织的科普大集活动，为逛庙会的农民解答草莓技术咨询，成为此次庙会科普活动的一道风景线。专家还赠送东港市草莓研究所 9 个花卉和 5 个蔬菜品种种籽。

1999 年

1 月 23—24 日，日本著名草莓专家金指信夫应邀来东港市技术交流，专家下乡实地考察和技术指导，特别针对草莓白粉病提出硫黄熏蒸防治技术，在中国尚没有熏蒸器应用的情况下，与东港市草莓研究所科技人员临时研究垄脊硫黄粉、灯泡烤易拉罐（盛硫黄粉）的应急措施。专家赠送‘女峰’‘静宝’‘静力’3 个草莓品种苗。

7 月 14 日，东港市草莓研究所所长谷军与日本著名草莓专家斋藤明彦电话沟通邀请其来考察指导，一并要求其能赠送我方日系最新品种种苗（专家曾先后 7 次来东港考察指导，也是东港政府经济技术顾问），专家应允。

8 月 1—2 日，以色列植保专家李维克在辽宁省植物保护站李丽明研究员和北京市农林科学院果振君老师的陪同下，对东港市草莓重茬障害问题进行调研。

8 月 2 日，东港市草莓研究所在马家岗乡夏家村召开溴甲烷土壤消毒现场演示会，参加人员有农业局、人事局、科协、电视台、广播电台、各乡镇农业领导和农科站技术人员以及科技示范户农民代表近200人。李维克亲自指导施用技术操作，讲解技术要求。此后，草莓重茬障害的防治技在东港市逐渐推广开来。

9月18—25日，日本著名草莓专家斋藤明彦与夫人应邀来东港市技术交流。期间19日专家赠予东港市草莓研究所：'章姬''枥乙女''红颜'（99-03）'宝交早生'和'丰香'（A10）苗各1株，草莓硬度仪1台，土壤湿度目测仪2台。由于当时将专家所赠5个品种苗统一编号试栽和扩繁，其中'红颜'音译"贝尼"，编号99-03，为东港市草莓研究所首次引进。专家此次来访期间，先后下到几个乡镇草莓生产地，与科技人员和农民探讨生产实际问题，并在23日由副市长白元俊主持下召开学术报告会，科技人员与农民200多人参加报告会，反应热烈，受益匪浅。

2000年

3月13—14日，以色列土壤消毒专家李维克应邀来东港做技术交流和学术报告。副市长宋悦景、白元俊和农业、科技、科协领导与会，各乡镇主管农业副镇长、农科站站长、技术员、专业户200多人参加，专家为东港市草莓重茬障害防治技术推广做出贡献。

3月24日，俄罗斯萨马拉市农业专家红星公司高管瓦连金参观考察东港草莓生产基地与东港市草莓研究所，与科技人员交流中俄草莓生产技术。

3月30日，日本西本贸易株式会社果蔬加工专家谷口周二、三城康平，澳大利亚果汁贸易公司卜彼得先生等，来东港市考察草莓生产、加工、出口情况。专家们先后考察多个乡镇草莓生产情况和多家草莓加工出口企业，对东港市草莓加工出口相关工作提出一些宝贵建议。

2001年

3月5—6日，意大利环境部安德力·卡姆波努格拉博士和都灵大学安德力·马安托博士在国家环保局处长朱留财、中国农业科学院曹坳程博士和中国农业大学曹志平博士陪同下来东港市进行技术交流和指导，专家们考察了东港市草莓生产基地和东港市草莓研究所，提出草莓重茬障害解决建议与技术。

3月18日，日本东洋商事株式会社村山宪二、杉山顺一郎来东港考察东港草莓加工出口企业并技术交流。

4月17—4月21日，日本著名草莓专家斋藤明彦应邀来东港市技术交流和指导。专家先后下到多个乡镇考察草莓生产情况并进行现场技术指导，解决技术难题。还举办一场来自全市的农民、科技人员等200多人参加的技术报告会，并与东港市草莓研究所科技人员进行草莓病虫害防治、新品种培育等技术研讨交流。

4月24日，日本雪印食品株式会社食品加工专家三岛良宜与汤浅株式会社草莓加工专家村山宪二前到东港市草莓研究所与科技人员研讨交流草莓加工技术。

4月27日至5月1日，日荷兰专家里兰兹应邀来东港市进行草莓技术交流、讲学和指导。

5月13—20日，东港市农村经济局局长王民、东港市草莓研究所所长谷军随辽宁省政府赴香港招商代表团在香港考察草莓市场与草莓保鲜技术。在港期间与香港东星企业公司、四海贸易公司、欧劳福林有限公司、美国盛美家食品公司、李照记果欗有限公司、吴波记鲜果贸易公司等洽商东港草莓鲜果贸易相关事宜，与欧劳福林有限公司和香港东星企业公司签订草莓贸易合作意向书。

6月23日，日本明和产业株式会社3位草莓加工技术人员来东港市技术交流和指导企业草莓加工技术。

7月14—15日，日本食品株式会社仓富俊郎、韩国世光贸易株式会社郑基燕等来东港市考察草莓加工并洽谈贸易。7月15日，韩国世光贸易会社郑基燕等3人来东港市草莓研究所与科技人员交流草莓加工商贸事宜。

是年，中国台湾许连辉公司投资兴建的东港市嘉生草莓速冻干制品工厂动工建设，东港市草莓研究所与加工企业签订草莓原料供给合同。

2002年

6月2日，日本大仓商事株式会社大仓和利、山口善一郎、林正二等考察东港草莓加工企业及出口草莓生产基地，技术交流并提出建议。

6月14—23日，美国著名草莓脱毒种育苗专家包勃·努特曼应邀前来技术指导和讲学专家先后在东港市考察草莓生产和种苗生产情况，现场技术指导、经验交流，并举办200多人参加的技术报告会。专家针对我地区草莓种苗普遍带有病毒、品种老旧、工厂化生产种苗技术落后等提出了相应改进意见，通过投影演示、图文讲座，介绍了美国草莓无病毒生产情况，使东港市科技人员、农民受益匪浅。

8月26—27日，日本汤浅株式会社草莓加工专家村山宪二、杉山顺一郎等来东港市技术交流，专家先后考察东港市草莓加工企业和草莓育苗、生产基地，与东港市草莓研究所和企业技术人员研讨交流草莓加工包装技术。

8月27日至9月1日，邀请南非林波省地方事务局局长马丁·马郝西先生到东港市考察交流，马丁·马郝西先生介绍了南非草莓生产消费情况，参观考察东港市草莓生产基地和东港市草莓研究所种苗脱毒组培工厂，对中非草莓生产贸易合作提出一些设想与建议。

9月18—28日，加拿大著名专家陈·刊巴啦应邀来东港市技术交流。专家先后考察东港草莓生产情况，与科技人员经验交流、现场指导，并举办由科技人员、草莓示范户参加的技术报告会。专家通过投影演示、图文讲座，结合加拿大先进的草莓生产技术规程，详细介绍了草莓休眠期的确定、促成花芽分化技术、温湿度调控及平衡施肥方法等设施化栽培技术，给科技人员和农民上了一堂生动的社会实践课。

10月8日，丹东草莓专业技术研究会和东港市草莓研究所聘任日本专家村山宪二为经济技术顾问。

10月13日，日本汤浅株式会社草莓加工专家桥本武久、渡边傲志来东港草莓研究所与技术人员交流草莓加工出口规范技术。

10月13—20日，东港市农牧业局副局长孙承彦、东港市草莓研究所所长谷军等赴俄罗斯符拉迪沃斯托克参加远东果品农展会。其间，孙承彦、谷军应邀赴乌苏里斯克市农场指导草莓生产管理技术。

2003年

1月12—13日，邀请日本广岛县青旗株式会社原料技术部长齐田达雄到东港市考察指导草莓深加工技术。其间，专家与科技人员进行技术交流，到前阳镇大连平城食品有限公司加工厂实地考察并对工厂设施、卫生和IQF草莓冷冻工艺等给予了建设性指导。解决了丹东草莓深加工的一些技术难点问题。

1月24—25日邀请日本东京汤浅株式会社食品部长村山宪二到丹

东市考察指导。专家除了与东港市草莓研究所科技人员技术交流，还到丹东罐头厂等加工企业现场考察，对草莓、葡萄果汁加工技术予以指导。

2 月 13—14 日，邀请韩国釜山韩中农产株式会社金圣源社长到东港市技术交流。专家与科技人员交流了草莓育苗技术，对生产、出口草莓种苗的病虫害限制和出口业务等作专题报告，科技人员因此受益匪浅，为今后开展草莓种苗出口业务积累了知识。

4 月 12 日，邀请日本东京伊藤忠商事株式会社饮料技术课桥本大树到丹东考察指导。专家对丹东蔬菜二冷库、辽宁广天食品有限公司等企业进行考察，提出一些有益的技术改造意见，并对科技人员、工人进行饮料生产技术专场报告，传授新技术和介绍日本及世界饮料发展动态。

5 月 10—11 日，邀请美国加利福尼亚州太平洋种苗公司技术副总裁包勃·努特曼到东港市考察指导，专家向科技人员介绍了美国草莓育种动态，介绍了美国目前应用的一些优良草莓品种特征特性，对东港市草莓研究所良种繁育工作给予了技术指导。

5 月 26 日，邀请韩国汉城中元贸易株式会社顾问金昌益到东港市草莓研究所考察交流。专家对中国出口韩国草莓种苗的技术要求作了专题报告，对东港市草莓研究所种苗生产基地实地考察并给予技术指导。

6 月 3—6 日，英国专家鲁伯特·诺尔斯应邀来东港市技术交流和指导，并分别在东港、孤山作技术报告，培训农民 400 多人。

7 月 15—24 日，邀请日本东京汤浅株式会社食品部长村山宪二到丹东考察讲学（项目号：L031）。专家对丹东地区的 3 个果品加工厂现场考察指导，就果汁加工技术和世界果汁消费动态作专场报告，并且与丹东罐头厂达成合作建厂生产果汁合作合同，促进了丹东地区草莓、葡萄生产与加工出口贸易的发展。

7 月 18 日至 8 月 7 日，邀请英国园艺专家鲁伯特·诺尔斯到东港市考察讲学（项目号：20032100019）。专家针对草莓病虫害及生理障害防治、草莓设施化栽培技术等在市、乡（镇）作了 4 场技术报告，先后到 5 个乡镇的草莓生产基地进行田间技术指导，解决了草莓生产中一些难点问题，受到市政府领导、科技人员和农民的欢迎及赞誉。

8月23日，邀请中国台湾企业家辽东考察团王世轩、马国东、何幸烨、胡台松等6位资深农业（果业）企业家到东港市考察交流。东港市政府尤泽军副市长等领导与东港市草莓研究所科技人员一起参加座谈会，台湾客人介绍台湾草莓生产、加工、贸易等情况，对东港市草莓发展现状表示欣赏，并对入世后拓展国际草莓市场和草莓包装保鲜等方面的问题，提供了一些有益的参考建议。

9月27日，邀请中国台湾喜生食品有限公司苏三池先生到东港市草莓研究所考察指导，苏先生对草莓加工品种的选择、优质种苗生产等介绍了台湾发展现状，对东港市草莓加工品种的引种、生产、农药残留等提出有益的、可行性意见。苏先生的公司在东港市投资4 000万元人民币，建成草莓加工厂，已投产运营，促进了东港草莓产业化发展进程。

10月24日，丹东市政协相关领导陪同韩国荣和株式会社白云先、金志宪等与东港市草莓研究所交流草莓育苗技术和洽谈草莓种苗合作事宜。

11月8日，日本青旗株式会社、川铁商事株式会社草莓加工专家小桥征二、齐田达雄、田中友晴等考察东港草莓加工企业并与东港市草莓研究所科技人员交流草莓加工技术。

12月13日，丹东市外国专家局贾云艳局长等陪同西班牙专家哈维尔·凯诺、阿根廷专家路易斯、法国专家马克、英国专家伊瑞克与东港市草莓研究所科技人员技术交流。

2004年

3月8—10日，新西兰草莓加工专家约翰·夏瑞前来技术交流、指导，为几家企业解决包装、安检等技术问题。

4月1—5日，中国台湾草莓生产加工专家陈伯锦来东港进行技术指导，交流露地草莓病虫害防治技术。

4月7—8日，荷兰草莓生产专家童戴木郝斯、莱克斯·冯、盖尔德等来东港，进行技术交流，专家提出新品种引进指导意见。

4月14—15日，日本村山宪二、兼子泰彦等果蔬加工专家到东港，进行技术交流和企业指导，介绍草莓预冷保鲜技术。

4月18日，中国台湾土肥专家杨立先生前来推介草莓无公害施肥技术。

4月20—28日，日本斋藤明彦第四次前来技术交流指导，办班两次，下乡5个乡镇，解答咨询几百条，受到科技人员和农民欢迎。

5月1—5日，日本青旗株式会社好城建一郎、幸前正次等，到东港草莓加工企业，指导企业解决相关技术难题。

5月7—15日，荷兰专家给斯应邀来东港市，进行技术交流指导，办班3次，培训近千人。到几个乡镇的草莓生产田间，指导如何防治草莓病虫害等。

6月2日，日本静冈农业考察团一行11人，前来东港考察、技术交流。

7月24日，加拿大米兰酒业加工专家亚伯特米兰、亚历山大·米力前来东港，交流草莓酒工艺技术。

8月20—21日，辽宁省引智成果培训班召开，培训各地区农民（含省外）、科技人员120人。

8月24日，西班牙凯诺先生前来技术交流。

11月29日至12月9日，谷军赴西班牙学习草莓生产、加工技术。

12月12—15日，西班牙高农集团赫苏斯·利娜雷斯、希腊尼古拉斯·克利斯多佐罗等4位专家前来东港，举办草莓加工技术培训班，到企业考察指导。

2004年，印发引智成果资料1.5万份，举办培训班20多场次，培训农民5 000多人次，推广新品种、新技术20余项。“草莓脱毒组培苗工厂化生产技术”和“草莓新品种‘章姬’引进及配套生产技术研究”分别获丹东市科学技术进步奖二等奖和三等奖。2004年东港市草莓产量19万t、产值4.5亿元，其中估测引智成果效益2亿元。

2005年

1月31日至2月3日，邀请日本岩谷产业株式会社草莓加工专家根本有二郎、盐见刚宏、佐佐木诰之等到东港考察指导。其间，东港市草莓研究所科技人员陪同专家考察了几个草莓加工企业，专家对草莓加工技术和生产管理提出了宝贵意见和建议。专家与科技人员进行技术交流，解决了草莓深加工相关技术难点问题。

3月14—22日，邀请西班牙欧洲种子公司凯诺、曼乐、美国加利福尼亚大学凯尼、元迪等前来东港考察、讲学和技术指导。专家先后到4个乡镇田间考察指导，并给“全国引智成果草莓栽培技术培训班”来自全国各地的100多名学员授课讲学。专家作世界草莓生产发展现状、草莓品种选育、草莓设施化生产技术、草莓病虫害防治等专题报告。专家准备充足、学识丰富，结合在东港市以及在我国其他地区考察实践，提出了许多切合实际的指导意见，给东港市农民和培训班学员留下极好印象。

4月1—9日，邀请西班牙凯诺、曼乐和世界著名草莓育种专家加利福尼亚大学科克·拉尔松、道格拉斯·绍等到东港市考察指导与技术交流，专家分别对我国草莓品种、加工、包装等进行现场考察，与科技人员研讨交流，指出我国草莓品种选育工作的差距，并提出指导意见。还传授了草莓品种选育技术，科技人员受益匪浅。

4月16—19日和7月18—22日，东港市草莓研究所先后完成两期国家外专局下达的引智成果草莓栽培技术培训班任务。东港市草莓研究所科技人员、美国加州草莓育苗专家、西班牙草莓专家分别授课《草莓生产规划与发展》《草莓病虫害防治》《草莓品种介绍》《美国草莓育苗技术》《世界草莓发展动态》《草莓优质高产技术》《土壤消毒技术》《草莓病虫害防治技术》等，并与学员技术交流。来自辽宁、吉林、黑龙江、山东、江苏、河南、上海、新疆等地的200多名学员受到引智成果培训，还通过生产基地观摩、专题文艺晚会等形式使学员学得透、看得见、记得牢，达到非常好的培训效果。

5月2—3日，邀请日本川铁商事株式会社草莓酱专家望月诚二等来到东港技术指导，专家建议东港地区草莓生产应根据不同市场、不同加工制品选用相应的不同品种，并赠送‘青旗6号’新品种。

5月9—12日，邀请智利国家果蔬专业考察团一行10人前来东港考察与技术交流。考察团成员有智利农业部长技术顾问草莓专家索莱达·菲拉达女士等。专家团考察了草莓生产基地、加工企业，与科技人员技术交流，与农民和企业工人研讨。考察团对我国草莓生产提出一些有益看法，并决定将通过相关途径组织进口中国草莓。

7月9—16日，邀请日本专家村山宪二再次来东港市技术指导。专家先后到生产基地和加工企业现场指导，与科技人员交流。由于引智成果草莓栽培技术培训班开班时间推迟，专家对未能按计划参与授课表示遗憾。村山先生是东港的老朋友，每次前来都与科技人员友好相处，研讨热烈。

8月21日，丹东市外国专家局在东港宾馆为专家哈维尔·凯诺·柏希颁发奖牌和荣誉证书。哈维尔·凯诺·柏希是美国加利福尼亚大学主要授权商——西班牙艾诺斯种业公司总经理，也是世界著名草莓专家。近年来，先后10余次来中国宣传推广草莓生产新技术、新品种，特别对丹东地区和辽宁省草莓产业发展给予大力支持。应东港市草莓研究所邀请，先后5次来到东港市开展技术交流工作，带领美国草莓育种专家柯克·拉尔松等多名世界草莓专家来东港讲学，实地考察十几个乡镇草莓生产情况并田间技术指导，先后召开技术交流、技术培训班5次，赠送两株国外新品种草莓苗，传授近十项先进生产技术。先后两次邀请东港市6名草莓科技人员到西班牙技术培训，并给予很大的资助和全力帮助。哈维尔·凯诺·柏希先生专业学识渊博，实践经验丰富，敬业精神可佩，对东港市草莓生产科技含量的提高做出了重要贡献，与东港市科技人员结下了深厚友谊，受到农民的喜爱，经省政府审查批准，获得辽宁省外国专家荣誉奖，

8月29—30日，邀请日本博科株式会社三原淳佳先生到东港市技术交流。专家介绍日本草莓加工制品发展现状，对东港市草莓种苗生产提出了建设性意见。

9月19—28日，邀请荷兰草莓专家麦克斯先生前来东港技术交流。专家先后到5个乡镇田间指导和草莓种苗示范场、种苗组培工厂现场技术演示，并且对引进开发的新兴果树——蓝莓示范基地进行考察指导。专家谦虚谨慎，认真负责，专业技术知识很丰富，生产管理经验较多，技术传授不保守，对东港市草莓产业发展起到了积极作用。

10月17日至11月6日，由国务院政府特殊津贴专家谷军所长带队组成“草莓产业化生产技术”培训团，执行国家CG2005210010项目任务，到西班牙接受21天技术培训。西班牙欧洲种子公司非常负责任的给予严格培训，组织参观学习西班牙草莓生产、育苗、加工、包装、营销等先进技术，使培训团非常顺利完成了国家外专局下达的这一培训任务。

11月28—30日，邀请日本汤浅株式会社竹口孝男先生来东港市考察指导。专家对草莓脱毒种苗生产提出技术指导意见，对草莓加工出口提供国际与日本市场信息，为我国草莓加工出口与生产发展起到有益参考作用。

2006年

3月8日，日本高桥秀树、桥田正行等4位草莓加工专家到东港市草莓研究所交流草莓加工技术。

3月16日，东港市举办草莓引智成果技术培训班（外专局、科协协办，300人参加）。

4月3日，东港市草莓研究所与中国香港超大现代农业有限公司农业专家叶纪生等交流草莓加工技术和贸易。

4月22日，日本大分市农业考察团一行9人，考察东港草莓产业，并与市府领导、东港市草莓研究所科技人员技术交流。

5月3—4日，东港市草莓研究所与日本草莓加工专家米田孝男、小桥征二等交流草莓加工技术。

5月24日，东港市草莓研究所与韩国生物技术专家李东锡等交流草莓生物液肥施用技术。

6月6—7日，日本食品专家佐藤琢磨、宫东邦裕等，到东港市草莓研究所讲学，传授草莓加工技术。

6月30日，韩国肥料专家李东锡到东港市与东港市草莓研究所科技人员交流草莓施肥技术。

7月15—24日，东港市草莓研究所与日本专家村山宪二，草莓加工技术指导交流（项目号：S20062100245）。

7月24—28日，日本草莓专家宫本重信到东港市草莓研究所讲学，指导交流草莓设施化栽培技术。

8月19日至9月3日，西班牙专家哈维尔·凯诺·柏希先生到东港市草莓研究所，讲学、交流、指导无公害草莓生产技术。

10月10日，东港市草莓研究所在东港市小甸子镇举办引智成果展示会。

2007年

1月20日，东港市草莓研究所科技人员到北京，与西班牙专家凯诺技术交流，专家对我国的草莓育种工作提出宝贵建议。

1月24日，东港市草莓研究所科技人员与韩国FOODWELL公司果蔬加工专家金成一、崔慧伶，交流草莓深加工技术，韩国专家对丹东地区草莓深加工的前处理、质检和精包装技术给予规范指导。

3月22—23日，日本东华技术株式会社土肥专家伊泽和彦到东港，为丹东地区有机草莓平衡施肥和病虫害防治提出前瞻性指导意见。

3月26—29日，东港市草莓研究所科技人员到北京，与美国专家克柯·拉森、兰迪、西班牙专家凯诺、曼乐等进行技术交流。专家对东港市草莓生产中的品种选育、设施化栽培以及草莓促进花芽分化技术等给予建设性技术指导和建议，特别是对草莓育种工作传授了科学实践经验，科技人员受益匪浅。

5月25日，日本卡耐卡瓦株式会社农业专家古冈治市、木村和明、入江朋哉、原田义行等与东港市草莓研究所科技人员进行技术交流，实践指导，专家对草莓脱毒组培技术和标准优质种苗扩繁技术提出先进的指导性意见。

6月8—18日，东港市草莓研究所邀请德国果蔬加工专家布鲁诺·泽德舒，在东港市举办的有近百家企业和科技人员参加的果蔬加工技术报告会上讲学，受训200多人，为丹东地区草莓深加工和出口贸易提出一些建设性意见。专家还深入到企业，进行现场指导。

7月18日，东港市草莓研究所科技人员与日本田宏贸易株式会社草莓加工专家诸星英之技术交流，为丹东地区草莓深加工出口以及草莓制品质量的提高提出宝贵建议。

8月19—23日，日本土肥专家伊泽和彦、月高龙太郎、河北礼子应邀到东港，举办技术讲座和开展技术交流，为丹东地区有机草莓生产中的肥料安全使用和土壤改良提出指导性意见。

10月6—10日，日本果蔬加工专家村山宪二应邀到东港，他结合日本和国际草莓加工商贸状况，对丹东地区草莓加工企业的规划建设提出切实可行的指导性意见。

11月7—12日，日本农业专家宫本重信应邀来东港市技术交流。专家赠送‘东港爱娘’‘左贺清香’‘明日香珍珠’3个日本新品种草莓苗。到3个乡镇草莓生产田间考察指导，与东港市草莓研究所科技人员及日本草莓加工专家村山宪二一起研讨交流草莓生产和加工技术。

2008 年

3 月 1—10 日，尤泽军副市长与谷军所长随中国代表团赴西班牙维尔瓦市参加第六届世界草莓大会。其间，参观加州大学草莓品种西班牙试验基地、草莓鲜果包装厂、西班牙草莓主产区生产状况等，聆听国际草莓专家技术报告。通过中国代表团努力，辽宁省政府友谊奖获得者——西班牙艾诺斯种业公司专家哈维尔·凯诺的协调帮助，经大会投票决定：2012 年第七届世界草莓大会在北京举办。

4 月 13—19 日，瑞典草莓专家玛格纳斯·恩斯泰德应邀来东港市，给丹东地区科技人员、农民和企业负责人 210 多人作草莓栽培技术报告，并到北井子、前阳、十字街等乡镇田间技术指导。专家还分别与东港市草莓研究所技术人员和丹东方绿有机食品有限公司人员进行技术交流。其间，专家与东港市草莓研究所科技人员到盘锦市高升镇田间指导；在盘锦市作草莓生产技术报告。19 日，专家从沈阳乘机赴北京。

6 月 2—6 日，意大利专家安东尼奥·罗福应邀来东港市进行技术交流。

8 月 27 日，美国 JC 亚太有限公司查可·戴维斯博士、尼克·巴利博士、维恩·奥斯克、安卓拉·戈兰道斯等应邀来东港市，进行草莓产业考察与技术交流。

9 月中旬，引进美国‘温塔娜’‘阿尔比’‘卡米诺实’和意大利‘爱莎’‘阿尔巴’‘希里亚’‘坎东嘎’‘德玛’等新品种，在东港市草莓研究所基地进行试验观察。

2009 年

2 月 4—8 日，在东港市外国专家局安排下，东港市草莓研究所安排技术人员到北京西班牙爱诺斯公司生产基地考察学习。西班牙草莓专家哈维尔诺推介了‘温塔娜’‘阿尔比’等 5 个最新草莓品种，展示该品种结果习性和配套管理技术，并把上述几个品种无偿提供给东港市做试验。达到技术共享，与国外同步开发推广优新品种，加快东港市品种更新换代步伐。

2 月 8—9 日，以色列专家伊特拉克·拉松应邀到东港市草莓研究所，在东港市草莓研究所组培生产车间现场讲解、演示组培苗扩繁操作程序。针对生产中易发生的真菌、细菌感染问题，提出有效的解决方法，指导种苗日常管理。专家对研究所科技人员进行培训，讲解国际现代农业的发展趋势，尤其是草莓生产现状、分布、加工能力以及国外草莓发展前景。专家不顾劳累，还深入到东港市多个乡镇和3家加工企业进行考察，提出宝贵意见。

5月13日，东港市草莓研究所专家与以路易·德·细维勒为首的7位法国院士考察团，进行产业信息交流和技术交流。几位院士对东港市草莓产业参观考察后，以法国农业科学院公文形式向法国科学部简皮尔部长呈送了《重新认识中国和他的农业》报告。文中评价“……我们还参观了东港市草莓研究所和东港市种植基地，这里的草莓品种多，味道甘甜、可口，而且产量很高，1—6月平均每个乡每天草莓产出500 t……”。

6月5日，以色列专家乌瑞·爱龙、爱龙·端穆应邀到东港市草莓研究所进行技术交流。专家考察草莓生产基地，现场技术指导，与科技人员对品种引进、改良和配套生产技术等达成多项共识，引介了意大利及欧洲国家草莓先进生产技术。

8月7日，日本草莓制品技术专家村山宪二再次来访。该专家十年来几十次应邀来华开展技术交流和开展草莓制品贸易工作，是东港市草莓研究所和东港市草莓协会经济技术顾问。此次来华，与研究所和丹东科健食品有限公司共同解决草莓加工环节疑难问题，取得预期成果。

12月3日，意大利著名草莓专家安东尼奥·罗福先生应邀到东港市指导草莓育种技术，帮助设计落实引进意大利5个草莓新品种的生产试验，与科技人员制定新品种配套生产技术。

年内召开5次大型技术培训会，与外国专家共同为丹东地区和外省市农民及企业培训国外先进技术，每次培训人员都超过200人。组织科技人员在电视台、报刊、广播电台等媒体科技讲座40余次（篇），听讲人员达10万余人次。

年内印发引进国外新优品种简介、土壤消毒技术等引智成果资料3万余份。通过专家渠道，先后从日本、瑞典、西班牙引进专业技术资料10份，其中草莓病虫害图谱、草莓品种介绍等资料尤为珍贵，已翻译使用。

2010年

1月18—22日，科技人员到北京与西班牙专家凯诺技术交流。

5月15—16日，法国专家雅曼·吉尔应邀前来东港，进行技术交流和指导。专家到草莓生产基地，进行现场指导。举办一场技术培训班，培训200多人。与科技人员交流传授法国草莓先进生产技术和生产经验，对草莓产业发展提出宝贵意见。

6月3—11日，意大利草莓专家安东尼奥·罗福再次来东港技术交流，专家深入田间地头技术指导，与科技人员详尽交流草莓新品种培育技术，并赠送给东港5个草莓新品种，目前这几个新品种已进入试验程序。

7月8日，美国专家奥斯克（Wayne Auask）应邀前来技术交流专家考察生产基地，与科技人员技术交流，介绍了美国草莓产业情况和相关先进技术，对中国草莓产业发展提出了中肯建议。

7月30日，中国台湾土肥专家曾进朝、高文祥前来技术交流并带来高效、安全、新型有机液肥样品，为科技人员试验并可能推广应用新型肥料提供支持。

8月13日，韩国绿色产业株式会社代表郑南日前来技术交流，并提供韩国新型无公害肥料样品，为推广应用做试验示范工作。

12月16—17日，意大利草莓专家安东尼奥·罗福再次来东港市草莓研究所，与科技人员进行技术交流。

2011年

1月14日，瑞士著名草莓专家丹尼先生应邀来华传授和指导草莓深加工技术。专家到东港市草莓研究所原种示范场、种苗脱毒工厂和广天食品有限公司考察指导。经过交流和实地考察，对东港无毒种苗繁育体系、种苗繁育生产技术规程和草莓生产加工技术进行认真的分析研讨，提出无公害草莓生产、鲜果采收、包装、加工等方面指导性意见。

5月29日至6月8日，辽宁省外国专家局派出东港市草莓研究所国务院政府特殊津贴专家、全国农业引智工作先进个人谷军所长，赴新疆塔城地区和新疆生产建设兵团农八、农九师培训指导推广引智成果技术。为智力援疆、智力援军工作做出贡献。

6月2—6日，以色列著名的草莓专家乌瑞·爱龙先生应邀到东港市，进行技术指导交流。专家先后到小甸子、黄土坎、孤山等草莓主要产区考察和指导草莓种苗生产情况，到东港市草莓研究所种苗繁育基地、脱毒组培工厂进行考察和技术指导，并在小甸子镇为200多农民作技术报告。专家与东港市草莓研究所技术人员进行了广泛深入的技术研讨。

6月14—15日，荷兰驻华使馆农业参赞助理屠大炤先生应邀到东港市，传授和指导草莓优质种苗生产技术。

8月3日，中国台湾著名草莓专家钟少发先生到东港市与东港市草莓研究所技术人员交流草莓栽培技术。专家先后到孤山、小甸子等草莓生产重镇考察草莓生产情况。

8月6日，专家举办无公害施肥新技术培训班，介绍我国台湾地区及其他国家的草莓无公害生产技术及无公害肥料的应用情况，特别介绍了草莓施肥过程中应注意的问题，还与研究所达成协议，赠送几种新肥料，在中国进行试验、示范。

8月19—26日，谷军所长随丹东市农业科技考察团赴中国台湾考察。其间，考察苗栗县大湖乡草莓生产基地、农业协会、草莓酒厂、草莓文化商场，与当地科技人员、农民、农协负责人等座谈交流。

2012年

5月10日—11日，意大利草莓专家安东尼奥·罗福再次来我市技术交流。专家先后到东港市草莓研究所种苗生产基地和前阳草莓早春大棚生产基地考察指导，与科技人员和农民深入交流意大利品种育苗和生产技术。

2013年

3月16日，意大利草莓专家安东尼奥·罗福再次来东港市技术交流。

3月22日，日本专家宫本重信、永吉哲也、深川英一应邀到东港市进行技术交流、指导。

2014年

东港市草莓研究所积极发挥国内外专家的智力支撑作用，以多种形式邀请国内外草莓专家学者前来讲学指导和技术交流。意大利草莓专家安东尼奥·罗福先后3次前来，就意大利品种示范情况进行实地调查与技术指导。

2015 年

5 月 10 日，意大利草莓专家安东尼奥 · 罗福再次来东港市技术交流。

5 月 21 日，日本著名草莓专家伏原肇再次应邀来东港市技术交流。

2016 年

2 月 27 日，由东港市老科协、以色列耐特菲姆公司和辽宁省农药公司联合举办的以色列草莓水肥一体化灌溉技术报告会，在地处新兴街道办事处的华正生态农业有限公司举行。以色列有关专家和东港市草莓研究院、农业技术推广中心等部门专业技术人员及部分草莓种植户参加报告会。

8 月 31 日至 9 月 3 日，日本著名草莓专家伏原肇再次应邀来东港市技术交流。伏原肇先生和雷家军教授此次东港之行，就新品种引进、高架育苗、立体栽培、病虫害防治等方面进行进一步的合作攻关，草莓研究院与伏原肇先生签署技术合作协议。

9 月 26—30 日，美国草莓专家 Curtis Edward 应邀到东港市讲学，指导与交流草莓生产技术。

12 月，日本草莓专家岩崎泰永教授和佐藤飞川博士应邀来东港市，进行技术交流。

2017 年

2 月 28 日，日本草莓种植技术专家一行 4 人来到草莓研究院，走进草莓种植大棚进行实地考察，与草莓研究院的技术人员面对面交流，对草莓种植技术进行指导。

9 月 18—19 日，应草莓研究院邀请，日本著名草莓专家伏原肇，沈阳农业大学教授、博士生导师雷家军前来东港市讲学交流。伏原肇先生和雷家军教授在港期间，考察东港市草莓生产情况，为马家店镇草莓种植大户、合作社代表等共计 150 余人举办一场草莓栽培技术培训会，与草莓研究院技术人员开展技术交流，传授草莓立体栽培技术。

2018 年

8 月 15—17 日，应草莓研究院邀请，日本知名草莓专家岩崎泰永、留日博士赵铁军以及沈阳农业大学博士生导师雷家军教授前来东港市讲学指导。专家传授日本先进的草莓低温预冷育苗技术、草莓高架栽培技术以及四季草莓周年生产技术等。

2019年

2月28日，日本草莓种植技术专家一行4人到草莓研究院，走进草莓种植大棚进行实地考察，与草莓研究院的技术人员面对面交流，对草莓种植技术进行指导。

是年，由草莓研究院协调，东港市盛然农业科技有限公司与朝鲜平壤三兴会社签署经济技术合作合同，在朝鲜平壤市乐浪区前进洞新建占地20亩的4栋“东港式”高标准全钢构草莓温室。由原东港市草莓研究所所长谷军负责全程生产技术指导，取得双方满意生产效益，得到朝鲜国务院相关部门领导赞誉，草莓智力成果输出国门。

第十一章

草莓产业链形成

几十年来，东港草莓种植生产高效稳步发展，带动或衍生多个相关行业顺势发展，草莓产前产中产后服务体系渐趋成熟。

一、东港市草莓产业发展情况

1998 年，国内外市场草莓紧俏，东港市‘哈尼’每千克高达 3~3.6 元，主要用于速冻、罐头、酱饮料、果汁加工，全市加工量 4 000~4 500t。2002 年，加工量 15 835t。2003 年比上年剧增 19 368t，达到 35 203t，销售额 8 201 万元。由于欧洲草莓连连减产，露地草莓紧俏，价格从 2.40 元 /kg 逐渐攀升到 3.40~3.60 元 /kg，加工出口需求量缺口很大。

2004 年，世界草莓主产区欧洲草莓生产形势看好，特别是波兰、西班牙等草莓生产大国草莓空前丰收，导致当地草莓出口量增加，草莓价格下降，相继导致东港市露地出口草莓订单减少，一些企业已签订出口合同的草莓价格也明显下降。除了 10 余个加工企业的固定客商虽然降价但仍签订单收购，往年那种临时客商明显减少，这 10 余个企业的加工订单和既定加工总量不足 2 万 t，总的形势处于买方市场局势，对农民不利。草莓田间价格 0.80~2.20 元 /kg。其中订单生产的草莓价格虽然不如前两年，但保持在 1.20 元 /kg 以上，而没有订单的草莓价格太低，有的地方甚至低于 0.80 元 /kg。

5 月中旬至 6 月中旬，为促进当年露地草莓加工销售，市委书记于国平、市长王立威等领导带队分别到山东、河北以及省内较大果蔬加工企业招揽草莓加工业务。

6月5日，市政府召开紧急工作会议，部署露地草莓销售不畅应对措施，市长王立威做工作部署，要求与会的农业、外经贸、乡镇、银行、交通、公安和加工企业尽全力促使露地草莓畅销提价，保证农民收入增加。全县采取交通绿色通道、银行资金扶持、公安保驾护航、财政专项资金支持、媒体集中宣传等措施，保障了露地草莓销售。

7月9日，市委市政府召开东港市露地草莓销售工作表彰大会，各乡镇农场办事处党委书记、分管农业领导、建工企业、县级电信、协会会员代表等200余人参加会议。市委、市府、市人大常务会、市政协领导，丹东市农业局以及东港市直多部门领导与会。尤泽军副市长工作总结，先进典型发言，王立威市长讲话。

2005年草莓加工量25 741t（其中露地约22 000t，其他栽培形式3 000t），比2004年减少6 924t。全市用于加工的鲜草莓平均销价每千克1.20元左右，比2004年提高0.30元，总收入3 346万元，比上年增加近百万元。露地36 500亩草莓销价走低，有订单的每千克保持1.60~2.20元，收入尚可。长安镇杨家村孙永涛种25亩‘哈尼’，总产量37.5t，收入7.5万元，平均亩产1.5t，亩收入3 000元。但没有订单的草莓每亩收入1 000~1 500元，净效益低于或略高于玉米收入。2005年春天，连续多日阴雨寡照天气，导致露地草莓突发大面积灰霉、腐霉等烂果病害，虽经东港市草莓研究所紧急推广欧盟有机认证的“丁香·芹酚”进行防治，但多雨天气影响了施药面积和时间，烂果损失惨重，个别田块烂果率达30%以上，全市损失4 000~5 000t，产量、产值波动下降。

由于中国草莓低价销往欧洲，导致波兰草莓产业受到重创，波兰草莓协会对中国提起反倾销诉讼，当年欧盟对中国草莓反倾销起诉初裁结果对中国不利，65家企业被诉，5家企业应诉。5家应诉企业中，仅山东一家企业维持零反倾销税，对辽宁一家企业征收12.6%，而另外3家企业为34.2%反倾销税。

2006年，因波兰等欧洲国家露地草莓面积压缩和我国露地草莓面积大幅度减少，露地草莓结束了连续两年价格偏低的局面，是年春，全国露地加工草莓价格大幅度提高，东港市露地草莓出现前所未有的极高销售价格。5月末6月初，露地草莓刚刚上市，价格为4.20元/kg。此后，各加工企业竞相抬价，6月5—20日，逐渐涨到5.00元，6月20日之后最高达到5.40元，总体价是2005年的3~4倍，往年的2倍以上。长安镇佛老村赵事文100亩露地草莓，平均亩产2 000kg，亩收入8 000元，总收入80多万元。汤池镇汤池村衣学胜60亩露地草莓，平均亩产1 500kg，亩收入5 000多元，总收入30多万元。由于当年露地草莓效益特高，全市秋天露地草莓比去年新增7 468亩。2006年，全市草莓加工量20 580t（其中露地约20 000t，其他栽培形式3 500t），比去年减少5 161t。全市用于加工的鲜草莓平均销售价格为4.40元/kg左右，比2005年提高3.20元，总收入9 055万元，比2005年增加5 209万元。露地草莓价格创历史新高。

2007年，东港市草莓加工量37 100t，其中露地鲜果约3万t，其他栽培形式鲜果约0.7万t。加工量比上年增加16 520t。平均草莓鲜果销价3.60元/kg左右，仍然保持不菲价格。草莓加工制品以单体速冻为主，约2万t（鲜果3万t），全部用于出口，创汇1 600万~1 800万美元。另有草莓罐头4 000t和草莓汁、草莓饮料、草莓酒等制品，多为内销。

由于欧盟对中国冷冻草莓出口反倾销调查，在我国相关部门的抗诉下得以撤诉，波兰等欧洲草莓主产国草莓生产面积和产量下降。由于受欧盟对进口中国冷冻草莓提高限价和中国企业认识到相互压价出口的沉痛教训等因素影响，东港市加工草莓的收购价格自5月末6月初上市就稳定在3.40~3.60元/kg。加上春季阴雨天较少，农民大多采取东港市草莓研究所推广的丁香·芹酚有机药物预防烂果病技术，减少了田间烂果损失，是年露地草莓效益较大，平均亩收入3 500~4 500元。汤池镇汤池村衣学胜60亩露地‘哈尼’草莓，平均亩产1 500kg，总产值27万元，平均亩收入4 500元；孤山镇新立村张喜良5亩露地‘哈尼’草莓，亩产2 000kg，共收入3.5万元，平均亩收入7 000多元。

2008年，丹东及外地前来东港市收购草莓的企业约60余家，鲜果加工量40 665t，其中露地草莓3.5万t，其他栽培形式鲜果约0.5万t，总加工量比上年增加0.3万t。

露地草莓连续第三年价格走高，5月下旬至6月下旬的田间销售价格大都在2.80~4.00元/kg，平均3.00元/kg以上。由于企业之间未出现压价或“抬价”现象，农民大面积应用东港市草莓研究所推广的丁香·芹酚有机农药防治烂果病和百草一号（苦参碱）防治红蜘蛛、桃蚜等虫害技术，草莓病虫害损失减少，果实无公害生产，收入稳定，一般亩产 1.5~2t，亩收入 3 000 元以上。龙王庙镇荒地村曲忠文 100 亩‘哈尼’与企业订单生产，加之科学管理，平均亩产 2t，总收入 68 万元，净收入 50 多万元；长安镇广老村赵志文 200 亩‘哈尼’，获大面积丰收，亩产 2t，总收入达 100 万元，净收入 80 多万元。

四月中旬，东港市露地草莓遭遇“倒春寒”反常天气灾害，凡越冬覆膜揭开较晚的地块均受到严重伤害，所有已开花蕾全部冻死。据调查估测，全市因此减产近万吨。基于露地草莓销价高、效益好，全市秋天露地草莓新发展 4 000 多亩。为保证采收的草莓能够及时运送到加工企业，缩短交通运输时间，减少鲜果因受温度、湿度及环境影响而发生变质及腐烂，为东港草莓发展创造良好条件，东港市草莓协会发挥行业协会的优势，积极协调交通和公安等部门为运输车辆核发“绿色通道”通行证 180 余份。持有通行证的车辆在鲜果运输过程中，免收过路、过桥费，对超限、超载的草莓运输车辆，途中不罚款、不卸载、不扣车、不滞留，由执行人员进行告诫，对有明显安全隐患的车辆及时帮助消除隐患。“绿色通道”通行证发放，在客观上推动了东港市草莓产业的持续稳定发展。

2009 年，露地草莓价格因国际市场进出口草莓价格波动而处于“低谷”期。草莓价格平均在每千克 1.5 元左右，同比减少 50%。包括少量设施栽培草莓在内，全市加工草莓 42 691t，同比增加 0.2 万 t，但总销售额只有 6 404 万元，同比减少 48%。6 月中旬，连续几场大雨导致烂果严重，露地草莓长势和产量比往年稍差，全市平均亩产 1t 左右，同比减产 10%。露地草莓价格连续 3 年走高之后，又进入“低谷”期，未“订单”的农户损失很大。虽然市政府采取了应急预案，组织社会各界力量促进草莓销售，并号召加工企业将收购价提高每千克 0.2~0.3 元，但总平均销价相当于去年的 50%。由于效益低或亏本生产，秋天露地草莓生产面积同比下降 0.4 万亩。

2010 年，露地草莓长势和产量比往年稍差，主要原因是春天气温回升慢，阴雨天偏多，物候期延后，进入 6 月后连续几场阴雨导致烂果损失，全市平均亩产不足 1.5t，减产 10%~20%。是年，价格“回暖”，草莓价格平均在每千克 2.60 元左右，同比增加 73%。虽然尚未达到历年高价水平，但农民每亩仍可收益千元以上。包括少量设施栽培草莓在内，全市加工草莓 36 635t，同比减少 6 056 万 t，但总销售额 8 426 万元，同比增加 31.6%。全市有一些种植露地草莓的农户获得了较好收成。孤山镇新立村张喜良、小甸子农场王平文、龙王庙镇荒地村曲忠文分别种植 5 亩、9 亩、100 亩‘哈尼’，由于管理精细，产量高，品质好，分别获得亩收入 7 000 元、7 800 元和 7 000 元的好效益。

2011 年，由于国际草莓进出口形势看好，露地草莓价格处于“卖方市场”期。草莓价格创历史最高值，平均每千克 5.00 元左右，同比增加近一倍。包括少量设施栽培草莓在内，全市加工草莓 36 273t，同比数量基本持平，但总销售额 18 136.5 万元，同比增加 115%。由于露地草莓价格“回暖”，每千克 2.30 元左右，激励了农民发展露地草莓生产和加强田间管理投入的积极性，露地草莓长势和产量好于上年。全市平均亩产超过 1.5t，同比增产 10%~20%。露地草莓价格创历史最高，总平均销价相当于 2010 年的 2.1 倍，广大农民获得了前所未有的好收成。小甸子镇小甸子村王平文 9 亩‘哈尼’，去年春天栽植本田繁殖，亩施农家肥 5t，精细管理，2011 年亩产达 2 500kg，亩收入 11 000 元；龙王庙镇荒地村曲文忠、前阳镇前阳村燕文军各自栽植 120 亩‘哈尼’，亩产 1 500~2 000kg，分别亩收入 6 900 元和 9 800 元，各自创收 82.8 万元和 98 万元。

2015 年，在全球出口草莓市场普遍低迷的情况下，东港市检验检疫部门加强国家级出口草莓示范区建设创新成果转化，采取相应措施帮助草莓加工企业开拓国际市场，实现东港市草莓出口 280 批、7 672t、货值 1 011 万美元，同比分别增加 33.3%、42.1%、20.7%，其中出口美国草莓数量增长 300% 以上[1]。

2019 年，全市合作社 324 家，家庭农场 49 家，全产业链配套企业 50 余家，行业从业人员 10 万人以上，形成“一业兴，百业旺”的利好局面。

---

① 信息来源：商务部驻大连特派员办事处 2016-03-22。

二、草莓加工业

东港市草莓加工业始兴于改革开放后的20世纪80年代，草莓汁、草莓酱、草莓罐头、草莓酒、草莓饮料、草莓饼干、冰点草莓、草莓糖葫芦等制品加工企业，先后组建生产。依托东港草莓的优质原料和东港人的智慧与诚信，以广天草莓罐头、港岛草莓酒为代表的东港草莓系列制品，风味独特，享誉国内外。截至2019年年末，东港市工商注册97家果蔬食品公司、32家果蔬加工、冷冻企业。草莓加工产品种类多样。

（一）草莓汁

1986年，在辽宁省农业科学院专家协助下，东沟县果蔬公司组建东沟县草莓汁厂，年生产草莓汁200t左右，产品销往东北三省大中城市，用作饮料、果酒、糕点和冰饮制品原料。工厂持续到1994年停产。

（二）草莓罐头

辽宁广天食品有限公司创新生产草莓罐头，之后带动多家企业生产不同品牌草莓罐头。到2019年，全市年生产销售草莓罐头4 000多吨。

[专栏]

辽宁广天食品有限公司简介

坐落在辽宁省东港市站北路99号的辽宁广天食品有限公司是一家以生产出口和内销罐藏食品为主的民营食品生产企业，公司注册商标“广天牌”，出口代号C25，出口卫生注册号2100/01018，拥有自营进出口权。2003年通过ISO9001质量管理体系认证；2004年被省食品工程办公室评为“放心食品品牌”；2005年7月，在全省同行业中率先通过QS认证，同年被省质量技术监督局评为“辽宁名牌产品”；2007年通过HACCP（ISO22000）认证。“广天牌”商标被省工商行政管理局评为辽宁省著名商标，2010年，产品取得“绿色食品”认证。

公司拥有员工500余人，其中专业技术人员26人。管理层平均年龄35岁，全部拥有大专以上学历。公司占地25 300m^2，注册资金11 199万元，总资产16 500万元，年产罐藏食品1.2万t，最大储存量5 000t。其中年加工草莓产品3 000t，最大年加工量可达3 500t。公司年销售总额达到1亿元以上，年净利税918万元，净利润逾千万元，净资产利润率9%，年度现金流量达亿元。

辽宁广天食品有限公司始建于1988年，是以生产罐藏食品保鲜果蔬、速冻食品及饮料为主的传统企业。公司自建厂之初，始终以“质量第一，信誉至上”作为企业发展的宗旨，公司生产的“广天牌”系列产品以“质量一流，口味一流、包装一流”享誉海内外。公司产品目前主要销往日本、韩国、东南亚、中东地区及欧美地区；国内市场以东北三省为主，并拓展到北京、天津、广州等各大、中城市以及广大农村市场。

公司先后获辽宁省著名商标、中国公认名牌产品、中华全国供销总社名牌产品、全国市场信誉品牌；辽宁省（AAA）诚信经营单位、辽宁省劳动关系和谐企业、中国驰名商标、辽宁省省级农业产业化龙头企业等荣誉。

公司一直秉承“市场需求为本”“科研创新为核心”，致力于研发草莓新产品，以提高产品附加值。公司与哈尔滨轻工业学院、大连轻工业学院及辽宁省农业科学院、辽宁草莓科学研究院建立合作关系。目前具有发明专利9项，其中草莓白兰地的制备方法、草莓固态天然色素的制备方法、草莓细胞生态水的制备方法、草莓生物面膜及制备方法、树莓醋酸发酵饮料及其酿造方法、蓝莓醋酸发酵饮料及其酿造方法6项均获得发明专利证书；草莓果肉醋酸饮料及其制备方法、草莓果肉果汁饮料及其制备方法、草莓果肉浊酒及其制备方法已经通过国家专利局授权。这些发明专利为企业的长远发展提供了强有力的技术支撑。

近年来公司先后投入近1 800万元建设果蔬基地，基地面积达3 000亩，其中有1 000亩已通过中国绿色食品中心的绿色食品认证。几年来，共带动草莓种植户2 000户，为种植户提供无偿贷款600余万元，为农户发展草莓种植提供了资金保障。

辽宁广天食品有限公司不断发展壮大，新厂区建设项目建设在辽宁省东港市前阳经济开发区，已经完成公司移地扩建项目。项目总投资2亿元，占地10万m^2，建成总建筑面积35 000m^2，年生产罐藏食品20 000t的现代化罐藏食品生产车间、年生产饮料及草莓酒5 000t的饮料及草莓酒生产车间、储存量5 000t的气调库等。拥有现代化罐藏食品生产线6条，饮料生产线2条、草莓酒生产线1条。未来公司罐藏食品生产总量将达到3万吨，实现销售收入3亿元，利税达2 000万元。

（三）草莓酒

若干年前，东港市农民就有用草莓自家酿制草莓酒饮用的习惯，多为自制自用，且工艺、卫生条件差，产量少，不做商品出售。2001年，孤山镇大鹿岛村投资兴建港岛酿酒有限公司，晶莹透红，芳香浓郁的港岛系列草莓酒开始批量生产，销往国内外。

[专栏]

港岛酿酒有限公司简介

辽宁省丹东市海兴集团有限责任公司港岛酿酒有限公司，是东北最富有的海岛渔村——东港市孤山镇大鹿岛村于2001年投资创立，具有独立法人资格的专业酿酒企业。占地面积13亩，投资500万元。公司拥有雄厚的技术队伍和专业的管理人员，年产量1 000t以上。2006年，企业通过ISO9001认证。港岛系列草莓酒2001年获“辽宁省名牌战略推广品牌”、2006年获“优质农产品”、2009年获“辽宁名酒”“中国特产”“中国地方特产”、2012年获“市民最喜欢的家乡货”、2019年获“中国好礼品东港十大礼物入围产品”等称号。

公司位于辽东半岛的东部海湾风景区——东港市孤山镇，优质的东港草莓鲜果晶莹透红，柔软多汁，芳香浓郁，酸甜适口，是港岛草莓酒上乘品质的基础保证。美味可口的港岛草莓酒正在以娇艳婀娜的身姿走向华夏国人的餐桌，越来越受到广大消费者的喜爱。

草莓果是一种柔软多汁、甜酸适度、芳香浓郁、营养丰富、高级果品，它含有丰富的营养物质，经测定：每百克鲜果含糖4~8g，蛋白质含量1g，脂肪含量0.6g，有机酸比苹果和葡萄高10多倍，并含有丰富的磷、钙、铁、锌等矿物质，其中锌的含量比香蕉高4倍，比柑橘高6倍，比苹果高40倍，食用草莓果味甘、酸性凉，有润肺、生津健脾、解酒性能。含有机酸，有促进食欲的效能。此外有下列保健功效：含有蛋白质，可补充人体营养；含维生素C，参与体内多种代谢过程，降低毛细血管脆性，增加抵抗力，防止急慢性疾病的发生，及紫癜等辅助治疗；含铁，对贫血有治疗作用。含钙，可增加人体的骨骼钙，可使人体壮骨健身；含锌，可解决三碱对人皮肤的刺激，润滑皮肤收敛、防腐，可以解决皮炎、湿疹。

由于草莓果本身的性能，确定了草莓酒的保健价值。草莓果经过生物技术手段，微生物发酵所生成的果酒，如“鹿岛丰源系列红酒”，不仅保证了草莓的原有价值、微量元素成分，而且把有些成分进行分解，更有利于人体吸收。草莓果中蛋白质分解成多种氨基酸，一部分糖发酵成酒精，这些生物化学反应，使得草莓果的营养成分在人体中得到充分发挥。

（四）速冻草莓

东港市几万亩露地草莓主要用于冷冻加工出口。境内具有冷冻草莓出口贸易资质的加工企业十几家，具有草莓冷冻加工条件的企业上百家，每年加工出口冷冻草莓（含整果、切片、切丁等）3万多吨，最高年份达4万多吨。这些企业不但严格产品出口标准，而且大都想农民之所想，急农民之所急，为全市莓农和草莓产业做出巨大贡献。

速冻草莓生产始于1985年前后。东沟县外贸公司引进日本客商，签订加工出口合作合同，主要品种是‘戈雷拉’等。1994年之前，全县年加工量不超1 000t。1995年，东沟县露地草莓品种逐渐推广‘哈尼’品种。这个品种到目前为止是世界优良加工品种之一，草莓生产产量和速冻加工出成率高，国际市场看好，因此促使东港市（东沟县）草莓加工出口量和露地草莓生产面积快速增加。

[专栏]

东港市佳明食品有限公司简介

公司组建于2002年11月。公司位于东港市龙王庙镇五龙村，紧邻各种水果、蔬菜的产地，资源丰富，四通八达，天时、地利、人和使得公司成立以来迅速打开了国际市场，良好的信誉也赢得了客户的广泛信赖。

公司占地面积3万m^2，建筑面积1.5万m^2，拥有绿色水果蔬菜基地5 000亩，带动周边农户3 000多户，每年给农民创收3 000万元左右。公司固定资产5 000万元，年出口销售额约1 000万美元，是丹东地区水果蔬菜加工出口大户。现有职工75人，其中技术人员25人，季节性用工超过600人。优质的原料、先进的设备、成熟的工艺、科学的管理为给客户提供最好的产品提供了有力的保障。公司年加工速冻果菜能力6 000t以上，储藏能力5 000t，其中草莓加工原料2 800t，成品1 500~2 000t。最高年加工草莓原料3 500t，成品为2 500t。为了更好地为客户提供产品和服务，公司先后通过了国际ISO9001、HACCP及BRC、犹太认证、基地GAP认证、SMETA等国际认证。

公司主要产品有：速冻草莓、速冻树莓、速冻黄桃、速冻红豆、速冻滑子菇等果蔬类20几个品种。产品先后出口到美国、日本、韩国及欧盟等20几个国家和地区，赢得了客户的一致好评，获得了良好的经济和社会效益，多年被评为丹东市农业产业化龙头企业，也使得公司拥有了自主出口权，在国家海关部门树立了良好的口碑。

鸿天食品有限公司简介

鸿天食品有限公司是东港市孤山镇镇属企业，坐落在风景秀丽的大孤山西南山脚下，占地16亩。始建于1987年。1995年开始草莓冻品加工，1998年刘玉洲总经理租赁后，企业先后投资2 000余万元对工厂改造升级，已建成具有草莓、板栗、食用菌及蔬菜等农副产品速冻、脱水、保鲜加工的丹东地区骨干食品企业。工厂冷藏量1 500t，日冷冻量80~100t。有完善的前处理加工设备、冷冻速冻加工设备及食品安全检测检验设备，年加工农产品4 000t、产值5 000万元以上。其中加工原料草莓3 000t左右，生产草莓冷冻制品1 500~2 000t，年产值2 000万元以上。企业季节性用工400~500人，为当地城乡劳动就业做出贡献。

鸿天食品有限公司秉持“信誉至上，质量为本，拼搏发展，奉献社会”的企业经营理念，踏踏实实融入东港草莓产业发展链条之中。建立出口草莓生产基地，统一品种、统一肥药、统一技术指导、统一质量标准收购，不但信守与农民订单及市场客户合同，还积极帮助农民提高露地草莓产量和品质，组织农民相互交流生产经验。邀请专家技术指导，曾创造大面积露地哈尼草莓平均亩产 3 600kg 的高产纪录。在 2005 年国际市场草莓出口价格走低导致国内露地草莓滞销低价的非常时期，鸿天食品有限公司响应东港市委市政府号召，以高于市场每千克 0.50 元的收购价，收购加工草莓 3 000 多吨（超当年计划 1 000 多吨），担风险于企业，让利益于农民，受到广大农民的赞誉。

鸿天食品有限公司恪守产品质量就是企业生命的信条，千方百计抓质量，从基地生产到加工运储，每个生产运营环节有操作标准，有质检责任，有惩罚有激励。几十年来，无论出口还是内销产品，无产品药残、生物、物理超标事故，产品品质、质量和食品安全性，在业内获得佳评，先后获 ISO 国际质量体系认证和 HACCP 食品安全管理体系认证。

三、草莓传统销售业

东港草莓历经百年发展，特别是近 30 年生产面积逐年扩大，产量从每年 1 000t 左右提升到现在几十万吨，商品鲜草莓的营销市场孕育出东港市庞大的草莓营销体系。到 2019 年年末，东港市城乡草莓经纪人 4 000~5 000 人，从事购销草莓的农业合作社 100 多家，是这些头脑精明，能吃苦敢拼搏群体，撑起东草莓销售大半边天，把新鲜甜美的东港草莓及时奉送给东港以外的广大消费者品尝。另外，东港市七方农产品批发市场、东港市果菜批发市场和工商注册的 115 户果蔬商店，以及境内上千家超市，都在经营销售鲜果草莓，也起到促销东港草莓的积极作用。

几十年间，东港市先后涌现许多优秀草莓经纪人。其中，20 世纪 90 年代汤池镇集贤村宁诗艺、龙王庙镇三道洼村季德忠、椅圈镇夏家村宋顺发等草莓经纪人闻名遐迩。2000 年之后，涌现出前阳镇影背村燕文军、椅圈镇李店村潘英、小甸子镇红旗沟村徐守铭、孤山镇刘大房村韩洪仕、黄土坎镇石灰窑村栾忠先、椅圈镇李家店村王晓东、长山镇尖山村孙延品等越来越多卓有成效的草莓经纪人。他们不但组织运输和销售，还帮助农民选择新优品种和安全农药，引进好的生产技术。椅圈镇马家岗村草莓经纪人孙刚，不但常年运销草莓，还在东港市内设立快递联运发送点，平均每天销售草莓500kg以上，每年为乡亲销售上百吨鲜草莓。

四、草莓包装制品业

草莓是娇贵高档水果，商品采摘、包装容易碰压伤，保鲜时间短，不耐储运。因此草莓包装保鲜措施尤为重要。东港人在数十年里，为适应草莓商品包装保鲜需要，不断摸索总结，技术创新，种类、款式繁多的纸制、塑料制箱、盒、筐、盆、钵、袋等草莓包装保鲜产品，保证了鲜草莓运储需要。

2019年年底，东港市注册22家纸箱公司（厂），107家塑料制品和泡沫箱公司（厂）。

[专栏]

长城新科技包装有限公司企业简介

东港市长城新科技包装有限公司成立于1998年，位于东港市长山镇七股顶村，距东港市高速口3km。公司专业致力于生产EPS泡沫制品和EPP制品。产品主要销往东北三省。20余年来，先后获得“重合同守信誉单位”“东港市先进民营企业”“质量信得过企业”等荣誉称号，是丹东地区最大的专业泡沫制品生产企业。

东港市长城新科技包装有限公司现拥有员工130余人，春节期间需要增临时工15人。公司拥有30台大型全自动生产设备，配备专业的技术人员，在国家技术监督部门指导下先后完成10余种泡沫技术革新项目。产品包括各种泡沫草莓保温箱、海鲜箱、水果箱、大浮球以及各种规格的工业仪器仪表、玻璃器皿等包装。

根据市场发展的需求及技术进步需求，公司于2019年在长山镇七股顶村扩建新厂，10月正式生产。一期建筑面积12 164.9m^2，包括车间、库房、附属用房，新增设备42套。待二期土地批复后，建设办公生活用房3 732.9m^2，项目总投资5 600万元。项目达产后，预计年生产石墨烯EPS制品和聚丙烯EPP制品2 750t。年销售额草莓制品包装

600 万个。

东港市金丰包装材料厂简介

东港市金丰包装材料厂坐落在东港市长山镇杨树村，成立于 1998 年。占地面积 3 500m²，建筑面积 2 220m²。主要生产草莓包装纸箱、加重纸箱、彩箱、礼品盒及胶带等包装制品，现有职工 66 人，其中管理人员 12 人，工程技术人员 7 人。该厂设备齐全，产品更新快，种类多，产品质量严格执行 SN/T 0262—93 规定。在企业内部建立完整的管理制度和内控标准，在原材料的入库上实行件件过磅，批批抽检的管理方法。生产过程中，实行定量、定人管理，实行工序考核、工时考核、产品质量考核。通过这些管理、考核，进一步提高产品的质量和社会知名度。30 年来，为东港草莓提供了数以百万个（件）包装制品。

五、草莓种苗业

随着草莓生产面积逐年扩大，东港市草莓种苗需求量与日俱增。一般情况下，每亩草莓生产田需要栽植 8 000~10 000 株草莓苗，而每亩草莓生产田需要 0.3 亩左右育苗田的育苗量来满足生产需求。也就是说，东港市每年统计的草莓生产面积之外，还有 1/3 面积的草莓育苗田不在统计之内。

东港市自然生态条件四季分明，气候温凉，非常适宜草莓自然环境下生长发育。尤其在 8 月下旬，气温渐凉，草莓随之开始花芽分化，保证了此地培育的种苗非常适应 8 月末 9 月初之后反季节定植。因此，自 20 世纪 90 年代开始，东港市逐渐发展成全国最大的草莓种苗繁育基地，草莓种苗销往全国，并有出口到韩国、朝鲜、俄罗斯等地。

东港市有辽宁草莓科学技术研究院等 6 家（含丹东市）单位和个人建有的草莓种苗脱毒组培工厂或车间，每年同时培育草莓原原种苗、原种苗和良种苗。

至 2019 年年底，辽宁草莓科学技术研究院、丹东浆果科技有限公司、政源苗业有限公司等17家育苗企业在辽宁省农委申领了草莓种苗生产许可证和草莓种苗经营许可证，并在工商管理部门注册。连同上万户农民自育自用和几十家繁育商品种苗的合作社，东港市草莓育苗面积近5万亩，年产良种苗15亿株、原种苗3 000万~4 000万株和原原种苗近百万株。

[专栏]

丹东市丹红浆果科技有限公司简介

丹东市丹红浆果科技有限公司注册于2012年，是集草莓科学研究、新技术推广、生产经营于一体的科技型企业，拥有正高职以下专业技术人员5名。草莓种苗繁育基地年生产经营100~200亩，繁育品种有'红颜''章姬''甜查理''幸香''圣诞红''香野'等30多个，并有新品种新技术生产展示基地。公司与多家科研院所和大专院校建立技术合作联盟，与国内外草莓专家交流频繁，长年为农民开展草莓生产技术指导培训，为政府和企业提供草莓产业发展建议、园区建设规划等服务。公司科技人员长年开展为农民技术指导培训工作，坚持良种（苗）良法配套服务，坚持"三级良种（原原种、原种、良种）繁育规程"，坚持与高端技术专家合作交流。每年为全国各地农民生产提供几百万株优质种苗，并在2019年出口至朝鲜。

辽宁省葳蕤草莓种植有限公司简介

辽宁省葳蕤草莓种植有限公司坐落于东港市长山镇孟家村（辽宁草莓科学技术研究院楼内），注册资金2 000万元。

公司拥有草莓种苗脱毒组培工厂车间500m^2、原原种苗驯化温室2 500m^2、高架原种育苗日光温室1 600m^2、高标准育苗大棚20 000m^2、良种苗繁育基地600亩。年繁育草莓原原种、原种和良种苗1 500万~2 000万株，是东港市草莓种苗繁育龙头企业。公司于东港市和北京房山区建设草莓生产示范基地350亩，利用先进生产技术，年产特优草莓1 000t。

公司是辽宁省老专家工作站，拥有原辽宁省政协农业农村委员会主任、原辽宁省农村经济委员会党组书记、原沈阳农业大学校长、博士生导师刘长江以及教授研究员级多名专家组成的顾问和技术研发服务团队，与辽宁草莓科学技术研究院紧密合作，具备科研、示范、生产基地等优势条件，2020 年承担国家现代农业产业园草莓种苗工厂建设任务。

公司本着“科技先行，质量第一”的宗旨，制定实施生产优质种苗和绿色草莓先进技术方案，为实现“三个输出一个打造”的宏伟工作目标，即向全国输出草莓优良种苗、优良果品、高端生产技术，为全国草莓产业发展和助推东港市“百年草莓，百亿产值”砥砺前行。

六、温室建造业

1995 年以前，东港市没有专门的大棚制造企业，农民建棚多为自建或邻里互帮建造，大棚结构、大小、标准不一。温室普遍跨度小，高度低，多为砖、石、土墙上面搭接钢构或木制棚架，面积局限在 1 亩左右。棚内受光蓄温条件较差，草莓产量品质受到制约，大棚抗御风雪灾害性能差，田间劳作也不舒适方便。因为农民种植草莓收入看好，笃定依靠草莓发家致富，便有越来越多的人想改造和新建高标准温室大棚。合隆镇农民是最先创新建造出全钢构一面坡日光温室的。但高标准钢构大棚建造跨度大，大部分属高空作业，焊接等专业技术要求高，农民自建很不方便，所以专业建造全钢构大棚企业应运而生。

2019 年年末，东港市工商注册合隆镇金农大棚有限公司、椅圈镇鸿源大棚机械制造厂等 5 家建造大棚企业。每年还有季节性建棚施工队伍 50 多个，不但在本地施工建棚，还走出去为外省市草莓产区建设“东港式”全钢构高标准日光温室。

[专栏]

金农大棚有限公司简介

金农温室大棚有限公司成立于 1996 年，是东港市最早开始建造温室大棚的建造企业。占地面积十余亩，是丹东地区唯一一家政府建造温室大棚采购指定企业。公司位于辽宁省丹东东港市合隆满族乡合隆村，固定资产 1 200 万元，是一家专业生产销售安装各类温室大棚的专业厂家。主要产品有各类温室大棚、各类冷棚、各类钢结构的大棚的整体定制，以及各种大棚所需要的材料及产品等。10 余年来生产规模不断扩大，年生产安装温室大棚五百余座，已在北京、山东、黑龙江、内蒙古、吉林等地开展业务。

公司有固定员工 50 多人，季节性用工最多 200 多人。多年来该公司以合理的价格、高质量的产品、准时的交货期和良好的售后服务宗旨，使企业得到良好发展，也为发展东港草莓产业做出贡献。

七、温室保温材料业

2010 年之前，东港市日光温室大棚外保温基本上都是采用稻草帘防寒保温。稻草帘防寒保温效果虽然不错，但存在易腐烂、利用年限短、鼠害难防和由于推广水稻机割而短稻草不方便制帘等问题。2011 年后，棉被保温方法逐渐被农民引进推广，并开始有筹建棉被加工厂。2019 年年底，全市已建成投产并工商注册的保温棉被厂近 20 家，总年产量 1 500 万 ~2 000 万 m^2。2012 年，东港市合隆镇陶森山开工厂，制作草板，为温室大棚提供保温材料。

［专栏］

辽宁省东港市领航保温被厂简介

东港市龙王庙镇领航保温被厂建于 2012 年。由于扩大生产需要，2016 年年底在北井子镇建立分厂，占地面积 23 亩，建筑面积 9 000m^2，成套设备 12 套，主要生产大棚棉被及大棚棉被中所需的材料，年产大棚棉被 140 万 m^2，大棚棉被原料 2 000t。总投资 300 万元，流动资金 300 万元，工厂员工 50 人。

该厂保温被产量都位于国内同行业前列，产品主要供于东北三省，同时销往全国各地。该厂产品价格低、质量好，市场信誉高，深受广大客户好评。

总经理王日飞，是土生土长的农民企业家，主要经营辽宁省东港市领航保温被厂和分厂，还兼营山东省浦东方无纺布厂、广东省领航服装辅料厂。他说，东港草莓产业发展促使领航保温被厂的诞生与发展，今后，本厂产品与技术将像东港草莓影响力那样，为东港草莓奉献一点力量，为全国草莓产业发展再做贡献。

草板保温第一人——陶森山

合隆镇有个陶森山，头脑挺灵活，在10多年之前就购置了草帘机，开始制造日光温室大棚保温用稻草帘，既方便了乡亲们建棚需要，又有不错的创收，并且回收稻草，避免焚烧，解决农村污染环保问题。陶森山通过几年走村串户实地考察和试验总结，认为稻草板（又叫草砖）更能提高大棚的保温效果，2012年，他率先引进一台草板机，同时生产草帘和草板。几年来，稻草板经过越来越多的实践应用，保温优势已被广大农民认可。经对照棚调查，两层草板比两层草帘保温提高5℃，可用20年，而草帘5年就出问题（脱节、鼠害、霉烂等），保温效果下降。用草板替代草帘墙体保温，下果早、增产增效明显。合隆镇黑鱼泡村有个李姓农民，草板保温两个棚，草帘保温4个棚，一连几年草板保温棚比草帘保温棚的草莓早上市一星期左右，增产10%以上，现在已经将草帘保温棚更新为草板保温棚。

陶森山草板保温方法很快在全市推广应用，并且带动全市新建7家草板厂，年产草板近百万平方米。目前东港市新建日光温室大棚基本都采用稻草板保温，这项技术改革将获得越来越大的经济效益与社会效益。

眼下，陶森山在合隆镇龙源堡三组租用土地8亩，投资160万元，年流动资金300万元，3台草板制作机常年生产，每天40~70人作业，年消耗稻草4 000~5 000t，生产稻草板10万m^2，成为辽宁省最大草板厂。近几年陶森山的草板供不应求，市场从本地逐渐销往省内大连、鞍山、抚顺、辽阳等地，最远销往山西、河北等地。

八、农资供销业

自20世纪90年代开始，东港市草莓种植面积越来越多，反季设施栽培比重大，诸如肥料、农药、农膜、设施建设材料等农资需求随之剧增。到2019年年末，全市工商注册795户农资商店和丹东市丹耘农资有限公司、东港市禾丰农资有限公司、东港市利兴农资有限公司、东港市裕盛农资有限公司、东港惠民农资有限公司等农资供销企业，农资销售网络遍布每个乡镇和行政村。近些年来，东港市政府农业执法、市场监督管理等相关部门对境内农资供销行业严加管理，规范经营，鼓励推广新型环保肥药，禁止或限制高残高毒农药，打击伪冒假劣农资产品行为，有效净化农资市场，促进了东港草莓高品质高效益发展。2019年东港市草莓农资购买总额5亿~6亿元。

[专栏]

辽宁丹耘农业科技服务有限公司简介

辽宁丹耘农业科技服务有限公司前身为东港市为民农资经销处。始建于2002年12月，是一家专业的作物种植服务公司，为种植户提供专业的作物栽培种植技术，同时提供优质的农药、肥料及种苗。公司现有员工34人，其中专业科技人员中本科学历7人、大中专学历13人，科技人员占员工总数60%。办公面积1 000m^2，仓储面积5 000m^2，并在5个草莓生产大镇设有技术服务站。2019年，营业额3 000余万元。公司以农业技术服务作为核心业务，把“使作物生长更健康，让人们生活更美好”作为公司的使命，成为学习型、技术型、知识型的专业的作物种植服务公司。公司多年来把东港草莓种植技术服务做为重点工作，科技人员研究、积累和总结草莓植保、土肥管理经验，制定出适合东港市草莓栽培管理的技术方案，在为草莓种植户提供优质的肥料和新型农药同时，指导农民合理、安全进行病虫害防治和肥水管理，为东港草莓产业的健康发展作出贡献。

作为东港市农资骨干企业、辽宁省农业科学院科企示范基地和辽东学院农学院实践教学基地的辽宁丹耘农业科技服务有限公司，科技力量雄厚，服务方向明确，必将为东港草莓产业发展作出更大贡献。

九、草莓电微商业

东港草莓销售电子商务初始于2013年前后，政府引导企业和个人，利用电商出售草莓取得比传统销售方式不同的效益与便利，电商销售优势显现。

2015年5月，东港市委、市政府出台《东港市加快电子商务发展指导意见》，进一步明确了全市电子商务发展的指导思想、原则、目标和措施。制定《电子商务进农村工作实施方案》，强化组织领导、明确工作任务，细化责任分工。出台《东港市电子商务创业小额担保贷款办法》《东港市人民政府关于电子商务产业发展的奖励办法（试行）》等文件。

市政府召开专门会议，全面启动电子商务工作，成立由市长任组长，市委副书记、各位分管副市长为副组长，市商业局等职能部门为成员的电子商务推进工作领导小组。下设专门办公室，主抓电子商务工作。各乡镇、街道成立相应的领导小组和办事机构。同时，成立东港市电子商务协会，在市电子商务推进工作领导小组的统一领导下，组织、协调、指导全市电子商务发展。

东港市政府、东港团市委、市妇联、东港市委党校、3个电商产业园等单位，通过各种形式开展电子商务培训90多批次，培训人员达到6 000多人次。

2016年1月，由辽宁省电子商务协会、辽宁双增集团共同主办的2016东港电商草莓节暨中国首届国际微商节在东港市召开。特邀全国知名电商、微商大咖及多家媒体参加。以此次微商草莓节暨中国首届国际微商节为契机，探索了农商合作交流的新模式、新路径、新方法。

2017年1月9日，京东东港生鲜馆在北京京东集团总部举办东港生鲜馆年货节暨“东港99草莓”狂欢季节，展示东港草莓。活动现场从小甸子镇省级贫困村西上坡村准备的2t“东港99草莓”，在2个多小时的时间内销售一空。

2017年2月14日情人节当天，京东东港馆在京东集团北京总部举办“浪漫情人节，爱你‘莓’商量”草莓销售活动，以现场线上下单，现场线下取货的形式进行。3h 内，将省级贫困村东港市小甸子镇西上坡村的 3 333 箱、5 000kg“东港草莓”销售一空。这次营销形式被互联网行业定义为地方政府和电商平台合作打造农产品上行的标志性形式，将东港草莓品牌在一线城市直接采用。

东港市电子商务进农村工作取得了较好成果，在 2017 年第二批电子商务进农村综合示范绩效评价中，全省排名第二。

2018 年 1 月 11 日，京东东港特色馆在京东集团总部举办“恋上你 我的小‘莓’好”销售活动。为组织好本次销售宣传活动，东港市政府领导亲临草莓种植现场采摘草莓，为京东集团销售活动组织货源、把控品质。3h 内销售“东港草莓”1 万 kg。目前，“东港草莓”已纳入京东直营体系，阿里巴巴东港特色地方产品馆已经建成。京东特色东港馆、苏宁东港特色馆已经上线运营，打造草莓港 (草莓综合体) 项目。

自 2015 年以来，东港市确定阿里巴巴、黄海大市场有限公司、小甸子镇政府、北井子镇政府、前阳镇政府等 14 家单位，为电商进农村项目承办单位。现完成 4 个县级电子商务公共服务中心、1 个物流配送中心，3 个镇级服务中心，210 个村级电子商务服务站建设任务。东港市政府分别与中国网库信息技术股份有限公司、阿里巴巴集团和京东集团签署战略合作协议，建立东港市草莓产业电商基地，东港市获批第二批电子商务进农村综合示范县以来，先后两次被国家评为电子商务进农村综合示范县。

截至 2019 年，东港市注册电商企业、个体户数为 5 176 户，占全市注册企业的 9.1%，各类电商网站 1.5 万多家。2018 年，电商销售额达 41.4 亿元。东港草莓平均单价提高约 30%，农民平均增收超过 25%。“东港草莓”品牌价值从 2016 年的 39.33 亿元，增长到 2019 年的 77.5 亿元。

市政府建成东港市电商农产品质量安全追溯平台，打造东港市草莓质量安全样板，带动全市草莓质量安全水平再上新台阶。召开东港市地理标志性产品东港草莓质量标准评审会，通过地理标志性产品质量标准。截至 2018 年，入驻草莓企业 6 家，下发二维码 1 020 008 个，激活二维码 683 490 个，激活率达到 67%。扫码 720 个，主要集中北京、天津、上海、山东等 21 地区 53 个市。

市政府通过电视台、广播电台、报纸、网络、微信、微博等媒体，宣传东港市电商发展及“互联网 + 农产品”。先后在中央电视台新闻联播《厉害了，我的国》、中央广播电台央广新闻《丹东草莓线上扩销路，“互联网 +”助力农产品销售》、辽宁电视台晚间新闻、今日丹东、丹东发布等媒体对东港市草莓产业进行宣传报道，收到良好效果。

十、运输流通业

东港鲜草莓年产 40 万 ~50 万 t，农民自己消费用量和本地加工仅 10% 左右，大量鲜草莓需要销往外地。东港草莓源源不断运往千百米以外大中城市，得益于东港市良好的交通设施和强大的运输能力。

历经几十年改革开放的历程，东港市境内交通基础设施日臻完备。201 国道、丹大高速、丹大快铁、滨海公路等横贯全境；境内民航丹东机场先后开通了丹东至北京、沈阳、广州、大连、哈尔滨、上海、长春、延吉、成都、深圳、三亚、秦皇岛、青岛等大中城市和丹东—韩国首尔国际航线。境内丹东港有 18 个 5 万 t 级以上泊位，年综合吞吐能力达 2 亿 t，并开通丹东—韩国仁川客货班轮航线。到 2019 年年末，全市 1 500 辆 5t 以下箱货汽车和少量大吨位箱货冷藏车 80% 用于鲜草莓的运输。

随着草莓包装技术革新和草莓电商微商悄然兴起，东港市快递行业也顺风助力。据统计，东港市快递企业数量从 2015 年的 10 家增加到 2019 年的 31 家。其中，中国邮政集团有限公司辽宁省东港市分公司建立网点 19 个，覆盖全市各乡镇街，建立投递点 176 个，覆盖全市各行政村，覆盖率达到 100%。快递企业覆盖全市各乡镇及大部分行政村。

全市 2015 年快递企业发送草莓数量约 17 万件，2016 年约 23 万件，2017 年达到 30 万件，2018 年达到 60 万件。2019 年将突破 100 万件，致使东港鲜草莓至少有 5 000t 以上，可以在 1~3d 内保鲜送到国内各大中小城市消费者手中。

［专栏］

“三网发力”顺丰助推东港草莓鲜达全国

大连顺丰速运有限公司东港分公司

2018 年 7 月

东港草莓的外销离不开优质的寄递服务。近年来，顺丰公司为东港草莓定制了专属包装，运输全程采用冷链车控温。在乡镇增设临时收寄站点，用优质的服务抢占草莓寄递市场。目前，在各大电商平台选购“东港草莓”，大部分消费者都会首选“顺丰包邮”。据统计：2016—2018 年，顺丰发送东港草莓从每年 370t 上升至 1 644t，寄递量逐年大幅攀升。但与东港草莓年产量 47 万 t 相比，顺丰的草莓寄递量占比很小，还有很大的上升空间。为实现东港草莓寄递量大规模升级，顺丰公司持续加大投入，倾力打造了“天网、地网、信息网”三网合一的智慧物流配套体系。

天网给力——投放全国首架草莓专机。顺丰公司即将于 2019 年 1 月，调配一架自有货运专机常驻丹东机场，重点服务东港草莓市场。未来将根据草莓寄递实际情况，设定飞机班次及路线。顺丰草莓专机是全国首架为草莓寄递而调配的专运飞机，将大幅提升东港草莓外运能力，大幅缩短寄递时限。通过优质的寄递服务抢占南方及西部地区消费市场，进一步提升“东港草莓”的品牌影响力。

地网加力——开通全国首趟草莓高铁专列。顺丰公司计划于 2018 年 12 月通过加挂货运车厢的形式开通“丹东至北京”“丹东至哈尔滨”的草莓高铁专列，将草莓与其他快件分开单独运输，并对草莓快件实施温控。高铁专列开通后，华北和东北地区可承诺次日到达，其他省市在 3 天时效内可达，推动草莓寄递服务水平再次大幅提升。目前，顺丰公司已在全国 228 个城市实现草莓配送，真正做到让东港草莓鲜达全国。

信息网聚力——数据共享吸引电商销售草莓。顺丰公司还计划于 11 月下旬举办一次“全国电商东港行”活动，将全国各地优质电商平台负责人带到东港直接与草莓种植户、经销商对话；顺丰公司还将公开部分云端数据，将自有电商平台与其他电商平台实现对接，共同拓展东港草莓销售市场。顺丰公司还计划在东港市委市政府的带领下，到北京、深圳、上海等重要消费城市举办东港草莓推介会，帮助东港草莓提升销量，进而切实推动寄递量提升。

顺丰公司犹如一个无形的修路者，帮助草莓种植户、电商和消费者之间建起一张有形的运输保障网。在“三网合一”智慧物流配套体系助力下，顺丰公司预计2019年东港草莓寄递量将突破5 000t，草莓种植户将成为最大获益群体。

十一、肥料制造业

东港市130万亩耕地，其中水稻种植70万亩，旱田作物50万亩。肥料总需求量空间大，特别是高效益的设施草莓等作物种植面积越来越大，土壤肥力的补充、平衡和提升需求刺激了东港本地肥料制造业发展。近些年来，为防止土壤深度退化、酸化、盐渍化和砷、汞、铅、镉等重金属污染和农药等有机污染物残留，东港市政府出台化肥零增长、负增长目标和相关优惠政策，大力宣传有机肥的特点和作用：①养分全面，肥效持久。②改善土壤理化性状，提高土壤肥力。③促进土壤微生物活动。④维持和促进土壤养分平衡。⑤降低肥料投入成本。提倡减少化肥农药投入，增加有机肥投入，扶持有机肥、微生物菌肥、复混肥等环保型肥料制造企业生产发展。

截至2019年，东港北方明珠肥业有限公司、丹东爱尔嘉肥业有限公司、东港市天增有机复合肥厂、丹东长沃肥业有限公司等27家有机肥企业在工商注册并生产运营。

[专栏]

辽宁盛德源微生物科技有限责任公司简介

盛德源公司成立于2010年，是一家开发生产、销售新型肥料企业。创始人金福艳女士，1996年始从事微生物菌肥研发，2012年获得微生物菌肥国家发明专利一项。公司的技术研发团队经过多年努力，成功研发出6大系列百余种微生物肥料产品，形成各种作物专用套餐肥，目前菌种选取、菌种培育、菌种驯化、菌种接种、菌种繁殖等技术，已具备世界前沿水平。

2015年盛德源公司地址东港市开发区科技孵化示范基地A区，占地12 000m^2，建有年产10万t微生物有机肥、微生物复混肥（复合微生物肥）生产线；生产的草莓专用微生物肥料不断创新，兼有增产与抗病显著作用；草莓专用复合微生物肥料，可减少化肥使用量40%以上，每亩平均节约化肥、农药成本2 000元以上。

公司的宗旨是：应用微生物技术，服务现代农业，恢复黑土地，绿色中国，健康中国人。

公司先后被评为中国农业科学院老科协农业科技研究培训中心暨授予微生物与食品安全推广基地，中国农业大学资源与环境学院“丹东盛金源”工作站分站暨优质农产品生产基地；2013年获丹东市科技局科技星火计划奖；2017年荣获国家首届长城微生物肥料安全食品科学技术奖（唯一奖）；2013年和2016年“盛金源”草莓专用生物有机肥料、复合微生物肥、微生物叶面肥、微生物冲施肥种植的草莓分别获得中国第八届、第十二届草莓文化节优质草莓擂台赛金奖。

第十二章

东港草莓荣誉

东港草莓是中国草莓产业的一张亮丽名片。

1996 年

由于草莓引智工作突出，东港市政府被国家四部委（发改委、农业部、科委、外专局）评为“全国农业引智工作先进单位”。

1998 年

东港市选送的‘宝交早生’‘静香’草莓品种分别获辽宁省优质水果评选银奖、优质奖。

1999 年

3 月，东港市草莓研究所完成的“草莓新品种引进推广”科技成果获丹东市 1998 年度科技进步奖二等奖。

7 月，东港市被授予农业部优质果品生产基地优质草莓生产基地（草莓行业第一家）。

9 月，东港市草莓研究所完成的“草莓新品种大面积开发推广”科技成果获辽宁省农业厅科学技术进步奖一等奖。

9 月，东港市选送的‘卡尔特一号’草莓品种获北京国际农业博览会名牌产品称号。

2002 年

东港市草莓研究所被评为辽宁省科协系统先进集体。

2004 年

东港市草莓协会被科技部授予“星火计划农村专业技术示范协会”。

2004—2005 年

丹东草莓专业技术协会被评为辽宁省科协系统先进集体。

2005 年

东港市草莓研究所被评为“丹东市科技扶贫先进集体”。

2006 年

东港市被农业部命名为“无公害农产品（草莓）生产基地”。

2007 年

1 月 20—21 日，“第一届中国草莓文化节”在北京召开，东港市政府应邀派东港市草莓协会参加。选送参赛的草莓品种，在全国十一个省市主要草莓产地报送的几百份样品中，分获两个一等奖（总 5 个）和两个二等奖（总 10 个）。其中，‘枥乙女’和‘红颜’两个品种同时获“中华名果”称号，农业部以及北京市领导等参加“中华名果”授奖仪式。

2007—2008 年

东港市草莓研究所被评为丹东市公众科学先进集体。

2008 年

东港市草莓研究所被财政部、国家科协评为全国科普惠农先进单位，草莓协会被评为辽宁省科协系统先进集体。7 月 4 日，上海市技术交易所夏海波博士一行 7 人组团来东港市草莓研究所，考察了解东港市草莓生产基地、科技含量水平，验证了东港市草莓研究所技术团队资质势力，与东港市草莓研究所签订“共建技术能力点合作协议”。标志东港市草莓研究所成为上海技术交易所共建技术能力点单位，成为国家级技术转移服务机构。

2009 年

“东港草莓”被首届中国农产品区域公用品牌建设论坛组委会评为“中国农产品区域公用品牌价值百强”。

2010 年

“东港草莓”被辽宁省社会科学院、《辽宁农民报》等多家单位评为“辽宁十佳农业品牌”。

2011 年

东港市草莓研究所被省科技厅、省委组织部、人社厅、农委评为辽宁省科技特派先进集体。

4 月 24 日，东港市被辽宁省政府授予辽宁一县一业（草莓）示范县。

4月，东港市被中国园艺学会草莓分会评为“中国草莓第一县”。

4月，东港市被辽宁省烹饪协会评为“辽宁草莓美食之都”。

2012年

东港市被国家质量检验检疫总局命名为出口草莓质量安全示范区。

2015年

12月，东港草莓获得第十三届中国国际农产品交易会参展产品金奖。

2011—2016年

“东港草莓”连续6年被中国优质农产品开发服务协会等6家全国行业协会评估为全国最具影响力农产品区域公用品牌。

2016年

12月7日，农业部命名第一批“国家农产品质量安全县”，东港市为“草莓质量安全县”。

12月31日，由国家质检总局总体部署、中国质量认证中心组织召开的全国知名品牌创建示范区建设暨2016年度区域品牌价值评价结果发布，东港草莓以品牌价值63.61亿元荣获2016年度全国区域品牌价值百强，排名第68。

2017年

6月24—25日，以“新模式、新消费、新业态”为主题的第六届品牌农商发展大会在北京召开。大会评选“最受消费者喜爱的中国农产品区域公用品牌”，东港草莓再次上榜，连续5届获此荣誉。

11月13日，辽宁省质量技术监督局验收，命名东港市为“辽宁省草莓产业知名品牌示范区”。

12月，由全国合作经济发展委员会生态农业专业委员会发起并组织的第十届中国绿色生态农业发展论坛上，东港市被评为“中国绿色生态草莓示范县”称号。

第十三章

坎坷与挫折

东港市草莓业发展不是一帆风顺的，历经坎坷与挫折。东港市委、市政府带领干部群众不断爬坡过坎，总结经验教训，渡过一个又一个难关。

一、自然灾害

2003 年春天，东港市终霜时间为 4 月 25 日，比常年延迟 5~7d，造成露地草莓顶花序冻伤而影响产量。另外，5 月下旬至 6 月下旬降水量达 200mm，比以往多一倍，并且降雨天数频多，而此期间恰逢露地草莓膨大采收季节，果实灰霉病、革腐病等比往年加重，烂果损失较多。据估测，全市 2.5 万亩露地草莓，每亩减产 200~250kg，减产幅度 15% 左右。

2005 年春，连续多日阴雨寡照天气，导致露地草莓突发大面积灰霉、腐霉等烂果病害。虽经东港市草莓研究所紧急推广欧盟有机认证的“丁香 · 芹酚”进行防治，但多雨天气影响了施药面积和时间，烂果损失惨重，个别田块烂果率达 30% 以上，全市损失 4 000~5 000t。

2007 年 3 月 10 日，罕见暴风雪导致冷棚 50 年一遇的暴风雪，给全市春棚草莓造成巨大损失。全市有 1 200 多个大棚受到不同程度损坏，这些大棚的草莓也受到严重冻害，个别大棚毁于一旦。虽然抗灾复建挽回了一些损失，但总体损失（复建投入和减产损失）逾有 5 000 万元。

2008 年 4 月中旬，东港市露地草莓遭遇“倒春寒”反常天气灾害，凡越冬覆膜揭开较晚的地块均受到严重伤害，所有已开花蕾全部冻死。

据调查估测，全市因此减产近万吨产量。

2010年，露地草莓长势和产量比往年稍差，主要原因是今春气温回升慢，阴雨天偏多，物候期延后，并且到6月后连续几场阴雨导致烂果损失，全市平均亩产不足1.5t，减产10%~20%。

2012年8月初，东港市大洋河流域遭受百年一遇的特大洪水灾害，2 000多亩露地草莓和部分温室大棚受灾，经济损失超1 000万元。

二、生产资料事故

2002年秋天，东港市有近百户农民使用劣质大棚膜。12月下旬，东港市草莓研究所对东港市黄土坎镇大黄旗村二组高成家、刘树祥等多户农民使用的聚氯乙烯无滴防雾棚膜的无滴防雾性能进行现场勘验，结果如下。①上述农户均使用鞍山某塑胶制品公司生产的聚氯乙烯无滴防雾棚膜进行日光温室草莓生产。当日上午揭帘后观察，各农户棚膜内表面均不同程度挂有水珠，成滴水珠占棚表面积的20%，水渍状水珠占棚表面积85%以上，棚内不间断滴水，地膜上、垄沟间积水严重。上述情况说明该棚膜的无滴性、防雾性与其说明严重不符。②上述农户使用的棚膜均是2002年10月初购买的，10月26至11月1日扣膜，2~3d后就发现上述状况。说明农民使用的棚膜是在其规定的性能保持期限内，即如果该棚膜确属无滴防雾，在此期间这种性能仍该充分表现，不应丧失。后经交涉协商，厂家和经销商包赔了更换棚膜费用，但仍然给农民产量效益造成很大损失。

2004年1月，东港市草莓研究所草莓种苗组培工厂，因使用沈阳某医药公司硫酸镁假货，导致上千瓶、几万株瓶苗白化死亡。经质量监督局立案协调，沈阳某医药公司给予相应赔偿，但导致是年草莓组培苗生产严重损失。

2010年，孤山、黄土坎镇等地发生农药“拿敌稳”药害事故。

此次药害事故为经销商夸大药效和使用方法指导过错所致，尽管经销商给予一定赔偿，但涉及的几十户农民仍然损失上百万元。

[案例]

药害调查鉴定书

受辽宁省方浩律师所委托，东港市草莓研究所委派教授研究员级高级农艺师谷军、高级农艺师姜兆彤、农艺师刁玉峰3名同志，于2011年1月25日对孤山镇兴隆村任传乙（2栋2.64亩）、肖景锋（1栋1.92亩）、孙立军（1栋2.02亩）、姜英全（1栋0.83亩）、王革忠（1栋0.8亩）5户6栋日光温室草莓施用“拿敌稳”农药发生畸形果、僵果问题，进行现场勘验与调查研究，鉴定结果如下。

（一）栽培管理情况

该5户6栋日光温室草莓栽培的是美国‘甜查理’品种，土壤质地与肥力、温室结构及生产栽培管理条件及措施（除喷施“拿敌稳”外）与前后左右邻近温室相同。

（二）施用“拿敌稳”情况

“拿敌稳”为德国拜耳作物科学公司生产的杀菌药，药品说明可防治黄瓜炭疽病、白粉病和番茄早疫病。

2010年12月2—3日，东港代理公司在兴隆村王革忠温室无偿施用54垄（还有48垄未施）。12月8日，该公司在举隆村召开一次产品推介会，推销人员挂出“靶斑、白粉、炭疽，拿敌稳一药搞定”的大横幅标语，向农民保证防治白粉病不但有效且不伤花果，一旦出现问题“拜耳这么大公司也赔得起！”。该5户农民为此从“拜耳”经销商达子营供销社马树森药店花10元一袋（5g/袋）购买“拿敌稳”。根据药店指导意见——1袋一壶水（1∶3 000）进行喷雾施用。其中，任传乙2.64亩、孙立军2.02亩于12月15日、12月25日施用两遍，其他温室施用一遍。

（三）施药后果

施用“拿敌稳”的植株与未施“拿敌稳”植株比较，长势稍弱（未施药株高25cm，施药22cm），叶片小、色暗、无光泽，有少量褐色药斑，株态较开张，仍有轻度白粉病发生；30%花粉败育，柱头褐色。

施用一次“拿敌稳”的植株果实大小不匀，畸形果率70%~95%，

“僵果”（农民俗称密籽果——即种子凸出果面，果实变硬，果实小而食口性极差）率70%~90%；施用二次“拿敌稳”的植株除具有一次喷药的后果外，所有果实“僵果”现象极重，果实种子全部凸出果面，果色灰暗浅红，果汁少，果肉近纤维状，味淡且硬，基本失去食用价值和商品价值。施用“拿敌稳”的草莓成熟期延后10~15d。

调查认为，该药对白粉病有一定防治效果，但对草莓花果药害严重。

（四）损失评估

经与邻近温室对照（其中有的温室施药半棚）和对其他农户、经纪人调查，结合当年该地区‘甜查理’上市销售情况，评估损失为：一般‘甜查理’每亩产量4~5t，销售收入3.5万元左右，而第一茬果收入占总收入60%左右。施用一遍“拿敌稳”每亩损失1.47万元，正常亩收入3.5万元，第一茬果占60%，施药影响第一茬果收入的70%。施用两遍“拿敌稳”每亩损失1.89万元，正常收入3.5万元，第一茬果收入占总收入60%，施药影响第一茬果收入的90%。

5户农民分别损失：任传乙2.64亩，损失49 896元；孙立军2.02亩，损失38 178元；肖景峰1.92亩，损失28 224元；姜英全0.83亩，损失12 201元；王革忠0.8亩，损失11 760元。

三、国际市场冲击

东港市草莓种植业自改革开放以来，总体发展进程稳步前行，全市平均单产、效益和市场价格逐年提高，特别是日光温室促成栽培和早春大棚半促成栽培，商品草莓价格一直稳中有升，几十年来市场空间拓展渐广，优果优价畅销全国，农民种植草莓相对风险小，收益稳定。

但是，由于露地草莓主要市场为速冻加工出口，发展过程中经历了几次国际市场价格波动冲击，给农民造成一定损失。

1999年，东港市露地草莓面积逾20 000亩，总产量2万余吨。因波兰露地草莓空前丰收，中国速冻草莓进口欧洲市场遭遇滑铁卢，国外进口商压等压价压订单，而国内出口加工企业应对策略欠妥，风险大都转移到农民身上。全国露地草莓销价每千克仅1元左右，并且企业加工量锐减，东港市当年因滞销、过熟烂果而损失近万吨。

2003 年，由于欧洲草莓连连减产，露地草莓紧俏，先是 2.40 元 /kg，后逐渐盘升到 3.40~3.60 元 /kg，最终仍未满足加工出口需求，露地草莓平均亩收入 3 000~4 000 元，露地草莓总收入 1 亿元左右。

2004 年，露地草莓又因欧洲草莓丰产而滞销降价，平均单价每千克 1.20 元左右，为 2003 年草莓单价的 30%。除有定单的草莓亩收入保持在 2 000 元以上外，全市平均亩收入仅 1 200 多元上下，减除生产费用，农民收益很少（租地经营者平均每亩亏 200 多元，自有土地自己生产管理者平均每亩净收入 500 元左右）。是年，露地草莓因欧洲草莓丰收导致出口定单减少和生产面积、产量较多，出现滞销局面。2004 年 6 月初，全市仅有八九家工厂有草莓加工定单或计划，预计加工量不足 1 万 t，加上丹东地区其他厂家，当时仅可加工近 2 万 t 草莓，余下 2 万 t 草莓没有着落。市委、市政府采取一系列应急促销措施，应对滞销局面。市政府召开紧急会议，组织全市 33 个具有果蔬加工能力的工厂组织草莓加工，所有工厂扩招工人，加班加点，扩大加工量。据统计，丹东地区 40 多家工厂在东港市加工草莓 28 270t。通过市委、市政府以及草莓协会等社会力量，招引外地客商，从东港市调运露地草莓 10 100t。虽然采取多种措施，全市仍有 4 万多吨草莓，估计损失 2000 多吨。比相同形势的 1999 年的 2 万 t 而损失 1 万 t 的结局，损失已降到最低限度。 当年草莓加工成品 19 970t，其中定单 12 050t，占总加工量 60%，非定单 7 920t，占总量 40%。有定单的都是速冻草莓，非定单的为速冻和草莓罐头等。

2006 年 1 月，欧盟委员会开始对原产中国的进口冷冻草莓发起反倾销调查程序，严重影响了我国冷冻草莓出口量和草莓产业稳定发展。

［案例］

2007 年欧盟对华草莓反倾销调查无税结案

东港市草莓协会　谷　军

2007 年 3 月 6 日

近年来，我国对欧洲冷冻草莓出口量不断增加（由 2002 年的不足 1 万 t 到 2005 年 4.3 万 t），且价格明显低于欧洲自产和进口其他国家的草莓价格，波兰冷冻产业联盟于2005年11月向欧盟委员会提起诉讼，2006年1月19日，欧盟委员会开始了对原产中国的进口冷冻草莓发起反倾销调查程序。

此次被诉讼的中国企业150多家，2005年出口欧盟冷冻草莓4.3万t，占欧盟国家总消费量21万t的20%左右，而欧盟自产冷冻草莓14万t，从其他国家进口3万余吨。欧洲统计局资料显示，中国冷冻草莓2002年欧盟进口价745欧元，逐年下降到2005年461欧元，而欧盟冷冻草莓价格2002年934欧元，2005年下降到671欧元。

我国有5家企业应诉此次反倾销调查，历经近一年应诉工作。2006年10月，欧盟做出反倾销案初裁裁定：除烟台永昌食品有限责任公司免征临时性反倾销税和丹东君澳食品有限责任公司征收12.6%税率外，其他中国企业一律征收34.2%反倾销税。

如果欧盟对我国冷冻草莓征收反倾销税，其商业成本必然转嫁到生产原料的农民身上，大大降低加工企业生产利润，将严重影响我国冷冻草莓出口量和草莓产业稳定发展。

根据调查，丹东市涉案出口欧盟冷冻草莓的企业有10家，连同外地企业收购丹东草莓，加工出口欧盟的中国冷冻草莓2.5万t以上来自丹东市（主要东港市），因此，此次反倾销诉讼案的结果对我地区草莓产业化进程影响很大。

在接到欧盟反倾销案初裁决定后，哈尔滨高泰食品有限公司（每年收购加工东港草莓5 000t以上）代表中国企业坚决抗诉，经过我方国内律师和欧洲律师的积极抗辩和多方游说，通过确凿的证据证明中国冷冻草莓出口对欧洲冷冻草莓产业的损害及损害威胁已不复存在，最终促使欧盟委员会于2007年2月决定终止该反倾销调查，无税结案。

如此结果对我市广大农民和加工商贸企业无疑是一个好消息，特别是露地草莓生产和企业加工出口，都将面临稳定发展的良好契机。但是，通过此次诉讼过程，我们的企业应总结经验吸取教训，出口冷冻草莓既要保证质量，又要符合国际贸易规则，不能一方面压价收购农民草莓，另一方面企业间又相互压价出口，应及早建立如同波兰冷冻产业联盟形式的行业协会，强化协调工作，遵守国际贸易法则，恪守信誉、开拓市场，积极应对各种贸易争端，以促进我国草莓产业化进程。

2009年，露地草莓长势和产量比往年稍差，且到6月中旬连续几场大雨导致烂果严重，全市平均亩产1t左右，同比减产10%。露地草莓价格连续3年走高之后，是年再次进入“低谷”期，凡未“定单”的农户损失很大。虽然市政府采取了应急预案，组织社会各界力量促进草莓销售，并号召加工企业将收购价比山东、河北等地提高每千克0.2~0.3元，但总平均销价每千克1.20元左右，相当于上年的50%，由于效益低或亏本生产，当年露地草莓生产面积同比下降了0.4万亩。

［案例］

东港草莓阵痛——露地草莓起起落落两三年

谷　军

2009年8月8日

露地草莓大部分用于出口，受国际市场影响明显，行情多有起伏。虽然全市露地草莓种植面积仅在3万亩上下波动，占总种植面积的少数，但是，由于这部分草莓的种植、加工及销售涉及农户、外贸出口企业及生产加工企业，影响却比主要销往国内市场的温室草莓要显得重要。从2000年以来，露地草莓历经了几次波峰浪谷，经历了2002—2004年的市场低迷，以至于2005年的反倾销调查，从2006—2008年，露地草莓连续三年行情看好，最高时平均收购价格达到每千克4.2元。受行情激励，农民种植草莓的积极性高涨，可是，进入2009年，因受历年草莓出口行情规律和世界金融危机的双重影响，草莓出口市场再一次进入“低谷期”。

东港市龙王庙镇荒地村的曲忠文是当地的草莓种植大户，最多时种植面积达120多亩。2008年，他家的草莓卖到3.2元/kg，收入近40万元。而2009年价格却只有去年的一半，售价只有1.6元/kg。“一亩地赔五六百块吧。”从一亩地净赚3 000多元，到赔五六百元，不过转年的时间。

东港市佳明食品有限公司是一家规模企业，2009年企业接到的订单500t左右。按照计划，企业应收购原料为1 200t左右。但是，为减少农民损失，这家企业收购农民手中的草莓原料2 600t，加工成品1 800t，远远超出计划。

辽宁广天食品有限公司是国内第一家生产草莓罐头的企业，产品用于内销。按照计划，企业当年预计收购草莓1 400t，可实际收购达到2 000t。

对于出口企业来说，一方面受金融危机影响订单减少，另一方面响应政府号召，超出原有的购销计划，按保底价格收购农民手中的草莓，企业因此承担了仓储、销售、产品积压等风险，而对于加工内销产品的企业，同样受到了冲击。

东港市草莓协会的调查显示，“全国尚有2008年库存冷冻草莓4万余吨，其中丹东地区0.5万~0.6万t，特别令人担忧的是一些企业不顾长远营销利益，相互压价出口，致使我国草莓的降价幅度大大高于其他国家。2009年4月，山东露地草莓收购价格0.6~1元/kg，河北0.5~0.8元/kg，农民损失惨重。

四、社会事件

2015年“乙草胺事件”。2015年4月25日，某媒体报道声称，记者对来自不同地方的草莓，随机购买8份，送到某检测机构进行检测，检出乙草胺，并引用“专家”观点称，如长期摄入含有乙草胺的草莓可能中毒或致癌。节目一经播出，立即引发舆论强烈关注。4月26—30日，该报道被大量转播，使得多地草莓行业遭受重创，公众对食品安全的信心严重受挫。“草莓农残超标致癌”的新闻事件发生后，东港市政府高度重视，组织农经局、丹东市农产品质检中心、东港商检、东港市农产品质量监测检验中心等单位对东港市富民有机草莓种植专业合作社、丹东市圣野浆果专业合作社、东港市圣野欢乐家庭农场、丹东和美生态农业有限公司、东港市勇强果菜专业合作社、东港市马家岗益民草莓种植专业合作社等进行抽检，均未检出乙草胺成分。东港市农村经济局于4月29日和30日，两天共调查90多个草莓专业合作社、家庭农场和草莓种植户。调查结果显示虽然东港市草莓生产安全，也通过各大媒体广泛宣传，但是草莓销售市场仍旧受到较大影响。草莓销售收购价格明显下滑，市场销售低迷，像北京、哈尔滨等城市已停止进货。

与此同时，国内一些地方政府还联合农业部门、检测部门、专家、种植户对当地草莓进行抽检和权威鉴定，结果显示没有乙草胺残留。北京市食品药品安全委员会办公室迅速组织市农业局、市食品药品监管局对全市草莓主要产区、批发零售市场、超市开展抽检工作。在农业企业、合作社、生产基地、种植户抽检样本 42 个，在批发市场、集贸市场、超市、流动摊点等抽取样本 133 个，样本覆盖辽宁、山东、河北、浙江等草莓外埠主要产地。结果显示，抽取的 175 个样本均未检出乙草胺。

食品安全一直是老百姓心头的敏感地带，无论真假，宁信其有，不信其无。正因如此，这类爆料总能赢得关注，而对此的质疑、回应或辟谣新闻却很难扭转乾坤。如果这次草莓风波使消费者的恐慌化解不了，草莓种植户的损失就止不住。报道一出，国内一些省市农业行政部门和许多专家或专业人士纷纷为草莓正名，但草莓销量“滑铁卢”已成事实。全国草莓行情一落千丈，昔日的“水果皇后”瞬时转变成“烫手山芋”，全国数十上百万辛勤耕作的草莓种植农户蒙受不白之冤，损失巨大，辽宁、北京、安徽、吉林等多地草莓产业损失惨重。

[专栏]

新华网报道

2015-05-05 09:15:25 [来源：新华网]

辽宁东港市农经局局长刘作仁介绍，东港全市种植草莓 16.8 万亩，是全国种植草莓面积最大的县；全市 20 万人从事草莓相关行业，是名副其实的“全国草莓第一县”。

5 月 4 日下午，记者来到东港市椅圈镇李家店村的“联胜草莓合作社”，看到仅有四五人正在分拣包装收购来的草莓。而 4 月 26 日，还有十几个人干活。合作社理事长王晓东告诉记者，该合作社草莓直供沈阳一家大型连锁超市，“4 月 26 日之前，一天供货 3 000~3 500kg，现在一天也就供应 1 000kg 左右，不到原来的 1/3。刚曝出乙草胺风波时，还让我们停了3天供应。按照原来协议，‘五一’期间每天应该供应7 500kg左右，这个‘五一’基本停止了。”销量的急剧下降，带来价格的大幅走低。4月26日之前，这个合作社收购的大棚‘红颜’品种草莓，价格一直稳定在15~16元/kg，乙草胺风波后，经过一些网站渲染，收购价直接下降到4元/kg，现在才恢复到6~7元/kg。经销户也损失严重。王晓东介绍，超市进不去的3天，只好拉到批发市场；有3 500~4 000kg草莓卖不掉，保鲜期又非常短，只好倒掉。

据统计，“五一”期间东港市每天草莓出产量1 800t。东港市农经局对90个定点草莓种植户的调查显示，4月25—26日，正常的市场批发价为14元/kg，而受报道影响，平均批发价格骤然下降为4~6元/kg，全市每天草莓减少收入1亿元以上。事件发酵半个月内，东港市农民损失10亿元以上。

针对“乙草胺事件“，《人民日报》发表评论文章《草莓风波的思考》，文章指出，有不明所以的媒体，直接冠以“毒草莓”的称号，斥责国家标准。而事实上，乙草胺的国家标准比之美国等在可用范围上更窄、在残留限量上更低。此外，《人民日报》在另一篇报道中还指出，主流媒体应该加大对各地检测草莓质量结果的报道力度，一些前期进行报道的媒体应该积极澄清解释，挽回公众误解。

草莓生产过程不用乙草胺

辽宁乡村广播采访播发国务院政府特殊津贴专家　谷　军

2015年5月4日

记者：东港草莓生产过程用乙草胺除草药吗？

谷军：乙草胺是灭杀禾本科杂草的芽前封闭药，在东港市的草莓生产过程中根本不搭边。

咱先说育苗。草莓育苗期使用任何除草剂都会或轻或重伤害草莓苗，影响繁苗数量，因此农民和育苗企业基本没有用除草剂的，清除杂草全靠人工进行，草莓种苗繁育成本中人工除草费用是最大的。

假设有人用了乙草胺，那也必须是在当年4月初栽苗时使用，到八九月份时繁殖的秧苗才移栽到温室等生产田里，又经两三个月的生长、开花、结果，乙草胺绝不会经过这么长时间残留到果实里。

再看生产田。草莓苗栽前垄要打好，栽植时要挖坑破土，栽植后马上就得浇水保苗，这个过程一是提前打除草封闭药起不到灭草作用，二是栽后根本没办法打上除草药，因为乙草胺同样会杀死草莓苗！

那么田间杂草怎么办？栽后一个来月杂草很少，人工铲除即可。到十月上旬覆盖大棚膜的同时，农民都在垄上覆盖黑地膜，为什么不覆盖白地膜？黑地膜就是通过遮光压草灭草，所以温室草莓没有草害发生，当然也不会出现“乙草胺残留”情况。在北方特别在东港市，说草莓有“乙草胺残留”，是无稽之谈！

记者：东港草莓生产施用其他农药吗？

谷军：草莓本身就比较抗病，因为它从野生驯化到栽培种，仅有300年历史，野性抗性还很强，相比栽培上千年的其他果菜病虫害较轻。东港市的温室草莓主要病害是白粉病、灰霉病，农民依靠棚内温湿度调控、硫黄熏蒸预防；虫害主要是蚜虫、红蜘蛛、白粉虱和蓟马，农民多采用黄蓝粘板以及苦参碱、矿物油、大蒜油等有机农药预防，为什么不打普通农药？一是农民知道草莓有药残卖不出去，二是因为大棚里有辅助草莓授粉的蜜蜂，蜜蜂对有毒农药特别敏感，有点药味就不干活，受点毒性就死掉，没有蜜蜂授粉，草莓就减产，就会增加畸形果，就会少卖钱，谁也不会认可减产减收乱打药的！

记者：东港草莓知名度那么高，其中有没有草莓安全生产的市场认可？

谷军：东港市早在1999年就被农业部组织专家组验收命名为“全国优质草莓生产基地”，2006年又被农业部验收为“无公害农产品（草莓）生产基地”。东港市独特的气候条件，特别是冬春季温室和早春大棚生产，病虫害发生较轻，加上政府逐年强化无公害草莓安全生产监督管理、科技部门不断研发推广安全生产技术以及农民的安全生产意识普遍提高，东港草莓不但产量高、品质优，而且食用安全。就因为这些产业优势，东港市才被评为“全国草莓第一县（市）”“全国草莓出口示范基地”。

实录·东港草莓户表情

辽宁乡村广播

2015年5月8日

2015年5月7号，小编冒雨赶到“中国草莓第一县”——丹东东港。突然出现的草莓风波让这里的种植户很受伤。看看他们的表情、听听和他们的对话吧！

被采访人：许宝柱，31岁，东港市小甸子镇红旗沟村

记者：种的什么品种？“乙草胺草莓风波前多少钱一斤（1斤=0.5kg，全书同）？现在草莓多少钱一斤？

许宝柱：种的是‘甜查理’品种，以前是2元5到3元一斤，现在是8毛。

记者：8毛一斤意味着什么？

许宝柱：8毛一斤我就可以不揪了，没用了，揪完人工钱都不够。

记者：你这棚看着管得不错，也不能不管啊？

许宝柱：管就得往里投钱，我喂这种肥一桶就140元，我这棚得两桶到三桶，就背（勾成本的意思）四五百元，那就得四五百斤才能出来，再加上人工钱根本就是赔钱。

记者：现在这肥还上吗？

许宝柱：停一段时间了。草莓行情如果继续跌来年就不栽了。因为投资太大，只能改种别的捞捞本儿了。

（看到旁边的孩子）

记者：小孩子多大了？

许宝柱：3岁多。说草莓怎么事儿，我孩子天天到这来，来了摘了就吃，吃到饱再走，连洗都不洗，有问题我能让我孩儿吃吗？

被采访人：许守明，76岁，东港市小甸子镇红旗沟村

记者：温室草莓有过这么低的价格吗？

许守明：种这么多年草莓没有过，红了一地果，往哪弄？就在地上长着呗！为什么上火哭啊？小贩子拉就一块钱，八毛钱、七毛钱。最痛心的是啥呢，这地方人都说大棚要倒了，大棚完了。现在正是育苗的时候，有的人都不育了、晃荡了！

被采访人：黄丽丽，33岁，东港市马家店镇三家子村

记者：六七个棚就你自己一个人干活？

黄丽丽：前两天都不雇了，人工太贵！原来雇五六个人，现在实在干不过来再临时雇一两个人。不说别的，我这顺道边交通方便，往年“五一”人老多了，但今年人就少。上哪雇人去？

记者：你这草莓全程都用什么？

黄丽丽：就小苗的时候打点杀菌药防防病，挪这里来（棚里）就什么都不用了，我这地里都下的秸秆，冲的豆饼、牛奶，纯有机方式种植。说那叫什么胺，我这扣棚时间可能也短点儿，三四年，我都没听过！

被采访人：田立平、代本柱、汪俊峰，草莓小区打工者

记者：现在雇人摘草莓去卖，有账算吗？

田立平：摘草莓，一个小时人工就是10块钱，摘1 000斤草莓80%给工人，再去了电费就是赔。20个大棚一天我得赔多钱？

记者：一天20个大棚就是2万斤果，好销不？

代本柱：不好销！现在就是硬着头皮多少钱都得往出卖了，要不全烂在地里。现在小贩子来了也不问多钱，给咱拉走就得了，你给多少钱算多少钱。

汪俊峰：俺们就是打工的，看老板赔这么惨都于心不忍。希望给个说法，澄清澄清，让俺挣俩钱。我堂堂这么高个大个子，眼泪下来了，就证明这事……确实揪心！（转身走了）

被采访人：王兆成，经济人

记者：一天收多少草莓？

王兆成：也就三百、二百斤

记者：一直这么少吗？

王兆成：原来哪这么点儿？以前都收好几千斤，这一下量下去了。把老百姓毁了！说什么打什么药，根本就没用过！

健康享受　可心草莓

——草莓生产安全，尽可放心享用

谷　军　2015年5月22日

草莓营养保健价值极高，且色、香、味俱佳，一直被人们誉为高档水果，欧美日等发达国家目前人均年消费草莓7~8kg，而我国随着人民生活水平不断提高，许多人也在越来越多享受草莓的温柔亮丽、香甜美味。

那么草莓在生产过程中农药化肥怎么用的呢？病虫害如何防治呢？果实是否安全健康呢？

草莓从野生植物驯化演变为栽培作物至今仅有300年历史，其抗病抗逆种性远远优于栽培上千年历史的大多数农作物，本身病虫害发生相对较少。

草莓从开花到果实膨大、转红、成熟仅有40~50d，趋避虫害和预防病害措施容易；特别是北方露地草莓，春暖萌动即现蕾、开花、膨大、成熟，待到6月中下旬高温多湿病虫害蔓延期时，过时已经采收结束，一般都不需要打药。

北方温室草莓生产，农民都采用蜜蜂辅助授粉技术，以提高授粉率，减少畸形果，增加产量和果品价格。而蜜蜂是抗药能力极差的弱小昆虫，很小毒性农药就能致命死亡，甚至一点点异味影响就不干活（采粉），因此农民为了增产增收，绝不会乱用农药自找减产的，而会采用物理、人工、生物、纯植物源或矿物源方法防治病虫害。

利用抗病品种、脱毒种苗、温湿度调控、硫黄熏蒸等技术防治病害；利用粘虫板、杀虫灯和苦参碱、印楝素等技术防治病虫害。

利用增加有机肥、生物有机肥、秸秆反应堆、沼气净化肥、二氧化碳气肥。

利用地膜技术预防泥土灰尘污染；利用滴灌技术预防水污染；严

格人工包装技术预防碰压伤和包装污染。

农业监管部门大力推广、监管草莓无公害生产技术，等等。

“乙草胺事件”的结果。“乙草胺事件”发生后，东港市政府草莓产业科技顾问、中国园艺学会草莓分会常务理事谷军，致电中国园艺学会草莓分会张运涛理事长等，反映“乙草胺事件”对东港市草莓产业创伤情况，建议召开常务理事会应对此事。5 月 20—22 日，中国园艺学会草莓分会第四届一次常务理事会在东港市召开，来自全国大专院校、科研院所、草莓行业代表等 30 多位专家、学者参加该次会议。会议就“乙草胺事件”对全国草莓产业的影响进行分析研讨，决定支持国内相关企业、大户代表全国农民通过法律程序维权和要求相关媒体更正错误消除影响，并以此事件为警讯，对今后全国草莓安全生产作出指导规划。

五、新冠肺炎疫情

对东港草莓销售的影响。2019 年 12 月，武汉抗击新冠肺炎疫情期间，此后疫情向全国蔓延。在疫情影响下，东港草莓如同其他鲜活农产品一样，出现短时间滞销跌价现象。1 月末至 2 月中旬，草莓价格同比下降 30%~60%。其中，正月初十之前草莓价格低迷，‘红颜’品种每千克不足 10 元，是上年的 30%。2 月下旬之后，草莓价格基本恢复正常。根据笔者调查估测，1 月末至 2 月中旬，全市每天损失 1 000 万～1 500 万元，农民总损失在 2 亿元左右。

东港市广大农民非常理解和响应国家出台的疫情管控措施，认为受疫情危害和防控形势影响，损失在所难免。在市政府倡导和草莓协会组织下，东港市农民相继捐献几千箱优质东港草莓，送达武汉和丹东地区奋战在抗疫第一线的白衣天使手中，送去东港草莓的甜美祝福，送去东港市几十万农民的爱心和支持。

第十四章

东港草莓产业发展前景

历史沧桑，东港草莓业百年的发展，凝聚着东港人民的无穷智慧。在这 2 398.8km² 土地上，展现给世人的是绚丽香甜的草莓风情与东港人质朴勤奋精神的不断碰撞、交融、演变后的一部草莓历史篇章。最早引进并持续发展，倾情耕耘，锲而不舍，精心培育出“东港草莓”这一名特优传统种植业，打造出实至名归的“中国草莓第一县”，小草莓做成了大产业，养富了东港几十万百姓。

“经验为才智之父，记忆为才智之母”。以往鉴来，我们思绪纷飞，欣然自豪。立足今日，我们乘“天时、地利、人和”之优势，未敢故步自封，举市上下万众一心，正以全新姿态和动作推进东港草莓产业稳步前行。环顾全国现代农业发展新形势，东港草莓产业仍有提升空间，放眼世界发达农业国家二三百年的草莓产业经验，东港草莓产业更是差距明显。

2019 年 12 月，东港市委副书记、市长刘洋在东港市首届草莓文化节开幕式上致辞中说，近年来，东港市委、市政府全面落实高质量发展要求，立足区位条件、资源禀赋，坚持用绿色发展理念谋划特色草莓产业，不断优化种植布局，强化科技支撑，创新营销模式，推动草莓产业发展驶入快车道。截至目前，东港草莓种植面积达到 14.8 万亩、产量 23 万 t，鲜果产值达 46 亿元。全市拥有合作社 324 家、家庭农场 49 家、全产业链配套企业 50 余家、行业从业人员 10 万余人，年出口草莓制品近 4 万 t，出口创汇达 3 500 万美元，“东港草莓”品牌价值现已达 77.5 亿元。东港先后被确定为国家级出口草莓质量安全示范区和辽宁省草莓产业知名品牌示范区。2019 年 6 月，东港草莓产业又获批国家现代农业产业园称号，东港已成为全国最大的草莓生产和出口基地，成为名副其实的“全国草莓第一县”。东港将与各界有识之士一道，以建设国家现代农业产业园为契机，坚持“品牌化”发展道路，进一步完善农业技术支撑体系、农产品质量安全追溯体系和电商平台销售体系，打造全产业链现代农业产业示范区，不断朝着“百年产业、百亿产值”和打造“世界草莓之乡”的美好目标迈进。

东港市是中国引种草莓较早的地区，自然条件非常适宜草莓生长发育。历届政府一贯高度重视草莓产业发展，农民具有挚爱草莓、精耕细作的传统，多年来积累丰富的草莓种植经验，这些都为发展现代精品草莓产业、生态草莓产业、可持续草莓产业和草莓文化观光产业提供了有利条件。

一、发展现代精品草莓产业

具有地方特色的名、特、优、新精品草莓，应具备以下特点。

一是果品质量高。不但外在质量高，例如个头大而均匀、颜色鲜艳、形状亮丽等，而且口味好、有营养、安全等。

二是产品科技含量高。选育、选用具有产量高、质量有、颜色好、风味宜人的新优品种，通过应用先进适用科技技术，保证草莓生产优质、高产、高效和食品安全性。

三是品牌价值高。为了提高精品草莓的知名度，同时为了对精品草莓进行有效的保护，必须对精品进行商标注册，打出自己的品牌。

四是市场竞争能力强。精品因为质量好、科技含量高，而且具有自己的品牌，所以受到广大消费者的青睐，在市场竞争中具有较强的竞争能力。

东港草莓单位产量（全市 6 万亩温室‘红颜’品种平均亩产 2.5t 以上）、品质（全国优质草莓生产基地、国家级出口草莓质量安全示范区、全国农产品安全示范县）、品牌价值（品牌价值 77 亿元，全国草莓品牌榜之首）和市场价格优势（2019 年 12 月中旬至 2020 年年中，东港市‘红颜’草莓农民交付经纪人紧俏价格每千克 80~150 元，而周边市县和川、皖、鲁、冀等地仅为每千克 60~100 元），已经接近精品草莓构成条件。我们胸有成竹，只要再接再厉，一定能实现现代精品草莓产业发展目标。

二、发展生态草莓产业

生态草莓产业是一种知识密集型的现代农业体系，是草莓产业发展的新型模式。生态草莓所追求的目标是高效益和无污染。发展生态草莓能够保护和改善生态环境，防治污染。维护生态平衡，提高草莓的安全性，把环境建设同经济发展紧密结合起来，才能最大限度地满足人们对东港草莓日益增长的需求，提高生态系统的稳定性和持续性，增强东港草莓产业发展后劲。东港市生态草莓产业的生产以资源的持续利用和生态环境保护为重要前提，根据生物与环境相协调适应、物种优化组合、能量物质高效率运转、输入输出平衡等原理，运用系统工程方法，依靠现代科学技术和社会经济信息的输入组织生产，通过合理利用和增值农业自然资源，重视提高自然能与生物能的转换效率，充分发挥资源潜力和物种多样性优势，建立良性物质循环体系，已经凸显生态草莓业发展态势。

但是，在过去一个时期内，东港市个别农户和企业草莓生产农药化肥超量使用、园区规划建设土地利用率低、温室建筑坐向和间距不科学、园区排灌水设施等不到位、生态环境调控能力较差等问题依然存在。只在小范围的耕地内进行生态草莓生产，显然是不协调的，必须以强大的生态建设与改善为依托。东港市随着生态县（市）的建设，以良性生态环境竞合为现实抉择，紧扣草莓生产市场需求，总结草莓种植的有效经验，运用现代科学技术成果和现代管理手段，除农药管控、化肥减量、地膜覆盖、温室培养、无土栽培等常规技术外，应用一些环保新技术，必将促进生态草莓业的发展。

三、发展可持续草莓产业

使用和维护自然资源基础的方式，实行技术变革和体制性变革，按“整体、协调、循环、再生”的原则，全面规划，调整和优化农业结构，使东港草莓产业和农村一二三产业综合发展，使各业之间互相支持，相得益彰，提高综合生产能力，才能使东港草莓产业可持续发展。

东港市地貌特点北高南低，北部多为丘陵壤土，南部多为平原草甸土；气象特点北部山区冬冷夏热，降雨偏多，而南部地区四季温差相对较小，乡镇之间自然条件、土地资源、经济与社会发展水平存在差异。各乡镇要根据当地实际，充分吸收农民草莓种植经验，结合现代科学技术，以多种生态模式、生态工程和多样技术类型，布局草莓生产，保证草莓产业可持续发展。

到 2019 年，东港市广大农民正在由社会农民向产业农民转型，草莓生产、加工及其他链条产业齐头并进，本地和外地企业或个人在东港市投资建设草莓园区和深加工工厂等，全市基本上完成了草莓产业化转型。草莓生产资源基地化与园区化、草莓产业链条多元化的新型产业形态已经呈现。域内草莓产业集约化、高端化、专业化、休闲化的农业发展模式正在兴起，东港市草莓产业正在朝着发展可持续目标迈进。

四、发展草莓文化观光产业

观光草莓业的发展，不但能有效地拓展草莓产业的生态、科普、社会、文化、旅游等功能，为农业增效，为农民增收，为农村增色，为旅游增值，同时还可以有效地带动农村第三产业的发展，促进农业和农村产业结构的优化升级，促进农旅互动发展，提高人们幸福指数，加快农民素质的提高和农村剩余劳动力的转移，加快推进新农村建设。由于观光草莓是以农业生态为依托，与现代旅游业相结合的一种高效经营模式，因此具有生产、生活、生态三大功能兼具，社会、经济、环境三大效益兼备，农业和旅游业的双重属性兼有。

草莓文化观光为游人展现了全新的观光感受，游客置身于此，既可观赏，又可品尝和购买草莓，吃特色农家饭，购买农副土特产品等。游客参与采摘生产实践活动，体验生产实践的乐趣，尽享劳动、丰收的喜悦。草莓观光旅游不仅是游、食、住、购、娱等休闲活动场所，更是学习生态环保知识、农作知识及草莓生产高新技术知识的趣味课堂，达到增长草莓知识的目的。

草莓生态因素、文化因素是观光草莓得以兴起的根基。东港市具有独特的草莓文化特色，具备文化观光旅游的条件：一是域内乡村自然景观多样、优美，生态环境好；二是草莓发展历史悠久；三是东港市民族文化和乡俗文化丰富，开发潜力大；四是随着城市化和城乡居民收入水平的不断提高，居民消费正由生存型消费向发展型消费、物质型消费向服务型消费提升，广阔的消费需求正在转变为巨大的现实购买力，为观光休闲草莓提供了足够的市场空间和客源市场；五是东港市交通条件、基础设施大大改善。这些具有鲜明特征的资源与景观，不仅为消费者提供了香甜可口的美味草莓，而且为开发草莓科技示范园区及观光草莓旅游提供了优越的基础条件。可以说，东港市发展草莓观光的条件优越，内容丰富，潜力巨大。

只要挖掘东港乡村文化中的丰富内涵，尽可能多地向游客展示东港市民俗民风、工艺美术、民间建筑、音乐舞蹈、婚俗禁忌、趣事传说等，使东港草莓及制品富有高文化品位和高艺术格调，通过草莓观光采摘使游客了解草莓生产劳作与工艺操作上使用的新技术，展示新品种选育上培养出优良的新品种，在管理、加工、保鲜环节上的现代化工艺水平，东港市的草莓文化观光一定会大发展。

2019 年 6 月，东港市获批国家现代农业产业园（草莓）建设项目。东港市政府将在资金整合、招商引资、科研与科技服务、生产基地建设、加工贸易、草莓产量和质量提升、高新技术推广、新型农民与产业组织培训、草莓安全生产与追溯体系建设、品牌打造与市场拓展等，全方位有新的举措和较大动作，东港草莓产业又迎来利好发展契机。

雄关漫道真如铁，而今迈步从头越。东港人民初心不忘，做大做强东港草莓产业的步伐坚定而强势。

“百年草莓，百亿产值”，指日可待！

“世界草莓之乡”的美好憧憬，一定能实现！

附　录

附录1　东港草莓2007年生产调研报告

谷　军

2007年12月26日

为翔实了解东港市草莓生产现状，总结草莓产业发展过程中的经验与不足，进一步指导该地区草莓产业化进程，笔者对东港草莓2007年生产情况做以下调研报告。

一、春天草莓总产量185 924t，总产值68 574.7万元

2007年春天全市草莓生产面积90 493亩，其中日光温室3.3万亩，早春大棚2.8万亩，露地2.9万亩，生产面积比2006年增加0.8万亩。总产量185 294t，同比增加18 375t；平均亩产2 104.8kg，同比增加70.8kg；总产值68 574.7万元，同比增加21 621.7万元；平均亩产值7 578元，同比增加1 856元。其中草莓总产量、亩产量、总产值、亩产值均创历史新高。

2007年东港市草莓加工量37 100t，其中露地鲜果约3万t，其他栽培形式鲜果约0.7万t。加工量比上年增加16 520t。平均草莓鲜果销价3.60元左右，仍然保持不菲价格。草莓加工制品以单体速冻为主，约2万t（鲜果3万t），全部用于出口，创汇1 600万~1 800万美元。另有草莓罐头4 000t和草莓汁、草莓饮料、草莓酒等制品，多为内销。

二、秋天草莓生产面积 102 475 亩，同比增加 11 982 亩

东港市 2007 年秋天生产面积 102 475 亩，比上年增加 11 982 亩。其中温室 41 498 亩，比上年增加 0.8 万亩，早春大棚 29 962 亩，比上年增加 0.2 万亩，露地 31 015 亩，比上年增加 0.2 万亩。

三、草莓生产情况分析

（一）露地草莓价格看好

由于 2006 年欧盟对中国冷冻草莓出口反倾销调查在我国相关部门的抗诉下得以撤诉，波兰等欧洲草莓主产国草莓生产面积和产量下降，以及欧盟对进口中国冷冻草莓提高限价和中国企业认识到相互压价出口的沉重教训等因素影响，今春东港市加工草莓的收购价格自 5 月末 6 月初上市就稳定在 3.40~3.60 元 /kg，企业之间也未出现“压价”或“抬价”现象，加上春季阴雨天较少，农民大多采取东港市草莓研究所推广的丁香 · 芹酚有机药物预防烂果病技术，减少了田间烂果损失，今年露地草莓效益较大，平均亩收入 3 500~4 500 元。汤池镇汤池村衣学胜 60 亩露地‘哈尼’草莓，平均亩产 1 500kg，总产值 27 万元，平均亩收入 4 500 元；孤山镇新立村张喜良 5 亩露地‘哈尼’草莓，亩产 2 000kg，共收入 3.5 万元，平均亩收入 7 000 多元。

基于连续两年露地草莓销价高、效益好，全市秋天露地草莓比去年增加 2 000 多亩，处于稳定发展态势。没有出现前些年“一窝蜂”大发展局面，主要是政府导向作用和农民生产意识普遍理性客观。根据国内外露地草莓生产状况分析，预测明春露地草莓销价比今春将有所下降，但每千克不会低于 2.40 元，亩收入不会少于 2 500 元，效益仍将远远高于大田其他作物。

（二）温室草莓持续高效，生产面积扩大

东港市每年自 10 月初始即有少量四季品种鲜果上市，主要销往北京等地。到 11 月下旬，大量温室草莓开始上市，春节前后为鲜果旺季。2007 年温室草莓价格一直看好，日本品种‘红颜’‘章姬’‘丰香’等平均 22~28 元 /kg，其中 3 月中旬之前持续高价，3 月中旬之后由于气温渐高，果实相对个小、果软和风味渐淡，价格才降下来。‘甜

查理’‘杜克拉’‘图得拉’品种是欧美酸甜口味品种，平均价格12~14元/kg，前期鲜果上市，后期多用于深加工。全市温室草莓平均亩收入15 000~18 000元，效益比黄瓜、西红柿高出20%以上。菩萨庙镇山咀村孙绪波、林成福两个温室共2.4亩，栽植‘红实美’新品种，产果13 200kg，平均亩产5 500kg，收入79 200元，平均亩收入33 000元；椅圈镇夏粉房徐长丰1.3亩温室，品种是‘红颜’，10月中旬扣棚，12月中旬上市，亩产2 000kg，亩收入23 850元；新农镇大连村赵元春0.7亩温室，栽植新品种‘甜查理’，产量3 000kg，卖果收入15 000元；前阳镇前阳村陈元新2亩温室，栽植日本品种‘章姬’，管理精细，喜获丰收，产果5 000kg，收入42 000元。

温室草莓是高投入高产出栽培模式，产量高，市场空间大，果价高，收入稳定，发展前景看好，生产面积逐年扩大。

（三）早春大棚效益稳定

2007年早春大棚草莓大都4月下旬上市，6月上中旬结束，平均价格每千克4~6元，亩收入在6 000~7 000元，净收入4 000多元，效益持续稳定。合隆镇马堡村马宁4.5亩大棚，栽培品种‘达赛莱克特’，精耕细作，亩产达到4 000kg，总收入7.2万元，平均亩效益16 000元；孤山镇战屯村赵光大1.8亩大棚，栽培品种‘卡尔特一号’，亩产2 500kg，亩收入11 600元。

2007年全市早春大棚栽培技术有新突破。一是棚上盖草帘面积扩大到5 000亩左右，这部分草莓提早上市20d，价格提高20%，拉长了春棚草莓上市时间，增加了收入；二是高标准设施春棚显示出透光好、棚温高、通风条件好等优势，增产增效突出。长安镇佛老村21个钢筋架电动卷帘大春棚，每个生产面积2.5亩，农民统一品种、统一技术操作、统一销售，每个棚收入都超过2.5万元，平均亩收入万元以上；三是前阳平成食品有限公司为拉长工厂加工时间，安排前阳镇前阳村马东将加工品种‘哈尼’种植50亩春棚，获得成功，平均亩产1 500kg、亩收入6 000元，农民收入达30多万元，还满足了企业需要。

2007年元宵节期间，50年一遇的暴风雪给全市春棚草莓造成巨大损失，全市有12 000多个大棚受到不同程度损坏，这些大棚的草莓也受到严重冻害，个别大棚毁于一旦。虽然抗灾复建挽回了一些损失，但总体损失（复建投入和减产损失）逾5 000万元。

（四）新品种新技术普及率进一步提升

全市秋天‘红颜’‘章姬’‘红实美’‘甜查理’等温室新优品种栽植面积占85%左右，同比增加15%，早春大棚以‘卡尔特一号’为主栽，露地以‘哈尼’为主栽，‘杜克拉’等品质较差品种面积越来越少。脱毒种苗应用面积6万多亩（温室每年一茬、冷棚二年一轮、露地三年一轮的面积），占总面积60%以上。滴灌、黑膜覆盖、土壤消毒、冷棚托帘、病虫害安全防治等应用面积比往年均有大幅度增加，农民科技意识空前普及。

（五）科技与科技服务工作

2007年东港市草莓研究所先后召开5期草莓技术培训班，培训科技人员和农民1 000余人，其中与丹东市、东港市科协共同组织，由德国专家布鲁诺·汉德舒授课的果蔬加工技术培训班为丹东地区加工企业和乡镇企业负责人等200余人讲授了草莓加工新技术，与会同志耳目一新，受益匪浅。研究所科技人员应邀去乡镇和沈阳、大连、辽阳、本溪、北京、河北石家庄、云南昆明等地技术培训和现场指导16场次，培训人员2 000多人次，技术人员下乡田间指导和科技扶贫50多人次；全年印发科技资料2万余份，在电视台、广播电台、报刊等媒体发表科技文章（讲座）20多篇次，主要推广新品种、脱毒苗、土壤消毒、病虫害安全防治、有机草莓生产等20余项先进技术，保证了全市草莓生产总量、科技水平、单位和总体效益居全国领先地位。研究所继续承担丹东、东港两级科技部门下达的5个乡镇（孤山、小甸子、合隆、椅圈、黄土坎）科技扶贫任务，科技人员为这几个乡镇农民送技术、送信息、送种苗，帮助发展草莓产业，起到了很好的积极作用，受到地方政府和科技主管部门的好评。

2007年科技人员完成《草莓杂交选育品种对比试验初报》《丁香·芹酚应用草莓灰霉病防治试验报告》《丁香·芹酚对草莓炭疽病的防治试验报告》《黑帝冲得利等有机肥在温室草莓中应用试验》《露地加工型草莓品种对比试验报告》《绿叶丰神等肥料在草莓生产上的应用试验》《喷施膨博士等对温室草莓生长结果的影响》《日光温室草莓优质鲜食品种对比试验报告》《塑料大棚草莓品种对比试验》《草莓生产调查》

等十余项科学试验和生产调研任务；编写近 10 万字《有机草莓生产实用技术》，在丹东地区印发 5 000 册；杂交育种工作按计划运行，目前有 20 多个组合进入生产试验，其中有 2~3 个表现较好，有望育成新的高产、优质新品种。

东港市草莓研究所与丹东方绿有机食品有限公司合作的有机草莓生产取得很大进展，全丹东地区有机草莓认证面积达到 5 000 亩，进行转换期面积 2 000 多亩，有机草莓出口销价高，市场紧俏，前景广阔。东港市草莓研究所与辽阳市前杜农业开发公司、北京市金天宇农业有限公司等单位技术合作进展顺利，帮助这些企业获得很好收成。2007 年，东港市草莓研究所完成 3 项国家引智任务，先后邀请了日本村山宪二、宫本重信、伊泽和彦、木村和明、入江朋哉、原田义行、诸星英之，韩国专家金成一、崔慧伶，德国专家布鲁诺·汉德舒等前来技术交流和指导，还与美国专家克柯·拉松、元迪，西班牙专家仲凯先生等技术交流，学习和引进了草莓育种、生产技术。

“东港草莓”证明商标（即地理标志）和草莓全国统一无公害农产品标志开始大量并行发放使用，据经纪人反映，东港草莓已从“地摊”草莓提升到“货架”草莓档次，已经进入大中城市超市和宾馆，附加值和知名度进一步提高。

（六）草莓协会作用加强

据统计，2007 年各乡镇的草莓分会组织草莓技术培训班 200 多次，培训农民 1.5 万人次，草莓经纪人会员在草莓销售工作中起到主导作用。草莓协会今年先后与日本、韩国、芬兰、中国台湾地区和哈尔滨高泰食品有限责任公司、石家庄金百瑞进出口有限公司等草莓进出口公司接洽，协助企业增加出口定单约 2 000t，帮助农民与企业签定生产定单 4 000 余亩，在露地草莓加工期间为农民和企业牵线搭桥，在市政府领导的支持下，与交通、公安等部门紧密配合，核发 100 多份“绿色通道”通行证，方便农民运销草莓。草莓协会会员购买研究所草莓种苗和防治白粉病硫黄熏蒸器等都享有优惠等，广大农民越来越认可和需求协会开展更多服务。

另外，根据市政府指示，2007 年 1 月草莓协会将东港市‘枥乙女’‘红颜’‘章姬’‘红实美’‘甜查理’5 个草莓品种鲜果送到北京，参加全国首届草莓文化节优质果评选，其中有‘枥乙女’和‘红颜’品种获一等奖（全国共5个）、‘章姬’‘甜查理’品种获二等奖（全国共10个），其中‘枥乙女’品种同时获“中华名果”称号。

四、几点建议

（一）草莓发展规划原则

鉴于历年草莓生产发展状况，结合东港市自然生态条件和草莓生产技术基础，建议“大力发展日光温室草莓，积极发展早春大拱棚草莓，适度发展露地草莓”。特别要引导农民和企业以“订单”规划露地草莓发展。

（二）大力推广无公害生产技术和开发有机草莓生产

以东港市草莓研究所为技术龙头，以草莓协会为推广网络，全力推广应用无公害草莓生产技术，实施无公害草莓生产、包装、加工、准入、销售等全程监测管理规程，建设好无公害草莓生产基地，广泛使用全国统一无公害农产品标志，提高全市草莓品质和商品档次，达到增收高效之目的。

丹东地区是全国有机草莓生产出口重要基地，东港市草莓研究所肩负该基地技术指导开发重任，应全力以赴开展工作，力争“十一五”末达到面积1万亩、产量1.5万t之规划任务。

（三）大面积应用‘红实美’新品种

2007年全市‘红实美’新品种栽植3 000亩，全国栽植近5 000亩。‘红实美’普遍表现出高产、优质、耐储运的优势特点，生产效益突出。建议进一步做好示范开发和典型观摩宣传工作，以更快速度和更大面积普及推广这一优质、抗病、高产品种，特别要尽快以‘红实美’取代‘杜克拉’和‘图得拉’，实现温室品种大面积更新，促使农民高产稳产多收益，为全国草莓市场提供更多优质商品草莓。

（四）强化品牌宣传

东港是全国最大的草莓生产基地，是农业部核准的“无公害草莓生产基地”和“全国优质草莓生产基地”，也是国家外专局命名的草莓业“全国引智成果示范推广基地”，是唯一取得证明商标（即地理标志）的名特优草莓产区，更是10万户农民所从事的农村支柱产业之一。建议在过境高速公路东西出口设置东港草莓展示牌；组织各乡镇和加工商贸企业在草莓产业网站（研究所、草莓协会注册发行）分设网页，等等。进一步扩大东港草莓社会知名度和扩大国内外市场占有份额。

（五）草莓精包装开发

东港市虽然每年十几万吨草莓鲜果上市，但基本上都是以 2~5kg 一箱的“地摊”档次草莓上市，比香港、澳门、北京、上海的超市草莓价格低 5~10 倍，主要原因是没有精小包装和保鲜处理，草莓附加值相对很低。东港市草莓研究所眼下正筹建草莓保鲜精包装工厂，将牵动全市此项工作开展，尚需政府给予支持。

（六）开通草莓绿色通道

草莓是贮存时间短，易腐烂的艳嫩浆果，运储和货架寿命很短，往往由于运储时间长而影响其商品价值，甚至有可能全部腐烂损失。

为确保全市草莓运销畅通，促进农业增效、农民增收，稳定草莓产业优势，根据《中共中央国务院关于促进农民增加收入若干政策的意见》（中发〔2004〕1 号）和交通部《关于进一步作好超限运输车辆行驶公路管理的通知》（交公路发〔2001〕591 号）关于在全国建立高效率的绿色通道、支持鲜活农产品运销的规定，申请市政府批准首先在全市范围内常年开通草莓“绿色通道”，凡整车运输鲜草莓的货车、免收过路、过桥费，对超限、超载鲜草莓的整车运输草莓车辆，途中不予罚款、不卸载、不扣车辆、不滞留，由执法人员进行告诫，对有明显安全隐患的车辆及时帮助消除隐患。由交通、农业部门统一核发“绿色通道”证，持证车辆在运输途中公安、交通管理部门应给予大力支持和协助。并请市政府向省政府申请在省内开通全年草莓绿色通道。

（七）加大科技投入

东港市草莓研究所暨草莓协会肩负繁重的社会服务与科研工作任务（如科技扶贫任务就承担孤山、小甸子、黄土坎、椅圈、合隆 5 个乡镇之多），20 多人的年 60 万元经费，财政每年仅补贴不足 10 万元，资产设施靠创收积累，虽然目前资产达到 600 多万元，但尚不能完全适应草莓产业化进程需要，培训、科研条件相对滞后，客观上影响了科技服务的力度和工作质量，为此，建议市政府能给予更大支持。

附录2　共同支持、共同参与北京第七届世界草莓大会倡议书

第七届世界草莓大会将于2012年2月18日在北京召开，这是四年一次的世界草莓精英专家聚会、学术成果交流和产业风貌展示的盛会，对世界草莓发展具有深刻影响，也是中国草莓产业向世界昭示并汲取发展动力的千载难逢好机会。为了办好本次草莓大会，我们发出如下倡议。

一是协助做好国内外参会代表邀请工作。更多邀请国内外参会代表、国际园艺学会官员、各国园艺学会理事长及代表、全球草莓领域的专家学者，以及国内大专院校、科研院所等相关部门专家与会。

二是协助做好论文的征集工作。为保证学术研讨活动的高质量、高水平，要广泛联系国内外专家学者，积极组织论文提交。

三是协助做好新技术综合展示工作。按照国际草莓产业、草莓科普文化、“草莓与科技”“草莓与文化”“草莓与历史”五大主题展区规划内容给予专业技术支持。

四是协助做好大会宣传招展工作。为完成既定招展任务，保证大会圆满成功举办，要充分发挥草莓行业组织优势和国内外资源优势，积极宣传草莓大会，广泛吸引各国草莓组织、机构、企业等参会参展。

全国草莓业内人士及社会各界朋友们，北京第七届世界草莓大会筹备工作已进入最后冲刺阶段，让我们共同努力，以优美的城乡风貌、良好的社会秩序、开放的人文环境、文明的国民素质、亮丽芬芳的中国草莓文化，迎接北京第七届世界草莓大会圆满召开！

从今天起，让我们行动起来！

从今天起，让我们关注、支持和参与北京第七届世界草莓大会！

中国第六届（辽宁·丹东）草莓文化节组委会

2011年4月24日

附录 3　中国草莓东港宣言

2011 年 4 月，在辽宁省东港市举办中国第六届（辽宁 · 东港）草莓文化节，来自全国各地草莓业科技、生产、加工、商贸人士参加了本次盛会，共同达成如下宣言。

一是坚持创新进取，加速草莓新品种、新技术研发，努力提升中国草莓科技含量水平。

二是以人为本，尊重知识，保护知识产权，不剽窃他人成果。

三是业内团结，精诚合作。加强科研院校、商贸企业和种植业者的信息、技术与成果交流，加强国际合作，共享产业成果，共图草莓大业。

让我们携手共进，热爱中国草莓产业，遵守安全、优质、高效和可持续发展原则，努力铸就草莓强国地位，为中国草莓产业的健康发展而努力奋斗。

中国第六届（辽宁 · 丹东）草莓文化节组委会

2011 年 4 月 24 日

附录4 中国第六届（丹东·东港）草莓文化节全国优质果评奖结果

金奖（10名）：

获奖单位	获奖品种
北京三资绿源草莓种植基地	章姬
北京西班牙艾诺斯种业有限公司	阿尔比
辽宁省东港市黑沟王店村　隋玉和	红颜
辽宁省东港市前阳镇　赵长清	红颜
辽宁省东港市十字街镇十字街村　冷忠玲	红颜
辽宁省东港市马家店镇珠山村草莓园区　于　波	红颜
辽宁省东港市椅圈镇欣绿缘草莓园区	红颜
辽宁省东港市菩萨庙镇山咀村	甜查理
辽宁省东港市广天食品有限公司	“广天牌”草莓罐头
辽宁省东港市椅圈镇李家店村兴盛生产合作社	红颜

银奖（20名）：

获奖单位	获奖品种
辽宁省沈阳市菁田谷茂农业种植公司	红颜
吉林省集安市绿嘉现代农业有限公司	红颜
山东省青岛农业大学	丰香
安徽省长丰县水湖镇　蒋秀芝	丰香
安徽省长丰县艳九天公司	章姬
辽宁省东港市椅圈镇夏家村　刘　成	红颜
辽宁省东港市椅圈镇岗岗香草莓专业合作社	红颜
辽宁省东港市孤山镇杨大成农场	红颜
辽宁省凤城市白旗镇雕窝村蔬菜专业合作社	红颜
辽宁省丹东市圣野浆果专业合作社	红颜
辽宁省东港市前阳镇影背村　陈元新	红颜
辽宁省东港市广天食品有限公司	红颜

辽宁省东港市前阳镇富民有机草莓种植专业合作社	红颜
辽宁省东港市孤山镇肖堡村　王庭海	达赛莱克特
辽宁省东港市菩萨庙镇三咀村　郑淑艳	甜查理
辽宁省东港市孤山镇庙岭村　潘安海	甜查理
辽宁省丹东市港岛酿酒有限公司	草莓红酒
辽宁省东港市菩萨庙镇大王村　孙德龙	甜查理
辽宁省东港市小甸子镇信诚草莓专业合作社	甜查理
辽宁省东港市合隆满族乡犸木林村　郭俊宝	达赛莱克特

铜奖（30 名）：

获奖单位	获奖品种
山东省烟台田井先科合作社	佐贺清香
浙江省台州市路桥百果园果业专业合作社	红颜
西藏曲水天合高原瓜果基地	卡尔特一号
北京市佳博文生物科技有限公司	红颜
北京市天翼生物工程有限公司	红颜
辽宁省东港市椅圈镇桦木村草莓专业生产合作社	红颜
辽宁省东港市椅圈镇黄城村果菜专业合作社	红颜
辽宁省东港市椅圈镇鑫隆农科有限公司	红颜
辽宁省东港市龙王庙镇高堡村群星草莓专业合作社	红颜
辽宁省东港市龙王庙镇三道洼村兴民草莓专业合作社	红颜
辽宁省东港市椅圈镇夏家村　宋远彬	红颜
辽宁省东港市椅圈镇李家店村美琴果菜专业合作社	红颜
辽宁省东港市前阳镇　马延东	红颜
辽宁省东港市椅圈镇李店村兴凯果菜育苗生产合作社	红颜
辽宁省东港市马家店镇双山西村　车景敏	卡尔特一号
辽宁省东港市新农镇新农村　曹振福	红颜
辽宁省东港市合隆满族乡犸木林村　郭俊宝	红颜
辽宁省东港市椅圈镇椅圈村荷兰黄瓜生产合作社	红颜
辽宁省东港市马家店镇代家岗村　孙大俊	红颜
贵州省园艺研究所	黔莓一号
辽宁省东港市孤山镇兴隆村　赵祯仁	甜查理

辽宁省东港市孤山镇大王村　褚桂荣	甜查理
北京市万氏草莓种植发展有限公司	红颜
北京市万氏草莓种植发展有限公司	章姬
辽宁省东港市孤山镇兴隆村　王赤忠	甜查理
辽宁省东港市孤山镇万兴村　李福清	甜查理
辽宁省东港市马家店镇代岗村　吕春明	卡尔特一号
辽宁省东港市龙王庙镇高堡村群星生态草莓专业合作社	甜查理
辽宁省东港市黑沟镇东土城村　王孝喜	甜查理
辽宁省东港市孤山镇四门张村　王延贵	卡尔特一号

附录 5　邓明琴教授与东港草莓

邓明琴教授是我国草莓科技工作的先驱，著名草莓专家。沈阳农业大学园艺学院教师，1991 年离休，现任中国园艺学会草莓分会名誉理事长。

邓明琴教授 1949 年毕业于复旦大学农学院园艺系，当年 7 月响应号召，应届毕业参加华东人民革命大学学习，为第一期学员（3 个月），学习后分配到老解放区山东省农林厅从事果树技术工作，1950 年 10 月调回复旦大学农学院园艺系任教。1952 年全国高等农业院系调整，上海复旦大学农学院迁至沈阳，与黑龙江东北农学院部分系组建沈阳农学院（今沈阳农业大学）。在沈阳农业大学园艺系任教 40 余年，一直从事果树方面的教学和草莓方面的科研工作。

邓明琴教授是我国草莓科技工作的奠基人。从 1954 年开始一直从事草莓栽培与育种研究，是我国著名草莓专家，先后发表论著 60 余篇。其编写的《怎样种草莓》（邓明琴，农业出版社，1982）是我国第一本草莓专业书籍，主编《草莓科研文选》（邓明琴，辽宁科学技术出版社，1990）被教学科研单位广泛参考，主编的《中国果树志 草莓卷》（邓明琴、雷家军，2005）是我国草莓领域的权威著作；还主译了《日本的草莓栽培》和《草莓、悬钩子、穗醋栗和醋栗育种进展》（邓明琴、景士西、洪建源译，农业出版社，1989）等著作。1982 年与北京科学教育电影制片厂合作拍摄了我国第一部《草莓》科教片，对我国草莓生产具有较大的实践指导意义。

邓明琴教授先后选出了 20 多个草莓新品种和优系。1958 年在国内最早开始草莓杂交育种，选出品种‘沈农 101’‘沈农 102’；1959 年选出品种‘绿色种子’。“七五”至“九五”期间，一直主持农业部草莓育种项目。1989 年培育出大果草莓新品种‘明晶’；1990 年培育出耐运草莓新品种‘明磊’和四季草莓新品种‘长虹 2 号’；1995 年培育出早熟优质草莓新品种‘明旭’。

邓明琴教授所领导的草莓课题组在草莓脱毒与快繁、远缘杂交育种、倍性育种、辐射诱变育种、野生资源的收集分类等方面做了卓有成效的工作，受到美国、日本、韩国、俄罗斯、德国、加拿大等国际知名草莓专家的赞赏。

邓明琴教授是我国最早从事草莓研究的教学科研工作者，为我国草莓事业的发展培养了一批德才兼备的人才，共指导博士、硕士研究生11名，目前已经成为我国草莓领域的中坚力量。

1985年邓明琴教授在沈阳农业大学组织召开了第一次全国草莓研究会，并成立“全国草莓研究会”，邓明琴教授担任研究会会长。2001年在北京召开第四次全国草莓研究会、更名成立“中国园艺学会草莓分会”时，改任中国园艺学会草莓分会名誉理事长。2012年2月18—22日在北京召开了第七届国际草莓大会，这是国际草莓会议首次在亚洲召开，能在中国召开草莓国际会议是邓教授毕生最大的心愿。邓教授为这次大会能在中国召开做出了巨大努力和贡献。

20世纪60—80年代，东港草莓从之前的零星栽培到逐渐兴起，邓明琴教授多次到东港考察指导草莓生产，筛选出几个果大、丰产、适于露地栽培的草莓品种，如‘戈雷拉’（B4）、‘红手套’（B3），在包括丹东市在内的东北地区进行了推广，替代了当地的地方品种‘圆球’‘鸡心’‘鸡冠’等。但那时，草莓均为露地栽培，产量和经济效益较低。20世纪80年代，小拱棚草莓和塑料大棚草莓逐渐兴起，产量和经济效益大大提高，邓明琴教授多次到东港，深入田间地头，与技术员、农民探讨草莓栽培与管理技术，举办草莓培训班。80年代后期至90年代初期，丹东地区日光温室草莓大面积发展，同时出口草莓也得到较大发展。为了大力发展东港草莓产业，1990—1992年，东港市草莓研究所先后选派3名年轻科研人员到沈阳农业大学专门学习草莓栽培技术、新品种选育、组织培养、病毒鉴定等，邓明琴教授亲自为他们进行指导和授课，为东港草莓产业培养了专业人才，直到现在他们仍是东港草莓的科技指导人员，活跃在草莓生产第一线。1994—1996年，邓明琴教授前往东港，指导东港市草莓的繁苗、温室栽培、病虫害防治等，鼓励和支持东港市草莓研究所开展新品种选育工作。在邓明琴教授的指导下，东港市草莓研究所开展大量草莓杂交工作，并选育出一批新品种和优系，在生产上进行推广。2011年，中国第六届草莓文化节在东港成功召开，86 岁高龄的邓明琴教授出席大会并为大会开幕剪彩，对东港草莓的发展给予了诚恳指导和高度评价。邓明琴教授作为第一代草莓专家对东港草莓发展做出了巨大贡献。

附录6 中国园艺学会草莓分会与东港草莓

1985年邓明琴教授在沈阳农业大学组织召开了第一次全国草莓研究大会，并成立“全国草莓研究会”，邓明琴教授担任研究会会长。1995年东港市草莓研究所成为全国草莓研究会理事单位。2001年全国草莓研究会在北京召开第四次代表大会，更名成立“中国园艺学会草莓分会”。中国园艺学会草莓分会隶属于中国园艺学会，是果树行业的全国性学术团体。本会的宗旨是团结全国从事草莓研究、教学、生产、行政管理、储藏加工、营销等相关工作的人员，为促进我国草莓业的健康发展服务。本会的主要任务是组织草莓研究、生产、储藏加工和营销等方面的研讨与交流。促进科研院所、大专院校与生产单位及商贸企业的紧密合作。推广新品种、新技术、新设备、新产品，加速科技成果转化，加快我国草莓业产业化的进程。开展有关科技咨询和技术培训，组织必要的科研、生产和市场等考察活动。加强国际间的交流和合作，建立我国草莓学会与世界草莓学会的联系。为各级主管部门宏观管理和指导生产提供参考意见。编辑出版全国性草莓研究会刊。

中国园艺学会草莓分会几十年来对东港草莓产业发展给予高度关注和极大支持。

2011年4月，由中国园艺学会草莓分会、辽宁省农村经济委员会、丹东市委、市政府主办，东港市政府承办的“中国第六届（丹东·东港）草莓文化节”召开，200余名国内外草莓产业知名专家与会。其间，与会嘉宾参观了草莓文化节展馆并到东港市草莓科研、生产、加工基地等实地考察。中国园艺学会草莓分会举办两次学术峰会。峰会形成《共同支持、共同参与北京世界草莓大会倡议书》和《中国草莓东港宣言》。经东港市政府申请，中国园艺学会草莓分会常务理事会通过答辩评审，授予东港市“中国草莓第一县”荣誉称号。

2011年9月，中国园艺学会草莓分会理事长张运涛、副理事长雷家军应聘为中共丹东市委、丹东市人民政府决策发展咨询顾问，积极为丹东地区草莓产业发展建言献策。

2013 年 12 月，辽宁东港草莓院士专家工作站成立，其中中国园艺学会草莓分会理事长张运涛、副理事长雷家军、张志宏受邀为驻站专家。同时，中国园艺学会草莓分会将辽宁草莓科学技术研究院设为草莓新品种培育中心。

2015 年 4 月 25 日，某媒体报道“草莓乙草胺事件”发生，东港市政府草莓产业科技顾问、中国园艺学会草莓分会常务理事谷军致电中国园艺学会草莓分会张运涛理事长等，反映“乙草胺事件”对东港市草莓产业创伤情况，建议召开相关会议会应对此事。5 月 20—22 日，中国园艺学会草莓分会第四届一次常务理事会在东港市召开，来自全国大专院校、科研院所、草莓行业代表等 30 多位专家、学者参加该次会议。会议考察了解“乙草胺事件”对东港农民和东港草莓产业的惨痛伤害，就“乙草胺事件”对全国草莓产业的影响进行分析研讨，决定支持国内相关企业、大户代表全国农民通过法律程序维权和要求央视更正错误消除影响，并以此事件为警讯，对今后全国草莓安全生产作出指导规划。其间，分会建立“中国草莓”微信群。

2016 年 12 月 27—28 日，由中国园艺学会草莓分会主办，辽宁省东港市人民政府承办的第十二届中国(辽宁·东港)草莓文化节召开。

2017 年 8 月 7—9 日，中国园艺学会草莓分会“草莓短日夜冷处理促早熟栽培技术现场观摩会”在东港市举行，草莓分会常务理事、国内草莓行业专家学者以及草莓育苗企业代表、科研人员等 50 余人莅临东港参会观摩。会议认为，东港市农民科学意识强，技术更新速度快，草莓短日夜冷处理技术水平先进，应在全国推广应用。

中国园艺学会草莓分会持续多年与东港市政府和辽宁草莓科学技术研究院建立密切联系，几乎每年都组织专家赴东港市技术指导和培训，帮助解决生产中出现的技术难题，对东港草莓产业发展提供了强有力的技术支持。

附录 7　商品草莓的 γ 辐射保鲜

谷　军，姜兆彤，赵　杰，胡勇军

（1. 东港市草莓研究所；2. 丹东锦江山辐射技术有限公司；
3. 长春师范学院生物系）

摘　要：研究表明 γ 辐射能够消灭和抑制引起草莓腐烂、软化的主要微生物的滋生，可以延缓草莓腐烂变质速度；但不能改变温度和辐照后酶菌二次侵染对草莓保鲜的重要影响；2kGy 辐照剂量可使密封袋装商品草莓保鲜期延长到 5.5d（室温）和 11d（低温）以上，可使非密封盒装商品草莓保鲜期延长到 3.5d（室温）和 14d（低温）以上。

关键词：商品草莓；水果保鲜；γ 辐射；果品包装；贮存温度

1. 研究目的

草莓属蔷薇科草莓属，果实酸甜可口，芳香别致，营养丰富，是集色、香、味、营养于一体的高档名优水果。但由于草莓是浆果类水果，果肉柔软多汁，无外皮保护，储存期短，采后极易受微生物侵染导致腐烂变质，严重影响草莓的储运销售，降低其商品率和商品价值。因此，草莓保鲜是草莓鲜销上市的重要条件。

除冷冻储藏、空调、化学防腐剂处理方法外，γ 辐射应用于水果保鲜是一种新的保鲜途径，已得到国内外有关科研部门和专家的关注，但迄今为止关于 γ 辐射应用于草莓保鲜的多方研究报道，对 γ 辐射的保鲜效果和处理方法观点不尽一致，故本试验目的在于寻求此法的实践可行性和最佳处理手段。

2. 材料与方法

试验样品于 1994 年 6 月 13 日 14：00 采摘于东港市新沟乡新农村，品种是西班牙品种‘卡尔特一号’，当时箱装（5kg 左右），14 日运输 40km 至丹东锦江山辐射技术有限公司，由于气温 (19~24℃) 和隔日处理，草莓新鲜度稍差，从中选择成熟度一致，果肉饱满，无渗出液、无菌毛、无损伤的草莓做试验样品，分装到密封复合膜（聚酯－聚乙烯）和非密封聚乙烯餐盒内，每袋（盒）样品重 300g，最厚处为两层果。

辐射源为钴 60 放射源，源强 4 万 Ci。本次试验之前，曾选择吸收剂量为 1kGy、2kGy、3kGy 处理草莓，其中 3kGy 吸收剂量处理的样品过度脱水软化，不宜采用。本次试验只选择吸收剂量为 1kGy、1.5kGy、2kGy 3 个处理组和未处理对照组（CK）；每组 14 袋（盒），16：00 前完成辐照处理，17：00 运输 30km 至东港市草莓研究所。采取室温（19~24℃）和冰箱（4~5℃）两种方法储存。

调查记载项目与标准根据商品草莓主要外观形状品质分级评分（表 1），凡其中一项劣度导致草莓不能鲜销上市程度时，即使综合分值较高，也为有效保鲜期截止期，此后记载为无效保鲜期，延续一日或几日调查终止。分析评价以调查项目综合指标做参考，以有效保鲜期为主要依据。观察记录时间自处理之日起，每日 15：00—16：00。

表 1　调查分级评分标准

项目标准	总值	分值					说明
		20	15	10	5	0	
色泽	20	原色	色泽稍逊	较暗	暗	暗且变黑	<6 分样品失去商品价值
凹陷	20	原状	病斑和凹陷少于果面 1/10	病斑和凹陷少于果面 1/5	病斑和凹陷少于果面 1/2	病斑和凹陷少于果面 1/2	<6 分样品失去商品价值
脱水	20	原状	果表皮稍皱有微量渗出汁	果表皮稍皱，有渗出汁	果表皮稍皱，有渗出汁	果表皮皱，果汁大量渗出	<12 分样品失去商品价值
霉菌	20	原状	出现微量菌毛	菌毛面积占参试样品总面积的 1/10 以下	菌毛面积占样品总面积的 1/5 以下	菌毛面积占样品总面积 1/5 以上	<15 分样品失去商品价值
硬度	20	原状	稍软，双果碰压不出汁	较软，双果相压出汁	软化，双果相压，变形出汁	极软化，单果存放变形，不能移动	<6 分样品失去商品价值

3. 结果与分析

3 种不同剂量的 γ 辐射处理，均有延缓商品草莓劣变作用。在室温条件下，非密封盒装样品 CK 有效保鲜期 2d，吸收剂量为 1kGy、1.5kGy、2kGy 处理的样品分别为 2.5d、3d、3.5d；密封袋装样品 CK 有效保鲜期为 3.5d（分析本样品带菌量极少，故保鲜期比 1kGy 处理样品长 0.5d），1kGy、1.5kGy、2kGy 处理的保鲜期分别为 3d、4d、5.5d。室温样品的劣变关键制约因素是二次微生物侵染和高温促发霉菌快速滋生，虽经适量 γ 辐射处理，保鲜效果不明显，仅可延长 1~2d。

在低温储藏条件下，非密封盒装样品 CK 有效保鲜期 9d，1kGy、1.5kGy、2kGy 吸收剂量处理分别为 9d、12d、14d；密封袋装样品 CK 有效保鲜期 7d，1kGy、1.5kGy、2kGy 处理分别为 8d、10d、11d。低温储藏是 γ 辐射保鲜的必要辅助措施，能够利用低温有效抑制残留的和二次侵染的霉菌的滋长，保鲜效果明显，适量 γ 辐射可延长保鲜期 4~5d。在 4~5℃的低温条件下，商品草莓保鲜的关键制约因素是草莓脱水与硬度的相关变化，本次有效保鲜期均截止于脱水软化的劣变（表 2）。

表 2　不同包装、不同储存条件、不同辐照剂量处理保鲜时间　　（单位：d）

储存及包装		剂量			CK	说明
		2kGy	1.5kGy	1kGy		
常温（23~25℃）	非密封盒装	3.5	3	2.5	2.0	关键制约因素为霉菌量
	密封袋装	5.5	4	3	3.5	
低温（4~5℃）	非密封盒装	14	12	9	9	关键制约因素为脱水程度
	密封袋装	11	10	8	7	

γ 辐射量超过草莓自身可允许性限制就会过度脱水软化，降低其商品率，而剂量不足则灭菌效果差，保鲜效果不明显。本试验 1 kGy 处理剂量不足，未能大量消灭和抑制霉菌生长，保鲜效果不好，而 2kGy 处理差异很大，在室温下可延长商品草菌保鲜期 1.5~2d，在低温下可延长 4~5d。

包装不同也能影响辐照后样品保鲜期的变化。非密封盒装样品在室温下不能防止二次霉菌的侵染，保鲜效果低于密封袋装样品；密封袋装样品在低温下由于草莓脱水不能散出袋外，袋内逐渐增加的温度又反过来促使草莓进一步脱水软化，所以其保鲜效果不如非密封盒装样品。

4. 讨论

（1）吸收剂量为 2kGy 辐射处理可以有效消除和抑制商品草莓上大部分霉菌的滋长，能够延长商品草莓保鲜期，在 19~24℃气温下可延长 1~2d，在 4 ~5℃气温下可延长 4 ~5d。

（2）温度在很大程度上影响商品草莓保鲜效果，低温冷储是 γ 辐射保鲜的必要辅助手段，利用辐照和低温的交互作用，可将商品草莓的保鲜期延长至 11~14d。

（3）γ 辐射后，非密封盒装商品草莓室温储存不如密封袋保鲜效果好；而在低温冷储条件下比密封袋装效果明显。

（4）鲜销商品草莓颜色好坏、饱满程度、霉变状况、脱水和硬度变化等是外观品质的重要内容。γ 辐射后二次霉菌侵染是影响保鲜效果的关键因素，因此选择新鲜无霉菌果实作为商品仍然至关重要。

（5）储存草莓用作草莓酱、草莓汁、草莓饮料、草莓糕等加工产品原料，利用 γ 辐射处理辅之以低温冷藏，有效保鲜期还可延长。

[此文原刊载于《东北师大学报》（自然科学版），1998.12]

附录8　OS-施特灵在草莓组培苗扦插生根应用方面的试验报告

试验负责人：张敬强，李志峰

2001年10月10日

一、试验目的

在组培生产中，驯化和生根过程是比较重要的一步，而其繁殖成活率的高低恰恰是这一过程成功与否的关键。因此，本次试验采用OS-施特灵处理瓶内生根后的组培苗，观察其扦插成活率及苗木质量，以寻求草莓组培苗驯化生根新技术。

二、材料与方法

（一）材料与来源

OS-施特灵由河北南宫生物化工厂生产，北海国发海洋生物农药有限公司提供，具有一定的杀菌作用，加速植物细胞分化，促使根系生长，具有稳定的微量元素缓释功能，可有效控制生理性和环境引发的各种病毒病害，从而达到壮苗作用。

（二）试验方法

试验于2000年3月17日在东港市草莓研究所日光温室大棚中进行，在3月16日将组培苗带进大棚内，打开封口，炼苗1d。营养土配比为：山皮土与炉灰渣（分别过筛）各一半混合均匀，装入营养钵中；组培苗质量：苗长4~5cm，根2~7条，根长2~3cm，苗重100~150mg；设3个处理：①喷施特灵800倍水溶液；②喷施特灵600倍水溶液；③对照喷清水。未设重复，共喷施3次，时间为3月17日、3月24日、3月31日，以100株为1个小区，进行随机取样调查。

三、结果与分析

试验结果（表 1 ）表明，喷施特灵对草莓组培苗的扦插生根有较明显的促进作用，其中 600 倍比 800 倍效果更好，生根数比对照多 2~3 条，根长度增加 3~4cm，其他株高、叶长方面也有明显效果。同时在抗病力上也有一定的作用。

OS–施特灵能明显提高草莓组培苗的根、茎、叶生长量，增强抗病能力，可以推广应用。

表 1　喷 OS–施特灵对草莓组培苗生产的影响

处理	时间	性状影响					
		新根（条）	根长度（cm）	叶数（个）	叶色	株高（cm）	叶展（cm）
800	4 月 1 日	3~4	1.5	3	淡绿	4~5	1.2 × 0.8
600	4 月 1 日	3~4	2	3	淡绿	4~5	1.2 × 0.8
CK	4 月 1 日	2~3	1.0	3	淡绿	4~5	1.2 × 0.6
800	4 月 15 日	6~8	6~8	5	绿	5~8	1.5 × 1.0
600	4 月 15 日	7~9	8~10	5	绿	8~10	1.5 × 1.2
CK	4 月 15 日	5~6	4~6	5	淡绿	5~6	1.2 × 1.0

附录9 几种药剂处理对商品草莓的保鲜试验

试验负责人：谷 军

2002年1月21日

一、试验目的

草莓属于蔷薇科草莓属，果实酸甜可口，芳香别致，营养丰富，是集色、香、味、营养于一体的高档水果，素有“水果皇后”之美誉。但由于其属浆果类，果肉柔软多汁且无果皮包裹，极易受微生物侵染，严重影响其储运销售，大大降低其商品价值。因此草莓保鲜是延长草莓鲜销上市的重要措施。多年来，国内外研究部门和专家一直在探索攻关草莓的保鲜课题，关于化学防腐药剂保鲜已有过多报道且药剂不断推陈出新。本试验的目的在于寻找应用新型药剂进行化学防腐保鲜的实践可行性和最佳处理手段。

二、试验材料和方法

试验样品于2002年1月14日14:16采摘于东港市草莓研究所日光温室中，品种是日本品种‘章姬’，从中选择成熟度（8~9分熟）一致、果肉饱满、无伤痕、无病斑的草莓做试验样品，每4个果为一组，分别经A（0.2 g Ansip熏蒸）、B（1 000 × Aquatize浸泡）、C（0.2 g Ansip+1 000 × Aquatize）、D（CK，未处理）、E（卡多赞20 × 浸1份 +1 000 × Aquatize）、F（卡多赞20 × 浸1份 + 1 000 × Aquatize+0.2 g Ansip）不同处理，置于覆有聚酯膜的密闭餐盒中，采取室温（3~7℃）和恒温箱（20℃）两种方法储藏，试验结束后测定糖度加硬度，调查项目见表1和表2（注：室温储藏只设B和对照两组试验）。

观察记录时间自处理第二天起每天8：00—16：00。

三、结果与分析

低温和药剂处理均能延缓商品草莓的后熟，低温更具明显效果。低温能延长草莓储存期 1 周。20℃下只能保鲜 2.5d，至 17 日 16：00 止，除对照外其余处理均有不同程度的霉腐。尽管药剂处理能抑制后熟（直观表现在色泽上，硬度高于对照，含糖量低于对照），但经药剂熏蒸和浸泡后密闭（为防杂菌浸染和保持药效）容器中的湿度大大增加，加上 20℃较高温度，真菌孢子快速萌发，导致霉变加速。无法除湿条件下，且果实自身潜伏菌又无法清除，药剂处理不及低温处理保鲜效果理想。

表 1　20℃储藏条件下各处理组变化

处理	15 日				16 日				17 日			
	8：00		16：00		8：00		16：00		8：00		16：00	
	色泽	霉变	色泽	霉变	色泽	霉变	色泽	霉变	色泽	霉变	色泽	霉变
A（0.2 g Ansip 熏蒸）	略变红	无	变红	无	变红	无	加深	无	近全红	无	近全红	有（1 个）
B（1 000 × Aquatize 浸泡）	略变红	无	变红	无	变红	无	加深	无	近全红	无	近全红	有（1 个）
C（0.2 g Ansip+ 1 000 × Aquatize）	略变红	无	变红	无	变红	无	加深	无	近全红	有（1 个）	近全红	有（4 个）
D（CK，未处理）	变红	无	红	无	渐深	无	全红	无	深红	无	深红	无
E（卡多赞 20 × 浸 1 份 +1 000 × Aquatize）	略变红	无	变红	无	变红	无	加深	无	加深	无	近全红	有（2 个）
F（卡多赞 20 × 浸 1 份 +1 000 × Aquatize+ 0.2 g Ansip）	略变红	无	变红	无	变红	无	加深	无	加深	有（1 个）	近全红	有（3 个）

注：以上为 20℃各组变化情况。室温 3~7℃，B 和 D（CK）外观差异不大，8 日后 B 处理现霉变。

表 2　不同处理结束后糖度、硬度比较

项目	20℃						3~7℃	
	A	B	C	D	E	F	B	D（CK）
糖度	12	12	12	12.5	12	12	11	11
硬度	3.73	4.03	3.02	3.46	4.23	3.93	4.16	4.08

附录 10　膨大素在草莓生产上应用试验小结

试验负责人：张敬强

2001 年 10 月 10 日

本次试验是由江苏省激素研究所提供的 3 种膨大素在草莓生产上应用表现，为此产品推广应用提供科学依据。

一、材料与方法

（一）膨大素名称

红薯土豆膨大素；西瓜蜜瓜膨大素；番茄膨大素。

（二）试验方法

试验于 2000 年 1 月在东港市草莓研究所示范场温室大棚内进行。1999 年 8 月亩施农家肥 2 000kg、“红林”牌复合肥 500kg、磷酸二铵 10kg；8 月末定植，11 月 20 日盖地膜；供试草莓品种为‘丰香’，株行距为 15cm × 20cm，每垄定植 90 株。苗长势旺健，在 1 月 4 日青果期进行喷施，7d 后，再喷施 1 次，喷施浓度为 1 000 倍，对照喷清水。每垄为一个处理小区，共进行 4 个处理，未设重复。1 月 30 日进行调查。

二、结果与分析

各类膨大素对草莓果的品质、大小、色泽、口味都有不同程度的影响，而且可以比对照（CK）提早着色，含糖量有所提高（表 1）。

喷施红薯土豆膨大素，株高 32cm，高于 CK 2cm，叶色绿，果形整齐，最大单果重 55g。改善果实品质，可溶性固形物含量高 0.5%，折合亩产 2 128kg，比对照增产 112kg。

喷施西瓜蜜瓜膨大素，株高比 CK 矮 1cm，小区产量比 CK 增加 6kg，亩产比对照增加 672kg。

喷施番茄膨大素，可使单果重增加，小区产量明显比 CK 高，亩产比对照增产 784kg。

三、结论

这 3 种激素对草莓都有促进生长、提高产量的作用，应继续试验，有望推广应用。

表 1　膨大素对草莓生理指标的影响

项目	株高（cm）	叶色	果形	垄产量（kg）	平均果重（g）	硬度（g/cm^2）	可溶性固形物含量（%）	亩产（kg）
红薯土豆膨大素	32	绿	圆锥	19	25	0.32	9.0	2 128
西瓜蜜瓜膨大素	29	淡绿	圆锥	24	24	0.32	9.5	2 688
番茄膨大素	30	淡绿	圆锥	25	28	0.32	8.0	2 800
对照（CK）	30	淡绿	圆锥	18	26	0.32	8.5	2 016

附录 11 甲基溴替代技术土壤消毒（草莓）试验报告

试验负责人：谷　军

参加试验人：刁玉峰，史功成，姜兆彤

一、基本情况

东港市位于辽宁省西南部的鸭绿江边，与朝鲜民主主义人民共和国隔江相望。东港市总面积为 2 245km^2，种植的主要农作物有水稻（3 679hm^2）、玉米（20 81hm^2）、经济作物（31 667hm^2），其中保护地农作物种植面积为 14 667hm^2。农业是东港市重要的支柱产业，其每年的农业总产值达 2.288 亿美元。

二、气候

东港市年平均气温 8.4℃，最高气温 33.8℃，最低气温 –26.7℃。东港市降水量少于蒸发量，年降水量 889.0mm，而年蒸发量 1 202.2mm。东港市的年日照 2 484.3h。

三、东港市草莓种植情况介绍

东港市的草莓种植已有 80 多年的历史，并在近些年有快速的发展，目前已经成为当地一种非常重要的经济作物。东港市草莓的总种植面积是 5 733hm^2，年产草莓 16 万 t，总价值超过 0.48 亿美元，占总农业产值的 20% 左右。东港市是中国主要草莓种植地区之一，在东港市有 11 万个家庭、超过 30 万的劳动力从事草莓生产活动，因而草莓是当地经济的支柱产业之一。

种植方法：东港市的土壤为微酸性，四季气温变化明显，非常适合草莓的种植。在东港市种植草莓通常采用以下 3 种种植方法，早春温室种植、塑料大棚种植和天气转暖后的露地种植。这 3 种方法的草莓种植面积分别是 2 334hm^2、1 534hm^2 和 1 867hm^2，表 1 所示为东港市每年种植草莓的时间。

表 1　草莓种植时间

种植方式	育苗	定植	收获
温室	4—7 月	8 月底至 9 月初	12 月至翌年 6 月
塑料大棚	4—7 月	8 月中旬	翌年 4 月中旬至 5 月中旬
露地种植	4—7 月	8 月初	翌年 5 月底至 6 月底

草莓苗：东港市栽植的草莓苗大都是在春季从专门培育草莓苗的公司或研究所购买的，这些苗都是健康的无病毒苗，价格为 0.06~0.1 美元 / 株。这种苗能够连续种植 2~3 年，然后再去购买新苗。在露地种植草莓过程中，购买的无毒苗一般连续种植 3~4 年。

草莓品种：在温室种植的草莓品种主要是从日本引进的‘丰香’‘鬼怒甘’‘宝交早生’和从西班牙引进的‘杜克拉’‘图得拉’。日本品种和西班牙品种的产量分别为 30~45t/hm^2 和 45~75t/hm^2。

早春在塑料大棚种植的草莓品种主要是西班牙品种‘卡尔特 1 号’，产量为 30~45t/hm^2。

露地种植的草莓品种主要是为了进行食品加工，主要品种包括美国的‘哈尼’、法国的‘达珊卡’、德国的‘森嘎那’，产量通常为 22.5~30t/hm^2。

草莓产量主要取决于草莓品种，一般西班牙品种‘杜克拉’和‘图得拉’是 45~60t/hm^2，日本品种‘丰香’和‘鬼怒甘’是 30~37.5t/hm^2。

病虫害发生情况及治理方法：东港市草莓种植过程中发生的病虫害主要有草莓病毒病、细菌性萎蔫病、草莓红根心病和根腐病、炭疽病、白粉病、灰霉病、叶斑病、红蜘蛛、蚜虫、芽线虫、地老虎、蝼蛄和蛴螬等。草莓栽培中用来控制病虫害的常用化学农药有百菌清、三唑酮，多菌灵、腐霉利、甲基溴、抗蚜威、噻螨酮、哒螨酮，阿维菌素等，由于使用了黑色地膜覆盖控制杂草，不需要喷洒除草剂。

四、材料和方法

该试验于 2002 年在辽宁省东港市龙王庙镇三道洼村兴隆屯村民组陈军、王少剑、曹金东、周作福 4 户已经连续两年种植草莓的温室中进行，试验温室一年只种植一茬草莓。试验中所用到的材料如下。

98% 甲基溴 +2% 氯化苦（连云港死海溴化物有限公司）；96% 棉隆（南通石庄化学有限公司）；35% 威百亩（沈阳农药有限公司）；生防制剂（De Ceuster Meststoffen 公司）；聚乙烯塑料膜（沈阳石化有限公司）；XR-3200 便携式温湿度自动记录仪（美国 Pace 科学仪器有限公司）；草莓品种‘杜克拉’和‘图得拉’（西班牙）；抗性草莓品种‘达赛莱克特’（法国）。

试验在 4 个面积为 400~666.7m^2 的温室中进行，每个温室完全随机的分成 10 个小区。小区面积 20.4m^2，每个小区为一个处理（图 1）。各处理详细情况和处理时间如表 2 和表 3 所示。其中“BCA”表示的是生物防治制剂，为进口的商品化木霉菌。抗性草莓品种指的是新引进的法国品种‘达赛莱克特’。

MB	MS 17.5	DZ30	MS52.5	CK	RC	MS35	DZ60	DZ15	S+B
RC	DZ15	DZ60	S+B	MS 35	DZ30	MB	CK	MS 17.5	MS 52.5
S+B	CK	RC	DZ15	MB	MS 52.5	MS 17.5	DZ30	MS 35	DZ60
MS 52.5	MS 35	MS 17.5	DZ60	DZ30	DZ15	S+B	RC	MB	CK

图 1　草莓试验的田间小区排列

（MS52.5：威百亩 52.5g/m^2；MS35：威百亩 35g/m^2；MS 17.5：威百亩 17.5g/m^2；DZ60：棉隆 60g/m^2；DZ30：棉隆 30g/m^2；DZ15：棉隆 15g/m^2；S+B：太阳能消毒 + 生防制剂；RC：抗性品种；MB：甲基溴 50g/m^2；CK：空白对照；下同）

为了避免灌溉时各处理之间的相互污染，试验地安装了滴灌系统。

表 2　试验处理情况

处理	塑料膜（颜色，厚度）	处理
CK	—	—
MB	PE，无色，0.06mm	甲基溴 50g/m^2
MS17.5	PE，无色，0.06mm	威百亩 17.5g/m^2，水 40L/m^2
MS35	PE，无色，0.06mm	威百亩 35g/m^2，水 40L/m^2
MS52.5	PE，无色，0.06mm	威百亩 52.5g/m^2，水 40L/m^2
DZ60	PE，无色，0.06mm	棉隆 60g/m^2
DZ30	PE，无色，0.06mm	棉隆 30g/m^2
DZ15	PE，无色，0.06mm	棉隆 15g/m^2

（续表）

处理	塑料膜（颜色，厚度）	处理
S+B	PE，无色，0.06mm	生防制剂 $1g/m^2$，水 $40L/m^2$，太阳能消毒
RC	—	—

注：RC 为抗性品种‘达赛莱克特’。

表 3　处理时间　（单位：月–日）

处理	土壤翻耕	盖膜	施药	灌水	揭膜	生防菌施用	土壤平整	移栽定植
CK	7–21						9–4	9–5 至 9–6
MB	7–21	7–24	7–24		8–25		9–4	9–5 至 9–6
MS17.5	7–21	7–22	7–22	7–22	8–25		9–4	9–5 至 9–6
MS35	7–21	7–22	7–22	7–22	8–25		9–4	9–5 至 9–6
MS52.5	7–21	7–22	7–22	7–22	8–25		9–4	9–5 至 9–6
DZ60	7–21	7–23	7–23	7–23	8–25		9–4	9–5 至 9–6
DZ30	7–21	7–23	7–23	7–23	8–25		9–4	9–5 至 9–6
DZ15	7–21	7–23	7–23	7–23	8–25		9–4	9–5 至 9–6
S+B	7–21	7–23	7–22	7–22	8–25	8–25	9–4	9–5 至 9–6
RC	7–21						9–4	9–5 至 9–6

试验处理前和处理后，取 5 个土壤样品混合进行土壤特性分析及微生物分离鉴定。土壤理化性质的分析方法采用中国土壤分析学会推荐的方法，具体测定方法如下。

有效磷：0.5mol/L $NaHCO_3$（pH 值 =8.5）提取方法；

有效钾：1mol/L NH_4OAC 提取、火焰光谱法；

有机质：$K_2Cr_2O_7$ 滴定分析法；

有机碳：$K_2Cr_2O_7$ 滴定分析法；

有效钙：1mol/L NaCl 提取、乙二胺四乙酸（EDTA）络合滴定法；

有效镁：1mol/L NaCl 提取、乙二胺四乙酸（EDTA）络合滴定法；

水溶性氯化物：水提取法，$AgNO_3$ 滴定法；

水溶性钠化合物：水提取法，火焰光谱法；

有效胺态氮：2mol/L KCl 提取、蒸馏法；

有效硝态氮：2mol/L KCL 提取、还原、蒸馏；

pH 值：酸度计法［水∶土样 =2.5∶1（质量比）］；

有效铁：二亚乙基三胺五乙酸（DTPA）络合、提取、原子吸收光谱法；

有效锌：二亚乙基三胺五乙酸（DTPA）络合、提取、原子吸收光谱法；

有效硼：沸水提取、$C_{17}H_{15}O_9S_2N$ 比色法；

阳离子交换量：CH_3COONa-NaCL 交换法；

土壤微生物 *Fusarium* spp.，*Phytophthora* spp. 和 *Trichoderma* spp. 分别用 Komada 法（Komada et al.，1975）、Masago 法（Masago et al.，1977）和 Elad 法（Elad et al.，1981）进行分离鉴定；

土壤线虫采用刘维志的方法（Liu，2000）分离鉴定。

试验期间，对于草莓生长情况，如株高、径粗和产量都进行了详细的测量记录。

所有数据都进行统计分析，比较各处理间 5% 水平的差异显著性。

五、试验结果

（一）土壤分析

处理前土壤的化学性质列于表 4，表 5 为处理后各重复的土壤化学性质。

表 4　处理前的土壤样品的化学性质

重复	有机质（%）	NH_4^+-N（mg/kg）	NO_3^--N（mg/kg）	速效 P（mg/kg）	速效 K（mg/kg）	阳离子交换量（cmol/kg）	有机 C（%）	pH 值
Ⅰ	1.40	4.13	58.1	127	138	13.4	0.812	7.80
Ⅱ	1.40	4.59	42.0	130	173	13.1	0.812	7.80
Ⅲ	1.44	4.51	45.2	152	150	13.2	0.835	7.82
Ⅳ	1.39	4.17	70.0	138	137	12.3	0.806	7.70

表 5　处理后的土壤理化性质的平均值

处理	有机质（%）	NH_4^+-N（mg/kg）	NO_3^--N（mg/kg）	速效 P（mg/kg）	速效 K（mg/kg）	阳离子交换量（cmol/kg）	有机 C（%）	pH 值
CK	2.85	11.29	30.23	98.30	136.25	12.48	1.65	6.33
MB	2.95	22.73	43.68	104.85	182.25	11.98	1.71	6.21

（续表）

处理	有机质（%）	NH_4^+-N（mg/kg）	NO_3^--N（mg/kg）	速效 P（mg/kg）	速效 K（mg/kg）	阳离子交换量（cmol/kg）	有机 C（%）	pH 值
MS17.5	3.29	26.44	22.53	163.95	216.75	15.25	1.91	6.55
MS35	2.63	33.33	21.35	94.90	136.00	11.80	1.52	5.97
MS52.5	2.79	43.78	43.83	100.85	170.25	11.73	1.62	6.04
DZ15	2.85	22.25	49.10	109.65	173.75	11.75	1.65	6.03
DZ30	2.89	25.39	57.50	99.75	200.50	11.75	1.68	6.08
DZ60	2.90	43.18	25.95	108.15	189.75	11.90	1.68	6.00
S+B	2.95	15.48	63.80	120.55	175.50	12.15	1.71	6.02
RC	2.94	13.29	83.60	107.55	175.00	12.23	1.71	6.20

（二）微生物分析

本试验分离鉴定了两种对土传病害非常重要的病原微生物镰孢菌（*Fusasium* spp.）和疫霉菌（*Phytophthora* spp.）以及用来比较生物防治效果的木霉（*Trichoderma* spp.）3 种微生物。其鉴定结果分别见表 6 至表 8。

1. 镰孢菌（*Fusarium* spp.）

表 6 镰孢菌的分离结果

处理	Ⅰ	Ⅱ	Ⅲ	Ⅳ	平均	5% 显著性
处理前（2002 年 8 月 27 日）	2 140	1 860	580	1 160	1 435	
处理后						
MB	0	20	0	0	5	b
MS17.5	20	120	0	0	35	b
MS35	20	20	20	0	15	b
MS52.5	60	20	0	0	20	b
DZ15	0	0	0	280	70	b
DZ30	180	0	0	20	50	b
DZ60	20	20	0	20	15	b
S+B	80	40	40	20	45	b
RC	200	280	100	680	315	b
CK	360	2 720	80	740	975	a

（续表）

处理	Ⅰ	Ⅱ	Ⅲ	Ⅳ	平均	5% 显著性
收获后（2003 年 6 月 10 日）						
MB	3 840.0	6 440.0	120.0	620.0	2 755.0	ab
MS17.5	1 400.0	780.0	340.0	360.0	720.0	b
MS35	60.0	1 260.0	500.0	600.0	605.0	b
MS52.5	1 280.0	4 900.0	100.0	280.0	1 640.0	ab
DZ15	20.0	1 460.0	20.0	1 160.0	665.0	b
DZ30	1 020.0	800.0	180.0	200.0	550.0	b
DZ60	700.0	1 760.0	2 200.0	1 800.0	1 615.0	ab
S+B	2 620.0	2 540.0	1 660.0	1 300.0	2 030.0	ab
RC	4 500.0	3 080.0	5 660.0	1 060.0	3 575.0	a
CK	840.0	4 200.0	1 780.0	0.0	1 705.0	ab

2. 木霉菌（*Trichoderma* spp.）

表 7　土壤消毒对木霉菌的影响

处理	Ⅰ	Ⅱ	Ⅲ	Ⅳ	平均	5% 显著性
处理前（2002 年 8 月 27 日）	240	280	360	180	265	
处理后						
MB	0	20	20	0	10	b
MS17.5	60	0	20	20	25	b
MS35	40	40	60	60	50	b
MS52.5	80	0	0	20	25	b
DZ15	1 240	0	80	60	345	a
DZ30	0	40	100	60	50	b
DZ60	60	20	60	0	35	b
S+B	80	0	0	0	20	b
RC	280	180	140	280	220	ab
CK	560	280	360	140	335	a
收获后（2003 年 6 月 10 日）						
MB	0	40	0	400	110	ab
MS17.5	0	20	180	400	150	ab
MS35	20	540	20	400	245	ab

（续表）

处理	Ⅰ	Ⅱ	Ⅲ	Ⅳ	平均	5% 显著性
收获后（2003 年 6 月 10 日）						
MS52.5	0	20	60	20	25	b
DZ15	20	700	80	140	235	ab
DZ30	220	120	80	200	155	ab
DZ60	600	140	860	220	455	a
S+B	640	0	0	100	185	ab
RC	340	400	360	620	430	ab
CK	480	640	440	0	390	ab

3. 疫霉菌（*Phytophthora* spp.）和腐霉菌（*Pythium* spp.）

表 8　土壤消毒对疫霉菌和腐霉菌的效果

处理	Ⅰ	Ⅱ	Ⅲ	Ⅳ	平均	5% 显著性
MB	1 300.0	2 000.0	1 000.0	1 560.0	1 465.0	a
MS17.5	1 280.0	1 480.0	1 580.0	980.0	1 330.0	a
MS35	1 080.0	600.0	2 440.0	600.0	1 180.0	ab
MS52.5	1 660.0	1 400.0	1 240.0	500.0	1 200.0	ab
DZ15	900.0	1 440.0	200.0	1 160.0	925.0	abc
DZ30	900.0	960.0	1 180.0	1 120.0	1 040.0	abc
DZ60	200.0	180.0	640.0	620.0	410.0	c
S+B	760.0	360.0	440.0	500.0	515.0	bc
RC	120.0	420.0	480.0	380.0	350.0	c
CK	1 620.0	620.0	620.0	20.0	720.0	abc

注：取样日期为 2003 年 6 月 10 日。

（三）草莓形态特征分析

1. 草莓长势

在实验过程中，对草莓的长势，如叶子的颜色（表 9）、植株高度（表 10）、草莓植株的茎粗（表 11）以及草莓株的株冠大小（表 12）进行了记录，其中，草莓植株高度记录结果表明，对照和抗性品种中，草莓植株的高度明显低于其他处理（表 10）。

表 9　草莓植株的长势

处理	Ⅰ			Ⅱ			Ⅲ			Ⅳ		
	品种	长势	叶色	品种	长势	叶色	品种	长势	叶色	品种	长势	叶色
CK	杜克拉	M	LG	杜克拉	P	LG	杜克拉	W	LG	图得拉	W	LG
DZ15	杜克拉	S	DG	杜克拉	S	DG	杜克拉	S	DG	图得拉	S	DG
DZ30	杜克拉	S	DG	杜克拉	S	DG	杜克拉	S	DG	图得拉	S	DG
DZ60	杜克拉	S	DG	杜克拉	S	DG	杜克拉	S	DG	图得拉	S	DG
MB50	杜克拉	S	DG	杜克拉	S	DG	杜克拉	W	DG	图得拉	S	DG
MS17.5	杜克拉	S	DG	杜克拉	S	DG	杜克拉	S	DG	图得拉	S	DG
MS35	杜克拉	S	DG	杜克拉	S	DG	杜克拉	S	DG	图得拉	S	DG
MS52.5	杜克拉	S	DG	杜克拉	S	DG	杜克拉	S	DG	图得拉	S	DG
RC	达赛	M	LG	达赛	P	LG	达赛	W	DG	达赛	W	LG
S+B	杜克拉	S	DG	杜克拉	S	DG	杜克拉	S	DG	图得拉	S	DG

注：S = 长势良好；M = 长势中等；W = 长势较差；P = 长势很差。DG = 深绿色；LG = 浅绿色。

2. 草莓株高

表 10　草莓植株平均株高

处理	Ⅰ	Ⅱ	Ⅲ	Ⅳ	平均	5% 显著性
MS35	29	20	25	20	23.5	a
MS52.5	30	20	24	20	23.5	a
MS17.5	30	18	23	20	22.75	a
DZ60	28	20	24	21	23.25	a
DZ30	28	21	24	20	23.25	a
DZ15	28	20	25	22	23.75	a
S+B	27	20	25	15	21.75	a
RC	12	18	16	11	14.25	b
MB	30	20	25	20	23.75	a
CK	20	19	18	10	16.75	b

3. 草莓植株的茎粗

表 11 数据表明，对照和抗性品种两个处理小区中草莓植株的茎粗

明显小于其他处理，差异在 5% 水平上显著。

表 11　草莓株的平均茎粗　（单位：cm）

土壤处理	Ⅰ	Ⅱ	Ⅲ	Ⅳ	平均	5% 显著性
CK	1.80	2.10	1.60	0.90	1.60	b
DZ15	2.90	2.30	2.40	2.00	2.40	a
DZ30	2.40	2.40	2.20	2.10	2.28	a
DZ60	2.80	2.40	1.90	2.20	2.33	a
MB	3.00	2.30	2.10	2.30	2.43	a
MS17.5	3.10	2.00	2.30	1.90	2.33	a
MS35	3.10	2.20	1.90	1.80	2.25	a
MS52.5	3.00	2.30	2.00	2.00	2.33	a
RC	2.00	1.90	1.00	1.00	1.48	b
S+B	3.00	2.50	2.10	1.20	2.20	a

4. 草莓株冠

对草莓株冠的调查结果显示（表 12），对照和 RC 两个处理的草莓株的冠层小于其他处理，并且差异显著。

表 12　草莓植株的冠层大小

土壤处理	Ⅰ	Ⅱ	Ⅲ	Ⅳ	平均	5% 显著性
MS35	30	22	25	22	24.75	a
MS52.5	30	23	25	22	25.00	a
MS17.5	29	20	24	23	24.00	a
DZ60	26	24	25	22	24.25	a
DZ30	29	24	24	22	24.75	a
DZ15	27	23	24	27	25.25	a
S+B	28	25	28	18	24.75	a
RC	21	19	12	12	16.00	b
MB	28	23	25	22	24.50	a
CK	21	21	15	12	17.25	b

（四）枯萎病发病率

通过调查记录枯萎草莓植株的数目，以每个小区枯萎发病的草莓株数与小区草莓总株数的比值计算枯萎病发病率，试验数据见表 13；不同土壤处理的草莓死苗率的调查结果见表 14，结果显示，对照小区中草莓的死苗率明显高于其他处理。

表 13　试验大棚中草莓枯萎病的发病率　（单位：%）

处理	重复 Ⅰ		Ⅱ		Ⅲ		Ⅳ	
	草莓品种	枯萎病	草莓品种	枯萎病	草莓品种	枯萎病	草莓品种	枯萎病
MS100g/m^2	Dukela	N	Dukela	1.1	Dukela	1	Tudela	1.9
MS50g/m^2	Dukela	N	Dukela	4	Dukela	2	Tudela	2.1
MS150g/m^2	Dukela	N	Dukela	5.7	Dukela	1.9	Tudela	1.9
DM60g/m^2	Dukela	N	Dukela	2.5	Dukela	1.5	Tudela	0.8
DM30g/m^2	Dukela	1	Dukela	2.8	Dukela	3.7	Tudela	0.9
DM15g/m^2	Dukela	1.5	Dukela	6	Dukela	2.6	Tudela	18
S+B	Dukela	3	Dukela	6	Dukela	7	Tudela	25
RC	Darselect	N	Darselect	2.8	Darselect	N	Darselect	1.8
MB50g/m^2	Dukela	N	Dukela	2.9	Dukela	1.9	Tudela	14
CK	Dukela	15	Dukela	6	Dukela	9.6	Tudela	59

注：MS = 威百亩；DM = 棉隆；S = 太阳能；R = 抗性品种；MB = 甲基溴；CK = 对照；N = 无病症。

表 14　不同处理的草莓苗的死亡率　（单位：%）

处理	Ⅰ	Ⅱ	Ⅲ	Ⅳ	平均	5% 显著性
MS35	0.2	0.2	0.2	0.5	0.28	b
MS17.5	0.2	0.4	0.2	0.2	0.25	b
MS52.5	0	0.2	0.4	0.2	0.20	b
DZ60	0	0.4	0	0.4	0.20	b
DZ30	0	0.2	0.2	0.4	0.20	b
DZ15	0	1.1	0.2	0.7	0.50	b
S+B	0	0.4	0.4	1.2	0.50	b
RC	0.6	0.7	2.4	2.3	1.50	ab

（续表）

处理	Ⅰ	Ⅱ	Ⅲ	Ⅳ	平均	5% 显著性
MB	0	0.5	0.2	0.4	0.28	b
CK	0.8	0.5	0.5	7.9	2.43	a

（五）产量

在草莓收获季节，每次采摘时，分小区对草莓采收量称重并进行记录，同时记录当天的草莓销售价格，以便计算经济效益。不同土壤处理的草莓产量及其平均值见表 15。

研究结果表明：棉隆 15 g/m^2、威百亩 MS17.5 g/m^2、威百亩 35 g/m^2 和威百亩 52.5 g/m^2 处理小区的草莓产量明显高于空白对照；棉隆 30 g/m^2 和棉隆 60 g/m^2 处理小区的草莓产量比较低，原因可能是棉隆（DZ）没有很好地与土壤混合导致草莓产生了药害。试验结果还说明：采用手动浇灌的方法施用威百亩（MS），也可取得良好的效果，但施用过程中威百亩释放的浓烈气味对操作者的眼睛有很强的刺激作用。

表 15　不同土壤处理的草莓产量　（单位：t/hm^2）

土壤处理	Ⅰ	Ⅱ	Ⅲ	Ⅳ	平均	5% 显著性
CK	20.8	34.8	35.3	26.1	29.2	b
DZ15	23.6	41.7	45.8	54.2	41.3	a
DZ30	22.6	44.2	45.8	36.1	37.2	ab
DZ60	23.3	48.7	39.9	44.4	39.1	ab
MB	27.0	44.2	47.9	50.4	42.4	a
MS17.5	25.7	45.3	44.9	48.7	41.1	a
MS35	24.5	49.6	44.2	52.2	42.6	a
MS52.5	27.9	46.8	44.4	50.6	42.4	a
RC	27.0	36.4	18.4	58.2	35.0	ab
S+B	22.2	37.9	43.3	35.3	34.7	ab

（六）经济效益评估

试验中不同措施在连续 4 年处理情况下分项计算的经济效益的结果见表 16，表 17 所列的为根据实验结果计算的总经济效益。

表 16　经济效益评估结果

处理	细则	用量	单价	花费（美元）			
				第一年	第二年	第三年	第四年
MB	甲基溴	500kg/hm^2	2.06 美元 /kg	1 030	1 030	1 030	1 030
	塑料膜	930kg/hm^2	0.97 美元 /kg	902.1	902.1	902.1	902.1
	用工	30d/hm^2	3.63 美元 /d	108.9	108.9	108.9	108.9
	合计			2 041	2 041	2 041	2 041
MS17.5	威百亩	500kg/hm^2	1.45 美元 /kg	725	725	725	725
	塑料膜	930kg/hm^2	0.97 美元 /kg	902.1	902.1	902.1	902.1
	用工	30d/hm^2	3.63 美元 /d	108.9	108.9	108.9	108.9
	合计			1 736	1 736	1 736	1 736
MS35	威百亩	1 000kg/hm^2	1.45 美元 /kg	1 450	1 450	1 450	1 450
	塑料膜	930kg/hm^2	0.97 美元 /kg	902.1	902.1	902.1	902.1
	用工	30d/hm^2	3.63 美元 /d	108.9	108.9	108.9	108.9
	合计			2 461	2 461	2 461	2 461
MS52.5	威百亩	1 500kg/hm^2	1.45 美元 /kg	2 175	2 175	2 175	2 175
	塑料膜	930kg/hm^2	0.97 美元 /kg	902.1	902.1	902.1	902.1
	用工	30d/hm^2	3.63 美元 /d	108.9	108.9	108.9	108.9
	合计			3 186	3 186	3 186	3 186
DZ15	棉隆	150kg/hm^2	2.78 美元 /kg	417	417	417	417
	塑料膜	930kg/hm^2	0.97 美元 /kg	902.1	902.1	902.1	902.1
	用工	30d/hm^2	3.63 美元 /d	108.9	108.9	108.9	108.9
	合计			1 428	1 428	1 428	1 428
DZ30	棉隆	300kg/hm^2	2.78 美元 /kg	834	834	834	834
	塑料膜	930kg/hm^2	0.97 美元 /kg	902.1	902.1	902.1	902.1
	用工	30d/hm^2	3.63 美元 /d	108.9	108.9	108.9	108.9
	合计			1 845	1 845	1 845	1 845
DZ60	棉隆	600kg/hm^2	2.78 美元 /kg	1 668	1 668	1 668	1 668
	塑料膜	930kg/hm^2	0.97 美元 /kg	902.1	902.1	902.1	902.1
	用工	30d/hm^2	3.63 美元 /d	108.9	108.9	108.9	108.9
	合计			2 679	2 679	2 679	2 679
S+B	生防制剂	10kg/hm^2	24.21 美元 /kg	242.1	242.1	242.1	242.1
	塑料膜	930kg/hm^2	0.97 美元 /kg	902.1	902.1	902.1	902.1
	用工	30d/hm^2	3.63 美元 /d	108.9	108.9	108.9	108.9
	合计			1 253.1	1 253.1	1 253.1	1 253.1
RC	草莓苗	150 000 株 /hm^2	0.006 美元 / 株	900	900	900	900
	合计			900	900	900	900

表 17　经济评价　（单位：美元 /hm^2）

处理	第一年	第二年	第三年	第四年	合计	平均
MB50	2 041	2 041	2 041	2 041	8 164	2 041
MS17.5	1 736	1 736	1 736	1 736	6 944	1 736
MS35	2 461	2 461	2 461	2 461	9 844	2 461
MS52.5	3 186	3 186	3 186	3 186	12 744	3 186
DZ15	1 428	1 428	1 428	1 428	5 712	1 428
DZ30	1 845	1 845	1 845	1 845	7 380	1 845
DZ60	2 679	2 679	2 679	2 679	10 716	2 679
S+B	1 253.1	1 253.1	1 253.1	1 253.1	5 012.4	1 253.1
RC	900	900	900	900	3 600	900

从经济评估结果可以看出，MS17.5 、DZ 15、DZ30 处理是经济可行的替代技术。由于采用人工浇灌技术施用威百亩（MS），做为替代技术，其使用成本远小于采用滴灌系统施药的成本，棉隆（DZ）处理同样也采用了人工施药，成本也很低，但土壤消毒的效果受到施药技术的影响。

六、结论

根据不同土壤处理的草莓产量、土壤有害生物的种群密度及植株生长情况等试验结果，可以得到如下结论。

威百亩土壤处理是草莓上甲基溴土壤消毒的最有希望的替代技术，威百亩的适合用量是 17.5~35g/m^2。

棉隆（DZ）是甲基溴土壤消毒的有希望的替代技术，其适合的用量是 15~30g/m^2。但如果棉隆没能很好地与土壤混合，会容易产生药害。

抗性品种‘达赛莱克特’与当地品种‘图得拉’或‘杜克拉’相比较，未能表现出更好的抗性，因此不能作为甲基溴的替代技术。

太阳能消毒 + 生防制剂效果不佳，不能作为甲基溴的替代技术。

七、建议替代技术的优缺点

威百亩是一种毒性较低的土壤熏蒸剂。威百亩处理小区的草莓产量、草莓生长情况以及对土壤有害生物的控制效果与甲基溴处理的效果相当。适用于滴灌系统，如果采用人工方式施用威百亩，药剂散发出强烈的刺激性气味，农民无法接受。

棉隆的优点是施用操作简单，便于操作。棉隆处理的草莓产量和甲基溴土壤消毒差别很小。缺点是很难与土壤均匀混合，其使用效果与施药方式有很大关系。

引自《中国甲基溴土壤消毒替代技术筛选》
（中国农业大学出版社，2003）

附录 12　硫黄熏蒸预防白粉病试验

试验负责人：张敬强，纪宏宇

2002 年 9 月 20 日

摘　要：硫黄熏蒸可以有效预防白粉病的蔓延及扩大。结合 15% 三唑酮可湿性粉剂 800 倍液喷施，可以达到很好防治效果。

关键词：白粉病，硫黄熏蒸

白粉病是草莓主要病害之一，在温度、湿度较高的条件下极易发生，尤其在棚栽草莓生产中，白粉病的发病率很高，发生面积较大。白粉病主要为害植株叶片，此外它还可侵害叶柄、花梗和果实，大大降低了草莓的产量及果品品质，制约部分草莓品种的发展。目前国外多采用硫黄熏蒸预防白粉病，效果较佳。东港市草莓研究所在日本专家的指导下，近几年开始试验此项技术，防治白粉病效果较好。本次试验再次证明用硫黄熏蒸防治白粉病具有明显效果。

一、材料与方法

试验地设在东港市草莓研究所示范场日光温室内，棕壤土，地力均匀。日光温室东西长 53m，南北宽 8m，供试品种为‘丰香’，株行距 15cm × 25cm，垄距 90cm，2001 年 9 月 1 日定植，10 月 10 日扣棚模，10 月 26 日上帘，其他管理同常规种植管理。

（一）熏蒸方法

于 2001 年 10 月 27 日开始熏蒸。熏蒸器由北京比学帮电器公司提供，每个熏蒸器熏蒸范围为 60m^2，熏蒸器悬挂在距后墙 3m、距地面高 1.5m 处，整个棚内设 5 个熏蒸器，每个熏蒸器每次投放硫黄粉 20~30g，于每日 17：00 放帘后，保持棚内密闭，通电加热 2 h，每隔 6d 更换一次硫黄粉，连续熏蒸 20d 为止。

（二）调查项目及方法

1. 熏蒸前

按照东、西、南、北、中5个方位随机抽查10株苗，记录病叶数，计算病叶率和病情指数、调查时间为10月26日。

2. 熏蒸期间

11月7日，按东西分A、B两个小区，A区喷施15%三唑酮可湿性粉剂800倍液；B区未喷施。并进行随机抽查10株苗，调查病叶率及病情指数。

3. 熏蒸完毕

11月17日，分别在A、B两个小区内按5个方位随机抽查10株苗，调查病叶率、计算病情指数，求出防治效果。

4. 病叶的病情按下列标准分级

0级：无病斑；

1级：病斑面积占整个叶面积5%以下；

2级：病斑面积占整个叶面积6%~10%；

3级：病斑面积占整个叶面积11%~25%；

4级：病斑面积占整个叶面积26%~50%；

5级：病斑面积占整个叶面积50%以上。

$$\text{病情指数}(\%)=\frac{\sum(\text{病斑叶数}\times\text{该级代表值})}{\text{调查总叶数}\times\text{最高病级值}}\times 100$$

$$\text{防治效果}(\%)=\frac{\text{对照区病情指数}-\text{防治区病情指数}}{\text{对照区病情指数}}\times 100$$

二、结果与分析

（一）对白粉病防治效果

从表1中可以看出，在用硫黄粉熏蒸的第10天，对白粉病的病菌具有一定的抑制作用。说明硫黄加热后，产生硫蒸气，随着空气的流动充满整个空间。一是对空气中飘浮的白粉病孢子吸附在其表面上，使其失去活力，不能继续扩散；二是对植株上的寄生孢子也有抑制作用，不能产生新的孢子，所以病斑不能扩大。在用硫黄熏蒸的同时，使用

15% 三唑酮可湿性粉剂 800 倍液，配合防治白粉病，效果更好。

表 1　硫黄熏蒸对白粉病的防治效果

时 间（月－日）	处理	病叶率（%）	病情指数	防治效果（%）
10–27	熏蒸前（CK）	7.1	4.28	—
11–7	熏蒸后 10 天	5.7	3.42	20.09
11–17	熏蒸完毕	4.3	1.71	60.05
11–17	熏蒸兼喷施三唑酮	0	0	100

（二）对草莓商品品质的影响

草莓商品品质由果个大小、果形、色泽、口味、硬度等因素构成。从表 2 中可以看出，熏蒸后，采收的草莓果与往年同期比较果实硬度增强，可溶性固形物含量提高 1%。说明使用硫黄熏蒸预防白粉病，对草莓果实品质有所改善。

表 2　硫黄熏蒸对草莓商品品质的影响

年份	果形	果色	整齐度	硬度（kg/cm^2）	可溶性固形物含量（%）
2001	圆锥	红	整齐	0.45	9
2002	圆锥	红	整齐	0.46	10

注：品种为‘丰香’。

（三）对草莓产量的影响

施用硫黄熏蒸的草莓棚比邻近种植‘丰香’草莓棚同期比较有增产作用，一、二级序果平均单果重增加 3g，最大单果重增加 5g，垄产量增加 1~2kg，每亩增产 240.8kg，增产幅度达 12.9%。增加经济效益达 700 余元。

表 3　硫黄熏蒸对草莓产量的影响

处理	一、二级序果均重（g）	最大单果重（g）	平均垄产量（kg）	亩产量（kg）	增产（%）
硫黄熏蒸棚	40	85	18.82	2 107.84	12.9%
邻近棚（CK）	37	80	16.67	1 867.04	—

三、结论

硫黄熏蒸对白粉病病原菌有一定抑制作用，可以有效地防止白粉病的蔓延和扩大，从而减轻白粉病对植株的为害。借助于三唑酮类药物，可以有效消除白粉病，达到理想防治效果。同时减轻了农药的使用量和劳动力，从而降低了生产成本。

附录 13　草莓脱毒组培苗工厂化生产技术研究技术报告

东港市草莓研究所

2003 年 3 月 6 日

一、意义与范围

丹东市是全国最大的草莓生产基地，草莓生产技术总体水平在国内处于领先地位，但总体单位生产效益还远不如发达国家，制约丹东市草莓生产的瓶颈问题是种苗普遍感染病毒，与全国一样属带毒生产。感染病毒的草莓比未感染病毒的草莓长势弱、抗性差、产量明显下降，果品品质与商品性状变劣，严重影响了这一名特优种植业的稳步发展。

草莓脱毒组培技术是目前国际上仍普遍应用的高新实用技术，即通过花药组织培养、微茎尖组织培养等技术脱去病毒病原，使草莓种苗恢复品种原种优良种性，以达到优质、高产的目的。本技术报告以项目单位正在实施应用的微茎尖组织培养技术规定了草莓茎尖脱毒组培种苗繁育技术规范的选择优良品种、生产脱毒组培瓶苗、培育原原种苗、培育原种苗、繁育良种苗规程。应用范围适用于丹东地区。

二、草莓茎尖脱毒组培种苗繁育技术工艺过程

品种定向→选取田间健壮株匍匐茎尖或单株→清洗杀菌消毒→超净工作台解剖镜下剥离茎尖→接入接种培养基培养→继代增殖培养→瓶内生根→营养钵培育原原种苗→田间扩繁原种苗→田间扩繁良种苗→生产利用。

三、选择优良品种生产脱毒组培瓶苗

（一）选择优良品种

1. 日光温室

目前适宜品种为‘杜克拉’‘图得拉’‘章姬’‘枥乙女’‘丰

香’‘幸香’‘鬼怒甘’‘宝交早生’‘安娜’等。

2. 早春大棚

目前适宜品种为‘卡尔特一号’‘艾尔桑塔’等。

3. 露地生产（加工型）

目前适宜品种为‘哈尼’‘森嘎那’‘达善卡’等。

（二）生产脱毒组培瓶苗

1. 试验室要求

（1）无菌室

无菌室应设有隔离室，面积不小于 $10m^2$，墙壁光滑平整，地面平坦无缝，室内安装紫外线灯和超净工作台。

（2）试验室

试验室面积应不小于 $30m^2$，并应具备各种生产用化学药品、玻璃器皿、冰箱、恒温箱、普通天平、分析天平及实验平台等设施。

（3）培养室

培养室面积应不小于 $20m^2$，放置多层钢制培养架，采用日光灯补充光照，室内常年保持 20~27℃，相对湿度保持在 50%~60%，每天光照 12~14h。

（4）洗涤灭菌室

洗涤灭菌室面积应不小于 $10m^2$，有充足自来水，并配有高压灭菌锅、制作培养基平台及放置培养瓶的瓶架。

2. 设备要求

应具备高压灭菌锅、冰箱、培养皿、镊子、剪刀、普通天平、分析天平、双目解剖镜、显微镜、超净工作台、接种刀、恒温培养箱等设备。

3. 培养基制作

基本培养基为 MS 培养基。其中附加吲哚乙酸（IAA）4mg/L，6-苄氨基腺嘌呤（6-BA）2mg/L，激动素（KT）2mg/L。蔗糖 30g/L，琼脂 6g/L，pH 值 6.5。在 1 个大气压下，高压灭菌 20min。

4. 外植体接入瓶内增殖培养完成的瓶内苗

采草莓匍匐茎尖或单株心茎，用自来水（符合饮用水标准）冲洗后在超净工作台上用消毒剂进行杀菌消毒，然后放在双目解剖镜下切

0.2~0.6mm 的生长点放入盛有培养基的瓶中，接种后的玻璃瓶放在培养室中培养。室温 25~28℃，每日光照 12~14h，照度 2 500~3 000lx，相对湿度 50%~60%。经过两个月左右培育，产生小芽丛苗，在超净工作台上用镊子、剪刀、培养皿，分隔成 3~4 株在一起的小芽丛，再放入新培养基瓶中培养，每瓶 3~4 株芽丛，以后每隔 25~30d 继代一次，继代时间不应超过两年。

5. 培养健壮的瓶内苗

当瓶内苗增殖到需要数量时，将芽丛分成单株，每株应达到 2~3 片叶，放置在生根培养基的瓶内生根，当生有 3~4 条根、根须长度达到 0.5cm 时，应从瓶内移栽到营养钵中。

四、温室培育原原种苗

（一）环境条件要求

培养土应选用通透性好、富有一定营养成分、消除土传病、虫、草害的人工复合培养土。种苗繁育室应设有防虫网。

（二）培育方法

用镊子夹住草莓苗从培养瓶中轻轻拉出，在水中清洗附带在根系中的琼脂，放入加有水的容器内防萎缩，然后拿到温室植入营养钵（选用 5cm × 5cm 营养钵，提前装入复合培养土浇透底水待用）。扦插时根须全部入土，生长点露出土表。扦插后让营养钵底部吸水，使根系与营养土紧密结合，相同品种并排置放于低平宽垄上，起小拱膜保温保湿。每天或隔天浇水，保持营养钵内土壤持水量 70%~80%，经过 15d 后去掉薄膜。生出瓶外自然叶后，可适量叶面追施复合肥（N6.5%、P6%、K19%）。经过两个月后，培养到原原种苗质量标准。

（三）原原种苗质量标准

原原种苗应具有 3 片以上的新叶，根须长度应达到 3cm 以上且不少于 5 条。

（四）原原种苗运输

原原种苗运输应采用带钵运输，搬运时轻拿轻放，运到繁殖地后立即定植。

（五）原原种苗繁育单位要求

原原种苗繁殖应由有脱毒生产能力的单位负责繁育。

五、繁育原种苗

（一）选地、整地、施肥

选择排灌方便、通透性好、非重茬、土壤 pH 值微酸性、富含有机质的地块做繁苗田。定植前 7d，深翻地两遍，深度为 30cm，同时每亩施入甲拌磷 2.5kg、敌百虫 2kg（碾碎）、腐熟农家肥 5 000kg、磷酸二铵 15kg、硫酸钾 10kg，旋地前均匀撒于地表，随旋地翻到土里。

（二）定植及管理

4 月初定植，畦宽 1.5m，沟深 25cm，单行栽植，株距 50cm，保苗 800~900 株 / 亩。钵中的组培苗带土定植，立即浇水。缓苗后，叶面喷施敌百虫 1 000 倍液、尿素 0.2%~0.3%。并随时除草，除草采用拿捕净、拉索混喷，同时结合人工除草。5—7 月除了用杀虫剂清除叶上和部分地面害虫，还要利用毒饵诱杀小地老虎等害虫。土壤缺水应以喷灌为主，湿度保持在 85% 左右。

定植后，匍匐茎开始抽生，要及时领蔓、压土，要求同一方向生长。5 月初，将母苗所繁第一子苗匍匐茎切断，刨坑在生根苗 5cm 处施尿素 10kg/ 亩、复合肥 10kg/ 亩。以后视种苗缺肥状况，适量水施或叶面喷施追肥。7 月进入高温季节后，以培育壮苗为主。

（三）壮苗质量标准

苗高 15~20cm，根茎大于或等于 0.7cm，每株不少于 4 片叶，长于 5cm 的须根 8 条以上，没有病虫害症状。

六、繁育良种苗

（一）选地、整地及施肥

选择 3 年以上没有栽植过草莓的生茬地块，施腐熟农家肥 5 000kg/ 亩、磷酸二铵 15kg/ 亩、甲拌磷（目前已禁用）2.5kg/ 亩、硫酸钾 10kg/ 亩、敌百虫 2kg/ 亩，均匀撒于土表，深旋地两遍。

（二）定植与管理

4 月初进行定植。畦宽 1.5m，单株栽植，株距为 40cm，定植

500~1 000 株 / 亩，定植后立即浇透水。缓苗后叶面喷施敌百虫 1 000 倍液、尿素 0.2%~0.3%。及时清除繁苗田杂草，同时摘除花序及病、老、残叶。

（三）良种苗质量标准

苗高 20cm，根茎大于或等于 0.7cm，每株有 4 片叶以上，10cm 以上根不少于 5 条，须根发达，无病虫为害病状，达到以上质量标准即可作为生产用育种苗。

七、主要技术创新点

（一）创新使用草莓组培苗扩繁最佳增殖培养基激素水平

增殖培养基中激素 6-BA、GA_3 以 6-BA 0.5 mg/L + GA_3 0.5 mg/L 或 6-BA 0.5 mg/L + GA_3 1.0 mg/L 或 6-BA 0.8 mg/L + GA_3 1.0 mg/L 能促进试管苗的分化和健壮生长。应用方法为：在超净工作台上，将分化好的组培增殖苗移入含有激素水平为 6-BA 0.5 mg/L + GA_3 0.5 mg/L 或 6-BA 0.5 mg/L + GA_3 1.0 mg/L 的增殖培养基中进行继代培养。培养室温度 25~28℃，光照度 3 000 lx，光照 10 h/d。

（二）研制应用草莓组培苗新型扦插基质

为减少生产费用，可选用山皮土混粉碎炉灰渣子各半做组培苗扦插基质。应用方法为：将由山皮土和粉碎炉灰渣子各半所组成的合成土装入营养钵中，将标准健壮的扦插苗植入钵中，在保温、保湿的条件下，移入温室中，白天温度不超过 25℃，夜间温度不低于 10℃，棚内空气湿度 85%，钵内营养土持水量 70% 为宜。

（三）研制草莓试管苗防细菌侵染新方法

在培养基中添加 20mg/L 青霉素和 20mg/L 链霉素，可抑制试管苗发育过程中细菌衍生。应用方法为：在超净工作台上，将分生到一定数量的健壮、无细菌污染的培植苗，分成若干块丛，放入含有 20mg/L 青霉素和 20mg/L 链霉素的增殖培养基中进行增殖培养。培养室温度 25~28℃，光照度 3 000 lx，光照 10 h/d。

（四）首创提高草莓扦插苗生根成活率技术

用 600 倍液 OS-施特灵喷洒草莓组培扦插苗，可促进扦插苗生根成活与生长发育。应用方法为：将山皮土与炉灰渣（分别过筛）各一半混合均匀，装入营养钵中；组培苗质量为苗长 4~5cm，根须 2~7 条，根长 2~3cm，苗重 100~150mg；喷洒 OS- 施特灵 600 倍水溶液，隔 7 日喷 1 次，共喷洒 3 次。

附录 14　草莓脱毒组培苗工厂化生产技术研究工作报告

东港市草莓研究所

2003 年 3 月 6 日

辽宁省丹东市位于辽东半岛东南部，下辖东港、凤城、宽甸三市县及振安、振兴、元宝三区。地处东经 123° 20′ 至 125° 42′ 、北纬 39° 44′ 至 41° 15′ 。全市区耕地面积 312 万亩，其中旱田 223 万亩，多是微酸性棕壤土，pH 值在 5.3~6.3，有机质含量 0.8%~1.9%，全氮含量 0.07%~0.11%，速效磷 1.45~7.16mg/kg，速效钾 55~180mg/kg。丹东市属温带湿润季风气候区，年降水量 900~1 200mm，日照时数 2 400~2 500h，≥ 10℃活动积温 3 000~3 300℃，相对湿度 60%~80%，受海洋气候影响，四季分明且又冬夏温差小，无霜期 130~180d。

丹东市湿润气候和微酸性旱田非常有利于草莓生长发育，草莓生产至今已有 80 多年历史，是我国最早引进草莓并延续发展起来的草莓生产基地，特别是改革开放后农业生产从计划经济逐步转向市场经济，草莓产业得到迅速发展，1982 年全市草莓仅有 0.3 万亩，且多为自产自用的零星生产，到 2003 年春天，全市草莓生产总面积 12 万亩，预测总产量近 20 万 t，总产值可超过 5 亿元。全市有 10 万多户农民从事草莓生产，草莓已是丹东市农村经济十大支柱产业之一。东港市是丹东市草莓重点产区，2002 年生产面积 8.3 万亩，总产量 15 万 t，总产值 3.8 亿元，农业人口人均草莓收入超 600 元，2003 年 9 万亩草莓总产量、总产值将创历史新高。丹东市目前已是全国最大的草莓生产基地，草莓生产仍呈持续发展态势。丹东草莓前些年如同全国一样，一度存在种苗普遍感染病毒的严重问题，草莓品种种性退化，单位产量降低，果品品质变劣，商品价值下降，为解决这一影响草莓高效稳步发展的瓶颈问题，近几年我们在各级政府的领导和支持下，全力开展了草莓种苗脱毒组培工厂化生产工作，取得了可喜的经济效益和社会效益，促进了本地区草莓产业化发展进程。

一、确立项目，培养专业技术人才

东港市草莓研究所自1992年成立后，两年内邀请沈阳农业大学教授、全国草莓研究会理事长邓明琴教授，农业部农业司经济作物处蓼琴处长、王小兵副处长，全国农业技术推广服务中心徐维生站长、张正和处长，沈农大洪建源教授、任秀云教授，辽宁省农业科学院高永程教授以及法国草莓专家帕特莉斯·戴斯蒙莱斯，“日本中国友好协会”今村安幸先生等先后到东港市考察，专家们一致认为丹东地区生态条件非常适宜草莓生产发展，但如同全国一样存在品种单一老化和严重的种苗带毒生产问题，建议采取脱毒组培工厂化生产种苗的技术解决草莓带毒生产问题。丹东市和东港市政府非常重视，决定由东港市草莓研究所组建草莓脱毒组培工厂，其中丹东市政府拨专款15万元、争取农业部和省农业厅拨专款10万元，于1993年年底利用东港市草莓研究所原址简易房屋组建工厂，1994年起开始生产脱毒组培苗。

为适应脱毒组培工厂技术含量需求，研究所在筹备建厂之前先后委派3名专业技术人员到沈阳农业大学进修草莓脱毒组培和草莓科研生产相关课业，其间承蒙邓明琴、洪建源、任秀云等教授亲自授课指导，技术人员在学校一边学习，一边参加学校组培科研室的实践实习，学习掌握了相应的技术知识。沈阳农业大学为保证东港市草莓种苗脱毒组培工厂的正常生产运行，帮助设计规划，并派出李丽娟副教授亲临现场指挥安装设备，指导技术员操作生产，使工厂生产目标和技术目标得以实现。

二、兴建现代化组培工厂，扩大种苗生产量

1994年草莓种苗脱毒组培工厂建成投产后，由于工厂规模小，设施设备档次低，年产脱毒原种苗仅有100万~200万株，而仅丹东地区目前生产面积就达11万亩，需用良种苗11亿株，需3 000万~4 000万株原种苗才能满足扩繁良种苗的需求，因此，兴建一处现代化较大生产能力的种苗组培工厂已是丹东草莓产业化生产的十分必要和十分迫切的事情。

1998年以来，东港市草莓研究所向国家科技部、财政部以及省科

技厅、丹东市科技局分别申报实施了星火计划《丹东草莓产业化开发》《草莓科技成果转化开发》等项目，在科技、财政、农业、引智等部门和各级政府的支持下，投资 500 多万元兴建了目前含有草莓脱毒组培工厂、原种示范场、种苗气调库、化验室、科教会议室等条件的草莓科技示范园区。草莓组培工厂设计年生产能力为原原种苗 120 万株、原种苗 1 500 万株，目前每年生产原原种苗 40 多万株、原种苗 800 万 ~1 000 万株，大大缓解了脱毒组培种苗的供求矛盾。

三、积极开展科技合作，不断提高草莓生产科技含量

近几年，东港市草莓研究所先后与沈阳农业大学、辽宁省农业科学院、中国农业科学院植物保护研究所和中国农业科学院兴城果树研究所、北京市农林科学院、江苏省农业科学院等单位建立了技术交流关系，沈阳农业大学邓明琴、吴禄平、雷家军、张志宏等教授，河北农业大学葛会波教授、中国农业大学常务副校长韩惠鹏、北京市农林科学院张运涛教授、江苏省农业科学院戴子村教授等都曾到东港市草莓研究所考察指导，对组培工厂的工艺流程、技术环节提出宝贵建议，其中雷家军、张志宏教授等还在组培车间的工作台上示范操作，技术人员为此受益匪浅。

自 1992 年至今，东港市草莓研究所在各级引智部门的支持下，完成国家级引智项目任务 12 项，先后邀请日本、韩国、俄罗斯、西班牙、荷兰、美国、加拿大、智利、法国等国家以及中国台湾、中国香港地区的草莓生产、加工专家 30 多人次前来考察、讲学和技术交流，专家们对草莓脱毒组培苗工厂化生产技术的开发应用表示肯定、支持和给予技术指导，日本专家斋藤明彦、金指信夫，美国专家包勃·努特曼，加拿大专家陈·刊巴啦，荷兰专家洛兰兹先生等都曾亲手操作演示，帮助解决一些疑难问题，将国外的先进技术介绍给我方科技人员，促使东港市草莓研究所草莓组织培养技术含量与国际接轨，种苗质量和生产效率不断提高。

草莓种苗脱毒组培工厂建成后，在国内外专家指导下，研究所科技人员在严格执行组培技术规程的基础上，针对品种选择、培养基调制、防止瓶苗污染、提高试管苗增殖率、驯化苗基质选择、驯化苗培养措

施、原种苗病虫害防治等生产环节进行了多项科学试验和新技术研究，解决了一些技术难点问题，其中《草莓组培苗增殖培养基激素浓度调配试验》《草莓组培试管苗扦插相关条件影响成活率的分析》《抗生素防治草莓试管苗细菌侵染试验初报》《OS- 施特灵在草莓组培苗扦插生根应用方面的试验报告》具有创新价值，得到国内外同行的认可，并首先在研究所组培工厂开发应用。

四、大力推广普及脱毒组培苗

自东港市草莓脱毒组培工厂建成投产以来，先后引进 100 多个国内外新品种，其中经试验筛选推广应用 12 个新优品种，累计生产脱毒组培原种苗 2 000 多万株，除供给本地区生产应用外，还向全国各地（西藏、青海除外）以及韩国、俄罗斯提供了大批量种苗。山东农业大学、山西省运城地区、内蒙古开鲁县、河南省周口市、新疆伊宁市、吉林省四平市、俄罗斯符拉迪沃斯托克市等地区都曾一次调运几万或几十万株组培原种苗。

为尽快普及推广脱毒组培种苗，东港市草莓研究所常年利用电视、电台、报刊等媒体和“科普之冬”“科技之春”“科普集市”等形式大力度宣传脱毒种苗的增产增收特点，组织丹东地区农业科技推广网络，利用示范生产、培训班、下乡指导、咨询服务等形式推广脱毒组培苗的配套生产技术，使脱毒组培苗深入人心，应用面积逐年扩大。

由于东港市草莓研究所暨丹东草莓专业技术研究会社会服务和科技开发工作取得了较好的业绩和社会效益，近几年先后被评为“辽宁省农业引智成果示范基地”“辽宁省农业引智精品工程单位”“辽宁省科协系统先进单位（丹东草莓专业技术研究会）”“丹东市农业系统先进单位”“东港市学雷锋先进集体”等荣誉称号。全国政协常委全树仁、省委书记闻世震、省长张国光、副省长郭廷标、杨新华以及农业、科技、引智等部门的各级领导也曾先后到草莓种苗脱毒组培工厂实地考察，肯定了草莓种苗脱毒组培工厂化生产工作，并给予工作指导和鼓励。

五、开发应用草莓脱毒组培苗取得了较好的经济效益和巨大的社会效益

自草莓种苗脱毒组培工厂投产以来，累计生产和向社会供给 2 000 多万株脱毒组培原种苗，东港市草莓研究所因此创产值 800 多万元，组培工厂实现利润 100 多万元，自身经济得到快速发展。这些原种苗按 1：45 繁殖率计算，可生产 9 亿 ~10 亿株良种苗，能种植 10 万亩生产田，按最低每亩增产草莓 200~300kg、增值 1 500 元估算，已经增加社会效益 1.5 亿元以上。

附录 15 草莓新品种‘章姬’引进及配套生产技术研究技术报告

东港市草莓研究所

2003 年 3 月 6 日

一、品种来源及引进、试验、研究程序

‘章姬’草莓新品种是日本静冈县农民育种家荻原章弘先生用‘久能早生’与‘女峰’品种杂交育成，1990—1992 年命名注册后在日本开始推广应用，是日本目前草莓主栽品种之一。1996 年东港市草莓研究所从日本引进‘章姬’后，即开始了试验示范的程序技术工作。

1996—1997 年，东港市草莓研究所利用温室和露地两种形式进行栽培试验，观察品种特征特性。

1998 年，在东港市草莓研究所原种示范场、马家岗镇夏家村、椅圈镇高桥村等处安排了日光温室品种对比试验，‘章姬’表现丰产、抗病、果形美、商品价值高，其中东港市草莓研究所试验点‘章姬’亩产 2 633kg，分别比日本品种‘丰香’‘鬼怒甘’‘宝交早生’‘雪霸’‘大叶明宝’‘小叶明宝’增产 18.6%、8%、66%、37%、68%、46%。

1999 年列入辽宁省科技厅“丹东草莓产业化开发”项目中“草莓新品种引进试验及配套生产技术研究”课题之中，在东港市草莓研究所、马家岗镇夏家村、前阳镇影背村、北井子镇孙家村、凤城市兰旗镇、丹东振安区楼房镇等地安排了多点示范生产田和品种对比试验，栽植面积约 10 亩，‘章姬’品种仍然表现突出，其中东港市草莓研究所试验点‘章姬’亩产 2 710kg，分别比日本品种‘丰香’‘鬼怒甘’‘宝交早生’增产 21%、14%、54%。

2000—2002 年除在东港市草莓研究所原种示范场设置示范棚供农民和外地来人现场观摩外，还在丹东地区及鞍山、大连、铁岭及外省市进行开发示范生产，‘章姬’品种普遍表现高产、优质和高效益。

二、‘章姬’品种形态特征

‘章姬’长势旺健，叶片长椭圆形，成株叶数比‘丰香’和‘女峰’少 2~3 片，心叶窄小，高温时或突然低温小叶扭曲。株高 30~35cm，株态直立开张，属大株型品种，花序低于叶面，柄粗蕾大，开花后 30~40d 果实完熟。匍匐茎抽生能力强，繁殖系数高于‘丰香’和‘女峰’，繁苗期温度超过 30℃时，心叶呈扭曲状。花芽分化比‘丰香’‘女峰’‘杜克拉’（西班牙）早，尤其是子苗出根后易形成花芽。休眠期浅，5℃以下 50 h 即可打破休眠。喜肥水，耐低温，抗红蜘蛛，中抗炭疽病，比‘丰香’‘女峰’较抗白粉病和灰霉病。

‘章姬’品种适宜温室促成栽培，在丹东地区从 12 月中旬至翌年 5 月能长期收获。但在早春大冷棚半促成栽培或露地栽培长势过旺，花芽形成少，产量不高。

三、章姬品种经济性状

‘章姬’果实长纺锤形，果色艳红，果肉质地柔软，硬度中等与‘丰香’相仿，为 0.48kg/cm^2，含糖量 12%，含酸度 0.52%，糖酸比 23，口味好于‘丰香’更优于‘杜克拉’。‘章姬’大果率明显高于‘丰香’‘女峰’和‘杜克拉’，最大单果重 111g，一级序果平均 45g，多年多点试验平均产量 2 731kg/ 亩，比‘丰香’增产 544kg，比‘杜克拉’减产 1 164kg。由于‘章姬’采收上市早和果品口味特佳，商品性状好，每千克价格比‘丰香’‘杜克拉’提高 1~3 元，亩收入达 19 117 元，分别比‘杜克拉’和‘丰香’增收 3 537 元和 5 995 元。

四、栽培技术规程

‘章姬’抗性好，产量高，果形艳丽，风味芳香可口，最适宜温室促成栽培。根据北方气候特点，经几年来的研究试验，总结归纳‘章姬’草莓新品种的栽培技术特点如下。

（一）培育健壮种苗

选用脱毒组培原种母苗繁殖，注重防治炭疽病。‘章姬’匍匐茎子苗遇高温心叶扭曲，完全功能叶叶梗较长，易受风摆动而影响子苗落地生根，故应人工固定或土压匍匐茎辅助子苗落地生根，保证种苗健壮和不少于 3 片叶。

（二）定植与土肥管理

8 月下旬至 9 月初栽植，宜大垄双行，大垄间距 90~95cm，小行距 30cm，株距 20cm 左右，每亩株数不超过 7 000 株，垄高 30~40cm 以适应花序拉长。每亩施腐熟优质农肥 3 000~4 000kg、磷酸二铵 15kg、磷酸二氢钾 10kg，施肥方法为 30cm 土深全层施肥。

（三）温湿度管理

覆盖地膜和棚膜的加温时间在 10 月中下旬，应保持土壤湿度，少灌勤灌，采用膜下滴灌为宜，同时注意降低棚室内空气湿度；要求土壤持水量 60%~80%，前期稍干，后期稍湿，温室内空气相对湿度在 80% 以下，温度管理在营养生长期白天温度 28~30℃，现蕾期 25~28℃，果实膨大采收期 23~25℃，夜间最低温度不低于 6℃。

（四）光照管理

‘章姬’品种对光照敏感，北方地区冬季自然光照少，可在 11 月至翌年 1 月给予电灯补光，即每天补照 2~3h，于盖草帘 1~2h 后进行，可以保持‘章姬’正常长势。

（五）蜜蜂授粉

温室内空气流动差，不利草莓授粉，应在始花期（5% 开花）后放养蜜蜂授粉，蜂量以每株一蜂为宜。蜜蜂进棚后前 10d 要适量给糖补养，避免花粉不足导致蜜蜂损伤花蕾或蜂量减少。

（六）疏花疏果管理

为保证丰产优质和大果率，顶花序留 12~15 果，腋花序留 7~8 果，第三花序留 3~4 果。

（七）病虫害防治

重茬棚室应进行土壤消毒，宜防治炭疽病等土传病害，栽植后要早期防除各种病虫害，花果期减少施药或尽量施用低毒熏蒸药剂，要保护蜜蜂和生产无公害优质果品。

（八）适期采收，精包装上市

‘章姬’果实相对较软，采收前不宜“大灌”水，采收时间在 9：00 前或 18：00 后的棚温低时进行，应在“八成”熟时即采收上市，由于此品种具有熟前果白部分已有甜味的特点，略提前采收基本上不影响果品品质，反而有利于储藏运输，延长果品货架寿命。‘章姬’果实较大、艳丽，在日本属“礼品草莓”，宜精小包装，分等级上市，货架果盒每包装 6~9 个果，批发包装每泡沫保温箱不超两层果，不超 2kg 为好。

五、生产发展规划原则

（一）果品供给以近距离市场为主

以东港市地域为例，可汽车运销至沈阳、大连等公路条件好的、300 km 以内距离的大中城市，再远距离应有保鲜和特殊包装条件。

（二）规模生产

摒弃“物以稀为贵”的小农意识，走商品化、规模化生产道路，‘章姬’品种连片生产 10 亩以上，方能吸引草莓经纪人到田间棚内定购定销，减轻‘章姬’果品碰压损失，减少采收至销售的储运时间，取得集约效益、规模效益。

（三）统一技术指导

有了规模产区，还应统一品种、统一栽植时间、统一覆膜保温、统一应用各种栽培管理技术，保证果品上市时间一致，保证种植‘章姬’品种的农民都获得优质、高产、高效的好收成。

六、本项目的主要创新点

从日本引进了‘章姬’新品种（1996 年 9 月从日本静冈县引入）；研究制定了中国北方地区日光温室‘章姬’品种配套生产技术；研究确认‘章姬’品种对光照较敏感，冬季温室应于 11 月至翌年 1 月，每天补光照 4~5 h；检测‘章姬’品种硬度偏软，应采取八成熟采收、在棚温较低时采收、采收前不灌水和小包装上市等技术，延长储运和货架寿命；测定‘章姬’品种为大株型品种，在丹东和北方地区栽植 7 000 株 / 亩左右为宜。

附录16　草莓新品种‘章姬’引进及配套生产技术研究工作报告

东港市草莓研究所

2003年3月6日

丹东市草莓生产已有80多年历史，草莓生产是当地名特优传统种植业，目前已发展成为全国最大的草莓生产基地，2003年全市生产面积12万亩，预测总产量20万t、总产值超过5亿元，深加工1.5万t，出口创汇将突破1 000万美元，草莓生产是当地农村经济十大支柱产业之一。本地草莓主产区东港市2002年草莓生产面积8.3万亩、总产量15万t、总产值3.8亿元，是当地农村经济六大支柱产业之一。

丹东市草莓栽培形式为日光温室反季节栽培5万亩、早春大拱棚半促成栽培4万亩、露地栽培3万亩，其中日光温室属高投入、高产出、高效益栽培形式，目前其生产效益为亩收入0.8万~1.0万元，高产典型可超过2万元。

丹东地区草莓之所以高效稳步发展，除了政府领导高度重视、产业优势和农民巨大的积极性外，实施辽宁省科技厅下达的“草莓产业化开发”项目（辽科发〔1999〕89号），积极开展草莓新品种引进、培育、试验、示范、推广工作，加快品种更新换代步伐，起到了至关重要的促进作用。

丹东市近几年日光温室栽植品种为两大类：一类是产量高、品质稍差、适宜远途运销的西方品种，如‘杜克拉’‘图得拉’‘安娜’等；另一类是品质好、不耐储运的日本品种，如‘丰香’‘鬼怒甘’‘宝交早生’等，其中日本品种抗病性相对较差、产量较低。为此，东港市草莓研究所几年来通过多种渠道先后引进十几个日本新品种进行试验比较，筛选出具有高产、优质、抗病性好的‘章姬’品种，并且研究出适宜本地区的良种良法生产配套技术，目前正在本地区和省内外大面积普及推广。

‘章姬’品种是由东港市草莓研究所谷军所长 1996 年 10 月随辽宁省政府福冈招商考察团赴日本考察期间，应东港市政府经济技术顾问、东港市草莓研究所技术顾问、日本著名草莓专家斋藤明彦先生邀请，到日本静冈县经济联合会考察学习和交流草莓生产技术，斋藤明彦先生对中国草莓生产十分关心，将刚刚在静冈县日光温室推广应用的‘章姬’新品种赠送给东港市草莓研究所 3 株原种钵苗，由东港市草莓研究所首次从日本将‘章姬’品种引进中国的，几年来开展了如下几方面工作。

一、加强项目工作领导，加大项目工作力度

‘章姬’草莓新品种引进试验后，特别是 1999 年列入“丹东草莓产业化开发”项目中“草莓新品种引进试验及配套生产技术研究”课题之后，东港市草莓研究所成立了由高级农艺师、所长谷军同志任组长，日本专家斋藤明彦先生任顾问，副所长姜兆彤、史功成任副组长和研究所科技人员黄日静、王春花、张敬强、刁玉峰、李志峰、孙静、佟杰、谷旭琳、纪宏宇以及东港市新城区农技站长、农艺师程显宽等十几位同志参加的项目攻关课题组，科学设计试验方案，调查研究品种特征特性，观察分析‘章姬’品种在丹东地区的适应性、丰产性，针对其生理特征研究制定适合丹东地区应用的配套生产技术，以充分发挥此品种的优质、丰产和商品效益潜力。

为保证本项目的顺利实施和取得成果，从品种引进、试验至配套生产技术研究、示范推广，东港市草莓研究所先后项目投资 20 多万元，几年里安排十几项（次）相关应用试验，完成多项技术研究、分析工作报告，掌握了‘章姬’品种的生产习性，研究出相应的配套生产技术规程，为此品种的大面积推广提供了科学依据。

二、争取各级政府和相关上级部门支持

几年来，省、市科技部门对‘章姬’品种的引进、试验、示范和配套生产技术研究非常关注，将其列入“草莓产业化开发”项目中并给予工作指导、督察和资金扶持，省农业厅万福民厅长、省科技厅魏文铎厅长、徐铭副厅长、丹东市曲仁田副市长和东港市委、市政府的领导都曾亲临生产现场考察‘章姬’品种的生产表现，询问此品种的相关情况，

并指示科技人员尽快制定配套生产技术，通过验收鉴定，把这一好品种送到农民手里。丹东市科技局不但立项管理，还常年跟踪检查，指导项目规划的各项工作，并于2002年3月20日组织专家对‘章姬’品种引进、试验、示范进行了现场验收，专家组做出了现场验收报告，对此品种给予肯定。省、市外专局也通过引智工作渠道给予大力支持，帮助聘请日本、荷兰、加拿大专家前来技术交流和指导，也促进了这一日本优良品种在丹东地区的开发利用。

三、研究制定出配套生产技术

几年来，东港市草莓研究所先后组织召开4次有各乡镇农业技术推广站技术员、科技示范户参加的‘章姬’品种观摩现场会，利用《北方果树》《新农业》、电视、报纸、电台等媒体和“科普之冬”“科普集市”以及下乡技术服务等途径广泛介绍宣传‘章姬’品种，推广应用配套的生产技术，加快了‘章姬’品种示范推广速度，提高了这一新优品种的知名度，为大面积开发应用奠定了基础。

为研究制定良种良法配套生产技术规程，东港市草莓研究所先后邀请日本专家斋藤明彦先生于1998年、1999年、2000年、2001年连续4年来东港市考察指导，帮助东港市科技人员研究掌握‘章姬’品种特征特性，指导制定配套生产栽培技术规程；还邀请沈阳农业大学、辽宁省农业科学院、北京市农林科学院、江苏省农业科学院等的专家协作鉴评，研讨‘章姬’品种品质特征、产量结构、抗性、经济性状等，结合丹东以及我国北方生态实际，总结、归纳、制定出可行、有效、先进的栽培技术意见。

四、‘章姬’品种产量、品质及生产效益认定

‘章姬’品种一般亩产2 t以上，比‘丰香’增产20%左右，果实艳丽芳香，果形长圆锥形，个大均匀，最大单果重111g，含糖量12%，果肉细腻可口，商品价值高于‘丰香’每千克2元左右，亩效益比‘丰香’增收5 000多元。2002年椅圈镇桦木村任维忱、前阳镇脉起村王元有、龙王庙镇马堡村吴涛亩产分别为3 t、3 t、3.3 t，亩收入分别为18 700元、17 800元、27 000元。

由于‘章姬’品种果形美、风味香甜适口，市场销价高，据 2002 年、2003 年两年在丹东、东港市场调查，春节期间‘章姬’比‘丰香’每千克多卖 2~4 元，比西班牙品种‘图得拉’多卖 6~8 元，并且畅销紧俏，享有“礼品草莓”的市场声誉（在日本被称为“礼品草莓”）。

根据生产调查汇总和销售种苗测算，1999 年开始示范生产以来，东港市及周边地区以及全国各地累计‘章姬’生产面积 2 000 hm^2，增产草莓 9 000 余吨，增加社会效益 1.5 余万元。目前，‘章姬’品种正被越来越多的农民和消费市场所欢迎，生产面积将迅速扩大。

附录 17　新型吊袋式二氧化碳气肥使用技术

东港市草莓研究所　谷　军

2003 年 10 月 29 日

一、基本使用方法

首先将一大袋二氧化碳发生剂和一小袋促进剂倒入带气孔的专用塑料吊袋中，将二者搅拌均匀，并封闭吊袋口（倒入顺序：先大袋，后小袋）。然后将上述吊袋吊挂在大棚中的骨架或铁丝上，吊袋距作物生长顶端 60cm 左右的高度，随作物的生长适时调整吊线长度。

二、使用数量和使用期

使用数量：每袋二氧化碳气肥可覆盖 $33m^2$ 的面积，即每亩可均匀吊挂 20 袋。

使用期：每袋二氧化碳气肥可使用 35d 左右。在此期限内较均匀地释放出 CO_2。

三、使用注意事项

每一专用吊袋中，只许混入发生剂（大袋）和促进剂（小袋）各一包。

对于叶菜类品种一般在定植缓苗后即可吊挂使用，瓜果类品种在开花坐果初期吊挂效果更佳。

吊袋式 CO_2 气肥的 CO_2 释放量随光照和温度的变化而变化，光照强、温度高时，释放量多，反之释放量少。夜间棚内温度低基本不释放 CO_2。

使用吊袋式 CO_2 气肥期间，大棚不能开下风口放风，以免二氧化碳气肥外漏，影响气肥使用效果。CO_2 气体比重较大，往下飘落，通风时最好使用上通风口通风。

将吊袋式 CO_2 气肥挂在植株顶端的上方，距离作物 60cm 左右的棚梁上，如棚栽水果、葡萄类品种，可吊挂在果树、藤架上端的间隙中。

塑料大棚内的湿度较大，受湿度影响，吊袋内会有较多水汽，有些积水或潮湿状态，属正常情况，不影响使用。

四、储存注意事项

避免阳光直射，在干燥的地方储存。

如果发生颜色变化，不影响使用效果。

储存期两年。

五、使用效果

保护地使用吊袋式 CO_2 气肥，效果为：促早熟、增加产量、提高抗逆性、提高品质。

六、产品环保、无污染

吊袋式 CO_2 气肥经 35d 使用后，CO_2 全部释放，袋内只剩下极少量黏土成分的物质，对环境不造成任何污染。

附录18　草莓新组合‘红实美’日光温室生产试验报告

试验负责人：谷　军，姜兆彤，黄日静，王春花

东港市草莓研究所　2004年7月3日

‘红实美’，1998年由东港市草莓研究所人工杂交，亲本为‘章姬’×‘杜克拉’，经过连续多年株、系选育而成，原组合为$Z \times A_{8-1}$。通过几年鉴定、比较，其综合性状优良。我们于2003年继续进行了品比试验，经汇总、分析调查记载数据，完成本试验总结报告。

试验田设在东港市草莓研究所原种示范场温室内，面积为424 m^2，重茬4年。棕壤土，肥力中等。南北行向，大垄双行，垄长7m，垄宽0.85m，株行距为15cm×20cm，每垄定植90株。2003年8月20日定植，10月1日覆膜，10月26日上帘。田间肥水管理、病虫害防治保持相对一致。以单垄为小区，重复4次，以‘丰香’‘章姬’‘杜克拉’做对照。

各品种植株形态特征、生育性状、果实形状、抗病虫害能力、果实品质以及产量效益各不相同（表1至表6），具体情况如下。

一、丰香

日本早熟品种。休眠期浅，需冷量为50~100 h。10月27日现蕾，11月10日始花，1月5日开始采收，1月中旬后进入采收盛期，6月5日采收结束。

植株长势较强，株态开张。叶片较圆，大而厚，叶鞘粉红色，叶色浓绿，叶面多皱褶不平滑。果实为圆锥形有楞沟，艳红有光泽，果肉颜色稍淡，口味香甜，果肉细腻，硬度为0.50 kg/cm^2，耐运输性中等。果实可溶性固形物含量为11.3%。花序抽生高度较其他品种矮，低于叶面。抗病虫害能力弱，尤其不抗白粉病。平均单果重和最大单果重分别为33.4g、67.7 g，亩产2 301.95 kg，亩效益为16 222.54元。比‘章姬’减产6.56%、减收2 629.31元，比‘杜克拉’减产34.69%、增效2 326.08元。

表 1　各品种形态特征调查

指标	红实美	丰香	章姬	杜克拉
株态	直立	开张	直立	直立
长势	强	较强	强	强
株高	高	中	高	中
叶片	中	大	大	中
分蘖多少	中	中	中	多
花枝数	多	多	多	多
叶色	浓绿	浓绿	浓绿	绿

该品种成熟期早，品质上乘，丰产性、耐储运性中等，商品价值高。缺点是对白粉病、灰霉病、白粉虱、红蜘蛛、蚜虫等病虫害抗性差，生产管理要求严格。

二、章姬

日本早熟品种，10 月 23 日现蕾，11 月 5 日始花，1 月 9 日开始采收，1 月下旬进入采收盛期，6 月中旬采收结束。

植株长势强，株态直立，随着产果增多，株态开张。初结果期功能叶为 6 片，较其他品种少，叶片大，椭圆形，叶色浓绿。株高 23cm，叶柄较长，平均抽生花序 3 个。果实长圆锥形，艳红亮丽，果形美观，整齐度好，果实香甜可口，可溶性固形物含量 11.0%，硬度 0.44kg/cm^2，耐储运性较差。中抗白粉病，不抗白粉虱和蚜虫。平均单果重为 42.6g，最大单果重 102.3g，亩产为 2 463.53kg，亩收入为 18 851.85 元，比‘丰香’增产 7.02%、增效 2 629.31 元，比‘杜克拉’减产 30.10%、增效 4 955.39 元。

表 2　各品种收获初期生育形状调查

品种	株高（cm）	叶数（片）	叶长（cm）	叶宽（cm）	花枝（个）	现蕾日（月–日）	开花日（月–日）	初收日（月–日）	采收结束日（月–日）
红实美	22	7	9.5	8.0	3	11–03	11–17	01–22	06–25
丰香	19	7	9.8	8.7	2	10–27	11–10	01–05	06–05
章姬	24	6	10.4	8.2	2	10–23	11–05	01–09	06–15
杜克拉	20	9	9.5	8.2	3	11–15	12–03	02–03	06–22

该品种长势旺健，果美味佳，产量高，经济效益好，但由于耐储运性差，宜近距离销售以供鲜食。需加强栽培管理，增强其抗逆性。

三、杜克拉

西班牙中早熟品种，现蕾、始花、采收分别比‘丰香’迟 19d、23d、29d，比‘章姬’迟 23d、28d、25d。2 月下旬进入采收盛期，6 月下旬采收结束，比‘丰香’延长 17d、比‘章姬’延长 7d。

表 3　参试品种果实形状调查

品种	果实个头	果形	畸形果形状	果面颜色	果肉色	果心色	果实光泽	髓心	果实楞沟	果实香味	耐储性
红实美	大	长圆锥形	大果裂口	艳红	淡红	粉白	有光泽	实	无	淡香	好
丰香	大	圆锥	—	艳红	橙红	粉红	有光泽	实	有	浓香	好
章姬	大	长圆锥形	—	艳红	淡红	粉白	有光泽	实	无	香	一般
杜克拉	大	长楔或长圆锥	—	深红	红	红	略暗	实	无	淡香	好

植株长势强，株态直立，叶色绿，椭圆形。果实长圆锥形或楔形，花序抽生能力强，摘除第一茬花序不足一个月即可采收二茬果，连续结果能力强。果实深红色，果肉全红，汁浓酸甜，可溶性固形物含量 9%。果实硬度大，为 0.58kg/cm^2，耐储运，俗称“铁果”。果个均匀，平均单果重为 44.5g，最大单果重为 103.6g，亩产 3 524.51kg，由于未能远距运销而就近上市（参加试验面积小）和上市时间晚，比日本品种市价低，亩收入为 13 896.46 元，比‘丰香’增产 53.11%、减效 2 326.08 元，比‘章姬’增产 43.07%、减效 4 955.39 元。

该品种抗病性强，易管理，高产，耐储运，采收期长，尤其适于远销和深加工，但缺点是成熟期晚，口味偏酸。

表 4　各品种抗病虫害能力调查

品种	白粉病	灰霉病	白粉虱	红蜘蛛	蚜虫
红实美	抗	高抗	抗	中抗	中抗
丰香	不抗	不抗	不抗	不抗	不抗
章姬	中抗	中抗	不抗	不抗	不抗
杜克拉	高抗	抗	抗	中抗	中抗

四、红实美

株高 22 cm，介于两亲本之间，比‘丰香’‘杜克拉’高，比‘章姬’矮。长势强，株态直立。叶形、株态 5 月前似‘杜克拉’，叶鞘微粉，6 月进入高温期后，叶形、株态逐渐近似‘章姬’，但匍匐茎子苗仍趋似杜克拉。休眠期比‘丰香’‘章姬’略深，比‘杜克拉’浅。采收期比‘丰香’晚半个月，比‘章姬’晚 10d，比‘杜克拉’早 10d。果色似‘章姬’，艳红亮丽，果实后部近萼处不易着色；果肉质脆，有淡香气，酸甜适中，品质优良。硬度为 0.55 kg/cm^2，明显好于‘丰香’和‘章姬’，比‘杜克拉’略差，耐储运性好。可溶性固形物含量为 10.5%，比‘丰香’和‘章姬’略差。耐高温高湿，抗病性强，尤抗白粉病及灰霉病，即使患病严重棚室也不易染病。该品种授粉坐果后花瓣脱落彻底，而其余品种花瓣残留在花萼处，不易脱落，阴天潮湿，极易染上灰霉病。花序抽生能力强，平于或略高于叶面。

‘红实美’平均单果重为 45.7g，最大单果重为 106.4g，亩产 4 770.17kg，分别比‘丰香’‘章姬’‘杜克拉’增产 107.22%、93.63% kg、35.34%；亩收入为 23 848.3 元，分别比‘丰香’‘章姬’‘杜克拉’增效 7 625.77 元、4 996.46 元、9 951.85 元。产量和效益均居参试品种之首。

表 5　各品种果实品质调查

品种	果汁多少	硬度（kg/cm^2）	糖度（%）	平均单果重（g）	最大单果重（g）
红实美	较多	0.55	10.5	45.7	106.4
丰香	多	0.50	11.3	33.4	67.7
章姬	多	0.44	11.0	42.6	102.3
杜克拉	较多	0.58	9.0	44.5	103.6

该品种抗病性强，极丰产，耐储运性好，果色、果形、口味比‘杜克拉’有明显改善，但顶花序一级序果大果有裂口现象，需加强肥水管理，克服这一弱点。

综上所述，‘红实美’草莓新品种既继承了两亲本各自的优点，又在诸多方面表现出超亲的优良性状，达到和超出了品种育种目标。我们将进一步扩大示范种植面积，制定该品种栽培技术规范，尽快申请品种鉴定命名，为我国草莓品种更新换代做出更大的贡献。

表 6　各品种产量与效益构成

品种	1月			2月			3月			4月			5月			6月			合计	
	产量（kg）	售价（元/kg）	收入（元）	产量（kg）	售价（元/kg）	收入（元）	产量（kg）	售价（元/kg）	收入（元）	产量（kg）	售价（元/kg）	收入（元）	产量（kg）	售价（元/kg）	收入（元）	产量（kg）	售价（元/kg）	收入（元）	产量（kg）	收入（元）
红实美	828.76	8.0	6 630.08	1 452.32	6.0	8 713.92	910.46	5.0	4 552.30	429.60	4.0	1 718.40	723.05	2.5	1 807.63	425.98	1.0	425.98	4 770.17	23 848.31
丰香	520.47	10.0	5 204.70	673.56	7.0	4 714.92	400.57	6.5	2 603.71	301.54	6.0	1 809.24	336.27	5.0	1 681.35	69.54	3.0	208.62	2 301.95	16 222.54
章姬	500.78	11.5	5 758.97	632.45	9.0	5 692.05	470.47	7.0	3 293.29	229.03	6.0	1 374.18	420.48	5.0	2 102.40	210.32	3.0	630.96	2 463.53	18 851.85
杜克拉				1 237.42	5.5	6 805.81	860.44	4.0	3 441.76	430.54	4.0	1 722.16	620.41	2.5	1 551.03	375.70	1.0	375.70	3 524.51	13 896.46

附录 19　植物生长调节剂爱多收在温室草莓应用试验

试验负责人：刁玉峰，谷旭林

2004 年 6 月 6 日

爱多收是一种植物生长调节剂，在水稻、蔬菜等作物上效果明显，为了了解它对温室草莓的应用效果，我们于 2004 年在东港市草莓研究所日光温室草莓上进行试验，取得了较好的效果。

一、材料和方法

试验在东港市草莓研究所日光温室进行，属棕壤土，肥力中等，温室面积为 424m^2。供试品种为章姬，南北行向，株行距为 15cm × 20cm，每垄定植草莓 90 株。2003 年 8 月 20 号定植，10 月 1 日扣膜，10 月 26 日上帘，管理水平正常。试验时，‘章姬’草莓顶花序一级序果采收基本结束，草莓长势略衰。

本试验共设置 3 个处理，即爱多收 6 000 倍液；3 000 倍液；喷清水为对照（CK）。单垄为小区，重复 4 次，随机区组排列，每一小区内草莓长势基本一致。分别于 2004 年 2 月 2 日、2 月 13 日、2 月 24 日共喷 3 次。3 月 12 日，从每个小区中间抽取 5 株草莓（下同）测其株高，每株取 6 片中等叶片，测其叶面积大小，取平均值。首次喷药后一周，开始记录采收时间及株产，测量果实含糖量和硬度。

二、结果与分析

（一）对营养生长的影响

喷施爱多收对草莓叶色、株高、叶面积均有一定影响，随着浓度增大，颜色略变深，株高分别比 CK（24cm）增加 1.5cm、1.8cm，中等单叶面积比 CK（46.73cm^2）增加 1.73cm^2、3.39cm^2 左右，但喷爱多收两处理间差异不显著（表 1）。

（二）对生殖生长的影响

喷施爱多收比 CK 果实着色早，可提早 2~3 d 采收。品质有所改善，各处理均比 CK 果实着色好，果实艳红，整齐度好。可溶性固形物含量分别比 CK（9.5%）增加 0.7%、0.9%，硬度比 CK（0.40 kg/cm^2）增加 5%~10%；株产分别比 CK（0.245kg）增产 14.3%、17.6%，折合亩增产 435.35kg、431.20kg，平均售价 6.00 元 /kg，亩净增值为 2 587.2 元、2 102.1 元（表 1）。

三、结论

喷施爱多收植物生长调节剂对促进草莓植株健壮生长、提早成熟、改善品质、提高产量均有一定作用。喷施爱多收 3 000~6 000 倍液，为草莓安全有效使用浓度。

表 1　植物生长调节剂爱多收对草莓生长发育的影响

处理	叶色	株高（cm）	叶面积（cm^2）	果实色泽	采收期（月–日）	果实硬度（kg/cm^2）	可溶性固形物含量（%）	株产（kg）
CK	绿	23.3	46.73	红	2–10	0.40	9.5	0.245
3 000 倍	略深	25.1	50.12	艳红	2–8	0.42	10.4	0.288
6 000 倍	略深	24.8	48.36	艳红	2–7	0.44	10.2	0.280

附录 20　宝丰灵在日光温室草莓喷施试验

试验负责人：姜兆彤

2004 年 9 月 7 日

东港市温室草莓生产发展很快，现有面积 4.7 万亩。各个乡镇在草莓栽培上都积累了一些经验。本试验利用天津千叶生物技术有限公司生产的草莓专用肥，有生长剂、钙粉和果实改良剂，通过在孤山、菩萨庙、前阳和本单位试验，观察分析使用效果，为草莓生产中科学使用宝丰灵提供试验依据。

一、材料与方法

宝丰灵在孤山、菩萨庙和前阳示范户中应用效果较好。

以在东港市草莓原种示范场温室内试验进行分析。温室东西长 56m，南北宽 8.8m，棕壤土，栽植‘章姬’草莓。垄宽 90cm，长 7.5m，株距 17cm，小行距 25cm，每垄面积 6.75m^2，亩保苗 8 700 株。试验处理 10 垄，10 垄喷清水做对照（CK）。生长剂（6g/ 包）喷施时间为 11 月 20 日、1 月 10 日、3 月 15 日；钙粉（6g/ 包）喷施时间为 11 月 10 日、11 月 20 日、11 月 30 日、12 月 20 日、1 月 5 日；果实改良剂（15mL/ 瓶）喷施时间 12 月 20 日、2 月 12 日、4 月 10 日。生长剂每壶使用 1 袋，钙粉每壶用 2 袋，果实膨大剂每壶用半瓶。

二、结果与分析

（一）使用生长剂和钙粉对植株生长的影响

草莓扣棚后，环境条件有利于植株生长。为了促使植株提早现蕾、开花喷施生长剂，而此时室温较高，地温相对较低，根系吸收养分能力受影响，植株很容易出现生理缺钙现象。喷施清水植株表现缺钙症状明显，很多叶片失去功能，植株长势缓慢，叶色淡绿。使用生长素和钙粉后，植株提早现蕾，开花提前，采果期延长，叶片浓绿，只有少量叶片表现缺钙现象。

（二）使用果实改良剂对果实的影响

青果期开始喷施果实改良剂。土壤含水量在50%~60%，实行控水管理，果实成熟后可溶性固形物含量10.2%；喷施果实改良剂后，采收时果实可溶性固形物为10.8%；土壤含水量80%以上，水肥充足，果实成熟后可溶性固形物含量9.2%；喷施果实改良剂后，果实可溶性固形物为9.3%。

（三）经济效益分析

宝丰灵生产费用每亩120元。对照（10垄）折合亩产2 278kg，批发价4.60元/kg，亩产值10 478.8元；使用宝丰灵折合亩产2 548kg，比对照增产11.85%，亩产值11 720.8元，比对照亩增产值1 252元。扣除成本120元，亩净增产值1 132元。

三、小结

宝丰灵在4个试验点使用方法略有不同，其中东港市草莓研究所的使用方法效果较好，取得了较好的经济效益。扣塑料膜后，根据植株长势，每壶水兑生长剂1包、钙粉2包单喷或混喷，能促使植株早现蕾，提前抽生花序，植株长势旺。青果期每壶兑半瓶果实改良剂喷施，能提高果实品质。

附录 21 草莓新品种‘红实美’选育技术报告

东港市草莓研究所

2005 年 1 月 10 日

一、新品种来源及选育、试验、研究程序

‘红实美’草莓新品种是东港市草莓研究所于 1998 年利用‘章姬’做母本、‘杜克拉’做父本有性杂交育成（代号：Z×A8-1）。通过几年鉴定、比较，其综合性状优秀，基本达到育种目标，是极为难得的新优品种。从 2002—2004 年进行生产试验示范和配套生产技术研究。

（一）育种目标

东港市是全国最大的草莓生产基地，草莓生产是当地农民增产增收的支柱产业，现有 10 万户农民种草莓，生产面积 11 万亩，产量 19 万 t，主要栽培形式为日光温室、早春大棚和露地栽培。目前东港市乃至全国栽培的草莓品种仍是以国外引入的欧美品种、日本品种为主，国内草莓生产综合水平，特别是品种的选育与发达国家相差甚远，国内自育登记的品种只有 31 个，但多以露地品种为主，没有自育成综合性状优良的日光温室新品种。欧美品种高产、硬度好、抗病性强，缺点是口味偏酸、品质差、休眠深；日本品种品质好、休眠浅，缺点是抗病性差、产量低。我们设计的育种目标为：通过杂交组合，将欧美品种与日本品种的优点融到一起，选育成适合东港市及全国栽培的高产、优质、抗病、硬度好、休眠浅的草莓新品种，为丹东乃至全国日光温室草莓品种的更新换代做出贡献。

（二）试验示范与配套生产技术研究

2000—2002 年，东港市草莓研究所利用日光温室进行栽培试验，观察其品种特征特性。

2003—2004 年，在东港市草莓研究所原种示范场、龙王庙镇三道洼村、前阳镇影背村等处安排了日光温室品种对比试验，‘红实美’表

现丰产、休眠浅、抗病性强，果形美、品质优良、耐储运性好，商品价值高。其中，东港市草莓研究所2003年草莓新品种比较试验，对照品种为‘丰香’‘章姬’和‘杜克拉’。

‘丰香’：日本早熟品种，植株开张健壮，叶片肥大，椭圆形，浓绿色，花序较直立，繁殖力中等，休眠期浅。果实圆锥形，果面有棱沟，鲜红艳丽，口味香甜，硬度和储运性较差。一级序果均重42 g，最大单果重65g，亩产2 t左右。适宜温室栽植，易感白粉病和灰霉病。

‘章姬’：日本以‘久能早生’与‘女峰’杂交育成的早熟品种，1996年由东港市草莓研究所引入。植株长势强，株型开张，繁殖力中等，易感白粉病，气温超过30℃心叶扭曲。育苗期不耐高温，易感炭疽病和蚜虫，育苗相对困难。果实长圆锥形，个大且畸形少，果色艳丽美观，味浓甜，肉软，亩产2~3t，是目前促成栽培中品质极好和果实特征较特别的好品种，适宜近距运销温室栽培，亩定植8 000~9 000株。

‘杜克拉’：西班牙中早熟品种，植株旺健，抗病力强，叶片较大，色鲜绿，繁殖力高，可多次抽生花序，在日光温室中可以从11月下旬陆续多次开花结果至翌年7月。果实长圆锥或长平楔形，颜色深红亮泽，味酸甜，适口性稍差。硬度好，耐储运，果大，产量高，一级果平均重45 g左右，最大单果重超过100 g，亩产4 t以上。

试验结果表明，‘红实美’每亩比‘章姬’‘杜克拉’‘丰香’分别增产93.63%、33.34%、107.22%。其余试验、示范点的‘红实美’普遍表现高产优质和高效益。在试验示范生产过程中，结合‘红实美’习性特点，总结出相应的配套优质高产栽培技术。

二、特征特性（表1和表2）

‘红实美’长势强、株态直立，株高22~25 cm，叶形、株态5月前似父本‘杜克拉’，叶片椭圆形，株形紧凑，叶鞘微粉，叶片肥厚有光泽。6月进入高温期后，叶形、株态逐渐近似母本‘章姬’，心叶扭曲，叶片显长，株态略开张，但匍匐茎子苗形状仍趋似‘杜克拉’。花瓣大、果柄粗，高度平于叶面（如喷赤霉素高于叶面）。繁殖力高于‘章姬’（1∶25）而与‘杜克拉’（1∶40）相仿；休眠比‘章姬’深，比‘杜克拉’浅，需冷量时间 100~150h，采收期比‘章姬’晚 7~10d，比‘杜克拉’早 10d 以上。耐高温高湿，抗白粉病和灰霉病，即使栽植在其他患病严重的品种中间也不易染病。该品种授粉坐果后花瓣彻底脱落（多数品种花瓣不脱落），可减轻灰霉病的发生，而其他品种花瓣残留在花萼处，不易脱落，阴天吸湿，极易染上灰霉病。

‘红实美’品种适宜温室促成栽培，在丹东地区从 1 月下旬第一茬花到 6 月下旬第三茬果结束，植株长势持续旺健，始终不萎缩“打蔫”，保持多茬丰收的优势。而其他品种在头茬花果结束时均不同程度地出现衰弱现象。

三、‘红实美’品种经济性状

‘红实美’顶花序一级序果近楔状，次花序果形、果色似‘章姬’，长圆锥形，果色艳红亮丽，果肉质地脆，有淡香气，酸甜适中，耐储运性好，可溶性固形物含量为 10.5%，硬度为 0.55 kg/cm^2。大果率高，果实整齐，畸形果少。最大单果重为 106.4g，一级序果均重为 45.7 g。多年多点试验平均亩产为 6 012kg，属高产品种，分别比‘丰香’‘章姬’‘杜克拉’增产 3 985kg、3 018kg、1 501kg。由于‘红实美’采收上市较早，果形、口味好，每千克比‘杜克拉’售价高 1~2 元，比‘丰香’‘章姬’略低，每亩收入达 25 824 元，分别比‘丰香’‘章姬’‘杜克拉’增收 10 749 元、5 829 元、10 732 元，增产增收显著。

四、栽培技术规程

‘红实美’抗性好、产量高，果形美丽，耐储运性好，适宜温室促成栽培，特别适宜远距销售规模生产。根据北方气候特点，经几年的试验总结，‘红实美’草莓新品种的优质高产栽培技术要点如下。

（一）培育健壮种苗

秋季生产苗选用脱毒组培母本苗繁育无病、健壮子苗，繁苗期间要加强病虫害防治和土肥水管理。生产定植时应选择至少三叶一心、根系发达的子苗，按大小分级定植。

（二）定植与土肥管理

8 月下旬至 9 月初栽植，宜大垄双行，大垄间距 85~90cm，小行距

25cm，株距 18~20cm，定植 9 000 株 / 亩，垄高 30~40cm 以适应花序拉长。施腐熟优质农家肥 3 000~4 000kg/ 亩、磷酸二铵 15kg/ 亩、磷酸二氢钾 10 kg/ 亩，施肥方法为 30cm 土深全层施肥。选择阴天或晴天午后栽植，定植后要灌透水，保持土壤湿润，有条件可加遮阴网，以利秧苗成活和减轻缓苗。

（三）温湿度管理

覆盖地膜和棚膜加温时间在 10 月中下旬。土壤湿度不能过涝，少灌勤灌，采用膜下滴灌为宜，同时注意降低棚室内空气湿度；要求土壤持水量 60%~80%，前期稍干，后期稍湿，温室内空气相对湿度在 80% 以下，温度管理在营养生长期白天温度 28~30℃，现蕾期 25~28℃，果实膨大采收期 23~25℃，夜间最低温度不低于 6℃。

（四）电灯补光

充足光照有利于草莓生长发育，北方地区冬季自然光照少，可在 11 月至翌年 1 月给予电灯补光，即每天补照 4~6h，于盖草帘后进行，可以促进‘红实美’长势强劲和早熟。

（五）蜜蜂授粉

温室内空气流动差，无传粉昆虫，不利草莓自然授粉，应在始花期（5% 开花）后放养蜜蜂授粉，蜂量以每株一蜂为宜。蜜蜂进棚后前 10 d 要适量给糖补养，避免花粉不足导致蜜蜂损伤花蕾或蜂量减少。

（六）应用赤霉素

覆棚膜一周时喷施 5mg/L 赤霉素，重点喷心叶，棚内温度应保持在 25~28℃。

（七）植株管理

随着植株生长，产生许多侧芽，要及时除掉，一般除主芽外再保留 2~3 个侧芽，病虫叶、老叶、匍匐茎要及时摘掉，在前期果实采收后，要及时除去果枝及老叶，以提高果实产量和品质。

（八）疏花疏果管理

‘红实美’虽然花果量不显繁多，但为保证丰产优质和大果率，顶花序留 12~15 果，腋花序留 7~8 果，第三花序留 3~4 果。除去高级次花和病虫小果，保证高质量的商品果。

（九）病虫害防治

‘红实美’是目前栽培品种中抗病性好的品种，但不可放松病虫害防治管理，并且应坚持以防为主。重茬棚室应进行土壤消毒，防治黄萎病、炭疽病、土壤线虫等土传病虫害，栽植后要尽量采用温、湿、肥调控等农艺措施，早期防除各种病虫害，选用低残或生物农药，花果期减少施药或尽量施用低毒熏蒸药剂，既注意保护蜜蜂又要生产无公害优质果品。

（十）适期采收，精包装上市

‘红实美’果实采收前不宜“大灌”水，防止果实变软和风味减淡，采收时间在 9：00 前或 15：00 后的棚温低时进行，应在“九分”熟时即采收上市，‘红实美’果实较大、艳丽，可做精装礼品草莓。

五、生产发展规划原则

（一）品种优势

该品种耐储运性较好，采收季节长，可供市场范围大，适宜远、近距离销售。

（二）规模生产

摒弃“物以稀为贵”的小农意识，走商品化、规模化生产道路，搞集约化生产方能吸引草莓经纪人到田间棚内定购定销，减轻‘红实美’果品碰压损失，缩短采收至销售的储运时间，取得集约效益、规模效益。

（三）科学性和系统性的生产技术指导

有了规模产区，还应统一品种、统一栽植时间、统一覆膜保温、统一应用科学的栽培管理技术，提高商品质量，保证果品上市时间一致，形成‘红实美’品牌产区，确保种植‘红实美’品种的农民都获得优质、高产、高效的好收成。

六、本品种的主要创新点

（一）抗病性强

‘红实美’抗白粉病和灰霉病，对红蜘蛛、蚜虫等虫害也有较强抗性，生产中可避免或减少使用农药，有利于生产无公害优质果品。

（二）产量高

‘红实美’亩产可达 5t 以上，产量赛过目前日光温室草莓栽培产量之最——‘杜克拉’。

（三）品质优良

‘红实美’继承了其母本‘章姬’的品味果形特点，属“甜果”类优质果，适口性强，商品价值高。

（四）果实耐储性好

‘红实美’母本‘章姬’由于果软耐储性差，销售市场受到制约，‘红实美’硬度趋向父本‘杜克拉’，耐储性大大提高，可以用 2~5kg 的包装远运到东北各地。

（五）休眠浅

‘红实美’比‘杜克拉’休眠浅，上市时间比‘杜克拉’早 10d，适宜温室促成栽培。

表 1 ‘红实美’植物学特征调查

品种	株态	长势	株高（cm）	叶数（片）	叶片大小	叶色	叶长（cm）	叶宽（cm）	顶花房花朵数（个）
红实美	直立	强	22.4	7.6	中	浓绿	9.5	8.0	22.4
丰香	开张	强	19.7	7.4	大	浓绿	9.8	8.7	20.2
章姬	直立	较强	24.2	6.0	大	浓绿	10.4	8.2	26.5
杜克拉	直立	强	20.3	9.2	中	绿	9.5	8.2	23.6

表 2 ‘红实美’主要物候期与抗病虫害调查

品种	初收日（月–日）	现蕾日（月–日）	开花日（月–日）	采收结束日（月–日）	白粉病	灰霉病	白粉虱	红蜘蛛	蚜虫
红实美	01–22	11–03	11–17	06–25	抗	高抗	抗	中抗	中抗
丰香	01–05	10–27	11–10	06–05	不抗	不抗	不抗	不抗	不抗
章姬	01–09	10–23	11–05	06–15	不抗	中抗	不抗	不抗	不抗
杜克拉	02–03	11–15	12–03	06–22	抗	抗	抗	中抗	中抗

附录 22　草莓新品种‘红实美’选育工作报告

东港市草莓研究所

2005 年 1 月 10 日

丹东市草莓栽培历史悠久，草莓生产是当地名特优传统种植业，是全国最大的草莓生产基地。2004 年全市草莓生产面积 13 万亩，总产量达 22 万 t，总产值超过 6 亿元，深加工 4 万 t，出口 1.5 万 t，创汇突破 1 000 万美元，草莓生产是农村经济十大支柱产业之一。丹东市所辖东港市是草莓主产区，今春生产面积 11 万亩，总产量将近 19 万 t，总产值近 4.5 亿元，草莓生产是农村经济六大支柱产业之一。

丹东市草莓栽培形式以日光温室、早春大拱棚和露地 3 种方式为主。日光温室亩生产效益最高，一般亩收入为 1 万 ~1.2 万元，高产高效典型可超过 2.5 万元；早春大拱棚平均收入 6 000 元左右，每年收入较稳定；露地草莓生产受国际市场影响较大，亩收入为 800~3 000 元。

丹东市是我国最早引入草莓并高效稳步发展的产区，草莓产业的发展带动农村经济整体飞跃，主要得力于政府高度重视、产业优势、农民巨大的积极性和适宜草莓生长的地理环境，特别是实施辽宁省科技厅 1998 年下达的“草莓产业化开发”项目、2001 年国家科技部下达的星火计划项目和丹东市、东港市科技局 2000 年、2001 年、2002 年下达的新品种选育项目，为草莓新品种引进、培育、试验、示范推广工作，加快品种更新换代步伐，起到至关重要的促进作用。

丹东草莓生产发展的同时，全世界草莓生产呈现良好的发展态势。从 1980 年到 1999 年，全世界草莓产量增加了 53%，将近 360 万 t，其中欧洲是世界草莓生产的主产地（大约 100 万 t，占世界总产量的 32%，占总面积的 67%），其次是北美洲和亚洲。草莓产量的提高，得益于新品种的开发，在过去的 20 多年时间里，有 35 个国家的 86 个国有单位和 32 个私人公司共育出 483 个草莓新品种，育出新品种最多的国家是美国（共有 98 个新品种，其中 56 个来自加利福尼亚州），如‘卡姆罗莎’‘常得乐’‘海景’‘赛尔娃’和‘派扎罗’就是加利福尼亚大学推出很受欢迎的品种，荷兰品种‘艾尔桑塔’从北欧到南欧波河流域都已广泛种植。

我国栽培大果草莓始于20世纪初，50年代中后期，我国一些研究单位开始从国外引种，沈阳农业大学、北京植物园等单位从苏联、东欧等国家引入大量品种。我国草莓生产迅速发展始于20世纪80年代，1985年，我国草莓栽培面积大约3 300hm^2（折合约5万亩），1995年达到36 700hm^2（折合约55万亩），至2000年已达到46 700hm^2（折合约70万亩）。辽宁丹东被农业部验收命名全国优质草莓生产基地，也是全国最大的草莓生产基地。

世界草莓生产的持续发展，是与生产中不断育出新品种并大面积推广分不开的。我国草莓生产也是得益于引入国外的草莓品种，而此前我国自行培育的品种只有31个，这些国育品种因为品质、产量、抗性等不同弱点而不能大面积推广应用。

丹东市近几年日光温室栽植品种为两大系列：一类是西方品种，如引进西班牙的‘杜克拉’‘图得拉’，品种特性产量高，果实硬度强，偏酸；另一类是日本品种，如‘章姬’‘丰香’，品种特性产量相对较低，果肉细腻，果实香甜，抗病能力差。为此，能否在生产中栽培既有日本品种的美味，又有西方品种的产量这样综合性状优良的自育品种，为东港市草莓研究所面临的新课题。

根据我市草莓生产特点，东港市草莓研究所全所科技人员经过申请立项和几年的共同努力，杂交育种工作取得了突破性进展。其中利用‘章姬’和‘杜克拉’的双亲优势，育出200个株系，从中逐年除劣存优，最终育出表现性状最佳的‘红实美’，并在不同乡镇布点试栽、试验、示范，明年将推广应用0.3万亩（现有50万株原种苗，可扩繁2 000万~3 000万株良种苗，栽植3 000亩），2006年应用面积将超过万亩。我们主要开展了以下几个方面的工作。

一、积极申请科技立项

根据东港地区草莓生产目前全部引用外国品种和这些品种亟待更新更换的紧迫形势，我们近几年来多次向上级科技主管部门汇报，邀请部门领导实地考察调研，先后取得了部、省、市、县科技部门领导的认可和支持，先后申请并接受国家级星火计划（2001 年）、辽宁省科学技术计划（1999 年）、丹东市科学技术计划（2000 年）、东港市科学技术计划（2000 年、2001 年）关于培育草莓新品种的项目任务，在科技部门的支持和指导下，经科技人员的积极努力，生产性能、商品性状兼优的‘红实美’品种终于迎来品种审定和科技成果鉴定程序。

二、成立科技攻关组织

为保证完成本项目任务，成立了草莓新品种培育科技攻关小组。研究所所长、高级农艺师谷军同志任组长，副所长、农艺师姜兆彤同志为副组长，聘请日本专家斋藤明彦先生为顾问，农艺师黄日静、王春花、史功成以及张敬强、佟杰、刁玉峰、纪宏宇、谷旭琳、孙静等科技人员为组员。科技攻关小组负责品种杂交亲本选配、有性杂交、株选、系选、田间试验观察记载、试验示范设计调查与总结；并且成立以东港市副市长尤泽军为组长，以农发局、科技局、农业办公室为成员的项目工作领导小组，负责协调项目实施过程中相关工作，检查督促项目落实情况，帮助解决相关工作困难。

三、科学设计育种目标

本品种的育种大目标是市场前景好、生产效益高。具体目标如下。

果品品质优良：优于西方品种口味，接近于日本香甜性风味。

产量高：接近或超过目前西班牙‘杜克拉’品种，亩产达到 5 t 左右。

抗病性好：尤其表现高抗白粉病和灰霉病。

硬度强：适宜规模生产，耐储运，可远距离鲜果上市。

休眠期浅：比‘杜克拉’品种休眠浅，适宜温室反季节栽培。

四、完备育种程序，多年多点试验观察

品种选育的预定目标确定后，1998 年开始，育种工作正式起动。严格操作认真谨慎，确保育种工作无疏漏。当时同时进行杂交的有 3 个系列，分别是‘章姬’做母本与‘杜克拉’为父本有性杂交、‘章姬’

做母本与‘安娜’为父本有性杂交、‘丰香’做母本与‘杜克拉’为父本有性杂交。3月采收的种子，晾干后，在花盆中育苗，春季（4月20日）移到繁苗圃育苗，当年秋既开始生产观察。经过6年生产试验、示范调查，比较鉴定，不断淘汰表现差的株系，根据植株形态特征、生育性状、果实形状、抗病虫能力、果实品质及产量效益分析，认为‘红实美’达到育种目标。

为了验证‘红实美’的稳定性、区域性和生产优势，我们在东港市的黄土坎、菩萨庙、龙王庙、大孤山、前阳5个乡镇先后安排6个试验点进行生产观察，其中以研究所示范棚调查为主，调查数据准确、完备，邀请日本专家斋藤明彦先生、加拿大专家陈·刊巴啦先生以及前阳农技推广站站长农艺师陈焕文等十几位同志参加品种审查工作，并与当地农民技术员共同研讨品种特性，通过观察分析该品种在东港市适应性、丰产性，充分挖掘其优质丰产的潜力。除了在我市安排试验外，湖北、河北小面积引种栽培，表现良好。

五、取得各级政府和上级部门支持

几年来，先后取得科技部、省、市、县科技部门立项支持，对育种工作非常重视，将其列入“草莓产业化开发”项目中并给予工作指导和支持。省农业厅厅长万福民、科技厅厅长魏文铎、副厅长徐铭以及丹东市市长陈铁新和东港市委书记于国平、市长王力威、副市长尤泽军等领导都曾亲临现场，询问该品种（组合）的生产表现情况，并指示尽快搞好该品种的验收、签订，尽快充分发挥其应有作用。丹东市科技局不但常年跟踪检查、指导工作，并在资金上给予支持，扶持该项目顺利实施。

六、研究制定配套生产技术

近几年，东港市草莓研究所先后组织召开多次农业技术推广会议，利用会议期间集中对乡镇技术人员、科技示范户对‘红实美’品种进行现场观摩；每年春季售苗期间，省内外大量草莓种植户前来购苗，通过现场观察，都产生好感，只是当时苗量少而不能满足其要求。

为研究制定良种良法配套生产技术规程，东港市草莓研究所邀请日本专家斋藤明彦先生做顾问，由省、市外专局通过引智渠道请荷兰、加拿大专家前来指导，进一步完善‘红实美’栽培技术，合理制定配套生产技术规程。还邀请沈阳农业大学、辽宁省农业科学院的专家现场鉴评，研讨该品种生产习性，结合东港地区和国内草莓生产情况，制定出与‘红实美’习性特点相配套的可行、有效、先进的栽培技术规程。

七、‘红实美’植物学性状及生产效益认定

‘红实美’经过 6 年生产、试验、示范，综合商品性状优于‘章姬’和‘杜克拉’。植株长势健壮，结果期没有衰败现象，可持续采果。叶片肥厚有光泽，株形紧凑。果实长圆锥形，大果型，最大单果重 100g 以上，品质优，可溶性固形物含量达 10% 以上，果肉脆，有香气。该品种抗病性强，尤其抗白粉病和灰霉病。花芽分化时间短，不打赤霉素仍可正常开花结果。果实可口，商品价值高，前阳陈元新、龙王庙于智成栽植该品种，亩收入超过 2.5 万元，得到广大种植户认可。

由于该品种综合商品性状优越，市场销价略低于日本“甜果”类品种，而大大高于欧美“酸果”类品种，市场前景看好。

1999 年开始试验、示范、生产以来，生产示范户已取得很好的经济效益。目前东港市草莓研究所储存近 50 万株‘红实美’优质种苗，春季农户购得种苗后，将能满足秋后 3 000 亩地草莓生产。东港市草莓研究所将采取扩大脱毒组培繁苗量、多种形式宣传推广等积极措施，促进‘红实美’生产面积迅速扩大，促进东港地区和我国草莓产业有新的突破性进展，为建设小康社会做出更多贡献。

附录 23 醚菌酯杀菌剂对草莓白粉病防治试验报告

试验负责人：刁玉峰，纪虹宇

2005 年 10 月 12 日

草莓白粉病是我国草莓主要病害之一，尤其对保护地栽培为害更重。它在适宜条件下迅速发生，发病时叶片长出薄薄的白色菌丝层，随着病情加重，叶缘逐渐向上卷起呈汤匙状，叶片上发生大小不等的暗色污斑和白色粉状物，后期呈褐色病斑，叶缘萎缩、焦枯，花蕾受害，幼果不能正常膨大，甚至干枯，着色缓慢并丧失商品价值，严重影响草莓产量和品质，给草莓生产者常带来严重损失。如何有效地防治这一病害，一直是生产者颇为关心的问题。基于此，我们于 2004 年冬季使用醚菌酯 50% 干悬浮剂进行田间药效试验。现将试验情况报告如下。

一、材料与方法

（一）试验内容

本试验在东港市草莓研究所日光温室内进行，棕壤土，地力中等，栽植品种为‘章姬’，大垄双行，大行距 85cm，垄面小株行距为 15cm × 20cm，草莓白粉病发生比较严重，特别是在产果中后期更为严重。

试验药剂是由江苏龙灯化学有限公司提供的醚菌酯 50% 干悬浮剂，醚菌酯可作用于细胞色素复合物上，阻断病菌线粒体呼吸链的电子传递过程，这种作用方式与其他已知的杀菌作用方式完全不同。醚菌酯具有保护活性，且可用作治疗剂和铲除剂，针对重要的果树、蔬菜病害（如黑星病、白粉病、黑斑病和炭疽病），它可抑制孢子的侵入，这也是防治病害发生最重要的一个环节。

本次试验设 3 个处理；醚菌酯 600 倍液、1 000 倍液和清水，每垄为一个小区，随机区组排列，面积为 5.95m^2，重复 3 次，共 9 个小区。试验于 2004 年 12 月 23 日、2005 年 1 月 12 日、2 月 1 日进行，共喷施

3 次。

（二）调查项目

12 月 23 日首次用药调查白粉病发病基数，此后于第 2 次、第 3 次用药后 10d 各调查一次药效。每小区定点调查 20 株，每株平均有 5~8 片叶，即每处理小区调查叶片数 100~160 片。病叶的病情按下列标准分级。

0 级，无病叶；

1 级，病斑面积占整叶面积 5% 以下；

2 级，病斑面积占整叶面积 6%~10%；

3 级，病斑面积占整叶面积的 11%~25%；

4 级，病斑面积占整叶面积的 26%~50%；

5 级，病斑面积占整叶面积的 50% 以上。

$$\text{病情指数（\%）}=\frac{\sum[\text{各级病果（叶）数}\times\text{相对数值}]}{\text{调查总果（叶）数}}\times 100$$

$$\text{防治效果（\%）}=\frac{\text{对照区病情指数}-\text{防治区病情指数}}{\text{对照区病情指数}}\times 100$$

二、结果与分析

（一）不同浓度醚菌酯对草莓白粉病的防治效果

由表 1 可以看出，药物的不同浓度对草莓白粉病均有一定防效，其中醚菌酯 50% 干悬浮剂 600 倍液防治效果最好。

表 1　不同浓度醚菌酯对草莓白粉病的防治效果

处理	发病基数（片）		3 次施药后病情指数（%）		防治效果（%）	
	600 倍液	1 000 倍液	600 倍液	1 000 倍液	600 倍液	1 000 倍液
醚菌酯	38	44	3.75	9.4	85	62.4
清水	45		25		—	

从表 2 中可以看出，药品的不同浓度对草莓都有不同程度的蹲苗现象，但草莓的产量有所提高，但果实硬度略有影响。

（二）不同浓度醚菌酯对草莓生长发育的影响

表 2　不同浓度醚菌酯对草莓生长发育的影响

处理	株高（cm）	冠径（cm）	叶色	果实硬度	可溶性固形物含量	平均垄产
醚菌酯 600 倍液	25	30 × 35	浅绿	0.35	8.5	18.20
醚菌酯 1 000 倍液	25	30 × 40	浅绿	0.40	8.5	18.20
清水（CK）	35	35 × 45	浅绿	0.40	8.2	16.34

三、小结

喷施醚菌酯 50% 干悬浮剂 600 倍液对防治草莓白粉病效果最佳，同时对草莓炭疽病也有一定的防治作用。醚菌酯对草莓生长无明显抑制现象，建议使用者用其替代传统杀菌药剂，以获得更好防治效果和更好的收成。

附录 24　温室草莓施用吊袋式 CO_2 气肥试验报告

试验负责人：姜兆彤

2005 年 8 月 25 日

2001 年东港市草莓研究所利用浙江省杭州市“广丰”牌 CO_2 缓释颗料剂进行了温室草莓 CO_2 气肥试验，取得较好的效果，近几年，我市很多农户已经在温室草莓使用“广丰”牌 CO_2 气肥。本试验是引用韩国新型 CO_2 气肥产品，观察其应用效果。该肥袋装密封，利用稀硫酸（H_2SO_4）和碳酸氢铵（NH_4HCO_3）反应，产生 CO_2 气体，解决冬季日光温室 CO_2 浓度偏低问题。该气肥具有使用方法简便、气量足、使用时间长等特点。

日光温室是半封闭系统，其内部空气组成成分与外界不同，其中 CO_2 浓度变化规律与外界也不同。通常大气中 CO_2 平均浓度大约为 0.33mt/L（0.65g/m^3 空气），温室白天开风口，光合作用吸收量大约为 4~5g/m^2。冬季由于气温低，风口长时间关闭，作物光合作用吸收 CO_2，导致温室内 CO_2 浓度逐渐降低，使作物处于长期缺素状态。

一、材料与方法

本 CO_2 气肥为韩国产吊袋式 CO_2 气体肥料。

经未用 CO_2 气肥前一天检测，早晨温室内 CO_2 浓度最高，可达 1.1~1.3mL/L，揭草苫 2h 后，CO_2 浓度为 0.25mL/L，放风后浓度可保持在 0.3mL/L，盖草苫后，CO_2 浓度又升高。

试验在东港市前阳镇影背村陈元新温室内进行，栽植品种为‘章姬’，竹木结构温室，亩定植 1.1 万株，亩施腐熟农家肥 4 000kg，其他管理技术同当地生产水平。以临近温室做对照。

CO_2 气肥于 2004 年 11 月 20 日挂于棚内，离地面 1m，间距 12m，两种肥料充分混匀，不让棚布上的水珠落到袋上。使用一周后，棚内 CO_2 浓度最高达 2.5mL/L，2005 年 3 月 10 日之后浓度开始下降，但也能达到 0.42mL/L。

二、结果与分析

（一）施用 CO_2 气肥对草莓生长的影响

施用 CO_2 气肥，叶片光合作用加强，促进碳水化合物合成，促使根系活力增强，须根明显增多，叶片浓绿而有光泽、叶片明显增厚，叶片数增加，植株长势强（表 1）。

表 1　草莓植物学性状调查

处理	长势	叶色	叶片数（片）	茎粗（cm）	须根（条）	白粉病
CO_2 气肥	强健	浓绿	8~10	6~7.5	40	5 月 1 日开始发现
对照	强	绿	7~8	5~6	35	4 月上旬发现

光合作用的效果受光照强度、时间以及室温等其他条件影响，光照时间不足、温室低，延迟气孔的开放而影响 CO_2 的吸收；如管理合理，肥水条件好，叶片气孔开度大，CO_2 吸收量增多。生产上要采取使用无滴膜，一年一换；电灯补光等措施满足草莓生长的自然需求。

（二）施 CO_2 气肥对草莓产量和果实品质的影响

试验结果表明，施用 CO_2 气肥，能增加产量，促进植株生长，使草莓提早 8d 开花结果，提高前期产量 240kg 和总产量提高 460kg。施用 CO_2 气肥提高果实整齐度，使果和叶具有光泽，改善品质，可溶性固形物含量提高 0.9 个百分点，硬度增强。头茬果市场平均价 5 元 /kg，增收 1 200 元，总产量增加 460kg，均价 4 元 /kg，总增收 1 840 元（表 2）。

表 2　草莓生物学性状调查

处理	株高（cm）	采果期（月–日）	头茬果产量（kg）	总产量（kg）	可溶性固形物含量（%）	硬度（kg/cm^2）	头茬果平均重（g）
CO_2 气肥	32	12–10	2 620	4 210	10.2	0.53	56
对照	30	12–18	2 380	3 750	9.3	0.48	42

三、结论

综上所述，冬季温室草莓施用吊袋式 CO_2 气肥，能加强叶片光合作用，加速碳水化合物合成，增加产量，改善品质，取得较好经济效益，生产上可利用此项技术。

附录 25　植物增长素在草莓生产上的应用试验

植物增长素草莓专用剂是大连三科生物工程有限公司研制生产的系列生物制品之一，是通过从自然界中筛选有益菌株经分离纯化、随机诱导选择优良菌株，经过培养发酵的有益菌复合而成，试验中发现该产品具有提高肥效、增产、促早熟的功效，能够明显提高果品色泽、甜度等作用，植株抗逆性增强。

一、材料与方法

试验在东港市草莓研究所原种场日光温室内进行，大棚东西长 50m，南北宽 7.8m，棕壤土，肥力中等，参试品种为日本‘章姬’，每垄为一个试验小区，垄长 7.5m，宽 90cm，面积为 6.75m^2，大垄双行，垄定植 90 株。2005 年 8 月 24 日定植，10 月 21 日扣膜，10 月 26 日上帘，管理同当地水平。

供试的植物增长素为大连三科生物工程有限公司提供，磷酸二氢钾可溶性粉剂由市场购得。

2005 年 8 月 24 日定植时植物增长素 400 倍液沾根，9 月 16 日以 600 倍液灌根，10 月 2 日以 800 倍液叶面喷施，每隔 20d 喷施一次，截至 2006 年 3 月 20 日。磷酸二氢钾 500 倍液叶面喷施，清水对照，3 个处理，3 次重复，其间按时记录草莓生长发育状况以及其他相关因素。

二、结果与分析

从表 1 中可以看出，喷施植物增长素可以使草莓开花期和结果期提前，可以提前上市 7~10d，而且可以延长草莓采收期 15d 左右。

表1　生育期调查

处理	现蕾期	始花期	采收期	盛果期	采收结束期
增长素	10月9日	10月20日	12月3日	12月下旬	7月上旬
磷酸二氢钾	10月12日	10月25日	12月12日	1月上旬	6月中下旬
清水（CK）	10月15日	10月28日	12月15日	1月上旬	6月中下旬

从表2中可以看出，喷施植物增长素能促进草莓进行光合作用，叶面颜色加深，叶片增厚，植株长势强，明显优于磷酸二氢钾以及对照。

表2　生长特性调查

处理	株高（cm）	长势	叶色	口味	果面颜色	果实硬度（kg/cm^2）	含糖量（%）
增长素	32	强健	浓绿	香甜	亮红	0.42	8.9
磷酸二氢钾	30	旺健	绿	香甜	橙红	0.41	8.5
清水（CK）	30	中	绿	香甜	橙红	0.41	8.2

从表3中可以看出，以施用植物增长素产量最高，小区平均产量30.5kg，比对照增加12.96%，

表3　经济效益对比

处理	产量（kg/亩）	增产（kg/亩）	增幅（%）
增长素	3 013.4	345.8	12.96
磷酸二氢钾	2 776.3	108.4	4.10
清水（CK）	2 667.6	—	—

三、小结

植物增长素在日光温室草莓的生长发育及结果期使用，能够有效地提高植物叶片的光合作用，促进草莓植株生长，明显增加产量，改善果品品质，增加经济效益，由于该产品属无毒、无害、无污染又具有使用方法简便等优点，可以在草莓生产上大面积推广应用。

附录 26　3 种有机液肥在温室上的应用试验

试验负责人：黄日静，张敬强，朱秀珍

2007 年 6 月

人们生活水平的日益提高，要求生产安全、优质、无污染的绿色果品，有机肥料的使用是生产绿色果品的重要措施。2006 年，我们将青之源等 3 种有机液肥在日光温室草莓上进行实验，以期为温室草莓选择合理的有机肥提供试验依据。

一、材料和方法

试验在东港市草莓研究所原种示范场日光温室内进行，大棚面积 $424m^2$，棕壤土，肥力中等，供试品种为‘红颜’（‘99 号’），大垄双行，垄距 0.85m，南北行向，株行距为 15cm × 20cm，垄长 7m，每垄定植 90 株，2006 年 8 月 20 号定植，定植前施腐熟农家肥 3 500kg。10 月 20 日扣棚膜，10 月 26 日上草苫，其他管理水平同常。试验在‘红颜’草莓盛花期（个别植株已挂青果）进行。

供试肥料为国科复合生物菌肥（山东生物技术有限公司生产）；青之源双效有机肥（浙江丽水中林高科有限公司生产）；丰泽绿宝液（天津生物有限公司生产）。3 种肥料共同特点为促进长势、增强免疫力、改善品质、增产和提早成熟等。

试验设 4 个处理：喷施国科复合生物菌肥 200 倍液、喷施青之源双效有机肥 300 倍液、喷施丰泽绿宝液 600 倍液、喷清水作对照（CK）。单垄为一小区，重复 3 次，随机排列，试验前每小区内草莓长势基本一致。各处理于 2006 年 11 月 16 日、11 月 23 日、12 月 6 日均喷洒 3 次。12 月 17 日，从每小区中间随机选定 5 株草莓，测其株高，每株取中等叶片 6 片，测其面积，取平均值。其间按时记录采收时间及株产，测量单果重、果实可溶性固形物含量、硬度等。

二、结果与分析

（一）对营养生长的影响

喷施 3 种有机液肥对草莓生长发育均有不同程度的促进作用，表现为长势增强，叶色加深，侧芽数增多。3 种处理株高分别比对照（23.5cm）高 0.7cm、0.3cm、1.8cm；中等叶面积比对照（53.2cm^2）增加 1.9cm^2、0.8cm^2、3.3cm^2；侧芽数比对照（1.5 个）多 1.0 个、0.3 个、1.1 个（表 1）。

表 1　喷施 3 种有机液肥对草莓生长发育影响

处理	叶色	株高（cm）	叶面积（cm^2）	果实色泽	采收期（月-日）	植株侧芽数（个）
CK	绿	23.5	53.3	红	1-10	1.5
国科复合生物菌肥	浓绿有光泽	24.2	55.2	艳红	1-8	2.5
青之源双效有机肥	略深	23.8	54.1	艳红	1-9	1.8
丰泽绿宝液	浓绿有光泽	25.3	56.5	艳红	1-7	2.6

（二）对经济产量的影响

喷施 3 种有机液肥比对照果实品质均有所改善，果实着色程度增加，果实整齐度好，3 种处理可溶性固形物含量分别比对照（11.0%）增加 0.2%、0.1%、0.3%；果实硬度比对照（0.48kg/cm^2）增加 0.01kg/cm^2、0.01kg/cm^2、0.02kg/cm^2；株产比对照（0.25kg）增加 0.03kg、0.01kg、0.04kg；比对照（2 522.26kg/ 亩）增产 302.68kg/ 亩、100.90kg/ 亩、403.57kg/ 亩，按 6 元 /kg 计算，亩增值为 1 816.08 元、605.40 元、2 421.42 元（表 2）。

表 2　喷施 3 种有机液肥对草莓果实品质及产量的影响

处理	可溶性固形物含量（%）	果实硬度（kg/cm^2）	平均单果重（g）	最大单果重（g）	株产（kg）	折合亩产（kg）	亩增产（kg）	亩增值（元）
CK	11.0	0.48	99.2	40.7	0.25	2 522.26	—	—
国科复合生物菌肥	11.2	0.49	103.4	43.3	0.28	2 824.94	302.68	1 816.08

（续表）

处理	可溶性固形物含量（%）	果实硬度（kg/cm^2）	平均单果重（g）	最大单果重（g）	株产（kg）	折合亩产（kg）	亩增产（kg）	亩增值（元）
青之源双效有机肥	11.1	0.49	102.8	42.5	0.26	2 623.16	100.90	605.40
丰泽绿宝液	11.3	0.50	106.5	45.6	0.29	2 925.83	403.57	2 421.42

（三）试验结论

喷施 3 种有机液肥对促进草莓植株健壮生长、提早成熟、改善品质、提高产量均有一定作用，其中丰泽绿宝液、国科复合生物菌肥效果更明显些，并且施用方便、无污染、无副作用，增产增收显著，可在草莓生产上推广应用。

附录 27　露地加工型草莓品种对比试验报告

试验负责人：姜兆彤

2007 年 8 月

露地草莓生产的品种主要是以适宜加工类型为主，东港市目前露地草莓生产主要以美国品种‘哈尼’为主，搭配少量‘森加那’和‘达善卡’等品种。本试验通过栽植引入外地露地品种和东港市草莓研究所自育露地品种，比较鉴定其生物学特性及植物学特性，通过和现在主栽品种‘哈尼’做对照，筛选推广适合露地栽培的草莓新品种并提供科学依据。

一、参试品种及试验概况

试验田设在东港市草莓研究所原种厂育苗田，1 垄，垄长 6m，垄宽 1.2m，大垄双行，单株栽植，株行距 10cm × 30cm，每垄定植 120 株。土壤为稻田土，肥力中上等，2006 年 9 月 10 日定植时施猪粪 2 000kg，磷酸二铵 10kg。

试验管理：定植后及时中耕除草，摘除病老叶及新抽生匍匐茎，定植后加盖遮阳网 15 d，缓苗后撤掉，根据土壤墒情，适时适量浇水，满足草莓苗生长对水分需求。入冬后扣地膜防寒，加盖 5cm 厚稻草。开春撤掉防寒物后清理田间杂物，去除病老残叶，追施尿素一次（20kg/亩）。

参试品种 4 个，以‘哈尼’做对照，均是东港市草莓研究所自育品种，依次为‘哈尼’（代号 A）、‘港丰’ × ‘哈尼’（代号 B）、‘森加那’ × ‘卡麦罗莎’（代号 C）、‘蜜宝’（代号 D）。‘哈尼’和‘蜜宝’是外引品种，其余两个为自育品种。

二、结果与分析

各品种 3 月中旬开始萌芽，现蕾期代号 B 比其他品种早 4~7d，采收比其他品种早 3~4d，花期相差 2~4d，采收盛期 5 月中旬到下旬，6 月中旬采收结束。

（一）哈尼（对照）

美国中早熟品种，3 月 11 日萌芽，4 月 5 日现蕾，4 月 13 日始花，6 月 17 日采收结束。该品种生长势强，株态半开张，叶片椭圆形，叶色深绿，株高 30cm，匍匐茎抽生早，繁殖力强。果实圆锥形，口感偏酸，汁多色浓，一级序果均重 36g，最大单果重 50g，采收期集中，抗逆性强。小区产量 23kg，折合亩产 2 125kg，产量最高（表 1 和表 2）。

‘哈尼’是东港市露地草莓生产主栽品种，生产表现高产，果实硬度强，含酸量高，抗病性强，综合性状优于其他 3 个品种。

（二）港丰 × 哈尼

该品种萌芽期、现蕾期、采收期分别比对照早 1d、6d、4d。植株生长势强，株态半开张，株高比对照矮 2cm，单株萌发新茎 2~3 个，匍匐茎抽生能力强，繁苗系数高，叶片颜色比对照略浅，虽然单茎叶片数比对照少，但由于萌发新茎多，单株叶片比对照多 3~4 片。果实圆锥形，果面颜色比对照略浅，果肉红色，果实整齐，硬度 3.5kg/cm^2，酸度比对照减少。抗病性强，小区产量 19.5kg，折合亩产 1 794kg，产量位居第 4 位（表 1 和表 2）。

该品种是东港市草莓研究所自育品种，生产表现植株长势强，果形整齐、硬度略差，产量低于对照，应淘汰。

（三）森加那 × 卡麦罗莎

该品种生育期和对照相仿。植株长势强株态半开张，株高比对照矮 4cm，叶片比对照小，单株萌发新茎 3~4 个，单株叶片比对照多 5~7 片，盛果期时叶片密集。果实纺锤形，硬度 3.9kg/cm^2，果梗较短，成熟期较集中，果实集中在根茎 15cm 范围内，果实口味香甜，一级序果均重 20g，最大单果重 26g。抗逆性强，小区产量 21kg，折合亩产 1 932kg，产量位居第 2 位（表 1 和表 2）。

该品种是东港市草莓研究所自育品种，植株长势强，抗病，果实可深性固形物含量高，株态、叶色、果实形状及果梗近似亲本‘森加那’。应该继续试验调查。

（四）蜜宝

该品种是东港市草莓研究所由河北引入的露地品种，植株长势强，株态半开张，株高比对照高 2cm，叶片小，单株萌发新茎 2 个，匍匐茎抽生能力强，叶片颜色比对照略浅。果实圆锥形，果形整齐，第一级序果均重 28g，最大单果重 42g，口味酸甜，抗病性强。小区产量 20kg，折合亩产 1 840kg，产量位居第 3 位（表 1 和表 2）。

该品种在河北省栽植面积较大，在东港市表现植株长势强，抗病，果实整齐，果个均匀，果实颜色鲜红，是加工型品种，可适量发展，完善配套栽培管理技术。

表 1　参试品种生育期调查

品种	萌芽期（月–日）	现蕾期（月–日）	始花期（月–日）	终花期（月–日）	采收始期（月–日）	采收盛期（月–日）	采收结束期（月–日）
哈尼	3–11	4–5	4–13	5–10	5–12	5–20 至 6–1	6–17
港丰 × 哈尼	3–10	3–30	4–11	5–6	5–8	5–16 至 5–28	6–12
森加那 × 卡麦罗莎	3–15	4–3	4–12	5–8	5–11	5–19 至 5–21	6–15
蜜宝	3–11	4–6	4–15	5–12	5–12	5–20 至 6–2	6–13

表 2　参试品种植株及果实性状调查

品种	株高（cm）	长势	叶片形状	叶色	单茎叶片数	果形	果面颜色	可溶性固形物含量（%）	硬度（kg/cm^2）
哈尼	30	强健	椭圆	深绿	5	圆锥	紫红	8.3	5.4
港丰 × 哈尼	28	强	椭圆	绿	4	圆锥	鲜红	8.7	3.5
森加那 × 卡麦罗莎	26	强	椭圆	蓝绿	4	纺锤形	红	8.8	3.9
蜜宝	28	强	椭圆	绿	5	圆锥形	鲜红	8.5	5.1

附录 28 草莓杂交选育组合对比试验初报

试验负责人：杜玉斌

2008 年 10 月 28 日

一、试验目的

通过对国外草莓品种和东港市草莓研究所自育品种进行杂交，播种出实生苗，进行日光温室栽植，观察其植物学性状特性、生物学性状特性，筛选出表现好的组合，进行品种选育，优胜劣汰，为培育适宜东港市地区栽培的草莓株系、品系提供科学依据。

二、试验材料

试验材料育种人：谷军；实生苗培育人员：东港市草莓研究所全体技术员；具体如下。

甜查理 × 红颜；

红实美 × 红颜；

甜查理 × 红实美；

红颜 × 甜查理。

三、试验地概况

试验地设在东港市草莓研究所原种示范场的日光温室内，棕壤土，肥力中等，于 2007 年 9 月 3 日定植，10 月 25 日扣膜，11 月 5 日上帘，其他管理水平同当地。

四、试验方法

物候期观察：对每个杂交组合每隔 5d 观察一次，详细记录植株现蕾期、开花期、盛花期、幼果期、果实膨大期、采收始期及结束。

生长特性观察：从定植后观察植株长势、叶色、株高等生物特性。

结果习性观察：结合物候期观察，5个杂交组合的一级序果单株结果数，花序状态，平均果重，单株重及其他。

果实品质鉴定：在盛果期采收大小均匀九成以上成熟的果实测定可溶性固形物含量及硬度，可溶性固形物含量采用手持测糖仪，硬度由日产KM型果实硬度计测定。

五、结果分析

1. 甜查理 × 红颜—1

该组合早熟，11月15日现蕾，11月26日开花，12月13日坐果，12月28日为盛果。该品种植株长势旺，株高8cm，株态开张，叶椭圆，叶密度大，叶鞘深绿，花萼外翻，种子内陷，果实长圆锥形，果实亮泽，果面深红色，果肉粉红，可溶性固形物含量7.5%，硬度0.4kg/cm^2，每株产量0.25kg，亩产2 400kg。该组合表现良好。

2. 甜查理 × 红颜—2

该组合11月25日现蕾，12月1日开花，12月13日结果。该组合植株长势旺健，株高12cm，株态开张，叶椭圆形，叶密度大，叶鞘深绿，花萼外翻，种子内陷，果圆锥形，果实亮泽，果面红色，果肉粉红，口味香甜，可溶性固形物含量7%~7.5%，硬度0.42kg/cm^2。每株单产0.23kg，亩产2300kg。表现良好。

3. 甜查理 × 红颜—3

该组合11月20日现蕾，11月27日开花，12月13日结果。该组合植株长势旺健，株高12cm，株态开张，叶椭圆形，叶密度大，叶鞘深绿，花萼外翻，种子内陷，果圆锥形，果实亮泽，果面红色，果肉红色，口味香甜，可溶性固形物含量7%~7.5%，硬度0.47kg/cm^2。每株产量0.25，亩产2 400kg。表现良好。

4. 甜查理 × 红颜—2

该组合11月21日现蕾，11月27日开花，12月7日结果。该组合植株长势旺健，株高10cm，株态开张，叶椭圆形，叶密度大，叶鞘绿色，花萼外翻，种子内陷，果长圆锥形、果尖，果实亮泽，果面红色，果肉白，口味香甜，可溶性固形物含量9%~10%，硬度0.42kg/cm^2。亩产2 200kg。表现良好。

5. 甜查理 × 红颜—4

该组合 11 月 23 日现蕾，11 月 27 日开花，12 月 7 日结果。该组合植株长势旺，株高 11cm，株态开张，叶椭圆形，叶密度大，叶鞘深绿，花萼外翻，种子内陷，果圆锥形，果实亮泽，口味香甜，可溶性固形物含量 7%~7.5%，硬度 0.37kg/cm^2。亩产 2 200kg。表现良好。

6. 甜查理 × 红颜—5

该组合 11 月 21 日现蕾，11 月 27 日开花，12 月 5 日结果。该组合植株长势旺健，株高 11cm，株态开张，叶椭圆形，叶密度大，叶鞘深绿，花萼外翻，种子内陷，果圆锥形类似‘红颜’，果实亮泽，果面红色，果肉粉白，一级果头宽，口味酸甜，可溶性固形物含量 8%，硬度 0.43kg/cm^2。亩产 2 300kg。表现良好。

7. 红实美 × 红颜—4

该组合 11 月 21 日现蕾，11 月 27 日开花，12 月 5 日结果。该组合植株长势旺健，株高 11cm，株态开张，叶椭圆形，叶密度大，叶鞘深绿，花萼外翻，种子内陷，果长圆锥形类似章姬，果实亮泽，果面红色，果肉白，口味香甜，可溶性固形物含量 9%，硬度 0.40kg/cm^2。亩产 2 200kg。表现良好。

8. 红实美 × 红颜—1

该组合 11 月 22 日现蕾，11 月 28 日开花，12 月 10 日结果。该组合植株长势旺健，株高 10cm，株态开张，叶椭圆形，叶密度大，叶鞘绿色，花萼外翻，种子内陷，果圆锥形，果实亮泽，果面红色，果肉红色沙瓤，口味香甜，可溶性固形物含量 7.2%，硬度 0.38kg/cm^2。亩产 2 500kg。该组合表现最好。

9. 红实美 × 红颜—4

该组合 11 月 22 日现蕾，11 月 28 日开花，12 月 10 日结果。该组合植株长势旺健，株高 11cm，株态开张，叶椭圆形，叶密度大，叶鞘绿色，花萼外翻，种子内陷，果圆锥略长，果实亮泽，果面红色，果肉粉白略有空心，口味酸甜，可溶性固形物含量 6%~7%，硬度 0.40kg/cm^2。亩产 2 300kg。表现良好。

10. 红实美 × 甜查理—3

该组合 11 月 24 日现蕾，11 月 29 日开花，12 月 5 日结果。该组合植株长势旺健，株高9cm，株态开张，叶椭圆形，叶密度大，叶鞘绿色，花萼外翻，种子内陷，果圆锥略长，果实亮泽，果面红色，果肉粉白略有空心，口味酸甜，可溶性固形物含量8%，硬度0.41kg/cm^2。亩产2 200kg。表现良好。

11. 甜查理 × 红实美—3

该组合11月25日现蕾，12月5日开花，12月13日结果。该组合植株长势旺健，株高10cm，株态开张，叶椭圆形，叶密度大，叶鞘绿色，花萼外翻，种子内陷，果圆锥略长，果实亮泽，果面红色，果肉粉红，口味酸甜，可溶性固形物含量5%，硬度0.38kg/cm^2。亩产2 300kg。表现良好。

12. 甜查理 × 红实美—1

该组合11月21日现蕾，11月27日开花，12月5日结果。该组合植株长势旺健，株高12cm，株态开张，叶椭圆形，叶密度大，叶鞘绿色，花萼平托，种子内陷，果圆锥略长，果实亮泽，果面红色，果肉粉红，口味酸甜，可溶性固形物含量8%~8.5%，硬度0.38kg/cm^2。亩产2 400kg。表现良好。

13. 甜查理 × 红颜—4

该组合，11月21日现蕾，12月7日开花，1月4日有白果，2月26日盛果。该组合植株长势旺健，株高8cm，叶色深绿，果实圆锥形，果色红，可溶性固形物含量5.6%，硬度0.41kg/cm^2。亩产2 000kg。该组合长势比较差，果实太软，经东港市草莓研究所技术员一致认定淘汰。

14. 甜查理 × 红颜—5

该组合，11月27日现蕾，12月7日开花，1月4日有白果，2月26日盛果。该组合该组合植株长势旺健，株高8cm，叶色深绿，果实圆锥形，果色红，可溶性固形物含量7%，硬度0.41kg/cm^2。亩产1 900kg。果形不好，经东港市草莓研究所技术员一致认定淘汰。

15. 甜查理 × 红颜—6

该组合11月27日现蕾，12月7日开花，1月4日有白果，2月27日盛果。该组合植株长势旺健，株高7cm，叶色深绿，果实圆锥形畸形多，果色红。由于畸形果太多，经东港市草莓研究所技术员一致认定淘汰。

16. 甜查理 × 红颜—7

该组合 11 月 21 日现蕾，12 月 5 日开花，12 月 13 日有坐果，2 月 1 日盛果。该组合植株长势旺健，株高 7cm，叶色深绿，果实圆锥形畸形果多，果色红，可溶性固形物含量 7.5%，硬度 0.6kg/cm^2。亩产 2 100kg。由于畸形果太多，经东港市草莓研究所技术员一致认定淘汰。

17. 甜查理 × 红颜—1

该组合 11 月 27 日现蕾，12 月 7 日开花，1 月 4 日有坐果，2 月 20 日盛果。该组合植株长势旺健，株高 7cm，叶色深绿，果实圆锥形，果色红，可溶性固形物含量 5%，硬度 0.4kg/cm^2。亩产 2 200kg。表现果软、口味差，经东港市草莓研究所技术员一致认定淘汰。

18. 甜查理 × 红颜—2

该组合 11 月 27 日现蕾，12 月 13 日盛花，1 月 4 日有坐果，2 月 26 日盛果。该组合植株长势旺健，株高 8cm，叶色深绿，果实圆锥形头尖，果色红，可溶性固形物含量 11%，硬度 0.32kg/cm^2。亩产 2 250kg。表现果软，经东港市草莓研究所技术员一致认定淘汰。

19. 甜查理 × 红颜—3

该组合 11 月 27 日现蕾，12 月 07 日盛花，1 月 4 日有坐果，2 月 26 日盛果。该组合植株长势旺健，株高 8cm，叶色深绿，果实圆锥形，果色红，可溶性固形物含量 4%，硬度 0.42kg/cm^2。由于口味差，经东港市草莓研究所技术员一致认定淘汰。

20. 甜查理 × 红颜—6

该组合 11 月 27 日现蕾，12 月 13 日盛花，1 月 4 日有坐果，2 月 26 日盛果。该组合植株长势弱，株高 7cm，叶色深绿，果实圆，果色红。植株长势弱，经东港市草莓研究所技术员一致认定淘汰。

21. 甜查理 × 红颜—1

该组合株高 9cm，11 月 27 日现蕾，12 月 13 日盛花，1 月 4 日有坐果，2 月 21 日盛果。该组合植株长势旺健，株高 9cm，叶色深绿，果实圆，果色红，可溶性固形物含量 7.8%，硬度 0.53kg/cm^2。亩产 1 900kg。由于口感酸，经东港市草莓研究所技术员一致认定淘汰。

22. 甜查理 × 红颜—2

该组合株高10cm，11月27日现蕾，12月7日盛花，12月13日有坐果，2月21日盛果。该组合植株长势旺健，株高8cm，叶色深绿，果实圆锥，畸形多，果色红。畸形果多，经东港市草莓研究所技术员一致认定淘汰。

23. 甜查理 × 红颜—3

该组合株高8cm，11月27日现蕾，12月7日盛花，2月20日盛果。该组合植株长势弱，株高5cm，叶色深绿，果实圆锥，果色红，可溶性固形物含量9%，硬度0.51kg/cm^2。亩产1 750kg。植株长势弱，经东港市草莓研究所技术员一致认定淘汰。

24. 甜查理 × 红颜—5

该组合株高7cm，11月27日现蕾，12月7日盛花，1月4日有坐果，2月20日盛果。该组合植株长势弱，株高7cm，叶色深绿，果实圆锥，果色红，可溶性固形物含量9.8%，硬度0.41kg/cm^2。亩产1 800kg。植株长势矮小、果软、有空心、口感甜，经东港市草莓研究所技术员一致认定淘汰。

25. 甜查理 × 红颜—6

该组合11月27日现蕾，12月13日盛花，1月14日有坐果，2月26日盛果。该组合植株长势弱，株高6cm，叶色绿，果实圆锥，果色红，可溶性固形物含量8%，硬度0.41kg/cm^2。亩产1 750kg。植株长势矮小，经东港市草莓研究所技术员一致认定淘汰。

26. 红实美 × 红颜—2

该组合11月25日现蕾，12月13日盛花，1月14日有坐果。该组合植株长势弱，株高6cm，叶色深绿，果实圆锥，果色红。植株长势弱、口感酸，经东港市草莓研究所技术员一致认定淘汰。

27. 红实美 × 红颜—3

该组合11月27日现蕾，12月5日盛花，1月21日盛果。该组合植株长势旺健，株高9cm，叶色深绿，果实圆锥，果色红，可溶性固形物含量6%，硬度0.38kg/cm^2。亩产2 300kg。由于口感酸、果软，经东港市草莓研究所技术员一致认定淘汰。

28. 红实美 × 红颜—5

该组合 11 月 21 日现蕾，11 月 27 日盛花，1 月 4 日有坐果，2 月 20 日盛果。该组合植株长势旺健，株高 10cm，叶色深绿，果实平楔形，果色红，可溶性固形物含量 10.2%，硬度 0.35kg/cm^2。亩产 2 100kg。虽然果实口感好，但是果形平楔形、果实软，经东港市草莓研究所技术员一致认定淘汰。

29. 红实美 × 红颜—6

该组合 11 月 21 日现蕾，12 月 5 日盛花，1 月 4 日有坐果。该组合植株长势弱、口感酸，经东港市草莓研究所技术员一致认定淘汰。

30. 甜查理 × 红颜—2

该组合株高 5cm，前期整体表现不好，经东港市草莓研究所技术员一致认定淘汰。

31. 红实美 × 红颜—2

该组合株高 6cm，11 月 21 日现蕾，12 月 5 日盛花，1 月 4 日有坐果。该组合植株长势弱、口感酸、畸形果多，经东港市草莓研究所技术员一致认定淘汰。

32. 红实美 × 红颜—2

该组合株高 3cm，整体表现不好，经东港市草莓研究所技术员一致认定淘汰。

33. 红实美 × 红颜—3

该组合 11 月 15 日现蕾，11 月 27 日盛花，1 月 4 日有坐果，2 月 21 日盛果。该组合植株长势旺健，株高 10cm，叶色深绿，果实圆锥形略长，果色红，可溶性固形物含量 9.2%，硬度 0.35kg/cm^2。亩产 2 250kg。植株长势弱、硬度比较差、易出水，经东港市草莓研究所技术员一致认定淘汰。

34. 红实美 × 红颜—5

该组合株高 8cm，11 月 21 日现蕾，12 月 2 日盛花，1 月 4 日有坐果。该组合植株长势弱，经东港市草莓研究所技术员一致认定淘汰。

35. 红颜 × 甜查理—1

该组合 11 月 18 日现蕾，12 月 02 日盛花，1 月 4 日有坐果，1 月 21 日盛果。该组合植株长势旺健，株高 10cm，叶色深绿，果实圆锥，果色红，可溶性固形物含量10%，硬度0.32kg/cm^2。亩产2 250kg。由于果软，经东港市草莓研究所技术员一致认定淘汰。

36. 红颜 × 甜查理—2

该组合11月18日现蕾，12月5日盛花，1月1日有坐果，1月21日盛果。该组合口感甜，糖度8%，硬度0.42kg/cm^2，果有空心、棱沟，果成熟时软。经东港市草莓研究所技术员一致认定淘汰。

37. 红颜 × 甜查理—4

该组合株高8cm，11月8日现蕾，11月27日盛花，1月4日有坐果。该组合植株长势弱，经东港市草莓研究所技术员一致认定淘汰。

38. 红颜 × 甜查理—1

该组合11月16日现蕾，12月13日盛花，1月4日有坐果，2月26日盛果。该组合植株长势旺健，株高8cm，叶色绿，果实圆锥，果色红，可溶性固形物含量9%，硬度0.32kg/cm^2。亩产2 100kg。由于果软、出水，经东港市草莓研究所技术员一致认定淘汰。

39. 红颜 × 甜查理—2

该组合株高7cm，11月27日现蕾，12月7日盛花，1月4日有坐果，2月26日盛果。该组合植株长势弱，株高7cm，叶色深绿，果实圆锥，果色红，可溶性固形物含量7.2%，硬度0.4kg/cm^2。亩产2 250kg。由于果软、口味不好，经东港市草莓研究所技术员一致认定淘汰。

40. 红颜 × 甜查理—3

该组合株高7cm，11月21日现蕾，12月5日盛花，1月4日有坐果。该组合植株长势弱，经东港市草莓研究所技术员一致认定淘汰。

41. 甜查理 × 红实美—2

该组合株高7cm，11月21日现蕾，12月7日盛花，1月4日有坐果。该组合植株长势弱表现不好，经东港市草莓研究所技术员一致认定淘汰。

42. 甜查理 × 红实美—1

该组合株高10cm，11月21日现蕾，12月7日盛花，1月4日有坐果。该组合植株表现不好，经东港市草莓研究所技术员一致认定淘汰。

43. 甜查理 × 红实美—4

该组合株高 8cm，11 月 27 日现蕾，12 月 13 日盛花，1 月 4 日有坐果。该组合植株长势弱、表现不好，经东港市草莓研究所技术员一致认定淘汰。

44. 甜查理 × 红实美—5

该组合植株长势弱、口感酸，经东港市草莓研究所技术员一致认定淘汰。

45. 甜查理 × 红实美—1

该组合植株长势弱、口感酸，经东港市草莓研究所技术员一致认定淘汰。

46. 甜查理 × 红实美—2

该组合株高 5cm，11 月 23 日现蕾，12 月 5 日盛花，1 月 4 日有坐果。该组合植株长势弱、表现不好，经东港市草莓研究所技术员一致认定淘汰。

47. 甜查理 × 红实美—3

该组合株高 6cm，11 月 27 日现蕾，12 月 5 日盛花，1 月 4 日有坐果。该组合植株长势弱，经东港市草莓研究所技术员一致认定淘汰。

48. 甜查理 × 红实美—4

该组合株高 10cm，11 月 18 日现蕾，11 月 27 日盛花，12 月 5 日有坐果，1 月 8 日盛果。该组合硬度为 0.42kg/cm^2，糖度 6%，果形圆锥形，果色亮红，但是口感差，经东港市草莓研究所技术员一致认定淘汰。

49. 甜查理 × 红实美—5

该组合株高 8cm，11 月 27 日现蕾，12 月 5 日盛花，1 月 4 日有坐果。该组合植株长势弱，经东港市草莓研究所技术员一致认定淘汰。

50. 甜查理 × 红实美—2

该组合 11 月 27 日现蕾，12 月 5 日盛花，12 月 13 日有坐果。该组合植株长势旺健，株高 12cm，叶色绿，果实长圆锥形，果色红，可溶性固形物含量 8%，硬度 0.28kg/cm^2。亩产 2 150kg。由于果软，经东港市草莓研究所技术员一致认定淘汰。

51. 甜查理 × 红颜—3

该组合植株长势弱，前期经东港市草莓研究所技术员一致认定淘汰。

52. 甜查理 × 红实美—4

该组合植株长势弱，前期经东港市草莓研究所技术员一致认定淘汰。

53. 甜查理 × 红实美—1

该组合 11 月 27 日现蕾，12 月 5 日盛花，1 月 4 日有坐果，1 月 21 日盛果。该组合植株长势旺健，株高 8cm，叶色深绿，果实圆锥，果色红，可溶性固形物含量 7%，硬度 0.46kg/cm^2。亩产 2 250kg。由于口感酸、果软出水，经东港市草莓研究所技术员一致认定淘汰。

54. 甜查理 × 红实美—2

该组合株高 6cm，植株长势弱，经东港市草莓研究所技术员一致认定淘汰。

55. 甜查理 × 红实美—3

该组合 11 月 21 日现蕾，11 月 27 日开花，1 月 4 日有坐果。

该组合植株长势旺健，株高 8cm，叶色绿，果实圆锥形，果色亮红，可溶性固形物含量 6.5%，硬度 0.35kg/cm^2。亩产 2 300kg。由于果品品质差，经东港市草莓研究所技术员一致认定淘汰。

56. 甜查理 × 红实美—4

该组合株高 8cm，11 月 27 日现蕾，12 月 7 日盛花，1 月 4 日有坐果。该组合植株长势弱表现不好，经东港市草莓研究所技术员一致认定淘汰。

57. 甜查理 × 红实美—5

该组合株高 10cm，11 月 27 日现蕾，12 月 5 日盛花，12 月 13 日有坐果。该组合植株长势弱、畸形果多，经东港市草莓研究所技术员一致认定淘汰。

58. 甜查理 × 红实美—6

该组合株高 10cm，11 月 27 日现蕾，12 月 7 日盛花，12 月 13 日有坐果。该组合植株长势弱、畸形果多，经东港市草莓研究所技术员一致认定淘汰。

附录 29　草莓品种繁殖能力检测报告

谷　军，姜兆彤，刁玉峰，张敬强，谷旭琳，纪虹宇

东港市草莓研究所

2009 年 11 月 12 日

摘　要：2009 年对 14 个草莓品种繁殖能力进行试验检测，明确了品种间种性差异，验证了土壤、气候、种苗质量及抗病能力等与繁苗系数密切相关；明确了繁苗系数小的品种比繁苗系数大的品种粗壮。繁育优质种苗时，建议繁殖系数大、肥沃沙壤且 pH 值 6~6.5 的田块和原原种苗应密度小些，否则相对大些。

关键词：草莓，品种，繁殖系数，能力评价

在草莓种苗繁育中，不同品种的繁殖能力决定着繁苗田面积、栽植时间、肥水供给、田间管理和种苗繁育计划的制定。我国目前各地应用的草莓品种近 20 个，此前尚没有品种繁殖能力的检测报告。2009 年，我们对全国栽植面积较大的 14 个品种进行了繁殖能力的检测，旨在为草莓繁育工作提供指导依据。

一、材料与方法

试验于 2009 年 3—10 月在辽宁省东港市草莓研究所原种场和十字街镇原种分场进行。试材为日本品种‘章姬’‘红颜’‘丰香’‘幸香’‘枥乙女’‘鬼怒甘’‘宝交早生’、美国品种‘甜查理’‘哈尼’、西班牙品种‘卡尔特一号’‘杜克拉’‘图得拉’、法国品种‘达赛莱克特’和中国品种‘红实美’。其中‘章姬’‘幸香’‘红实美’‘丰香’‘达赛莱克特’和‘卡尔特一号’两次重复（分别在原种场和原种分场进行）。‘幸香’‘达赛莱克特’和‘卡尔特一号’分别有原原种（组培试管苗驯化的营养钵苗）和原种苗（驯化苗田间继一代苗），其他品种均为原原种苗。种苗来源于东港市草莓研究所。

二、繁育条件及管理

（一）气象条件

2009 年东港市 3—10 月降水量 590mm，日照时数 1 442 h，≥ 10℃活动积温 3 409 ℃，与本地常年情况无大差异，但 9 月中上旬降水偏少，出现短期旱情。

（二）土壤条件

原种场坐落在东港市郊草莓科技示范园区，为黑棕色黏壤土，前茬水稻，地力中等，pH 值 6.8，地下水位相对较高。

原种分场坐落在东港市十字街镇十字街村，为黑棕色沙壤土，前茬玉米，地力较好，pH 值 6.5，地下水位较低。

（三）生产管理

原种场栽植时间 4 月 8 日，原种分场栽植时间 3 月 28 日。品种间生产面积不等。原种场每亩底施农家肥 1 t、磷酸二铵 30kg、硫酸钾 30kg，生育期间每亩追施尿素 20kg、草莓专用复合肥 35kg；原种分场每亩施底肥磷酸二铵 25kg、硫酸钾 20kg，生育期间每亩追施尿素 25kg、草莓专用复合肥 40kg。原种场大垄宽 1.8m，起垄高 25cm；原种分场大垄宽 1.2m，起垄高 20cm，品种间根据其株高、长势等特点而株距不同。原种场设置滴灌，种苗未受旱情影响；原种分场虽沟灌两次，但仍受到一定程度的旱情影响。

其他田间管理如常。

三、结果与分析

（一）生长势及抗性（表 1）

‘章姬’‘幸香’‘丰香’‘甜查理’‘达赛莱克特’‘杜克拉’‘图得拉’和‘哈尼’品种长势旺健，‘红颜’‘卡尔特一号’‘枥乙女’和‘宝交早生’品种长势中等；‘章姬’‘幸香’‘红实美’‘达赛莱克特’‘卡尔特一号’和‘鬼怒甘’等植株较高，而‘宝交早生’株高最低。

参试品种中‘红颜’‘甜查理’和‘枥乙女’相对抗旱性较差。

炭疽病、白粉病和叶斑病是草莓种苗繁育生产中的主要病害，参试品种中日本品种抗病性较差、欧美品种抗病性较好。

炭疽病发病状况：‘红颜’较重，‘章姬’和‘枥乙女’中等，其他品种轻度发生；

白粉病发病状况：‘章姬’‘幸香’‘丰香’‘枥乙女’中等发生，其他品种没有发病；

叶斑病发病状况：‘章姬’‘红颜’‘丰香’‘鬼怒甘’‘枥乙女’和‘宝交早生’品种中等发生，其他品种轻度发生。

表 1　生长势及抗性调查

品种	种苗类别	育苗地	面积（亩）	株行距 (cm × cm)	长势	叶色	株高 (cm)	耐旱性	炭疽病	白粉病	叶斑病
章姬	原原种	分场	2.0	30 × 120	旺健	浓绿	25	抗旱	中等	中等	中等
	原原种	原种场	3.0	30 × 180	旺健	浓绿	23	抗旱	中等	轻	中等
幸香	原种	分场	1.0	30 × 120	旺健	深绿	21	抗旱	轻	中等	轻
	原原种	原种场	4.0	30 × 180	中等	深绿	15	抗旱	轻	轻	轻
红颜	原原种	原种场	6.0	25 × 180	中等	绿	16	不抗旱	较重	轻	中等
红实美	原原种	分场	1.0	50 × 120	中等	绿	21	抗旱	轻	无	轻
	原原种	原种场	1.5	40 × 180	中等	绿	13	抗旱	轻	无	轻
丰香	原原种	分场	1.0	40 × 120	旺健	浓绿	19	抗旱	轻	中等	中等
	原原种	原种场	1.5	40 × 180	旺健	浓绿	19	抗旱	轻	轻	中等
甜查理	原原种	原种场	1.8	30 × 180	旺健	鲜绿	17	不抗旱	轻	无	轻
达赛莱克特	原种	分场	0.9	40 × 120	强健	浓绿	20	抗旱	轻	无	轻
	原原种	原种场	0.4	45 × 180	旺健	浓绿	21	抗旱	轻	无	轻
卡尔特一号	原种	分场	1.8	35 × 120	中等	鲜绿	20	抗旱	轻	无	轻
	原原种	原种场	3.0	40 × 180	中等	鲜绿	19	抗旱	轻	无	轻
图得拉	原原种	原种场	1.2	40 × 180	旺健	鲜绿	17	抗旱	轻	无	轻
杜克拉	原原种	原种场	1.0	40 × 180	旺健	绿	17	抗旱	轻	无	轻
鬼怒甘	原原种	原种场	1.0	50 × 180	旺健	绿	20	抗旱	轻	无	中等
枥乙女	原原种	原种场	0.8	30 × 180	中等	绿	16	不抗旱	中等	中等	中等
宝交早生	原原种	原种场	0.2	40 × 180	中等	绿	14	抗旱	轻	无	中等
哈尼	原原种	原种场	0.5	35 × 180	旺健	深绿	17	抗旱	轻	无	轻

注：调查时间为 2009 年 8—10 月；病害标准，无（没有发生）、轻（10% 发生）、中等（30%~50%）、较重（50%~70%）、严重（80% 以上）。

（二）种苗繁殖状况（表 2）

本试验生产的种苗为翌年春季供给农民繁殖所用种苗，其种苗根茎粗标准比秋季生产田用苗相对降低；因此本试验调查分析标准为植株 3 叶以上、根茎粗 0.4cm 以上。调查方法为 3 点（每点 $1.2m^2$ 或 $1.8m^2$）平均。

表 2 繁殖状况调查记载

品种	种苗类别	育苗地块	总繁苗量	平均每株繁苗量	其中种苗根茎粗分级量（cm） 0.4~0.5（cm）		0.51~0.7（cm）		0.71~0.8（cm）		0.8 以上（cm）		繁苗系数评价
					量	占总量（%）	量	占总量（%）	量	占总量（%）	量	占总量（%）	
章姬	原原种	分场	116 000	105	13	12	15	14	62	59	15	15	中等
	原原种	原种场	90 000	90	10	11	13	14	55	61	12	13	中等
幸香	原种	分场	37 000	68	5	7	8	13	43	63	12	17	中等
	原原种	原种场	95 000	94	13	14	11	12	61	64	9	10	中等
红颜	原原种	原种场	146 000	75	2	3	8	11	52	69	13	17	较小
红实美	原原种	分场	61 000	110	22	20	34	31	43	39	11	10	较大
	原原种	原种场	42 000	80	10	13	58	73	7	8	5	6	较大
丰香	原原种	分场	55 000	100	17	17	21	21	53	53	9	9	中等
	原原种	原种场	55 000	110	14	13	38	34	46	42	12	11	中等
甜查理	原原种	原种场	100 000	120	32	27	48	40	36	30	4	3	大
达赛莱克特	原种	分场	47 000	85	4	5	16	19	43	50	22	26	中等
	原原种	原种场	25 000	80	5	6	12	15	48	60	15	19	中等
卡尔特一号	原种	分场	50 000	110	15	14	22	20	55	50	18	16	中等
	原原种	原种场	45 000	50	3	6	8	16	33	66	6	12	中等
图德拉	原原种	原种场	35 000	100	32	32	34	34	21	21	13	13	较大
杜克拉	原原种	原种场	38 000	110	48	44	35	32	18	16	9	8	大
鬼怒甘	原原种	原种场	42 000	121	29	24	48	40	26	21	18	15	大
枥乙女	原原种	原种场	23 000	83	11	13	12	14	32	40	28	33	中等
宝交早生	原原种	原种场	1 000	105	6	6	42	40	39	37	18	17	较大
哈尼	原原种	原种场	27 000	98	11	11	14	14	52	53	21	22	中等

注：调查时间为 2009 年 10 月 27 日。

从平均每株繁殖种苗量看，除‘红颜’繁苗量 1∶75 株，相对较低外，‘章姬’‘红实美’‘丰香’‘甜查理’‘杜克拉’‘图得拉’‘鬼怒甘’和‘宝交早生’品种繁殖量较高，均超过 1∶100 株，其他品种也在 1∶85 株以上。

从种苗根茎粗度看，‘章姬’‘幸香’‘红颜’‘达赛莱克特’‘卡尔特一号’‘枥乙女’和‘哈尼’品种根茎粗 0.71cm 以上的占 70% 以上；‘丰香’和‘宝交早生’品种 50% 上下；而‘红实美’‘甜查理’‘图得拉’‘杜克拉’‘鬼怒甘’则不足 50%。

四、小结

综合参试品种抗性、繁苗数量和种苗根茎粗等检测结果如下。

繁苗系数评价结果表明‘甜查理’‘杜克拉’和‘鬼怒甘’品种繁苗系数大；‘红实美’‘图得拉’和‘宝交早生’繁苗系数较大；‘红颜’繁苗系数较小；其他品种繁苗系数中等。

黏重土壤、pH 值近中性的田块繁苗系数不如沙壤、pH 值 6~6.5 的田块繁殖系数高。

原原种（驯化组培苗）比原种苗（驯化苗继繁一代苗）繁殖系数高。

炭疽病是影响日本品种繁殖系数的最重要病害。

草莓种苗繁殖量计划应根据品种繁殖系数评介、土壤及生育条件、种苗质量和抗病性等多件综合考虑栽植密度及栽培措施。在相同生产条件下，为繁殖系数大但种苗较细的品种、肥沃沙壤且 pH 值 6~6.5 的田块和原原种苗栽植密度要小些，否则应相对大些。

附录 30 2009—2010 年度草莓育种杂交组合温室栽培鉴定试验

东港市草莓研究所 刁玉峰，谷旭琳

一、试验目的

东港市日光温室草莓生产面积近 6 万亩，主栽品种多从日本、欧美引进，这些品种分别存在低产、质差。抗病抗逆性差等弱点。为加快品种更新更换步伐，2006 年东港市草莓研究所通过有性杂交技术，培育若干杂交实生苗，经往年鉴定选优去劣，保留 12 个杂交组合继续鉴定。通过栽培生产试验，鉴定各杂交组合的生物学性状、农艺性状、经济性状及抗病虫害能力，并选优去劣，以求选育出适宜我地区温室栽培的优良草莓新品种。

二、杂交组合品种及试验概况

杂交组合共 12 个，分别是：红实美 × 红颜—1、甜查理 × 红实美—2、甜查理 × 红颜—2-2、甜查理 × 红实美—3、甜查理 × 红实美—1、甜查理 × 红颜—4、甜查理 × 红颜—2-1、红颜 × 甜查理—3、红实美 × 红颜—4、甜查理 × 红颜—5、甜查理 × 红颜—3、甜查理 × 红颜—1，以日本‘红颜’品种做对照。种苗来自东港市草莓研究所自繁。

试验田设在东港市草莓研究所原种示范场内，温室东西长 60m，南北宽 7.4m，面积 424m^2，棕壤土，肥力中等。亩施干燥鸡粪 1t，磷酸二铵 25kg，硫酸钾 40kg，过磷酸钙 50kg，9 月 1 日打垄做床，大垄双行定植，垄长 7m，垄宽 8.5cm。小行距 13cm，株距 17cm，亩定植 9 000 株。杂交组合各栽植 1 垄，占地 5.95m^2，以‘红颜’（对照）做保护行。9 月 9 日定植，10 月 12 日上棚布，10 月 21 日垄面铺黑色地膜，11 月 7 日上草帘，保温后用硫黄熏蒸器预防白粉病。其余田间管理、病虫害防治同当地水平。

三、试验结果与结论

各组合植株形态特征、生育性状、果实性状、抗病虫害能力、经济性状调查结果见表 1 至表 5。

1. 红颜（对照）

日本早熟品种，11 月 7 日现蕾，11 月 18 日始花，1 月 10 日结果。植株长势健旺，株高 25cm，叶片肥厚，叶色浓绿，叶椭圆形，叶密度大，直立，不抗白粉病，中抗白粉虱。单枝花序，花枝梗粗直立。果实长圆锥形，果实整齐，果大，口味香甜、果色亮丽、果脆硬。种子内陷，花萼外翻。髓心实，果肉红色，可溶性固形物含量 10.8%。折合亩产 3 010kg，产量排位第 12 位。

该品种长势健旺，成熟早，产量较高，耐储运，商品性状与经济效益高，为东港市日光温室主栽品种。

2. 红实美 × 红颜—1

该组合 11 月 15 日现蕾，12 月 1 日开花，1 月 31 日结果。植株长势旺，叶片肥厚，叶色绿，叶片平展呈椭圆形，叶密度大，直立，较抗白粉虱。株高 23cm，单枝抽生花序，果枝梗较直立。果实长圆锥形，果实较整齐，果大，口味淡、果面发面、果脆硬。种子内陷，花萼外翻。髓心实，果肉红色，果肩白，可溶性固形物含量 8.5%。折合亩产 3 675kg，比对照增产 22%，产量位次第 1 位，可继续试验鉴定。

3. 甜查理 × 红实美—2

该组合 11 月 10 日现蕾，11 月 21 日开花，1 月 7 日结果。植株长势强，株态开张。株高 25cm，叶片椭圆形，叶片肥厚，叶色浓绿，叶密度大，单枝抽生花序，果圆锥形，果实深红色，果肉红，髓心白，种子内陷，花萼外翻。可溶性固形物含量 6.3%。口味一般。折合亩产 3 460kg，比对照增产 14.95%，产量位次第 2 位，可继续试验鉴定。

4. 甜查理 × 红颜—2–2

该组合 11 月 18 日现蕾，11 月 25 日开花，1 月 17 日结果。植株长势较强，株高 26cm，叶鞘绿色，叶片椭圆形，叶片肥厚。单枝抽生花序，花萼外翻。果实圆锥形，果肉红色，髓心实，红色。果实大，汁多，口味香甜，果实较软，可溶性固形物含量 8.5%。折合亩产 3 240kg，比对照增产 7.6%，产量位次第 6 位，可继续试验鉴定。

5. 甜查理 × 红实美—3

该组合 11 月 14 日现蕾，11 月 28 日开花，1 月 30 日结果。植株长势旺健，株高 7.0cm，株态直立。叶椭圆形，叶密度大，叶鞘粉红，单枝抽生花序，花萼外翻。果实圆锥形，果面红色、亮泽，果肉红色，种子内陷，口味香甜。最大单果重 35 g，可溶性固形物含量 8.1%。折合亩产 3 200kg，比对照增产 6.3%，产量位次第 8 位，可继续试验鉴定。

6. 甜查理 × 红实美—1

该组合 11 月 18 日现蕾，11 月 30 日开花，2 月 1 日结果。植株长势旺健，株高 8.3cm，株态直立。叶椭圆形，叶密度大，叶鞘绿色。单枝抽生花序，花萼外翻，种子内陷。果长圆锥形、略尖，果实亮泽，果面红色，果肉红，口感酸甜。可溶性固形物含量 7.7%。折合亩产 3400kg，比对照增产 12.95%，产量位次第 4 位，可继续试验鉴定。

7. 甜查理 × 红颜—4

该组合 11 月 17 日现蕾，11 月 30 日开花，1 月 31 日结果。植株长势旺健，株高 10cm，株态开张。叶椭圆形，叶密度大，叶鞘微粉。单枝抽生花序，花萼翻卷，种子内陷。果圆锥形，果实亮泽，果面亮红，果肉粉白，口味香甜，可溶性固形物含量 8.5%。折合亩产 3 120kg，比对照增产 3.65%，产量位次第 10 位，可继续试验鉴定。

8. 甜查理 × 红颜—2–1

该组合 11 月 16 日现蕾，11 月 28 日开花，1 月 12 日结果。植株长势旺健，株高 10cm，株态直立。叶椭圆形，叶色深绿，叶密度大，叶鞘粉红。单枝抽生花序，花萼外翻，种子内陷。果实长圆锥形，果实亮泽，果面深红，果肉粉白，口味香甜。最大单果重 27g，可溶性固形物含量 8.5%。折合亩产 3 420kg，比对照增产 13.62%，产量位次第 3 位，可继续试验鉴定。

9. 红颜 × 甜查理—3

该组合 11 月 15 日现蕾，11 月 24 日开花，12 月 17 日结果。植株长势中庸，株高 10cm，株态直立。叶椭圆形，叶密度中等，单枝抽生花序，叶鞘粉红。花萼外翻，种子内陷。果形规则，整齐，果实亮泽，果面深红色，果肉红，口味香甜。最大单果重 45g，可溶性固形物含量

9.5%。折合亩产3 230kg，比对照增产7.30%，产量位次第7位，可继续试验鉴定。

10. 红实美 × 红颜—4

该组合11月13日现蕾，11月20日开花，12月4日结果。植株长23cm较直立。叶片长椭圆形，叶密度大，叶片小，叶鞘微粉。单枝抽生花序，花萼外翻，种子内陷。果圆锥形，果实亮泽，果面深红色，果肉红色，口味甜略酸，最大单果重32 g，可溶性固形物含量9.0%。折合亩产3 110kg，比对照增产3.32%，产量位次第11位，可继续试验鉴定。

11. 甜查理 × 红颜—5

该组合11月11日现蕾，11月26日开花，1月10日结果。植株长势弱，株高11cm。叶片长椭圆形，叶密度中等，叶鞘绿色。单枝抽生花序，花萼外翻，种子内陷。果实圆锥形，果实亮泽，果面红色，果肉全红，口味差。可溶性固形物含量6.0%。折合亩产2 100kg，比对照增产30.23%，产量位次第13位。

该组合长势弱，口味差，不适合温室生产，于调查中淘汰。

12. 甜查理 × 红颜—3

该组合11月23日现蕾，12月5日开花，1月25日结果。植株长势旺健，株高27株态直立。叶片长椭圆形，叶密度大，单枝抽生花序，叶鞘淡粉。花萼外翻，种子内陷红色。果实圆锥形，果实亮泽，果面红色，果肉红色，口味香甜。可溶性固形物含量8.6%。折合亩产3 250kg，比对照增产7.97%，产量位次第5位。可继续试验鉴定。

13. 甜查理 × 红颜—1

该组合11月21日现蕾，12月2日开花，12月16日结果。植株长势强，株态直立，叶椭圆形，叶密度中等，叶鞘淡粉色。单枝抽生花序，花萼外翻，种子内陷。果实长圆锥形，果实亮泽，果面红色，果肉红，口味香甜。可溶性固形物含量9.1%。折合亩产3 130kg，比对照增产3.98%，产量位次第9位。可继续试验鉴定。

表1　参试品种生育期调查

品　种	现蕾期（月-日）	始花期（月-日）	始采期（月-日）	采收盛期	采收结束期
红颜（对照）	11-7	11-18	1-10	2月上旬	6月初
红实美 × 红颜—1	11-15	12-4	1-31	2月上旬	5月末
甜查理 × 红实美—2	11-10	11-21	1-07	1月上旬	5月末
甜查理 × 红颜—2-2	11-18	11-25	1-17	1月下旬	6月初
甜查理 × 红实美—3	11-14	11-28	1-30	2月初	5月末
甜查理 × 红实美—1	11-18	11-30	2-01	2月上旬	6月初
甜查理 × 红颜—4	11-17	11-30	1-31	2月上旬	6月初
甜查理 × 红颜—2-1	11-16	12-28	2-12	2月下旬	5月末
红颜 × 甜查理—3	11-15	11-24	2-07	2月中旬	6月初
红实美 × 红颜—4	11-13	11-20	1-04	1月下旬	5月末
甜查理 × 红颜—5	11-11	11-26	1-09	2月上旬	5月末
甜查理 × 红颜—3	11-23	11-25	1-30	2月上旬	6月初
甜查理 × 红颜—1	11-21	12-2	1-22	2月上旬	5月末

表2　参试品种抗病虫害能力调查

品　种	白粉病	灰霉病	白粉虱	红蜘蛛	蚜虫
红颜（对照）	不抗	不抗	中抗	中抗	中抗
红实美 × 红颜—1	不抗	中抗	不抗	抗	抗
甜查理 × 红实美—2	抗	中抗	不抗	中抗	抗
甜查理 × 红颜—2-2	抗	抗	抗	抗	抗
甜查理 × 红实美—3	抗	抗	抗	中抗	抗
甜查理 × 红实美—1	抗	抗	抗	抗	抗
甜查理 × 红颜—4	抗	中抗	不抗	中抗	抗
甜查理 × 红颜—2-1	中抗	抗	中抗	中抗	抗
红颜 × 甜查理—3	抗	抗	抗	不抗	抗
红实美 × 红颜—4	抗	抗	不抗	中抗	不抗
甜查理 × 红颜—5	抗	不抗	抗	中抗	抗
甜查理 × 红颜—3	抗	不抗	抗	不抗	抗
甜查理 × 红颜—1	抗	不抗	中抗	中抗	抗

表 3　参试品种初结果期植株性状调查

品种	株高（cm）	长势	株态	叶片形状	叶色	叶密度	花萼着生状态	种子着生状态
红颜（对照）		较强	直立	椭圆形	浓绿	大	翻卷	内陷
红实美 × 红颜—1	23	较强	直立	椭圆形	绿	大	翻卷	内陷
甜查理 × 红实美—2	25	较强	开张	椭圆形	深绿	中	翻卷	内陷
甜查理 × 红颜—2-2	26	较强	开张	椭圆形	绿	中	翻卷	内陷
甜查理 × 红实美—3	20	较弱	较直立	椭圆形	绿	大	翻卷	内陷
甜查理 × 红实美—1	23	较强	较直立	椭圆形	绿	中	翻卷	内陷
甜查理 × 红颜—4	18	弱	较直立	椭圆形	绿	中	翻卷	内陷
甜查理 × 红颜—2-1	25	较强	直立	椭圆形	深绿	大	翻卷	内陷
红颜 × 甜查理—3	24	较强	直立	椭圆形	绿	中	翻卷	内陷
红实美 × 红颜—4	23	较强中	较直立	椭圆形	深绿	大	翻卷	内陷
甜查理 × 红颜—5	11	弱	倒伏	椭圆形	绿	中	翻卷	内陷
甜查理 × 红颜—3	27	较强	开张	椭圆形	深绿	中等	翻卷	内陷
甜查理 × 红颜—1	26	较强	直立	椭圆形	深绿	大	翻卷	内陷

表 4　参试品种生物性状调查

品种	果形	果面颜色	果实光泽	果肉颜色	髓心	口味
红颜（对照）	长圆锥形	亮红	有	红	实	香甜
红实美 × 红颜—1	长圆锥形	深红	有	红	实	香甜
甜查理 × 红实美—2	圆锥形	深红	无	红	实	香甜
甜查理 × 红颜—2-2	圆锥形	红	略有	红	空	淡香
甜查理 × 红实美—3	长圆锥形	红	无	红	实	酸甜
甜查理 × 红实美—1	长圆锥形	深红	有	红	实	酸甜
甜查理 × 红颜—4	圆锥形	深红	有	红	空	香甜
甜查理 × 红颜—2-1	长圆锥形	深红	有	粉红	实	香甜
红颜 × 甜查理—3	长圆锥形	深红	有	红	实	香甜
红实美 × 红颜—4	圆锥形	深红	有	红	实	甜
甜查理 × 红颜—5	圆锥形	亮红	有	红	实	一般
甜查理 × 红颜—3	长圆锥形	亮红	有	全红	实	香甜
甜查理 × 红颜—1	圆锥形	亮红	有	红	实	淡香

表5　参试品种经济性状调查

品种	果实整齐度	果实硬度（kg/cm²）	可溶性固形物含量（%）	果汁多少	最大单果重（g）	亩产量（kg/亩）	产量排位	增产（%）
红颜（CK）	较好	中	10.9	多	47	3 010	12	
红实美 × 红颜—1	较好	中	8.5	多	41	3 675	1	22.01
甜查理 × 红实美—2	一般	中	6.3	中	33	3 460	2	14.95
甜查理 × 红颜—2-2	较好	中	8.5	多	42	3 240	6	7.60
甜查理 × 红实美—3	较好	软	8.1	中	38	3 200	8	6.30
甜查理 × 红实美—1	较好	大	7.7	多	40	3 400	4	12.95
甜查理 × 红颜—4	较好	较好	8.5	多	32	3 120	10	3.65
甜查理 × 红颜—2-1	较好	大	8.5	中	38	3 420	3	13.62
红颜 × 甜查理—3	较好	软	9.5	多	46	3 230	7	7.30
红实美 × 红颜—4	较好	软	9.0	多	32	3 110	11	3.32
甜查理 × 红颜—5	一般	软	6.0	多	45	2 100	13	-30.23
甜查理 × 红颜—3	较好	软	8.6	多	40	3 250	5	7.97
甜查理 × 红颜—1	较好	较大	9.1	多	26	3 130	9	3.98

附录 31　ACE PACK 保鲜剂对草莓保鲜效果的试验初报

谷　军　史功成　孙啻宇

辽宁省东港市草莓研究所　2011 年 6 月

摘　要: ACE PACK 保鲜剂（AP 保鲜剂）是日本专利果蔬保鲜剂，对许多果蔬保鲜效果明显。本试验对‘红颜’和‘章姬’两个草莓品种鲜果各采用 3 种处理试验，即对照处理（未处理）、处理二（400g 果实 10gAP）、处理三（400g 果实 20gAP）。结果表明 AP 可延缓后熟时间，减轻草莓保鲜期霉变程度，延长货架寿命 2~4d。

关键词: ACE PACK 保鲜剂，草莓，货架寿命

水果和蔬菜为了促进自身成熟排出乙烯气，而乙烯气在加速果蔬后熟过程的同时，也会加速果蔬的腐烂变质，减少果蔬货架寿命。ACE PACK 保鲜剂是天然佛石经极少量的过锰酸钾化学处理后的产品，会吸收分解乙烯气体，还会吸收过多的水分、抑制果实和蔬菜的热量产生，防止损坏和枯萎，在香蕉、橘子、番茄等水果蔬菜上应用，一般会比普通方式延长两倍时间的新鲜程度，能使消费者吃到新鲜果实和蔬菜。本试验主要研究 AP 保鲜剂对延长草莓保鲜期即货架寿命的变化影响，探讨 AP 保鲜剂在草莓保鲜方面的试验依据和操作规程，试图为延长草莓保鲜时间提供新技术。

一、材料与方法

（一）试验材料

AP 保鲜剂由韩国绿色产业（株）上海事务所提供。

供试草莓品种为‘红颜’和‘章姬’，产于辽宁省东港市草莓研究所实验基地，于 2011 年 2 月 28 日下午采摘，马上运到试验室后选取成熟度一致（九分熟）、着色均匀、无机械损伤、无自然病害侵染的果实做试材。

（二）试验方法

把‘章姬’和‘红颜’两个品种分别分成 3 份（分别为 A 号袋和

B 号袋），每份重量 400g，装入透明不透气的塑料袋中，1 号袋不放 AP 保鲜剂（处理一对照）；2 号袋放入 1 袋（10g）AP 保鲜剂（处理二）；3 号袋放入 2 袋（20g）AP 保鲜剂（处理三）；然后把塑料袋折叠封口使之不透气，放入室内常温下储藏。

（三）室温条件

2011 年 2 月 28 日开始，试验室内温度变化较平稳，日夜温度 7~11 ℃，其中 2011 年 3 月 6—10 日由于天气降温，室内温度相对较低。

（四）调查项目与方法

2011 年 2 月 28 日开始，每天记录室内温度，观察草莓果型、色泽变化、水汽变化、以及腐烂、霉变程度变化，在相应时段察验风味影响等；同时每天用照相机记录变化情况。见附表。

二、结果与分析

（一）AP 保鲜剂处理对草莓后熟影响

在储藏期间，两个品种的两个 AP 保鲜剂处理的比对照草莓后熟较慢。‘章姬’对照果实颜色在第 3 天由浅红变为鲜红，在第 8 天时由鲜红变为深红；‘章姬’处理二果实颜色在第 7 天由浅红变为鲜红，在第 11 天时果实颜色由鲜红变为深红；‘章姬’处理三果实颜色第 9 天由浅红变为鲜红，在第 12 天果实颜色由鲜红变为深红。‘红颜’对照果实颜色在第 5 天颜色由红色变为深红色；‘红颜’处理二果实颜色在第 7 天由红色变为深红色；‘红颜’处理三果实颜色在第 9 天由红色变为深红色。通过两个品种的颜色变化，说明 AP 保鲜剂对抑制草莓的后熟过程有一定效果。

（二）草莓果实含水量对 AP 保鲜剂处理的效果影响

本次试验‘章姬’果实含水量比‘红颜’果实含水量较少，其保鲜时间比红颜长 2d 左右，AP 保鲜剂对含水量较少的品种保鲜效果更明显，20g AP 保鲜剂处理的比 10g AP 保鲜剂处理的保鲜效果好。

（三）AP 保鲜剂处理果形的影响

两个品种 3 个处理的草莓果实形状变化程度不同，‘章姬’对照果实形状在第 8 天开始出现轻微凹陷，第 11 天出现重度凹陷；‘章姬’处理二果实形状在第 9 天出现轻微凹陷，第 12 天出现重度凹陷；‘章姬’

处理三果实形状在第 12 天出现轻微凹陷。‘红颜’对照果实形状在第 8 天出现轻微凹陷，第 9 天出现中度凹陷，第 11 天出现重度凹陷，‘红颜’处理二果实形状在第 9 天出现轻微凹陷，第 11 天出现中度凹陷，‘红颜’处理三果实形状在第 10 天出现轻微凹陷，第 11 天出现中度凹陷。通过果实形状变化说明 AP 保鲜剂对草莓果形稳定有延长作用。在 400g 果量时放置 AP 保鲜剂 20g 比 10g 更能保持果形不变。

（四）AP 保鲜剂处理对草莓腐烂、霉变影响

在储藏期间，两个品种 3 个处理的腐烂和霉变程度不同。其中‘章姬’对照在第 8 天出现水渍斑点，第 10 天有 50% 发生中度腐烂和霉变失去商品价值，‘章姬’处理二果实在第 9 天出现水渍斑点，第 11 天有 40% 发生中度腐烂和霉变失去商品价值，‘章姬’处理三果实在第 11 天出现水渍斑点，第 13 天失去商品价值；‘红颜’对照在第 6 天有水渍斑点，第 8 天 40% 果实开始有腐烂发霉，‘红颜’处理二果实第 8 天有水渍斑点，第 10 天有 40% 腐烂发霉，‘红颜’处理三第 10 天开始出现水渍斑，第 12 天腐烂发霉。

（五）AP 保鲜剂处理对风味果肉影响

试验结束时，对照和处理二出现刺鼻霉味，没有草莓香味，处理三仍有草莓香味；‘红颜’对照果实切开后果肉腐烂到髓部，处理二果实果皮腐烂未到髓心，而处理三的仅仅是表皮有水渍状，果肉髓心没有变化。‘章姬’对照果实腐烂到髓心，处理二果肉腐烂髓心未变，处理三果肉轻微腐烂，髓心未变。

三、讨论

在 7~11℃储藏环境中，采取 AP 保鲜剂对草莓乙烯生成有抑制作用，能降低果实呼吸代谢，延缓后熟进程，减少霉菌发生，可以延长草莓的储藏时间即货架寿命。

本试验的结果表明，400g 果实 20g AP 保鲜剂处理的草莓保质期分别比对照和 10g AP 保鲜剂处理的要延长 2d 和 3d，因此相应加大 AP 保鲜剂使用量效果更好。

AP 保鲜剂的效果和使用技术尚待继续试验研究。

表 1　章姬草莓 AP 保鲜试验记录

日期（年－月－日）	室温（℃）	观察时间	观察结果											
			对照（处理一）				AP10g（处理二）				AP20g（处理三）			
			果型	水汽	色泽	腐烂、霉变	果型	水汽	色泽	腐烂、霉变	果型	水汽	色泽	腐烂、霉变
2011-2-28	11	14：30	端正	有	浅红	无	端正	有	浅红	无	端正	有	浅红	无
2011-3-1	8~11	8：00—14：00	端正	轻	浅红	无	端正	轻	浅红	无	端正	轻	浅红	无
2011-3-2	8~11	8：00—14：00	端正	轻	浅红	无	端正	轻	浅红	无	端正	轻	浅红	无
2011-3-3	8~11	8：00—14：00	端正	重	鲜红	无	端正	轻	浅红	无	端正	无	浅红	无
2011-3-4	8~11	8：00—14：00	端正	重	鲜红	无	端正	轻	浅红	无	端正	无	浅红	无
2011-3-5	8~11	8：00—14：00	端正	重	鲜红	无	端正	无	浅红	无	端正	无	浅红	无
2011-3-6	7~10	8：00—14：00	端正	重	鲜红	无	端正	无	鲜红	无	端正	无	浅红	无
2011-3-7	7~10	8：00—14：00	形状轻微凹陷	重	深红	有水渍状斑	端正	轻	鲜红	无	端正	无	浅红	无
2011-3-8	7~10	8：00—14：00	形状中度凹陷	重	深红	有水渍状斑	形状轻微凹陷	轻	鲜红	有水渍状斑	端正	轻	鲜红	无
2011-3-9	7~10	8：00—14：00	形状中度凹陷	重	深红	腐烂、霉变	形状轻微凹陷	轻	鲜红	有水渍状斑	端正	轻	鲜红	无
2011-3-10	8~11	8：00—14：00	形状重度凹陷	重	深红	腐烂、霉变	形状中度凹陷	重	深红	腐烂、霉变	端正	轻	鲜红	有水渍状斑
2011-3-11	9	9：30	形状重度凹陷	重	深红	腐烂、霉变	形状中度凹陷	重	深红	腐烂、霉变	形状轻微凹陷	重	深红	有水渍状斑

附录 32　草莓新品种‘红颜’引进及配套优质高产栽培技术研究技术报告

东港市草莓研究所

2012 年 6 月

一、品种来源及引进、试验、研究程序

‘红颜’（又名‘红颊’‘红霞’）是以‘章姬’×‘幸香’杂交选育而成的日本早熟品种。1999 年 7 月 14 日，东港市草莓研究所所长谷军与日本专家电话沟通邀请其来考察指导，一并要求其能赠送我方日系最新品种种苗（专家先后 7 次来东港考察指导，是东港政府经济技术顾问），专家应允。9 月 18 日，专家由大连接至丹东鸭绿江大厦。19 号专家赠予东港市草莓研究所草莓苗：‘章姬’‘枥乙女’‘丽红’‘宝交早生’‘红颜’（‘99-03’）和‘丰香’（‘A10’）各 1 株；草莓硬度仪 1 台；土壤湿度目测仪 2 台。东港市草莓研究所自从引进草莓新品种红颜后，边试验边通过茎尖组织培养快繁育苗，于 2000 年开始了试验示范的程序技术工作。

2000 年，列入“国家星火计划项目”（国科发〔2000〕111 号 00B101D6500012 号）和“丹东草莓产业化开发项目”的“草莓新品种引进试验及配套生产技术研究”课题（辽科发〔2000〕66 号，省科技厅 00301003 号）。

2000—2001 年，东港市草莓研究所利用温室栽培试验，观察品种特征特性。

2002 年，东港市草莓研究所在东港市草莓研究所原种示范场、椅圈镇夏家村、前阳镇影背村、北井子镇孙家村、凤城市兰旗镇、丹东振安区楼房镇等处，布置日光温室品种对比试验，‘红颜’表现优质、高产、抗病、商品价值高，其中东港市草莓研究所试验点‘红颜’亩产 2894.2kg，分别比日本品种‘丰香’‘宝交早生’‘佐贺清香’‘鬼怒甘’‘枥乙女’增产 19.8 %、44.7 %、18.6%、8.2%、21.1%。

2003—2004年，东港市草莓研究所除在东港市草莓研究所原种示范场设置示范棚供农民和外地来人现场观摩外，还在丹东地区及鞍山、大连、铁岭及外省市进行开发示范生产，‘红颜’品种普遍表现高产、优质、耐储运和高效益。

二、性状

（一）‘红颜’植物学特征

红颜长势旺健，植株高大，生长旺期植株高达28.5cm，属大株型品种，叶片长椭圆形，大而厚，叶色浓绿，叶柄浅绿色，基部叶鞘淡红色，匍匐茎抽生早且粗壮，育苗期间子苗容易开花结实，繁殖系数低，植株分茎数较少，花序梗粗坚硬直立，单株花序3~5个，花量较少，顶花序8~10朵，侧花序5~7朵。花朵发育健全，授粉和结实性好。休眠浅，打破休眠所需5℃以下低温累计量低于100h，促成栽培中可不用赤霉素处理。对白粉病抗性中等，不抗炭疽病。夏季育苗困难，易发生炭疽病和根腐病。适宜温室促成栽培，在丹东地区从12月上旬至翌年6月能长期收获（表1和表2）。

表1 ‘红颜’与主栽品种间植株生长特性调查

品种	株高（cm）	长势	株态	叶形	叶色	叶密度	叶鞘颜色	小叶纵径（cm）	小叶横径（cm）
红颜	28.5	强	直立	长椭圆	浓绿	中等	红	10.6	8.5
丰香	21.0	较强	较开张	椭圆	浓绿	大	粉红	9.8	8.9
章姬	25.2	强	直立	长椭圆	浓绿	小	淡红	10.4	8.2
甜查理	20.8	较强	较开张	椭圆	绿	大	绿	9.5	8.4

注：2009年东港市草莓研究所原种示范场调查数据，下表同。

表2 ‘红颜’与主栽品种间主要物候期与抗病虫害调查

品种	初收日（月-日）	现蕾日（月-日）	开花日（月-日）	采收结束日（月-日）	白粉病	灰霉病	炭疽病	红蜘蛛	蚜虫
红颜	01-12	11-05	11-16	06-20	中抗	中抗	不抗	中抗	不抗
丰香	01-05	10-27	11-10	06-05	不抗	中抗	抗	不抗	不抗
章姬	01-09	11-06	11-17	06-15	中抗	中抗	不抗	不抗	不抗
甜查理	01-17	11-15	11-23	06-22	抗	抗	抗	抗	中抗

（二）红颜经济性状

‘红颜’果实圆锥形，略显长，颜色鲜红漂亮，果形美观，畸形果少，果肉全红，硬度较大，为 0.51kg/cm^2，含糖量高，可溶性固形物含量为 11.3%，口味酸甜适中，芳香浓郁。口味好于‘丰香’更优于欧美品种‘甜查理’等。果个均匀，产量高，大果率明显高于‘丰香’‘鬼怒甘’‘枥乙女’等，一级序果特大，最大单果重达 108.4g，一级序果平均 44.2g，多年多点试验平均亩产 3 008.9kg，比‘丰香’增产 601.8kg，比‘甜查理’减产 499.3kg。由于‘红颜’休眠浅，鲜果上市早，颜色漂亮，果品口味特佳，商品性状好，是走亲访友的上等礼品，近几年市场销价一直看好，每千克商品价值比‘丰香’高 4~6 元，比‘甜查理’高 6~8 元，亩收入达 33 593 元，分别比‘丰香’‘甜查理’亩增收 9 025 元、5 035 元（表 3 和表 4）。

三、栽培技术规程

根据‘红颜’品种特征特性及东港市及全国温室生产条件，总结多年栽培管理经验。东港市草莓研究所制定了‘红颜’优质高产栽培技术规程。

（一）培育优质壮苗

选用脱毒组培原种母苗繁殖良种苗，常规繁苗田应选在两年内未栽过草莓，土面平整、土壤疏松、有机质丰富、排灌方便、光照良好的地块。亩施腐熟农家肥 3 000~4 000kg、氮磷钾复合肥 30~40kg，铺撒均匀翻入土壤 25cm 左右，打垄作床。该品种繁苗能力中等，每株母株可繁殖 30~40 株合格子苗，一般每亩定植母苗 800~1 000 株。定植深度应把握在浇水沉实后苗心仍高于土表为宜，即“上不埋心，下不露根”。时间一般在 4 月上旬，日平均温度在 10℃左右，有条件可用营养钵在棚内假植一段时间后再定植，可大大提高成活率。栽植时，应使根系舒展，前期地膜覆盖。母株成活后，及时摘除老叶、病叶、花序与领蔓压土，促生匍匐茎。繁殖期间要注重炭疽病与叶斑病的防治。

推广假植育苗培育壮苗。壮苗标准：绿叶 5 片以上，根茎粗 0.8~1.0cm，植株矮壮，根系发达，白须多，无病虫害。假植育苗是促成栽培中培育壮苗，促进花芽分化，提高产量和品质的一项有效措

表 3 ‘红颜’果实经济性状比较

品种	果实大小	果形	果面颜色	果肉色	果心色	果实光泽	髓心	果实棱沟	果实香味	耐储性	果汁多少	硬度（kg/cm^2）	糖度（%）	酸度（%）	糖酸比	平均单果重（g）	最大单果重（g）
红颜	大	圆锥形	艳红	红	全红	有光泽	实	无	浓香	较好	较多	0.51	11.3	0.74	15.3	44.2	108.4
丰香	中大	圆锥形	艳红	橙红	粉红	有光泽	实	有	浓香	较好	多	0.50	10.5	0.72	14.5	33.4	67.7
章姬	大	长圆锥形或楔形	艳红	淡红	粉白	有光泽	实	无	香	较差	多	0.44	11.0	0.68	16.2	42.6	102.3
甜查理	大	圆锥形或楔形	深红	红	红	略暗	实	无	淡香	好	较多	0.54	9.5	0.77	12.3	43.8	90.8

表 4 红颜与主栽品种间产量与效益构成比较

品种	1—2 月			3—4 月			5—6 月			合计	
	产量（kg）	售价（元 /kg）	收入（元）	产量（kg）	售价（元 /kg）	收入（元）	产量（kg）	售价（元 /kg）	收入（元）	产量（kg）	收入（元）
红颜	1 269.0	16.0	20 304.0	957.2	8.8	8 423.4	782.7	6.5	5 087.6	3 008.9	33 815.0
丰香	1 194.2	14.0	16 718.8	702.0	7.2	5 054.4	406.2	5.5	2 234.1	2 302.4	24 007.3
章姬	1 313.6	18.0	23 644.8	964.1	10.0	9 641.0	760.8	6.5	4 945.2	3 038.5	38 231.0
甜查理	1 504.1	11.50	17 297.3	1 063.4	6.5	6 912.1	941.9	4.5	4 238.5	3 509.4	28 447.9

施。一般分露地苗床假植和营养钵假植。生产上多采用苗床假植，即在温室定植前40~50d（一般为7月末8月初），将繁苗圃中母株的匍匐茎子苗挖出，按大小分类，移植到100~120cm宽的假植圃中，株行距（12~15）cm×（12~15）cm，进行精心管理。假植苗圃应平整疏松、有机质含量高，排灌水方便。假植育苗及生产定植前要汰除病苗，重点对炭疽病加强防控。

（二）定植技术

东港地区草莓定植时间一般8月末至9月初，假植苗应延后10~15d，栽植密度因苗素质而定，一般每亩栽植8 000株。一般垄面宽50~60cm，双行定植，行距25~30cm，株距13~17cm，垄高30cm以上，由北向南落差10~15cm。栽植时间多在高温季节，为提高成活率应避过高温，抢阴天和低温时栽植；起苗前苗圃浇透水，多带土，少伤根；栽植宁浅勿深，覆土不可埋心，弓背朝向垄沟；定植后遮阳防晒。

（三）施肥技术

1. 施足底肥

定植前亩施充分腐熟的农家肥4 000~5 000kg，草莓专用复合肥50kg，深翻30~40cm，与土壤充分拌匀。

2. 适时追肥

温室保温后，草莓长势变旺，花芽分化迅速，坚持平衡施肥原则，缺啥补啥，不缺不追。一般情况下，在顶花序现蕾期后，以后每隔20d追肥一次，每次亩施氮磷钾复合肥10kg，配成0.2%~0.3%溶液滴灌或叶面喷施。针对性的喷施叶面肥促进果实发育和提高果品质量。叶面肥尽量选用生物菌肥或低残留有机生物肥，保证草莓的无公害性。为防止缺钙及畸形果产生，可在现蕾期有选择地喷施含钙、硼的叶面肥。

3. 补充CO_2气肥

采取秸秆生物反应堆技术，或草莓开花一周后，在相邻两株草莓间开15cm深的孔，每孔放入2枚CO_2缓释颗粒剂（每粒5g），覆土5cm压实，滴灌，保持土壤湿润，这样可以解决温室郁闭导致的CO_2亏缺问题。

（四）湿度管理

土壤含水量，花芽分化期要求达到田间持水量的60%，营养生长期达到田间持水量的70%，果实膨大期达到田间持水量的80%。开花期及果实采收前要适当控水，防止空间湿度大影响授粉受精和果实腐烂。温室内空气相对湿度应控制在70%以下为宜。

（五）温度管理

扣棚时间一般在日平均温度16~18℃进行，丹东地区一般在10月上中旬，可根据当地气候变化和预计果实上市时间灵活掌握。扣棚同时覆盖黑色地膜，既可提高温度又可除草。

开始保温后，白天温度应保持在25~28℃，夜温在10~12℃，不低于8℃，防止夜温低导致植株进入矮化休眠状态，白天温度高可促使花芽发育，但不应超过32℃，避免叶片灼伤。花期对温度要求严格，白天应以23~25℃为标准，不要超过28℃，夜温8~10℃。温度过高或过低影响授粉受精效果，导致畸形果产生。花后至果实膨大期，白天20~25℃，夜温不低于5℃。白天温度高，着色早，果实小，影响商品价值。

（六）植株管理

覆盖棚膜后要及时摘除病老残叶。花果期摘除老黄底叶，随时摘除新生匍匐茎。视植株长势不喷或只需喷施一次5mg/L赤霉素溶液。将花序理顺到垄帮和果下垫草，有利于着色早熟，减少病虫害和便于采收，在现蕾期把高级次的小花摘除，在幼果青色期将病虫果和畸形果疏除，第1茬花序一般留6~8个果，第2茬花序保留5~6个果，第3茬花序保留4~5个果，疏花疏果能增大果个，改善品质，提高产量和商品价值。应放养蜜蜂辅助授粉。在5%植株初花时放蜂，放蜂量以平均每株草莓一只蜂为宜。

（七）光照管理

冬季夜长昼短，自然光不能满足温室草莓生长发育需要。除采取后墙挂反光膜、运用透光率好的棚膜、经常清扫膜面灰尘外，还应在11月至翌年2月间采取电灯补光技术。具体做法是，在温室横向中间处延棚纵向每3m距垄面1.5m处垂挂一排60 W白炽灯，每亩需30个。盖苫后每晚光照4~5 h。

（八）病虫害防治

坚持“预防为主，综合防治”的原则。从草莓生产各个环节入手，预防病虫害的发生和漫延，尽量减少化学农药的使用。禁止使用剧毒、高毒、高残留农药。重视轮作倒茬和土壤消毒（采取太阳能高温消毒或棉隆化学消毒），加强育苗期及花前防治，优先采用熏烟法和粉尘法。‘红颜’草莓不抗炭疽病，中抗白粉病。炭疽病应把握发病时期提前预防，除进行土壤消毒、采用脱毒种苗外，苗期可选用农日升 + 使百克、炭疽福美、阿米妙收等药剂进行防治。白粉病应在扣棚加温后夜间使用硫黄熏蒸器熏蒸，预防效果好；发病时可选用世高、翠贝、阿米西达等药剂防治。灰霉病一般为花后病害，应在花前选用百菌清、扑海因、施佳乐等药剂防治；果期发病可选用纯植物源杀菌剂——丁子香·芹酚喷雾防治，或用百菌清烟雾剂熏蒸。草莓虫害主要为蚜虫和螨类。蚜虫一般选用抗蚜威、吡虫啉等药剂防治。螨类可选用阿维菌素、尼索朗、哒螨灵防治。

（九）适期采收，精包装上市

选取九成熟的草莓采摘，采摘时应戴上一次性使用的医用手套，采摘容器最好用无毒塑料筐或小筐，里面垫一层干净的柔软材料。采收时以上午 9 时前后或傍晚转凉后进行为好。

宜精小包装，分等级上市，货架果盒每包装 6~12 个果，批发包装用无污染的纸箱或塑料盒，内衬新鲜的草莓叶，规则地摆放草莓，保证整个过程无污染化和清洁化。

搬运过程中要轻拿轻放，尽量避免振荡，最好使用冷藏车运输，温度保持在 1~2℃，湿度保持在 90%~95%。

四、生产发展规划原则

（一）该品种耐储性较好，采收季节长，可供市场范围大，适宜远、近距离销售

（二）规模生产

摒弃“物以稀为贵”的小农意识，走商品化、规模化生产道路，搞集约化生产方能吸引草莓经纪人到田间棚内定购定销，减轻‘红颜’果品碰压损失，缩短采收至销售的储运时间，取得集约效益、规模效益。

（三）科学性和系统性的生产技术指导

有了规模产区，还应统一品种、统一栽植时间、统一覆膜保温、统一应用科学的无公害栽培管理技术，提高商品质量，保证果品上市时间一致，形成‘红颜’品牌产区，确保种植‘红颜’品种的农户都获得优质、高产、高效的好收成。

五、本项目的主要创新点

一是首家首先直接从日本引进‘红颜’新品种（1999 年 9 月 19 日，日本专家亲自赠送给东港市草莓研究所）；

二是研究制定中国北方地区日光温室‘红颜’品种配套优质高产栽培技术；

三是研究确认‘红颜’品种对光照较敏感，冬季温室应于 11 月至翌年 2 月每日补光照 4~5h。

四是检测‘红颜’品种鲜果硬度较大，耐储运性好，可大面积规模发展。果实应采取九分熟采收，在棚温较低时采收，采收前不灌水和小包装上市等技术，延长储运和货架寿命；

五是测定‘红颜’品种为大株型品种，在丹东和北方地区亩栽植 8 000 株左右为宜。

附录 33 草莓新品种‘红颜’引进及配套优质高产栽培技术研究工作报告

东港市草莓研究所 2012 年 6 月

东港是我国最早引进草莓并持续发展的草莓生产基地，是农业部命名的唯一一家优质草莓生产基地和无公害农产品（草莓）生产基地。草莓生产是当地农村经济六大支柱产业之一。目前，全市草莓生产面积达到 15 万亩，总产量达到 30 万 t，实现产值 18 亿元，面积和产量分别占全国的 7.9%、15%，占全省的 72%、80%，产业规模全国第一，是我国最大的草莓生产基地。同时，东港也是全国最大的草莓出口基地，年加工草莓 4 万 t 以上，年出口草莓制品 3 万 t，创汇 3 000 多万美元，出口量及草莓制品创汇额均占全国 20% 以上。“东港草莓”商标进入全国 300 个著名地域证明商标之列，并在首届“中国农产品区域公用品牌建设论坛”上被评为全国百强品牌，其中单项草莓区域品牌排名第一。在 2011 年 4 月 24 日中国第六届（丹东・东港）草莓文化节上，东港市被辽宁省政府授予“辽宁省草莓一县一业示范县”荣誉称号；被中国园艺学会草莓分会授予“中国草莓第一县”荣誉称号。更加凸显了草莓特色产业在东港市农村经济的重要地位。

东港市草莓栽培形式为日光温室反季节栽培 7 万亩，早春大拱棚半促成栽培 5 万亩和露地栽培 3 万亩。全市有 45 000 户农民种植草莓，共有 30 231 个日光温室和 19 425 个早春大棚，从业人数 9 万 ~10 万人。其中日光温室属高投入、高产出、高效益栽培形式，目前其生产效益为亩收入 3 万 ~5 万元，高产典型可超过 10 万元。

‘红颜’品种是东港市草莓研究所通过引进国外智力，聘请日本专家前来考察指导时，由日本专家亲手赠送的。1999 年 7 月 14 日，东港市草莓研究所所长与日本专家电话沟通邀请其来考察指导，一并要求其能赠送我方日系最新品种种苗（专家先后 7 次来东港考察指导，是东港政府经济技术顾问），专家应允。9 月 18 日，专家由大连接至丹东鸭绿江大厦。9月19日，专家赠予东港市草莓研究所：‘章姬’‘枥乙女’‘丽红’‘宝交早生’‘红颜’（‘99-03’）和‘丰香’（‘A10’）各1株；草莓硬度仪1台；土壤湿度目测仪2台。由于当时没有确定中文品种名称，用引进的年份99代号，‘红颜’又称‘99号’由此而来。‘红颜’品种是东港市草莓研究所首次从日本引进中国的，多年来开展了如下几方面工作。

一、加强项目工作领导，加大项目工作力度

‘红颜’草莓新品种引进试验后，特别是将其列入2000年“丹东草莓产业化开发”项目中“草莓新品种引进试验及配套优质高产栽培技术研究”课题之后，东港市草莓研究所成立了项目攻关课题组，科学设计试验方案，调查研究品种特征特性，观察分析‘红颜’品种在丹东地区的适应性、丰产性，针对其生理特征研究制定适合东港地区应用的配套生产技术，以充分发挥此品种的优质、丰产和商品效益潜力。

为保证本项目的顺利实施和取得成果，从品种引进、试验至配套生产技术研究、示范推广，东港市草莓研究所先后项目投资50多万元，几年里安排20余项（次）相关应用试验，完成多项技术研究、分析工作报告，掌握了‘红颜’品种的生产习性，研究出相应的配套优质高产栽培技术规程，为此品种的大面积推广提供了科学依据。

二、项目单位简介

项目单位东港市草莓研究所成立于1991年，目前位于东港市环城大街38号（新城区单家井村），是东港市草莓科研和技术推广服务的企业化管理事业单位，开办资金257万元。现有已投入固定资产800万元，占地面积8亩，建筑面积4 000m²。东港市草莓研究所拥有国家津贴专家和正高职以下专业技术人员16名，是丹东地区草莓科研推广“龙头”单位和国家级技术转移单位。

近几年来东港市草莓研究所先后承担完成国家科技部星火计划、财政部科技成果转化、农业部名特优产业发展、国家科协科普惠农兴村计划、国家外专局农业引智示范推广等项目任务十几项，承担完成省、市级科技攻关、科技成果示范推广等项目任务多项，先后获得省、市级科

研成果 8 项，厅、地级科技进步奖 7 项。培育的‘红实美’新品种居“国际先进水平”。东港市草莓研究所与中国农业科学院、沈阳农业大学、北京市农林科学研究院和江苏省农业科学院等国内相关科研院所和大专院校关系密切，与日本、美国、西班牙、荷兰等十几个国家的草莓专家技术交流频繁，在国内外具有较高知名度。东港市草莓研究所先后被评为全国引智成果示范推广基地、全国星火计划农村专业示范协会、省科普先进集体、先进农技协会和丹东市科技、科普工作先进单位、科技扶贫先进单位等多项荣誉。

项目负责人谷军，男，汉族，大学文化，1952 年生人，教授研究员级高级农艺师、国务院政府特殊津贴专家，现任东港市政府草莓产业科技顾问 、东港市科学技术协会常委。1984 年始涉足草莓技术推广工作至今。项目人员情况见表 1。

几年来，谷军主持、承担和完成国家、省、地级星火计划、引智、科研、推广项目任务几十项，其中，科技部星火计划、联合国环保署甲基溴替代技术研究、财政部科技成果转化、国家外专局 18 项引智项目、省科技厅草莓产业化和新品种培育项目都圆满完成工作任务，并获得省、地级科研成果 6 项和厅、地县级科技进步奖 7 项。

表 1　项目攻关组织

姓名	职务	工作单位	职称	分工
谷　军	组长	东港市草莓研究所	教授	立项、设计规划组织项目实施
姜兆彤	副组长	东港市草莓研究所	高级农艺师	协助组长工作，负责组织技术性工作
黄日静	副组长	东港市草莓研究所	高级农艺师	协助组长工作，负责试验实施、规程制定等技术工作
张敬强	成员	东港市草莓研究所	农艺师	项目实施
佟　杰	成员	东港市草莓研究所	会计	项目实施
谷旭琳	成员	东港市草莓研究所	助理农艺师	项目实施
刁玉峰	成员	东港市草莓研究所	农艺师	项目实施
纪虹宇	成员	东港市草莓研究所	农艺师	项目实施
王春花	成员	东港市草莓研究所	农艺师	项目实施
史功成	成员	东港市草莓研究所	农艺师	项目实施

（续表）

姓名	职务	工作单位	职称	分工
孙 静	成员	东港市草莓研究所	农艺师	项目实施
郭文普	成员	东港市草莓研究所	高级农技工	项目实施
朱秀珍	成员	东港市草莓研究所	中级农技工	项目实施
廉洪喜	成员	东港市种子管理站	高级农艺师	项目实施
刘精芳	成员	东港市合隆镇农业服务中心	助理农艺师	项目实施
吴兴波	成员	东港市黄土坎镇农业服务中心	助理农艺师	项目实施

三、争取各级政府和相关上级部门支持

几年来，省、市科技部门对‘红颜’品种的引进、试验、示范和配套生产技术研究非常关注，将其列入“草莓产业化开发”项目中并给予工作指导、督察和资金扶持，省农业厅万福民厅长、丹东市于国平副市长和东港市委、市政府的领导都曾亲临生产现场考察‘红颜’品种的生产表现，询问此品种的相关情况，并指示科技人员尽快制定配套生产技术，通过验收鉴定，把这一好品种送到农民手里。丹东市科技局不但立项管理，还常年跟踪检查、指导项目规划的各项工作。省、市外专局也通过引智工作渠道给予大力支持，帮助聘请日本、荷兰、西班牙、意大利、英国、加拿大专家前来技术交流和指导，也促进了这一日本优良品种在东港地区的开发利用。

四、研究制定出配套生产技术

几年来，东港市草莓研究所先后组织召开十几次有各乡镇农业技术推广站技术员、科技示范户参加的红颜品种观摩现场会，利用《北方果树》《新农业》及报纸、网络、电视、电台等媒体以及参加中国草莓文化节、世界草莓大会、农展会、“科普之冬”“科普集市”、送科技下乡等途径进行‘红颜’品种推介培训100多场次，发表文章30余篇次，力推‘红颜’草莓新品种及配套优质高产栽培技术，加快了‘红颜’品种示范推广速度，提高了这一新优品种的知名度，为大面积开发应用奠

定了基础。

为研究制定良种良法配套生产技术规程，东港市草莓研究所多次邀请日本专家斋藤明彦先生、金指信夫先生、宫本忠信先生、村山宪二先生等前来东港市考察指导，帮助东港市草莓研究所科技人员研究掌握‘红颜’品种特征特性，指导制定配套生产栽培技术规程；还邀请沈阳农业大学、辽宁省农业科学院、北京市农林科学院、江苏省农业科学院等专家协作鉴评，研讨‘红颜’品种品质特征、产量结构、抗性、经济性状等，结合丹东以及我国北方生态实际，总结、归纳、制定出可行、有效、先进的栽培技术意见。

五、‘红颜’品种产量、品质及生产效益认定

‘红颜’品种一般亩产 3t 以上，比‘丰香’增产 20% 左右，果实美观艳丽，果形圆锥形，个大均匀，最大果重超过 100g，含糖量 10.5% 以上，果肉香甜可口，芳香浓郁。商品价值高于‘丰香’每千克 2~3 元，亩效益比‘丰香’增收 9 000 多元。2011 年椅圈镇椅东村夏广俊 30 亩地温室草莓，主动接受东港市草莓研究所科技人员的指导，采用良种——‘红颜’品种；良法——温室草莓无公害优质高效配套生产技术，采用精包装技术开发北京市场，以每千克 70 元的价格优势直销北京，获得总收入 285 万元，亩收入超 9 万元的突出效益。黄土坎镇爱民村高福祥、合隆镇东果林村王涛、龙源堡村李福军分别栽植 1.2 亩、0.8 亩、1.4 亩‘红颜’品种，采用秸秆微生物反应堆、脱毒种苗、假植育苗、平衡施肥等新技术，分别获亩产量 4 500kg、4 400kg、6 000kg 和亩收益 66 000 元、60 000 元、90 000 元高产效益。由于‘红颜’品种果大、外观靓丽、香气诱人、味道好、产量高，畅销紧俏，市场销价高，享有“礼品草莓”的市场声誉。与其他品种同比，售价每千克高出 2~8 元。花同样的成本，种不同的品种，收入就是不一样！‘红颜’是目前最优秀的日本草莓品种之一，草莓鲜果以甜、香、硬的综合优良品质，多次获国际农博会、世界草莓大会、中国草莓文化节、全国优质果评选金奖和名牌产品荣誉。2012 年元旦，‘红颜’草莓批往北京超市价格为 70 元 /kg。据近 3 年（2010 年、2011 年、2012 年）在丹东、东港进行市场调查时发现，春节期间售价比‘丰香’每千克高

5~6 元钱，比美国品种‘甜查理’多卖 6~8 元钱。

根据项目单位生产调查汇总和销售种苗测算，2000 年开始示范生产以来，丹东地区累计生产面积 25 万亩以上。据全国园艺学会草莓分会统计，全国自该品种引进以来累计种植面积 45 万亩以上，增产优质草莓 14.6 万 t 以上，增加社会效益 24.7 亿元。目前，‘红颜’品种正被越来越多的农民和消费市场所欢迎，生产面积将迅速扩大。东港市草莓研究所将采取继续扩大脱毒组培繁苗量、多种形式宣传推广等积极措施，促进红颜生产面积不断扩大，为东港地区乃至全国草莓产业有新的突破性进展，为社会主义新农村建设做出更大的贡献。

附录 34　硫黄熏蒸防治草莓白粉病技术研究技术报告（2012 年）

东港市草莓研究所　2012 年 6 月

草莓白粉病是草莓的重要病害，特别是保护地温室和早春大棚中日本品种受为害极重的病害。在适宜的条件下可以迅速发展，蔓延成灾，损失严重。白粉病能够侵害叶片、嫩尖、花、果、果梗及叶柄等草莓多个部位。草莓白粉病是专性寄生菌，主要依靠带病的草莓苗、昆虫、劳动工具等途径进行传播，干燥田间气候有助于病菌孢子在田间扩散蔓延。草莓白粉菌对农药极易产生抗性，连续使用同一种药剂会很快产生相应抗性，防效减弱。

一、草莓白粉病对温室草莓的为害

早在 1998 年，东港市开始引种日本草莓‘丰香’品种，由于当时对新引进的日本品种抗病性不十分了解，特别是一些农民未能足够重视白粉病的危害的严重性，在种苗繁殖时就没有注重白粉病防治，种苗进棚定植后更是疏于预防，致使当年全市 300 多栋日光温室‘丰香’（每栋 1 亩左右）普遍发生白粉病，并且蔓延速度快、面积大，当时可供选用的白粉病防治药剂只有粉锈宁等一两种，所以农民大都采用连续喷施粉锈宁的措施应对，由于白粉病菌产生抗药性，造成药剂浓度用量逐次增多，防效越来越差，并且药残药害导致草莓叶片光泽和绿色渐褪，失去柔性，叶片硬厚酥脆，叶柄短缩，光合作用下降，为害较轻地块果实畸形多而小，品质下降，产量损失 40%~60%，为害严重地块因为防治白粉病过量用药，草莓逐渐叶小平伸，花果畸形不发育，白粉病未能防治见效，草莓植株则萎缩趴伏在垄面，基本没有收成。当年全市有 30 多个温室‘丰香’草莓从春天繁苗开始，至管理到翌年 1 月上中旬，由于白粉病的为害而绝收，其中有的农户因此影响了家人治病和子女上学。

我国目前正在生产应用的‘丰香’‘幸香’‘章姬’‘红珍珠’‘佐贺清香’‘红颜’等日本草莓品种都是不抗白粉病的品种，但因为这些品种品质好、适口性强而栽植面积较大，近些年来因白粉病为害而损失巨大，严重影响了农民增收和果品安全（药残问题）上市。

二、试验研究及开发推广过程

1999 年 1 月，东港市草莓研究所根据本地区‘丰香’品种白粉病危害极重的情况，立即通过引智渠道邀请日本专家金指信夫于 1 月 23 日前来技术指导和培训，专家现场考察了多处多栋受白粉病危害温室，介绍了日本和国际上采用的硫黄熏蒸技术，一是垄背撒置适量硫黄，随棚温蒸发熏防；二是专用加温器械电热硫黄熏蒸防治。当时中国尚没有厂家生产电热熏蒸器，专家与我方科技人员还研究了临时应急措施——用易拉罐盛硫黄，下置电灯烤热办法应对（无奈之举，防效差且有安全隐患）。

之后研究所先后邀请日本专家斋藤明彦、中国农业科学院植物保护研究所袁会珠博士等前来调研指导，2002 年与中国农业科学院植物保护研究所开始合作攻关研发硫黄熏蒸防治白粉病技术。历经几年工作，到 2005 年本项目即形成较完整研发技术，在丹东地区大面积应用并向全国推广。

表 1　丹东草莓硫黄熏蒸技术推广面积及效益

年份	应用面积（亩）	占日系品种面积比率（%）	减少生产损失（万元）	减少施药成本（万元）	经济效益（万元）
2005	5 000	30	3 750	318	4 068
2006	8 000	35	6 000	509	6 509
2007	12 000	40	9 000	763	9 763
2008	17 000	55	12 750	1 081	13 831
2009	23 000	65	17 250	1 463	18 713
2010	28 000	70	21 000	1 781	22 781
2011	32 000	80	24 000	2 035	26 035
合计	125 000		93 750	7 950	101 700

注：逐年度草莓亩收入为 2.5 万、3 万、3 万、3 万、3 万、3.5 万、3.5 万元，减少损失按每亩最少 0.75 万元估算；减少施药成本按每亩 636 元估算。

三、项目单位及合作单位

项目单位东港市草莓研究所成立于 1991 年，目前位于东港市环城大街 38 号（新城区单家井村），是东港市草莓科研和技术推广服务的企业化管理事业单位，开办资金 257 万元。现有已投入固定资产 800 万元，占地面积 8 亩，建筑面积 4 000m^2。东港市草莓研究所拥有国家政府特殊津贴专家和正高职以下专业技术人员 16 名，是丹东地区草莓科研推广“龙头”单位和国家级技术转移单位。

近几年来，东港市草莓研究所先后承担完成国家科技部星火计划、财政部科技成果转化、农业部名特优产业发展、国家科协科普惠农兴村计划、国家外专局农业引智示范推广等项目任务 10 余项，承担完成省、市级科技攻关、科技成果示范推广等项目任务多项，先后获得省、市级科研成果 8 项、厅、地级科技进步奖 7 项。培育的‘红实美’新品种居“国际先进水平”。研究所与中国农业科学院、沈阳农业大学、北京市农林科学院和江苏省农业科学院等国内相关科研院所和大专院校关系密切，与日本、美国、西班牙、荷兰等 10 几个国家的草莓专家技术交流频繁，在国内外具有较高知名度。东港市草莓研究所先后被评为全国引智成果示范推广基地、全国星火计划农村专业示范协会、省科普先进集体、先进农技协会和丹东市科技、科普工作先进单位、科技扶贫先进单位等多项荣誉。

项目合作单位中国农业科学院植物保护研究所创建于 1957 年 8 月，是以华北农业科学研究所植物病虫害系和农药系为基础，首批成立的中国农业科学院 5 个直属专业研究所之一，是专业从事农作物有害生物研究与防治的社会公益性国家级科学研究机构。其主要任务是以农业有害生物和农药为主要研究对象，研究和解决农业生产中植物保护的重大基础理论、应用基础和应用技术问题，促进科技成果的转化，开展国际植物保护科学技术的合作与交流，为农业生产、粮食安全、食品安全以及环境安全提供科技支撑。先后获得科研成果奖 240 多项，其中包括国家自然科学奖 2 项、国家发明奖 2 项、国家科学技术进步奖 33 项和省部级奖 200 余项，部分成果达到国际先进水平。

项目负责人谷军，男，汉族，大学文化，1952 年生人，教授研究员级高级农艺师、国务院政府特殊津贴专家，现任东港市草莓研究所顾问、东港市科学技术协会常委。1984年始涉足草莓技术推广工作至今。

几年来谷军主持、承担和完成国家、省、地级星火计划、引智、科研、推广项目任务几十项，其中，科技部星火计划、联合国环保署甲基溴替代技术研究、财政部科技成果转化、国家外专局18项引智项目、省科技厅草莓产业化和新品种培育项目都圆满完成工作任务，并获得省、地级科研成果6项和厅、地县级科技进步奖7项。

四、试验研究及结论

（一）电热熏蒸农药运动规律测定

电热熏蒸技术是利用电恒温加热原理，使农药升华汽化成极其微小粒子，在空间内做充分的布朗运动、飘悬、扩散、均匀沉积在植株各个地上部位，有效防治病害。

通过电热硫黄熏蒸器功率测定、硫黄升华粒子的粒径谱测定和升华硫黄粒子的运动沉积分布特性研究确认：通电后电流为0.25 A，40s时电流达到最大值，为0.82 A，之后电流强度迅速下降，9min后稳定在0.25 A。熏蒸工作状态功率为55 W，起始时最大功率为184.4 W。升华的硫黄微粒子分布均匀；粒径大小均匀，82%的熏蒸粒子粒径等于或略小于1.25μm，只有2.9%粒子的粒径大于2.5μm。受重力影响，在距离熏蒸器1.3m处，沉积的硫黄粒子多，随距离加大，沉积粒子密度变小，考虑田间使用时，相邻熏蒸器之间有粒子叠加作用，熏蒸器有效间距为10~14m。在常规应用状态下熏蒸粒子沉积在叶片（载玻片检测）正、反面沉积密度比值R在1.1~1.3，说明熏蒸粒子在叶片正、反面分布相对均匀。

（二）熏蒸温度与SO_2产生浓度的关系

硫黄熏蒸温度过高能产生SO_2，对植物能造成药害。经化验室内试验检测，当熏蒸温度在158℃以下时，密闭空间内检测不到SO_2，温度达到177℃时，检测到SO_2浓度为1mg/m^3。根据植物在空气SO_2浓度高于0.4mg/m^3时其生理及生化过程将受到明显抵制，造成药害。因此，采用电热熏蒸技术时，熏蒸器温度宜控制在158℃以下。

（三）电热熏蒸器及品牌选择

电热熏蒸器一般主要由加热组件、加热杯、杯座、外壳和底座组成。目前国内生产的熏蒸器都采用 220 V 交流电为电源，每台熏蒸器的功率在 80 W 左右，温度控制范围设定 130~150℃。

硫黄是适用历史悠久的熏蒸低毒农药，熔点 115℃即升华扩散，具有杀菌和钉螨作用。纯度 99% 以上的硫黄粉用做熏蒸剂效果更好。

本项目研发期间，先后选择北京达安康公司、比学帮电器公司、浙江杭州某公司、辽宁鞍山某公司和辽宁东港市某公司 5 个厂家的熏蒸器样机进行试用比较，其中北京比学帮电器公司生产的熏蒸器性能较好。

五、硫黄熏蒸技术在温室草莓上应用研究

（一）短期应用效果

2001 年 10 月 27 日至 11 月 17 日，东港市草莓研究所示范场温室中连续每日放保温帘后每天熏蒸 2 h 品种为‘丰香’，每个熏蒸器覆盖面积 60m^2，试验结果为白粉病防治效果 60.1%，硬度增加，可溶性固形物增加 1%、增产 12.9%，增加经济效益 700 余元。

2002 年 4 月 2 日至 4 月 22 日，在东港市椅圈镇黄土坎村潘忠贵温室‘丰香’熏蒸试验，每个熏蒸器覆盖面积 66m^2 分别于 4:00—8:00 和 18:00—24:00 通电熏蒸。该温室在试验前已采收 2 200kg，已获产量及植株长势与对照温室基本一致，白粉病正处于高发期。熏蒸后温室草莓部分叶片未受侵染，大部分叶片发病得到抑制，发病率减少 26%，采收期延长到 5 月底。对照温室白粉病严重，叶、花、果、果梗等各部分严重发病，植株长势弱，果变软，品质下降，株高矮 3cm，功能叶片少 4 片，可溶性固形物减少 0.8%，由于白粉病蔓延失控，5 月 10 日终止采收。本次试验表明，即便在 4 月初使用熏蒸技术，仍可亩增产 170kg，增值 642 元（表 2 和表 3）。

表 2 草莓生产发育和抗病性调查

处理	株高（cm）	功能叶片（个 / 株）	硬度（kg/cm^2）	可溶性固形物（%）	白粉病		
					发病率（%）	病情指数	抗（感）性（级）
硫黄熏蒸	28	12	4.2	8.6	22	4.3	5
对照（CK）	25	8	3.5	7.2	48	6.4	7

表 3　草莓经济效益调查

处 理	亩 产（kg）	平均价（元 /kg）	亩产值（元）	薰蒸亩成本（元）
硫黄熏蒸	2 680	4.6	12 328	140
对照（CK）	2 510	4.6	11 546	

（二）规范使用试验效果

2003 年分别在东港市孤山镇辛店村张新原、椅圈镇李店村夏德龙、前阳镇前阳村陈元新 3 户农民温室进行试验，品种分别为‘幸香’‘红颜’和‘章姬’。试验方法以为 11 月中旬在温室中间隔 10m 吊挂一个硫黄熏蒸器，距后墙 3m、离地面高度 1.5m，每日放帘后通电加热 2h，连续使用至翌年 5 月底。

试验结果为 3 户农民草莓白粉病均得到完全控制，在使用期间未发生白粉病为害，而相邻温室的相同品种虽然几经多种农药喷施防治，均发病严重。3 户农民因此项技术应用分别获得亩产 2 225kg、3 950kg 和 3 100kg、亩产值 20 000 元、31 600 元、21 700 元的好收成，分别比对照温室增产 32%、41%、51%，增值 4 845 元、9 192 元、7 330 元（表 4）。

表 4　硫黄熏蒸防治白粉病调查

姓名	住址	品种	面积（亩）	采收终期（月–日）	总产量（kg）	总产值（元）	亩产（kg）	亩产值（元）	比对照	
									增产（kg/ 亩）	增值（元 / 亩）
张新厚	孤山镇辛店村	幸香	1.2	5–31	2 670	24 000	2 225	20 000	539	4 845
夏德龙	椅圈镇李店村	红颜	0.75	7–5	3 000	24 000	3 950	31 600	1 149	9 192
陈元新	前阳镇前阳村	章姬	1.2	5–30	3 720	26 040	3 100	21 700	1 047	7 330
合计			3.15		9 390	74 040	9 275	73 300	2 735	21 367

六、硫黄熏蒸使用技术试验

（一）垄脊堆撒硫黄

1998 年在已发病的多栋温室中草莓垄脊上堆撒硫黄，间隔 1m 堆撒 5g 硫黄粉，亩用量 3 500g，利用温室气温自然升华作用防治白粉病。根据生产调查，对草莓白粉病有 30%~40% 防效，但连续阴天时防效差，棚内温度高时硫黄气味浓，对授粉蜜蜂的活力有一定影响。此项做法是应急处置，不被推广使用。

（二）易拉罐灯泡加热熏蒸

1998—2000 年，国内尚没有专用熏蒸器上市，我们利用废易拉罐改制成上盛硫黄，下用 60W 白炽灯泡加温办法熏蒸。每易拉罐覆盖 $50m^2$，每日盖帘后熏蒸 1~2h。此办法易拉罐温度不稳，硫黄升华不匀，虽有一定防效，但浪费电能、操作麻烦，特别是有严重安全隐患。现已杜绝使用。

七、专用熏蒸器使用技术规程制定

近些年先后对熏蒸时间、挂吊位置、距地面高度、单只熏蒸器合理覆盖面积等多个相应生产应用试验，逐渐总结确定了 MC- Ⅱ型（北京市比学邦电器公司生产“酝福”商标或类似产品）电热式自控熏蒸器在温室草莓上的技术操作规程如下。

使用时间：温室覆棚膜加温后 30d 开始，至草莓采收结束前 20d 停止。

硫黄：纯度 99.5% 以上，盛装钵 70%~80%，缺失补装。

熏蒸器置放：挂吊于草莓垄中间位置上方 1.5m 处，每熏蒸器辐射面积 $80m^2$。

通电加温熏蒸时间：温室每日盖帘密闭后通电 2h 加热熏蒸，持续使用。

适用电压：180~240V。

八、经济效益分析

按照每熏蒸器辐射面积 $100m^2$、每日 2h，延用 150d。试验调查表明，硫黄电热熏蒸防治草莓白粉病技术比常规施药防治方法节省成本、减少劳力和劳动强度、防效明显，增产增效明显，与常规药物防治经济效益比较结果见表 5 。

表 5　电热硫黄熏蒸技术经济效益分析

方法	投入（元 / 亩）					增产（kg）	增值（元 / 亩）	投入产出比
	电费	农药	药械	人工	合计			
电热熏蒸	72	10	12	160	254	912	10 944	1∶43
常规药防		260	30	600	890			

注：草莓售价按 12 元 /kg 计算，增产量参照 2003 年示范 3 点平均值。

九、硫黄电热熏蒸技术推广规模及社会效益

自 1999 年开始研发，到 2002 年小面积示范，2003 年始全力进行示范推广。其间项目单位科技人员与中国农业科学院植物保护研究所袁会珠博士、沈阳农业大学雷家军教授、日本专家斋藤明彦等先后多次在东港市进行调研、现场指导、举办专门技术培训，同时上级科技部门批准立项、科技攻关立项支持。

通过国内外科技人员的共同努力，丹东地区自 2003—2011 年共推广应用电热硫黄熏蒸防治草莓白粉病面积 126 160 亩，草莓增产 115 038 t、社会效益增加 138 571 元（表 6）。

表 6　电热硫黄熏蒸防治白粉病面积效益

年份	应用面积（亩）	增产草莓（t）	当年草莓价格（元 /t）	增加效益（万元）
2002	10	9	8 000	7
2003	150	137	9 000	123
2004	1 000	912	9 000	821
2005	5 000	4 560	10 000	4 560
2006	8 000	7 296	10 000	7 296
2007	12 000	10 944	11 000	12 038
2008	17 000	15 504	11 000	17 054
2009	23 000	20 976	12 000	25 171
2010	28 000	25 536	12 000	30 643

（续表）

年份	应用面积（亩）	增产草莓（t）	当年草莓价格（元/t）	增加效益（万元）
2011	32 000	29 184	14 000	40 858
合计	126 160	115 058		138 571

另外，此项技术自 2006 年以来也在全国推广，据业内专家估测，全国目前应用面积 5 万余亩，年增产优质草莓 5 万 t、增加社会效益 5 亿多元。

十、电热硫黄熏蒸防治草莓白粉病技术注意事项

选择正规厂家生产，有产品质量标准，功率在 80W 左右、温度控制在 130~150℃、经试验性能安全稳定的熏蒸器；选择纯度高（99.5% 以上）、正规厂家生产的硫黄粉，硫黄装钵不能超过容积 80%，以免加热溢出；熏蒸器辐射面积不能大于 $120m^2$；熏蒸挂吊居中，高度 150cm；每日熏蒸时间不可超过 5 h；安全设置电源线及开关，确保操作安全。

十一、本项目的创新点

电热硫黄熏蒸硫黄粒状子径普测定、运动沉积特性、粒子有效沉积距离的研究；电热硫黄熏蒸温度与 SO_2 浓度测定；是国内最早开始电热硫黄熏蒸对防治草莓白粉病的防治效果研究；电热硫黄熏蒸技术在温室草莓中的技术操作规程制定；电热硫黄熏蒸防治草莓白粉病技术的大面积开发推广。

附录 35　硫黄熏蒸防治草莓白粉病技术研究工作报告

东港市草莓研究所　2012 年 6 月

辽宁省丹东市是全国重要草莓产区，到 2012 年，全市草莓生产面积 18 万亩，产量 35 万 t，产值 25 亿元，草莓生产是农村经济支柱产业之一。

目前丹东草莓栽培形式为日光温室促成 8.8 万亩、早春大拱棚半促成 5.5 万亩、露地栽培（主要用于深加工）4 万亩。品种布局为日光温室以日本‘红颜’‘章姬’和美国‘甜查理’为主，搭配日本‘丰香’‘幸香’‘枥乙女’和‘宝交早生’等；早春大拱棚以西班牙‘卡尔特一号’为主，搭配法国‘达赛莱克特’等；露地以美国‘哈尼’为主，少量栽植日本‘宝交早生’‘鬼怒甘’、德国‘森嘎那’、美国‘托泰姆’等。

草莓白粉病是草莓的重要病害，特别是保护地温室和早春大棚中日本品种受危害极重的病害。在适宜的条件下可以迅速发展，蔓延成灾，损失严重。白粉病能够侵害叶片、嫩尖、花、果、果梗及叶柄等草莓多个部位。

1998 年以前，丹东地区引种的日本‘丰香’‘鸡心’‘鸡冠’‘宝交早生’等品种对白粉病抗性较强，一般都采用农药喷施防治。1998 年，东港市开始引种日本草莓‘丰香’品种，由于当时对新引进的日本品种抗病性不十分了解，特别是一些农民未能足够重视白粉病的为害严重性，在种苗繁殖时就没有注重白粉病防治，种苗进棚定植后更是疏于预防，致使当年全市 300 多栋日光温室‘丰香’（每栋 1 亩左右）普遍发生白粉病，并且蔓延速度快、面积大，当时可供选用的白粉病防治药剂只有粉锈宁等一两种，所以农民大都采用连续喷施粉锈宁的措施应对，由于白粉病菌产生抗药性，造成药剂浓度用量逐次增多，防效越来越差，并且药害导致草莓叶片光泽和绿色渐褪，失去柔性，叶片硬厚酥脆，叶柄短缩，光合作用下降，为害较轻地块果实畸形多而小，品质下降，产量损失 40%~60%，严重地块因为防治白粉病过量用药，草莓逐渐叶小平伸，花果畸形不发育，白粉病未能防治见效，草莓植株则萎缩趴匐在垄面，基本没有收成。当年全市有 30 多个温室‘丰香’草莓从春天繁苗开始，至管理到翌年 1 月上中旬，由于白粉病的为害而绝收，其中有的农民因此影响了家人治病和子女上学。

一、研究课题立项

根据丹东地区草莓产业发展优势和存在的病虫害严重、品种落后、种苗感染病毒等制约因素，东港市草莓研究所先后承担辽科发〔1999〕89 号（编号 99301002 号），1999—2001 年辽宁省科技厅科技产业化重中之重“草莓产业化开发”项目、2000—2001 年国家星火计划“丹东草莓产业化开发”重大项目（国科技字〔2000〕111 号，编号 00B101D6500012 号；丹科转发〔2002〕4 号，2010EA650017 号）；东科发〔2000〕13 号重点科技计划项目“日光温室草莓高产高效生产技术研究”等。

二、项目单位简介

项目单位东港市草莓研究所成立于 1991 年，目前位于东港市环城大街 38 号（新城区单家井村），是东港市草莓科研和技术推广服务的企业化管理事业单位，开办资金 257 万元。现有已投入固定资产 800 万元，占地面积 8 亩，建筑面积 4 000m^2。东港市草莓研究所拥有国家津贴专家和正高职以下专业技术人员 16 名，是丹东地区草莓科研推广“龙头”单位和国家级自然科学技术转移单位。

近几年来，东港市草莓研究所先后承担完成国家科技部星火计划、财政部科技成果转化、农业部名特优产业发展、国家科协科普惠农兴村计划、国家外专局农业引智示范推广等项目任务十几项，承担完成省、市级科技攻关、科技成果示范推广等项目任务多项，先后获得省、市级科研成果 8 项、厅、地级科技进步奖 7 项。培育的‘红实美’新品种居“国际先进水平”。研究所与中国农业科学院、沈阳农业大学、北京和江苏农业科学院等国内相关科研院所和大专院校关系密切，与日本、美国、西班牙、荷兰等十几个国家的草莓专家技术交流频繁，在国内外具有较高知名度。东港市草莓研究所先后被评为全国引智成果示范推广基地、全国星火计划农村专业示范协会、省科普先进集体、先进农技协会和丹东市科技、科普工作先进单位、科技扶贫先进单位等多项荣誉。

项目合作单位中国农业科学院植物保护研究所创建于1957年8月，是以华北农业科学研究所植物病虫害系和农药系为基础，首批成立的中国农业科学院五个直属专业研究所之一，是专业从事农作物有害生物研究与防治的社会公益性国家级科学研究机构。其主要任务是以农业有害生物和农药为主要研究对象，研究和解决农业生产中植物保护的重大基础理论、应用基础和应用技术问题，促进科技成果的转化，开展国际植物保护科学技术的合作与交流，为农业生产、粮食安全、食品安全以及环境安全提供科技支撑。先后获得科研成果奖240多项，其中包括国家自然科学奖2项、国家发明奖2项、国家科学技术进步奖33项和省部级奖200余项，部分成果达到国际先进水平。

项目负责人谷军，男，汉族，大学文化，1952年生人，教授研究员级高级农艺师、国务院政府特殊津贴专家，现任东港市政府草莓产业科技顾问、东港市科学技术协会常委。1984年始涉足草莓技术推广工作至今。

几年来谷军主持、承担和完成国家、省、地级星火计划、引智、科研、推广项目任务几十项，其中，科技部星火计划、联合国环保署甲基溴替代技术研究、财政部科技成果转化、国家外专局18项引智项目、省科技厅草莓产业化和新品种培育项目都圆满完成工作任务，并获得省、地级科研成果6项和厅、地县级科技进步奖7项。

三、成立项目攻关组织

姓名	职务	工作单位	职称	分工
谷军	组长	东港市草莓研究所	教授	立项、设计规划组织项目实施
袁会珠	副组长	中国农业科学院植保所	研究员	协助组长工作、负责技术性能测定等
王春花	成员	东港市草莓研究所	高级农艺师	项目实施
姜兆彤	成员	东港市草莓研究所	高级农艺师	项目实施
黄日静	成员	东港市草莓研究所	高级农艺师	项目实施
纪虹宇	成员	东港市草莓研究所	农艺师	项目实施

（续表）

姓名	职务	工作单位	职称	分工
孙静	成员	东港市草莓研究所	农艺师	项目实施
朱秀珍	成员	东港市草莓研究所	助理农艺师	项目实施
任延昉	成员	东港市科学情报研究所	农艺师	项目实施
刁玉峰	成员	东港市草莓研究所	农艺师	项目实施
张敬强	成员	东港市草莓研究所	农艺师	项目实施
谷旭琳	成员	东港市草莓研究所	助理会计师	项目实施
史功成	成员	东港市草莓研究所	农艺师	项目实施
郭文普	成员	东港市草莓研究所	高级农技工	项目实施
佟杰	成员	东港市草莓研究所	会计	项目实施
李永建	成员	黄土坎镇农业服务中心	助理农艺师	项目实施
张华	成员	马家店镇农业服务中心	农艺师	项目实施

四、项目试验研究过程

1999 年元月，东港市草莓研究所根据本地区‘丰香’品种白粉病为害极重的情况，立即通过引智渠道邀请日本专家金指信夫于 1 月 23 日前来技术指导和培训，专家现场考察了多处多栋白粉病为害温室，介绍了日本和国际上采用的硫黄熏蒸技术，一是垄背撒置适量硫黄，随棚温蒸发熏防；二是专用加温器械电热硫黄熏蒸防治。当时中国尚没有厂家生产电热熏蒸器，专家与我方科技人员还研究了临时应急措施——用易拉罐盛硫黄下置电灯烤热办法应对（无奈之举，防效差且有安全隐患）。

之后研究所先后邀请日本专家斋藤明彦、中国农业科学院植物保护研究所袁会珠博士等前来调研指导，2002 年与中国农业科学院植物保护研究所开始合作攻关研发硫黄熏蒸防治白粉病技术。历经几年工作，到 2005 年本项目即形成较完整研发技术，在丹东地区大面积应用并向全国推广。

本项目研究为国内率先立项实施，其间先后进行了电热熏蒸农药运动规律测定、熏蒸温度与 SO_2 产生浓度的关系测定和不同品牌电热熏蒸器使用效果试验；对电热硫黄熏蒸技术在温室草莓上短期应用效果、规范使用效果以及其他方法应用硫黄熏蒸效果进行了试验研究，经过试验研究，结合生产实践，制定了草莓电热硫黄熏蒸防治白粉病技术规程。

五、项目成果推广应用规模及效益分析

（一）经济效益分析

试验调查表明，硫黄电热熏蒸防治草莓白粉病技术比常规施药防治方法节省成本、减少劳力和劳动强度、防效明显，增产增效明显，按照每熏蒸器辐射面积 100m^2、每日 2 h，延用 150d 进行如下分析。

表 1　电热硫黄熏蒸技术经济效益分析

方法	投入（元 / 亩）					增产（kg）	增值（元 / 亩）	投入产出比
	电费	农药	药械	人工	合计			
电热熏蒸	72	10	12	160	254	912	10 944	1：43
常规药防		260	30	600	890			

注：草莓售价按 12 元 /kg 计算，增产量参照 2003 年示范 3 点平均值。

（二）推广规模及社会效益

自 1999 年研发，到 2002 年小面积示范，2003 年始全力开发推广。其间项目单位科技人员与中国农业科学院植物保护研究所袁会珠博士、沈阳农业大学雷家军教授、日本专家斋藤明彦等先后多次在东港市进行调研、现场指导、举办专门技术培训，同时上级科技部门予以立项、科技攻关立项支持。

通过国内外科技人员的共同努力，丹东地区自 2002 年至 2012 年共推广应用电热硫黄熏蒸防治草莓白粉病面积 161 160 亩，增产草莓 145 058 t、增加社会效益 180 571 元。

表 2　电热硫黄熏蒸防治白粉病面积效益

年份	应用面积（亩）	增产草莓（t）	当年草莓价格（元 /t）	增加效益（万元）
2002	10	9	8 000	7
2003	150	137	9 000	123
2004	1 000	912	9 000	821
2005	5 000	4 560	10 000	4 560
2006	8 000	7 296	10 000	7 296
2007	12 000	10 944	11 000	12 038
2008	17 000	15 504	11 000	17 054
2009	23 000	20 976	12 000	25 171
2010	28 000	25 536	12 000	30 643
2011	32 000	29 184	14 000	40 858
2012	35 000	30 000	14 000	42 000
合计	161 160	145 058	—	180 571

另外，此项技术自 2006 年以来也在全国推广，据业内专家估测，全国目前应用面积 5 万余亩，年增产优质草莓 5 万 t、增加社会效益 5 亿多元。

附录36 日光温室草莓品种示范调查

试验示范地址：辽宁省东港市新城区刘家泡村农业园区

2016年6月14日

表1 处理记录

<table>
<tr><th rowspan="3">处理</th><th rowspan="3">面积（亩）</th><th rowspan="3">土质</th><th rowspan="3">地力</th><th rowspan="3">农家肥t/亩</th><th colspan="6">其他肥料</th><th rowspan="3">植保主要措施</th><th rowspan="3">株行距（大行距×双行×株距）（cm）</th><th rowspan="3">亩株数</th></tr>
<tr><th rowspan="2">底肥磷酸二铵kg/亩</th><th rowspan="2">底肥硫酸钾kg/亩</th><th colspan="2">海藻叶面肥</th><th colspan="2">海藻冲施肥</th></tr>
<tr><th>次数</th><th>L/亩</th><th>次数</th><th>L/亩</th></tr>
<tr><td>每个品种</td><td>0.013</td><td>黏重</td><td>生瘠</td><td>5</td><td>40</td><td>15</td><td>18</td><td>0.5</td><td>6</td><td>30</td><td rowspan="2">硫黄熏蒸防治白粉病；巴斯夫、链霉素防治“红梗病”；粘板、烟雾剂防治白粉虱、蚜虫；苦参碱等防治红蜘蛛；垄沟铺稻壳降湿增温防治灰霉病、蛞蝓等</td><td>85×双行×15</td><td>9 000</td></tr>
<tr><td>对照（CK）</td><td>0.013</td><td>黏重</td><td>生瘠</td><td>5</td><td>40</td><td>15</td><td>18</td><td>0.5</td><td>6</td><td>30</td><td>85×双行×15</td><td>9 000</td></tr>
</table>

表2 生育期、植株性状调查

品种	栽植期	扣棚膜期	现蕾期	始花期	盛花期	始采期	盛采期	采收结束	株高（cm）	植株长势	单柄叶面积（cm^2）	叶片颜色	白粉病	灰霉病	蚜虫	红蜘蛛
艳丽	9.2	10.21	11.29	12.18	1.1	2.6	2.18	6.22	28	强	92	深绿	轻	轻	轻	轻
阿玛奥	9.2	10.21	11.30	12.26	1.3	2.8	2.22	6.26	25	强	96	深绿	轻	中	中	中
甘露	9.2	10.21	11.15	12.13	12.26	1.26	2.8	6.22	26	强	86	绿	轻	中	中	中
日庄一号	9.2	10.21	11.26	12.28	1.10	2.5	2.15	6.25	27	中	82	淡绿	轻	轻	中	中
桃熏白	9.2	10.21	12.10	12.31	1.12	2.10	2.20	6.22	21	稍差	75	深绿	轻	重	中	重
章姬	9.2	10.21	11.17	12.14	12.21	1.26	2.10	6.22	29	强	89	深绿	轻	中	中	中
太空2008	9.2	10.21	12.12	12.25	1.8	2.6	2.20	6.22	24	中	82	深绿	轻	轻	轻	轻
红颜（CK）	9.2	10.21	11.15	12.13	12.20	1.26	2.9	6.22	26	强	88	绿	轻	轻	中	中

注：始采期为开始上市销售期；采收结束期为生产田弃管不再采收日期；病虫害抗性因生产过程正常植保防护，未做专门检测，直观简评。

附录 37 “海神丰”海带有机液肥温室草莓应用高产典型调查报告

调查人员：谷 军，邹本富，李进峰

丹东市丹红浆果科技有限公司

2017 年 8 月 6 日

“海神丰”海带生物有机液肥是山东省威海市世代海洋生物科技股份有限公司与中国农业科学院土壤肥料研究所共同研制的新型海藻肥。自 2014 年引入辽宁省东港市（中国草莓第一县，现年生产面积 18 万亩）在草莓上试验示范推广，连续几年表现增产明显，品质提高，经济效益突出，应用面积逐年扩大，至 2017 年春，全市累计推广应用面积 5 000 多亩。

东港市椅圈镇夏家村是中国草莓种植时间最长的草莓村，种植历史近百年，这里的农民草莓情结深，依靠草莓产业生活致富，善于总结创新技术，更是看重新品种、新农药、新肥料等新技术的引进应用，所以这里的草莓单产高，品质好，果品价格居高，多年产销两旺。夏家村果园村民组的农民杨忠礼种植草莓几十年，是一个爱科学、爱琢磨的种植技术能手，2017 年他家 1.1 亩温室草莓全部追施“海神丰”海带液肥，结合精细管理，又获得高产高效。

一、生产田条件

温室东西长 90m，南北宽 8m，种植面积 1.1 亩。土地棕壤土，肥力中等；种植品种为日本‘章姬’；大垄双行，单株栽植，行距 85cm，株距 17cm，亩植 9 500 株；定植前亩施优质农家肥 5t；2016 年 9 月 2 日定植，10 月 2 日扣棚膜、地膜开始升温管理。其他管理措施通常进行。

相邻几家农户温室条件、管理水平与杨忠理温室相仿，但追肥种类、方法不同，作为本调查参照对象。

二、施用方法

由于杨忠理的温室大棚草莓栽植后植株长势健壮，到 9 月 20 日滴灌一次“海神丰”海带液肥，11 月 1 日后草莓进入花果期始，每次间隔 20d 左右滴灌一次“海神丰”海带液肥，每次用量 7.5L。直到 5 月中旬追肥结束，共滴灌 8 次，总计滴灌“海神丰”海带液肥 60L，平均每亩 54.5L（表 1）。

另外自栽植至采收结束前 40d，平均每次间隔 15d 喷施一遍‘海神丰’海带叶面肥，总计 15 次，每次用肥 150mL，总计用肥 2.25L，平均每亩用肥 2L。

表 1　2016—2017 年施用“海神丰”海带液肥处理记录

液肥种类	次数与方法	次用量（L/亩）	合计用量（L/亩）	肥料投入（元/亩）
滴灌肥	9 月 20 日一次，11 月初至翌年 5 月中旬，间隔 20d 左右滴灌一次，共 8 次	6.8	54.5	1 100
叶面肥	栽植至采收结束前 40d，平均每间隔 15d 喷施一遍，共 14 次	0.14	2	200
合计				1 300

注：种植面积 1.1 亩，土质沙壤、地力中等，定植前亩施优质农家肥 5t。

三、施用效果

追施“海神丰”海带液肥的草莓与相邻农户草莓相比，株态稳健不徒长，叶色深绿有亮光，叶片变厚，叶梗和花梗较粗，根系明显发达，草莓缺素症不明显，而且地不返碱，不板结，地温和保墒状况也明显好于参照棚。无论是草莓商贩还是附近农民，都能现场看出冲施“海神丰”的草莓有明显优势（表 2 ）。

表 2 ‘章姬’草莓生育期、植物性状调查

生育期								植物性状			
栽植期（月-日）	扣棚膜期（月-日）	现蕾期（月-日）	始花期（月-日）	盛花期（月-日）	始采期（月-日）	盛采期（月-日）	采收结束（月-日）	株高（cm）	植株长势	叶片颜色	根系长势
9-2	10-2	11-3	11-9	11-15	12-8	12-26	6-28	35	旺健	深绿	发达

杨忠理的草莓比邻家草莓提前上市 5~7d，自采摘上市以来，一直保持均衡采量上市，基本没有断档间隔期。一级序果平均单果重 55g，比参照棚多 10 g 左右，果个均匀，畸形果少，最大单果重达 130g，商品率高于参照 5% 以上，并且果面色泽亮红，芳香味浓，口感爽口，可溶性固形物含量比参照提高 2% 以上，杨忠理爱人说“同样 5kg 容积盆的草莓，大都比别人家的重出 0.5kg 左右”。由于硬度增加（0.5 以上），耐储运，货架寿命长，果相好，他家的草莓卖价自始至终高于别人的草莓，最高价每千克 160 元（持续半个多月），每千克 100 元的时段持续一个多月。尽管价格高，但自购自用的、买来送礼的、商贩订购等预约不断，供不应求。

表 3 经济学性状调查

果实形状	果实整齐度	可溶性固形物含量（%）	口味	硬度（kg/cm^2）	平均一级序果重（g）	最大单果重（g）	总产量（kg）	折合亩产（kg）	最高销价（元/kg）	最低销价（元/kg）	平均销价（元/kg）	总收入（元）	平均亩收入（元）
长圆锥	整齐	15	香甜	3.8	55	135	5 050	4 590	160	5	22	128 000	116 400

这个棚总产量 5 050kg，折合亩产 4 590kg，比参照棚亩增产 700~800kg；总收入 128 000 元，平均亩收入 116 400 元，比参照亩增收 3 万 ~3.5 万元。

追施海神丰海带液肥投入基本与近邻其他农户化肥投入相仿，但养苗养地效果突出。

杨忠理为人厚道，实践经验多，技术不保守，用他的话说“去年

试用'海神丰'多挣了钱，今年追肥杂色不带，就是'海神丰'"。使用"海神丰"海带液肥效果看得见，摸得着，今年十里八村一些农民慕名前来参观取经，示范作用不胫而走，当地有很多农民因此选用"海神丰"海带肥，同样都获得了增产增收效果。

四、总结

杨忠理施用"海神丰"海带液肥高产典型再次表明，草莓上应用"海神丰"海带生物有机液肥，草莓叶片增厚，光合作用增强，植株长势稳健旺盛，不徒长不早衰，很少有缺素症，能明显增加草莓产量，改善果实品质，草莓果个均匀，畸形果少，果实硬度增加，货架寿命延长。对土壤和环境无污染，并且施用方法简便、安全、省时、省力，投入产出比高，应在草莓生产中大力推广应用。

附录 38 “舟渔”深海鱼蛋白水溶肥温室草莓试验报告

试验负责人：谷　军，吴富军

丹东市丹红浆果科技有限公司

2017 年 7 月

摘　要：新型“舟渔”深海鱼蛋白水溶肥试用于温室草莓，明显增加草莓产量，改善果实品质，增强抗病能力，对土壤和环境无污染，有望推广应用。

关键词：草莓，“舟渔”深海鱼蛋白水溶肥，产量，品质

一、试验目的

草莓对粪肥营养需求量较大，特别是促成栽培，产果期长达半年之久，产量几千千克，叶面、冲施追肥必不可少。但近些年来，农民普遍施用传统化肥液肥追肥，虽然具有增产效果，但同时对草莓品质、安全性、商品价值以及土壤健康、环境保护带来负面影响。因此，新型、安全、高效肥料在设施草莓生产中需求量很大。本试验调查验证“舟渔”深海鱼蛋白水溶肥应用于草莓的作用和效果，为大面积应用提供科学依据。

二、试验产品、方法

（一）试验产品

“舟渔”深海鱼蛋白水溶肥是宁波吉丰生物科技发展有限公司开发的新型功能性肥料，以深海金枪鱼为主要原料进行低温菌解，是集植物营养、植物保护及土壤改良等学科于一体的最新产品，含作物所需要的大中微量元素，多种微生物活菌、深海鱼蛋白、天然生物刺激素及土壤活化剂等。

（二）试验田条件

试验田设在辽宁省东港市新城区东港市华正生态农业有限公司园区

一栋草莓温室。温室东西长 130m，南北宽 10.5m，实栽面积 2 亩。土地棕壤土，肥力中等；种植品种为日本‘红颜’；大垄双行，单株栽植，行距 85cm，株距 17cm，亩植 9 500 株；定植前亩施普通商品有机肥 500kg、磷酸二铵 25kg、硫酸钾 15kg；2016 年 9 月 1 日定植，10 月 5 日扣棚膜、地膜开始升温管理。其他管理措施通常进行。对照（CK）区为相同建设标准、相同生产面积、相同土壤条件、相同管理人员的后栋温室。除粪肥管理外，其他管理措施与试验棚相同。

（三）试验处理

试验棚在 2016 年 12 月 10 日、12 月 30 日、2017 年 1 月 18 日、2 月 6 日、2 月 20 日、3 月 7 日、3 月 25 日，分期施用鱼蛋白冲施肥各 1 次，每次亩施 10L，随滴灌施用，共 7 次；2016 年 11 月 20 日至 2017 年 4 月末，每 15d 左右亩喷施 40mL“舟渔”深海鱼蛋白叶面肥，共 12 次。

平均每亩冲施“舟渔”深海鱼蛋白水溶肥 70L、喷施“舟渔”深海鱼蛋白叶面肥 480mL，追肥投入 901 元左右。

对照棚与试验棚同时冲施以色列的海法（Haifa）化学工业公司“魔力丰”冲施肥和喷施其他叶面肥，追肥投入与试验棚相仿。

三、实验结果

试验棚与对照棚的草莓相比，草莓株态稳健不徒长，叶色深绿有亮光，叶片变厚，叶梗和花梗较粗，根系明显发达。无论种植户还是附近农民前后棚观察，都能看出明显差别。

表 1 “舟渔”鱼蛋白水溶肥对草莓生育期影响调查结果

处理	栽植期（月-日）	现蕾期（月-日）	始花期（月-日）	采收始期（月-日）	采收盛期（月-日）	采收结束期（月-日）	采收天数（d）
鱼蛋白肥	9-1	10-15	10-28	12-8	12-26	6-20	177
魔力丰（CK）	9-1	10-16	11-1	12-13	12-28	6-20	172

施用鱼蛋白液肥冲施肥、叶面肥的草莓平均单果重 36 g，比对照多 3g，果个均匀，畸形果少，商品率高于对照 2% 以上，并且果面色泽

亮红，芳香味浓，甜度增加，可溶性固形物含量比对照（11.1%）提高 0.9%、口感爽口，观光采摘游客大都喜欢到试验棚采摘。

草莓硬度是影响草莓保鲜运输和货架寿命的重要条件，施用鱼蛋白液肥的草莓硬度明显好于对照，耐储运，货架寿命延长，前来购买外销草莓的客户都指定采摘试验棚的草莓（表 2）。

表 2 “舟渔”鱼蛋白水溶肥对草莓长势及果品品质影响调查

处理	植株性状						果实性状				
	株高（cm）	长势	叶色	叶厚度	花叶梗粗	根系	果面颜色	口感	香味	可溶性固形物含量（%）	硬度（kg/cm^2）
鱼蛋白	28	旺健	浓绿	厚	粗	发达	红亮	香甜	浓	12.0	0.28
魔力丰（CK）	30	旺	绿	略薄	略细	较差	红暗	酸甜	淡	11.1	0.23

“舟渔”深海鱼蛋白水溶肥在本次试验中肥效显著。自进入 1 月中旬后，试验与对照棚一般都是隔 1d 采摘销售 1 次，每次试验棚比对照棚都多采摘 10~15kg，并且小果、畸形果明显减少。

试验棚总产量 4 640kg，总销售收入 83 500 元，分别比对照棚增产 720kg、13 000 元；折合亩产 2 900kg、亩收入 52 200 元，分别比对照亩增产 450kg、增收 8 100 元，增产率 18.4%。

表 3 “舟渔”鱼蛋白水溶肥对草莓产量及效益作用

处理	最大单果重（g）	平均单果重（g）	果实商品率（%）	总产量（kg）	总收入（元）	折合亩产（kg）	折合亩收入（元）	亩增产		亩增产值（元）
								增产（kg）	增幅（%）	
鱼蛋白	98	36	95	4 640	83 500	2 900	52 200	450	18.4	8 100
魔力丰（CK）	94	33	93	3 920	70 500	2 450	44 100	—	—	—

四、分析讨论

分析“舟渔”深海鱼蛋白水溶肥增产效果突出的原因，主要有以下几个方面。

第一，产品为低温菌解发酵工艺生产的深海鱼蛋白有机液体肥，富含深海鱼蛋白、鱼肽、维生素、有机质、生物刺激素和天然氮、磷、钾、硼、锌、铁、镁等中微量元素，营养全面。

第二，微生物发酵的深海鱼蛋白，可促进草莓对所需的其他营养元素吸收均衡，防止各种营养缺乏症，使叶色浓绿，茎秆粗壮，提升草莓的光合作用并提早开花和坐果，能有效促进作物可溶性固形物累积，改善草莓品质，提高商品等级。

第三，深海鱼蛋白水溶肥含有大量的鱼蛋白氨基酸、天然生物刺激素、微生物活菌和各种天然活性物质，可有效地维护植物细胞的稳定，促使植物叶片厚实，表面细胞排列紧密，增强草莓生理机能和抗病抗逆能力，病菌和害虫不易侵入，减少农药使用量。

第四，深海鱼蛋白水溶肥施入土壤后，土壤中的有益微生物以鱼蛋白等有机物质为载体迅速繁殖，使土壤结构得到优化，对土壤和环境无污染，可显著提高保肥保水能力，改善土壤结构，培肥土壤，连年使用对于重茬地块有很好的改良作用。

第五，根据相关研究作物对普通肥料养分吸收利用率大都在17%~20%，而对鱼蛋白养分作物吸收利用率高达95%，作物吸收利用率是普通肥料的4.5倍以上。因此施用“舟渔”深海鱼蛋白水溶肥可大大减少化肥使用量。

五、结论

本试验结果表明，在草莓上应用“舟渔”深海鱼蛋白水溶肥，草莓叶片增厚，叶片表面有光泽，植株长势稳健旺盛，不徒长不早衰，草莓果个均匀，畸形果少，颜色艳丽，口感香甜，果实硬度增加，货架寿命延长。能明显增加草莓产量，改善果实品质，增强抗病能力，对土壤和环境无污染，并且施用方法简便、安全、省时、省力。应继续试验探讨良肥良法配套技术，可望在草莓生产中大力推广应用。

附录 39　日光温室草莓品种对比试验总结

试验负责：谷军，吴富军，郑春红

丹东市丹红浆果科技有限公司

2018 年 6 月

一、试验目的

比较参试品种在日光温室中生产表现，为开发推广草莓新优品种提供科学依据。

二、参试品种及来源

参试品种共 14 个：早红颜 [丹红公司自繁日本品种（异化）]，章姬（丹红公司自繁日本品种），宁玉（丹红公司自繁江苏省农业科学院品种），宁丰（丹红公司自繁江苏省农业科学院品种），紫金久红（丹红公司自繁江苏省农业科学院品种），紫金四季（丹红公司自繁江苏省农业科学院品种），白雪公主（丹红公司自繁北京市农林科学院品种），桃熏白（丹红公司自繁日本品种），小白（丹红公司自繁日本‘红颜’变异种），艳丽（丹红公司自繁沈阳农业大学品种），红颜（对照）（丹红公司自繁日本品种），阿玛奥（丹红公司自繁日本品种），日庄一号（丹红公司自繁日本品种），甘露（丹红公司自繁农民选育品种）。

三、试验田概况与试验设计

试验田设在辽宁省东港市新城区华正生态农业有限公司园区。温室东西长 130m，南北宽 10.5m，面积 2.05 亩。土地棕壤土，肥力中等。大垄双行，单株栽植，大垄距 85cm，小行距 25cm，株距 16cm，亩植 9 800 株；亩施农家肥 3t、普通商品有机肥 500kg、磷酸二铵 25kg、硫酸钾 15kg，全层施肥；2017 年 9 月 1 日定植，10 月 15 日覆盖大棚膜、地膜开始升温管理。其他管理措施通常进行。实验小区设在温室中部位置，每个品种一垄地（$9.35m^2$），以当地温室主栽品种‘红颜’做对照。

四、试验结果与分析

主要调查项目为物候期、植株性状和经济性状，抗病虫能力等未进行量化调查，本总结描述为观察评价（表1和表2）。

由于进入6月后气温渐热，草莓病虫害高发，草莓果实收获量、糖酸比、硬度、风味和耐储性下降，草莓市价低，花果管理困难，因此，试验温室的草莓在6月15日终止采收。

（一）早红颜

东港市农民在日本‘红颜’品种中筛选出长势长相与‘红颜’一致，但花果期提前的红颜异化苗。10月20日现蕾，比对照提前4d，采收始期12月8日，比对照提前10d，采收盛期也提前14d。植株长势长相如对照，盛果期株高26cm，比对照略矮。果实短圆锥形，实心，果形果个整齐，果面亮红，味美并具香味，可溶性固形物含量10.6%，与对照相似。硬度0.34kg/cm^2，耐储性比对照强。亩产3 384kg，虽比对照减产7.8%，产量排第7位，但其上市时间和盛果期比对照明显提前，销售价格提升，生产效益不减。

（二）章姬

日本早熟品种，物候期与对照相近。植株生长势强，叶柄长，叶片长椭圆形，叶面有光泽。盛果期株高和冠径与对照相仿。白粉病、灰霉病、炭疽病的抗性与对照相近。果实长圆锥形，实心，果色艳红靓丽，具光泽，果形整齐，少畸形，味香甜适口，可溶性固形物含量10.8%，略低于对照。硬度0.28kg/cm^2，低于对照0.04kg/cm^2。最大单果重105g，亩产3 816kg，比对照增产3.9%，产量排第4位。

（三）宁玉

江苏省农业科学院中早熟品种，物候期期与对照相近。长势中等，叶密中等，叶色少光泽，盛果期株高25cm，冠径22cm，株势小于对照。较抗白粉病、炭疽病。果实圆锥形，髓心黄白，果味香甜，可溶性固形物含量9.8%、硬度0.42kg/cm^2，均比对照略低。亩产2 782kg，比对照减产24.3%，产量排第11位。

（四）宁丰

江苏省农业科学院中早熟品种，物候期期与对照相近，但始果期比对照早 6d，该品种植株长势中旺盛，叶密度大，花量大，盛果期株高 30cm。较抗白粉病、炭疽病。果实圆锥形，味甜，有沙瓤，可溶性固形物含量 8.9%，低于对照 2 个点；硬度 0.29kg/cm^2，低于对照 3 个点。亩产 4 179kg，丰产性显著，比对照增产 13.7%，产量排第 1 位。

（五）紫金久红

江苏省农业科学院中早熟品种，物候期与对照相近，但始果期略早。该品种植株长势中庸，盛果期株高 23cm，低于对照 5cm。叶片长椭圆形，色浓绿，有光泽。果实圆锥形，果面亮红，内果肉乳白，口味淡甜，可溶性固形物含量 10%、硬度 0.26kg/cm^2，均低于对照。果个相对较小，亩产 2 520kg，比对照减产 31.4%，产量排第 13 位。

（六）紫金四季

江苏省农业科学院早熟品种。栽后一个月现蕾，40d 开花授粉，比对照提早上市一个半月，至 6 月中旬花量不少，连续开花性能强。该品种植株长势中庸偏矮，株高 19.8cm，植株较矮，叶密度小但株势紧凑。叶片近圆形，色淡绿，需肥量大，一旦肥力不足，比其他品种叶色很快渐淡趋黄。单枝花序，花序相对较短，花果量大。果实短圆锥形，果色亮红，沙瓤有空心，口味酸甜，可溶性固形物含量 8.5%，比对照低 2.4 个点；硬度 0.38kg/cm^2，明显硬于对照，耐储运。丰产性强且上市早，亩产 3 960kg，比对照增产 7.8%，产量排第 2 位。

（七）白雪公主

北京市农林科学院育成白草莓品种。花果期比对照晚 5d 左右。植株长势相对细弱矮小，叶色淡绿有光泽，盛果期株高 20cm。果实圆锥形，未成熟时果面有绿晕，成熟时果面白色，种子红色，种子周围有红晕，果肉白色。可溶性固形物含量 9.1%。硬度 0.35kg/cm^2，味淡甜，耐储运。单果重低，畸形果少，亩产 1 872kg，比对照减产 41%，在参试品种中产量最低。

（八）桃熏白

日本品种，花果期比对照晚 10d 左右。

植株长势强，叶密度大，叶片近圆形且肥厚，色深绿少光泽，不抗白粉病。盛果期株高29cm，花果量大。果实短圆或近圆形，但畸形果少，果面见光处乳黄晕红色，背光处乳白色，少光泽，果肉白色，淡甜具黄桃香味。可溶性固形物含量8.2%，硬度0.25kg/cm^2，不耐储运。亩产2 808kg，比对照减产24.5%。产量排第12位。

（九）小白

丹东农民从‘红颜’组培变异苗中选育品种。物候期与‘红颜’（对照）基本一样。

植株长势长相与对照无明显差异，长势强，叶片较大，花果量低于对照，盛果期株高28cm。果实圆锥形，果面见阳光处艳红，背阴处白色，果肉白色，味香甜，在参试品种中适口性最好。可溶性固形物含量11.3%，为参试品种中最高。硬度0.33kg/cm^2，较耐储运。亩产3312kg，比对照减产9.2%，产量位次第8位。

（十）艳丽

沈阳农业大学育成品种。花果期晚于对照10d左右。

植株生长势强，叶密度相对较小，叶色深绿，叶片厚有光泽；抗病虫能力强。盛果期株高23cm，抽生花序长，枝梗粗，有部分单枝果，花果量相对较少，有利于减少疏花蔬果用工量。果实长圆锥形，畸形果少，果色艳红、光泽、靓丽。果肉沙瓤有空心，味甜，可溶性固形物含量10%，硬度0.34kg/cm^2，较耐储运。亩产3 456kg，比对照减产5.9%，产量排第6位。

（十一）红颜（CK）

日本中早熟品种。10月24日现蕾，10月30日始花，12月18日开始采收，翌年1月10日进入盛果期，采收至6月15日，总采收期179d。

植株长势旺健，盛果期株高28cm。叶片绿色，花期前老叶梗红晕或浅紫色；对炭疽病、白粉病、红蜘蛛抗性较差。果实圆锥形，红色艳丽，可溶性固形物10.9%，口味香甜适口。硬度0.32kg/cm^2，耐储运性中等。亩产3 672kg，产量排第5位。

（十二）阿玛奥

日本中熟品种，花果期晚于对照1周左右。植株生长势强，株高30cm，叶片短椭圆肥厚，展平，色深有光泽，叶密度大，盛果期株高

30cm。对白粉病、灰霉病中抗，不抗炭疽病和红蜘蛛。花枝花梗粗，花瓣大，果实短圆锥形，果萼翻卷，果形整齐，果面橘红色，沙瓤有空心，味香甜，可溶性固形物含量 10.5%。硬度 0.30kg/cm^2，耐储性较好。平均单果重高，最大单果重达 128g，亩产 3 210kg，比对照减产 12.6%，产量排第 9 位。

（十三）日庄一号

日本早熟品种（准确名字不详），花果期比对照略晚 2~3d。长势较强，叶片椭圆，叶缘锯齿深，叶色淡绿有光泽，叶面不平，叶密度小。抗病能力强。果实圆锥形，果面艳红亮丽，果肉乳白色，口味香甜，可溶性固形物含量为 10.6%，硬度 0.32kg/cm^2，耐储性较好。亩产为 3 139kg，比对照减产 14.5%，产量排第 10 位。

（十四）甘露

东港市农民从‘红颜’生产苗中选育品种。物候期性状与对照相仿。植株长势旺健，长势长相近似对照。抗病性强于对照。果实性状、颜色如同对照，畸形果少，果个较大，髓心沙瓤乳黄色，或有空心，口感和硬度略差于对照，生产能力强，最大单果重 110 g，亩产 3 852kg，比对照增产 5%，产量排第 3 位。

五、结论与建议

‘红颜’（CK）品种综合性状优良，目前应仍做为温室主栽品种，但必须注意炭疽病、红蜘蛛防治。‘章姬’品种生产能力较强，果实外形美观、味美，是温室理想栽培品种之一。注意果实要在八九成熟采收，小心采摘并合适包装运储，避免碰压伤。‘早红颜’上市早，‘甘露’产量高，‘阿玛奥’果个大，品质较好，可做为温室生产搭配品种。‘宁丰’高产、艳丽花稀产量高且果相靓丽，这两个品种可望大面积推广应用。‘紫金四季’提前上市一个多月，连续开花结果能力强，虽然口味略差，但抢早上市，生产效益可观，有望成为温室生产搭配品种。另外，在育苗期间即表现花蕾持续不断，‘四季草莓’特性明显。‘白雪公主’‘桃熏白’可做为观光采摘、礼品赠送和创意欣赏园艺选择栽植。‘小白’品质优良，丰产性较好，可以应用栽植，但应注意商品果包装摆放艺术，以求得优果优价。‘日庄一号’‘宁玉’‘紫金久红’尚待继续试验观察。

表 1　草莓物候期调查

品种	栽植期（月–日）	现蕾期（月–日）	始花期（月–日）	采收始期（月–日）	采收盛期（月–日）	采收结束期（月–日）	采收天数（d）
早红颜	9–1	10–20	10–28	12–8	1–1	6–15	189
章姬	9–1	10–24	10–31	12–15	1–10	6–15	182
宁玉	9–1	10–25	11–1	12–13	1–8	6–15	184
宁丰	9–1	10–24	11–1	12–12	1–12	6–15	185
紫金久红	9–1	10–23	10–30	12–13	1–12	6–15	184
紫金四季	9–1	10–2	10–11	11–5	11–23	6–15	224
白雪公主	9–1	10–30	11–6	12–22	1–18	6–15	181
桃熏白	9–1	11–2	11–10	12–28	1–25	6–15	176
小白	9–1	10–25	11–1	12–18	1–11	6–15	179
艳丽	9–1	11–8	11–15	12–29	1–21	6–15	169
红颜（CK）	9–1	10–24	10–30	12–18	1–10	6–15	179
阿玛奥	9–1	10–30	11–9	12–25	1–23	6–15	172
日庄一号	9–1	10–26	11–3	12–19	1–18	6–15	178
甘露	9–1	10–23	10–31	12–20	1–8	6–15	177

表 2　植株性状及经济性状调查

品种	株高（cm）	冠径（cm）	叶色	果形	硬度（kg/cm^2）	可溶性固形物含量	口味	果面颜色	最大单果重（g）	果均重（g）	小区产量（kg/9.35m^2）	亩产（kg/亩）	增减产（%）	名次
早红颜	26	24	绿	短圆锥	0.34	10.6	香甜	红	52	35	47	3 384	–7.8	7
章姬	27	26	绿	长圆锥	0.28	10.8	甘甜	艳红	105	37	53	3 816	+3.9	4
宁玉	25	22	绿	圆锥	0.29	9.8	香甜	红	51	30	39	2 782	–24.3	11
宁丰	30	28	深绿	圆锥	0.29	8.9	甜	红	68	39	58	4 176	+13.7	1
紫金久红	23	28	深绿	圆锥	0.26	10	香甜	红	55	29	35	2 520	–31.4	13
紫金四季	19	21	浅绿	圆锥	0.38	8.2	淡甜	淡红	42	33	55	3 960	+7.8	2

（续表）

品种	株高（cm）	冠径（cm）	叶色	果形	硬度（kg/cm²）	可溶性固形物含量	口味	果面颜色	最大单果重（g）	果均重（g）	小区产量（kg/9.35m²）	亩产（kg/亩）	增减产（%）	名次
白雪公主	20	22	浅绿	圆锥	0.35	9.1	淡甜	白（晕红）	41	26	26	1 872	−41	14
桃熏白	29	25	深绿	椭球	0.25	8.3	淡桃甜	黄白	48	32	39	2 808	−24.5	12
小白	28	30	绿	圆锥	0.33	11.3	淡甜	红兼白	98	34	46	3 312	−9.2	8
艳丽	23	25	深绿	长圆锥	0.34	10	淡甜	艳红	75	34	48	3 456	−5.9	6
红颜（对照）	28	28	绿	圆锥	0.32	10.9	香甜	红	102	36	51	3 672	—	5
阿玛奥	30	29	深绿	短圆锥	0.30	10.5	甜	深红	128	42	4	3 210	−12.6	9
日庄一号	27	27	浅绿	圆锥	0.32	10.6	香甜	红	66	31	44	339	−14.5	10
甘露	30	29	绿	圆锥	0.31	10	甜	红	110	38	54	3 852	+5	3

附录 40　关于 2019 年草莓病害严重发生的调查汇报

东港市政府草莓产业科技顾问　谷　军

2019 年 11 月 30 日

东港市农业农村局：

今年入秋以来，我市栽植的一些温室草莓苗普遍出现重于往年的死苗现象，已经影响了草莓的正常产量和效益。主要是炭疽病、青枯病、黄萎病和红叶病的蔓延发生导致的。

一、炭疽病

先是缓苗后炭疽病致死苗重于往年，据了解，一些温室死苗 10%~50%，农民采取用假植苗、穴盘苗进行补苗，严重温室达 70% 以上，甚至全市 30~50 个温室全部拔掉重新补栽新苗，前阳镇祥瑞村衣姓农民等几户大棚 10d 左右开始草莓苗大面积炭疽病死亡，全部更换了新苗。全市目前有的温室现在仍有零星炭疽病死苗。

炭疽病属真菌病害，为世界性草莓重病之首。侵染最适气温为 28~32℃，相对湿度在 90% 以上，是典型的高温高湿型病菌。5 月下旬后，当气温上升到 25℃以上，草莓匍匐茎或近地面的幼嫩组织易受病菌侵染，7—9 月在高温高湿条件下，病菌传播蔓延迅速。特别是母株携带病菌、重茬育苗田、连续阴雨或阵雨过后、老残叶多、氮肥过量、植株幼嫩及通风透光差的苗地发病严重，可在短时期内造成毁灭性的种苗损失。更为严重的是此病潜伏期时间长，种苗初发期病状不明显，进棚栽植缓苗后逐渐病情加重，持续死苗可达 2 个月以上。凡有明显病状植株，基本无药可救。近几年来，该病的发生有上升趋势，尤其是草莓老苗连年续用，育苗田连年重茬，繁育的种苗患病概率越来越大。

二、青枯病

草莓青枯病往年多在长江中下游以南地区较重，北方很少发病成灾，但近几年来此病已经传播到北方并呈逐年严重趋势。我市一些温室草莓栽植一个月左右即发生或发现青枯病苗，逐渐病情严重，虽然多采取打药、灌根和拔除等措施，仍然损失很大，严重地块死苗 20% 以上。

草莓青枯病属于细菌性病害。主要通过土壤、母株携带、病株残体、雨水、灌溉等方式进行传播，病菌一般从伤口侵染，潜伏期长，能高达 10 个月。如果育苗时被侵染，可能会在后期生产时才出现病症。

草莓青枯病是主要在草莓定植期发病严重，生育期草莓青枯病发生率比较低，到了采收末期，发生严重。翌年 3 月中旬至 4 月中旬发生严重，大田育苗时 8 月下旬至 9 月中旬为危害高峰期。前茬作物为茄子、番茄、辣椒、马铃薯等茄科作物的田块发病严重。当土壤温度为 22~27℃，土壤含水量超过 25%，pH 值 6.6 时，发病严重，高温高湿环境有利于青枯病的发生。8 月下旬至 9 月中旬，遇连续阴雨或大雨，天气转晴后忽然增温的情况下，易出现发病高峰。青枯病发病初期，下位 1~2 片叶凋萎，叶柄下垂像烫伤，烈日下表现严重。开始发病 2~3d，中午萎蔫，夜间和雨天可恢复，4~5d 夜间也会出现萎蔫现象，植株逐渐枯死。根部受害后，地上部表现为叶柄紫红色，基部叶片凋萎脱落，后全株枯死。将根冠纵切，根冠中央有明显的褐化现象。

三、红叶病

红叶病是新的草莓病原菌。以前没有这种病害，近几年南方地区发生严重，特别是美国品种‘甜查理’，连续几年给南方农民造成大面积死苗的巨大损失。我市去年在孤山地区轻微发生，但今年洋河以西‘甜查理’生产区严重发生，仅孤山镇兴隆村罗屯园区 70 多个大棚就因红叶病全部“拔棚（全部苗子拔掉）”16 个，损失惨重。得了红叶病的草莓很可能是由重茬导致的，再就是这种会发生死棵的病害通常都是移栽了带菌种苗。生理性红叶主要是缺磷，导致根弱茎秆长。叶子变灰色，叶子上从叶缘往内变红，严重时整株枯死。

四、“断头”病

2019年黄萎病在全市或轻或重普遍发生，为有史以来东港草莓受害最重年份，感病大棚轻者5%以下，重则10%以上，给农民造成措手不及的补苗损失，据了解全市或有几十个大棚因此全棚拔苗重栽。

“断头”病危害症状为病株下部叶子变黄褐色时，根便变成黑褐色而腐败。有时植株的一侧发病，而另一侧健康，呈现所谓“半身凋萎”症状。病株基本不结果或果实不膨大。夏季高温季节不发病。心叶不畸形黄化，中心柱维管束不变红褐色。

草莓“断头”病的发病盛期在育苗中后期、假植期和定植初期。此病为害性大，是顽固性土传病害。土壤通透性差，过干过湿、多年连作、氮肥过多或有线虫为害的地块易导致“断头”病的严重发生。

“断头”病发病主要原因一是种苗带菌，或有机肥没有充分腐熟易发病，高温、高湿、多雨易发病。二是连作地、前茬病重、土壤存菌多；或地势低洼积水，排水不良；或土质黏重，土壤偏酸易发病。三是栽培过密，株、行间郁闭；氮肥施用过多，植株过嫩，虫伤多的易发病。

五、应对措施建议

上述4种为害、威胁草莓生产的重大病害的发生，共性为土传病源、母苗携带、防控不当所致。应对措施如下。

一是选用脱毒组培种苗。

二是育苗地不可重茬（最好3年以上未种植过草莓和茄科植物，推广育苗地土壤消毒技术）。

三是控制苗床繁育密度，不过量施用氮肥，增施有机肥和磷钾肥，培育健壮植株，提高植株抗病能力。

四是推广搭棚避雨育苗，或夏季高温季节育苗地遮盖遮阳网，减轻病害的发生。

五是育苗田或生产田及时摘除病叶、病茎、枯叶及老叶以及带病残株，并集中烧毁，减少传播。

六是提倡营养钵育苗，减少根系伤害；高畦深沟，合理密植，适时排灌，防止积水，防止土壤过干过湿。

七是施用充分腐熟的有机肥或草木灰，调节土壤 pH 值。进棚定植后不可放松病害防治。

八是严格农药防治，炭疽病可选用农药咪酰胺、咪菌脂、苯醚甲环唑等农药，苗田从栽植母苗开始药物浸根、定期喷药，5 月下旬后雨过补药；青枯病可选用噻唑锌、链霉素、噻唑铜、噁霉灵甲霜、春雷霉素等灌根防治；红叶病可选用苯醚甲环唑和戊唑醇等在种苗出圃前 2 个月开始注意防治，每隔 15d 防治一次，进入 8 月视病情调整药量和次数；“断头”病可选用四霉素、农用链霉素、噻唑锌等灌根或喷施。

附录 41　2004 年春天草莓加工概况

2004 年春天草莓加工概况

企业名称	加工量（t）	草莓购价（元/kg）	备注
大连平成	400	2.00	基地订单
孤山鸿天	800	1.60	基地订单
宽甸板栗公司	800	2.00	基地订单
丹东蔬菜冷库	1 000	1.60	基地订单
丹东花园冷库	1 000	1.20~1.60	基地订单（随行就市）
广天公司	2 000	—	随行就市，完成 1 000
丹东罐头厂（卢）	400	—	汤池工厂基地
丹东市供销公司	800	2.00	基地订单
省轻工厅外贸（铁岭）	500	—	随行就市
嘉生食品公司	1 200	2.20	订单
大平食品公司	1 500	1.20	随行就市
其他	5 000		
合计	15 500		

附录 42　2004 年丹东地区草莓加工企业情况

2004 年丹东地区草莓加工企业情况

姓名	职务	工厂名称	地址	电话	2004 年加工草莓情况				
					总加工原料（t）	总加工成品（t）	其中订单（t）	其中非订单（t）	平均收购草莓价格（元/kg）
毕明诗	董事长	广天食品	新城区	7123917	2 300	2 000	400	1 600	1.40
姜秀齐	厂长	益成食品	北井子镇	7859888	500	430	400	30	1.20
任贵盛	经理	东大食品	前阳镇	7161008	1 600	1 200	1 150	50	1.60
姜春秀	厂长	盛科食品	前阳镇	7162406	500	350	200	150	
赵志文	厂长	东大食品	安民镇	7471888	350	230	200	30	0.80
黄述平	董事长	大平水产	刘家泡	7175988	1 200	800	800		1.00
刘玉洲	经理	鸿天食品	孤山镇	7510888	2 300	1 250	1 250		1.60
刘发运	经理	小岛食品	菩萨庙镇	7708038	500	400	300	100	
王兴殿	经理	东城食品	孤山镇		500	400	300	100	
苏三池	经理	嘉生食品	新兴区友好		800	600	600		2.30
孟庆东	厂长	八棵树二冷	八棵树	7109211	220	130		130	
施厂长	厂长	八棵树四冷	八棵树	7104212	260	180		180	
周德川	厂长	新兴冷库	种子公司		130	100		100	
郭天彬	厂长	新阳冷库	菩萨庙镇	7703298	600	450	400	50	1.40
孙维清	厂长	4 个冷库	海龙村		600	400		400	
肖成有	厂长	前阳冷库	前阳村		200	150	150		
姜广辉	厂长	宏运冷库	石佛村	7106666	130	100		100	
	厂长	金宏冷库	石佛村	7137777	130	100		100	
李秀威	厂长	东达冷库	孤山镇		300	200		200	

（续表）

姓名	职务	工厂名称	地址	电话	2004年加工草莓情况				
					总加工原料（t）	总加工成品（t）	其中订单（t）	其中非订单（t）	平均收购草莓价格（元/kg）
唐学文	厂长	东大于冷库	东大于村		400	300	100	200	
丛保顺	厂长	东大于冷库	东大于村		300	200	100	100	
杨义军	厂长	孤山食品冷库	孤山镇		300	200	100	100	
		孤山其他3冷库	孤山镇		400	300		300	
范洪全	厂长	全新食品	椅圈镇	7186196	700	500		500	
吕明堂	厂长	嘉明食品	龙王庙镇	7903888	900	700	400	300	
辛中立	厂长	新立食品	龙王庙镇	7906999	150	100		100	
张龙新	厂长	金阳冷库	黄土坎镇	13942535777	300	200		200	
孙述远	厂长	洋河冷库	黄土坎镇	13304150719	400	300	200	100	
王玉华	董事长	玉华食品	凤城兰旗镇	8851338	1800	1200	800	400	1.00
宋顺利	董事长	丹东花园果	丹东花园	2251527	1400	900	800	100	1.20
李寿福	董事长	万胜食品	丹东桃园	2152564	1 500	1 000	900	100	1.60
姜殿臣	董事长	宽甸板栗公司	宽甸县城	5123676	2 000	1 400	1 000	400	2.00
卢敬一		一佳食品	丹东同兴	3134030	1 000	700	700		1.40
		丹东罐头厂	丹东振兴区		800	500		500	1.00
王用华	经理	丹东供销社	丹东元宝区		1 400	1 000	800	200	1.80
其他					1 400	1 000		1 000	
合计					28 270	19 970	12 050	7 920	$\bar{x}$=1.31

注：统计单位为东港市草莓协会；调查统计时间是2004年7月12日。

参考文献

曹坳程，2003. 中国甲基溴土壤消毒替代技术筛选 [M]. 北京：中国农业出版社 .

丹东市地方志办公室，丹东市志 [M]. 沈阳：辽宁科学技术出版社 .

邓明琴，雷家军，2005. 中国果树志・草莓卷 [M]. 北京：中国林业出版社 .

东港市地方志办公室，1996. 东沟县志 [M]. 沈阳：辽宁人民出版社 .

东港市史志办公室，2003. 东港年鉴 2002[M]. 北京：现代出版社 .

谷军，雷家军，张大鹏，2010. 有机草莓栽培技术 [M]. 北京：金盾出版社 .

谷军，王丽文，雷家军，2015. 新编草莓栽培实用技术 [M]. 北京：中国农业科学技术出版社 .

雷家军，张运涛，赵密珍，2015. 中国草莓 [M]. 沈阳：辽宁科学技术业出版社 .

辽宁旧方志整理委员会，2003. 丹东卷・安东县志 [M]. 沈阳：辽宁民族出版社 .

王介公，于云峰，1927. 中国方志丛书・安东省・安东县志 [M]. 中国台湾：成文出版社有限公司 .

王秋霞，曹坳程，谷军，2016. 土壤熏蒸与草莓高产栽培彩色图说 [M]. 北京：中国农业出版社 .

附　图

一、草莓引进历史照片

1911—1919 年安东园艺学校
是“东北著名园艺学校”

1911 年丹麦人创办的安东三育园艺学校成立，随后
草莓引入丹东

1916 年于承恩邮寄园艺作物种子的邮票
和三育中学购买园艺书籍的凭证

丹麦教会牧师于承恩（1919 年之前，三育中学
“首重园艺，定名曰园艺学校”）

1920 年安东三育中学教学楼
（为当时安东市最高建筑物）

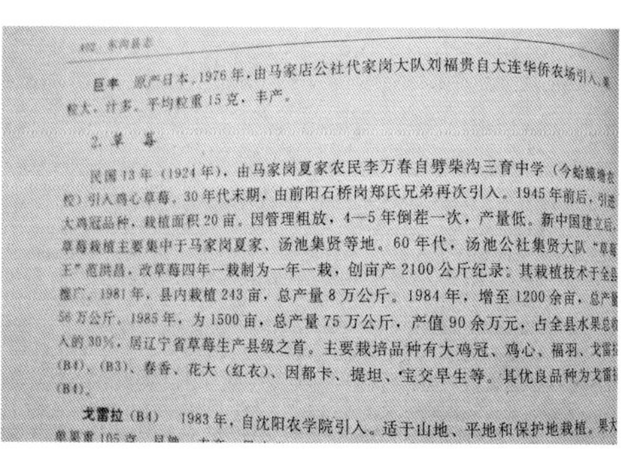

巨丰　原产日本。1976 年，由马家店公社代家岗大队刘福贵自大连华侨农场引入。果粒大，汁多，平均粒重 15 克，丰产。

2. 草　莓

民国 13 年（1924 年），由马家岗夏家农民李万春自劈柴沟三育中学（今蛤蟆塘农校）引入鸡心草莓。30 年代末期，由前阳石桥岗郑氏兄弟再次引入。1945 年前后，引进大鸡冠品种，栽植面积 20 亩。因管理粗放，4—5 年倒茬一次，产量低。新中国建立后，草莓栽植主要集中于马家岗夏家、汤池集贤等地。60 年代，汤池公社集贤大队“草莓王”范洪昌，改草莓四年一栽制为一年一栽，创亩产 2100 公斤纪录；其栽植技术于全县推广。1981 年，县内栽植 243 亩，总产量 8 万公斤。1984 年，增至 1200 余亩，总产量 56 万公斤。1985 年，为 1500 亩，总产量 75 万公斤，产值 90 余万元，占全县水果总收入的 30%，居辽宁省草莓生产县级之首。主要栽培品种有大鸡冠、鸡心、福羽、戈雷拉（B4）、（B3）、春香、花大（红衣）、因都卡、提坦、宝交早生等。其优良品种为戈雷拉（B4）。

戈雷拉（B4）　1983 年，自沈阳农学院引入。适于山地、平地和保护地栽植，果大

1924 年草莓引入东港市栽植

1924 年东港市椅圈镇夏家村三间房的李万春首先从安东三育中学将草莓引入东港市栽植

1927 年中国方志丛书《安东县志》

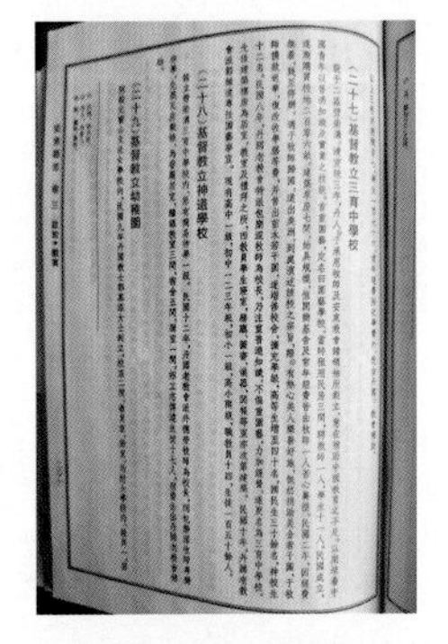

1927 年《安东县志》记载安东园艺学校

1927 年出版的《民国安东县志》

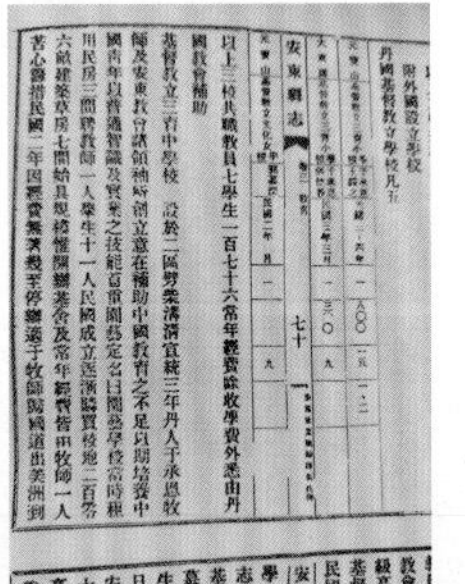

1927 年《安东县志》记载的安东园艺学校

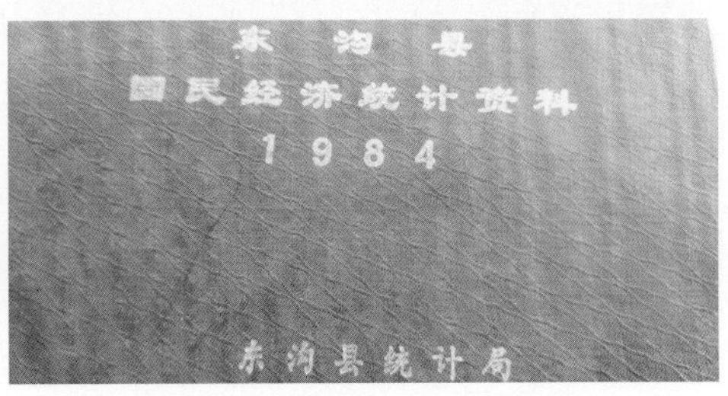

1984 年东沟县国民经济统计资料

东沟科技

3

1985

辽宁省东沟县科委编 （总26期） 一九八五年十月五日

目 录

1985 年《东沟科技》编载草莓生产科技经验

“草莓王”的致富经

东沟县农牧业局 谷军

辽宁省东沟县汤池乡集贤村六十一岁农民范洪昌，最近几年来，由于党的富民政策贯彻落实，他充分发挥自己种草莓的技术专长，靠种植草莓发了家，被誉为“草莓大王”。

范洪昌一九八二年种植草莓七分地，净收入一千七百元；八三年还是那七分地，净收入达二千元；八四年又扩大到一亩地，总产草莓果高达四千二百多斤，收入三千一百多元。用他自己的话说：种草莓投资少，收入保靠，没有什么“闪失”，草莓果人人爱吃，有多少也剩不下，就是结得少点也不能赔本。

范洪昌摸索总结出来的栽培草莓新技术受到有关部门及农业专家的关注，曾被邀请到沈阳农学院与专家、学者们商榷草莓生产技术，他的“一年一移植、除蔓分枝”方法，已在省内外广泛推广利用。他的亩产4 200斤高产纪录，就连到他家参观考察的日本农业专家也赞叹不已。

7

1985 年《东沟科技》刊载农牧业局总结的“草莓大王”致富经验

1986 年出版的《东沟县志》记载了东港草莓引进历史

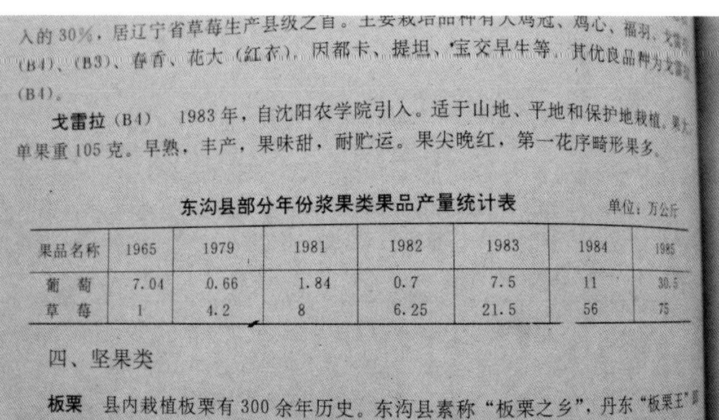

入的30%，居辽宁省草莓生产县级之首。主要栽培品种有大鸡冠、鸡心、福羽、戈雷拉(B4)、(B3)、春香、花大（红衣）、因都卡、提坦、宝交早生等。其优良品种为戈雷拉(B4)。

戈雷拉（B4） 1983年，自沈阳农学院引入。适于山地、平地和保护地栽植。果大，单果重105克。早熟，丰产，果味甜，耐贮运。果尖晚红，第一花序畸形果多。

东沟县部分年份浆果类果品产量统计表

单位：万公斤

果品名称	1965	1979	1981	1982	1983	1984	1985
葡萄	7.04	0.66	1.84	0.7	7.5	11	30.5
草莓	1	4.2	8	6.25	21.5	56	75

四、坚果类

板栗 县内栽植板栗有300余年历史。东沟县素称“板栗之乡”，丹东“板栗王”即生长于此。50年代前，板栗栽培以直播为主，管理粗放，发展缓慢。1966年，县成立板

1986 年《东沟县志》记载
1965—1985 年东港市部分年度草莓产量情况

1986 年《丹东市志》记载
1976—1985 年丹东草莓相关史料

1995 年草莓研究所成为全国草莓研究会会员单位

《丹东年鉴（1997）》

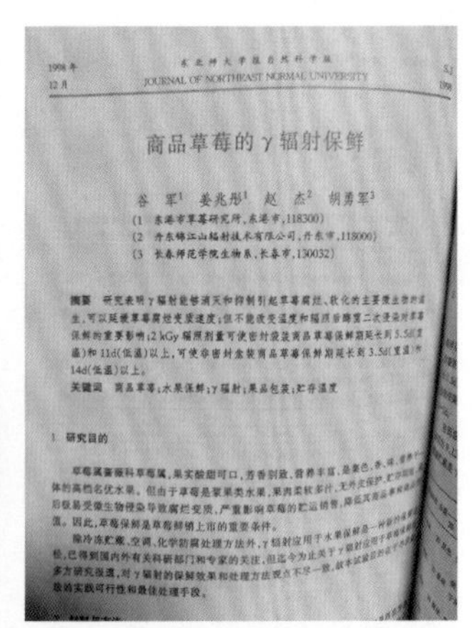

1998年
12月

JOURNAL OF NORTHEAST NORMAL UNIVERSITY

商品草莓的γ辐射保鲜

谷 军[1] 姜兆彤[1] 赵 杰[2] 胡勇军[3]

(1 东港市草莓研究所，东港市，118300)
(2 丹东锦江山辐射技术有限公司，丹东市，118000)
(3 长春师范学院生物系，长春市，130032)

1 研究目的

1998年《东北师大学报》刊载东港市草莓保鲜试验

1999—2006年邓明琴教授率中国农业科学院、沈阳农业大学、辽宁省农业厅专家组对东港市草莓产业和研究进行技术指导

示范推广新品种200多个，为加快品种更新、提高产品质量、增加农民收入起到积极作用。

【果业】 2001年，全市果树发展到10933公顷，同比增加133公顷，产量达到6.8万吨，产值达8279万元，创历史最高；草莓面积发展到5667公顷，同比增加867公顷，产量达到14.2万吨，产值达到3.1亿元。

结构调整 2001年，果业生产结构调

《东港年鉴（2002）》记载2001年东港市草莓生产情况

安東縣志
遼寧舊方志·丹東卷

20世纪60年代出版《安东县志》

二、草莓生产、包装与制品

1998 年椅圈镇夏家村草莓生产

早春大棚草莓

2000 年早春大棚草莓

2000 年前后温室草莓

2019 年航拍东港市温室草莓景观

2019 年新建夜冷苗处理拱棚在建

A 型高架栽培

露地草莓

东港市露地草莓

塑料大棚草莓

日光温室草莓

大拱棚草莓

东港农民创新全钢构日光温室大棚

东港市是中国最大草莓种苗繁育销售基地

田间穴盘接植种苗

脱毒种苗

东港农民发明的大拱棚夜冷处理种苗技术

高架育苗

夜冷处理种苗技术

营养钵田间育苗技术

原种苗培育

优质种苗

原种苗营养钵假植

优质穴盘苗装箱待运

走向全国的健壮种苗

2019 年小甸子镇营养液柱式栽培

创意栽培

高架栽培

反光膜、电灯补光、硫黄熏蒸、电子温控机综合应用

反光膜应用

智能加温系统

后墙叠槽模式

硫黄熏蒸防治草莓白粉病效果好

蜜蜂辅助授粉技术

捕食螨防治红蜘蛛

外置反应堆技术为草莓提供二氧化碳气肥

草莓温室农家肥

温室全部应用地膜覆盖

2012 年农民由信春好不得意

2015 年前阳镇由基草莓合作社‘章姬’草莓

寒冬腊月里这儿却是春意盎然

见过漂亮，没见过这么漂亮

白花红果绿叶，相得益彰

观赏草莓

洁净宜人

农村到处可见草莓生产

生机亮丽挂满墙

收获喜悦

温馨景色

水果皇后的端庄妩媚

像瀑布，却又芳香袭人

小草莓大产业

东港人的欣慰

引进国外技术建设夜冷处理种苗工厂

还需精选后才能商品上市

2018 年玖玖农场草莓精选车间

草莓包装批发

草莓分级包装

草莓精选打包完毕，
顺丰快运全国各地

现代物流仓储技术

东港草莓专线

草莓物流中心

新冠肺炎疫情挡不住东港草莓走向全国

这草莓，你品，你细品

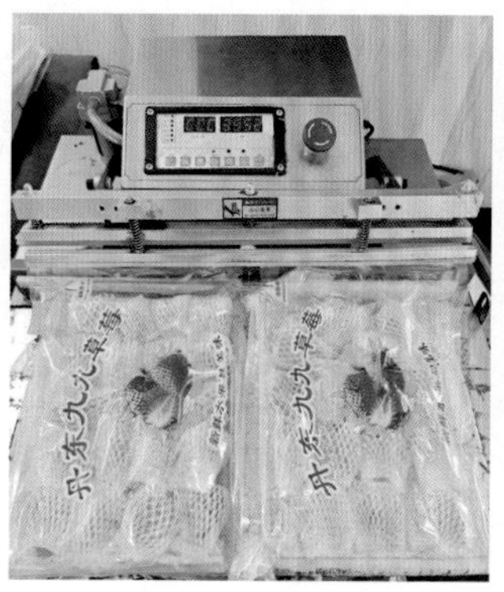

草莓真空包装技术

香飘九州

万千美色列阵争艳

东港草莓快递运往全国各地

2018 年 1 月东港草莓在北京超市售卖

箱里藏娇

好水果从种植开始

2007 年东港草莓获“中华名果”荣誉

‘白雪公主’伴你美好生活

奥莱酵素草莓

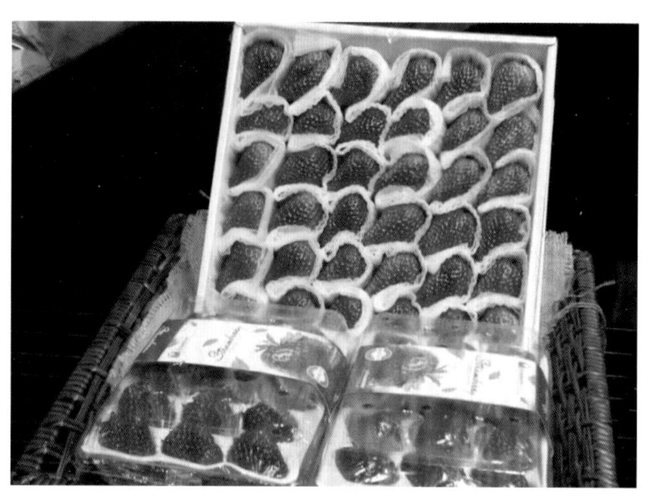

保护娇嫩艳丽

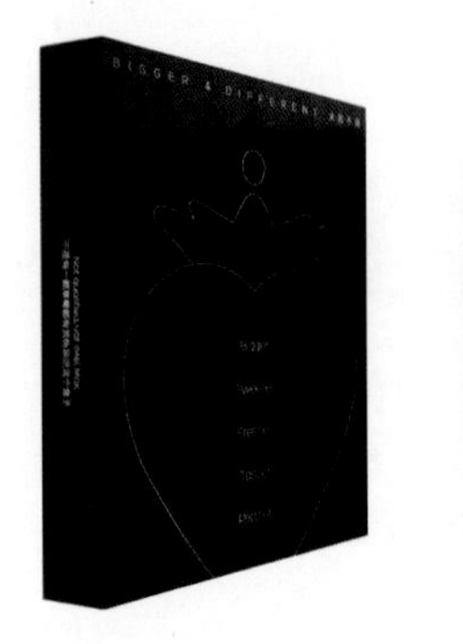

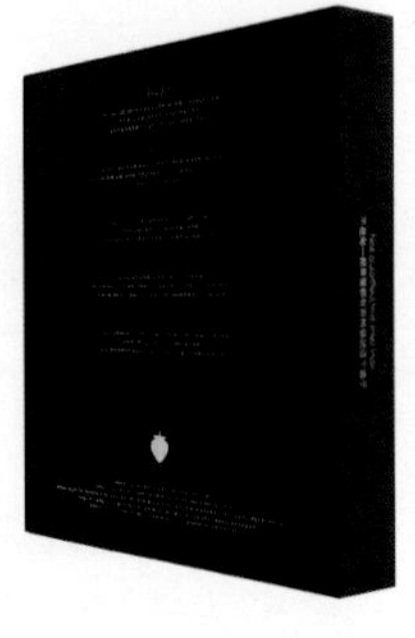

草莓包装

超市待售草莓

当下的新鲜，当时的口味

东港草莓

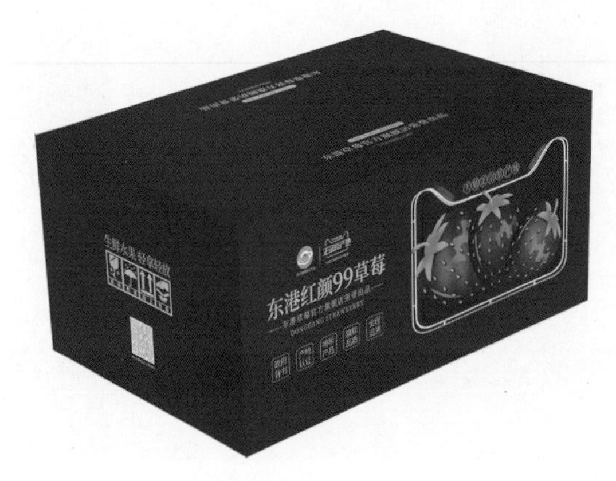

东港‘红颜’草莓——天猫正宗原产地

请您品尝

2012 年东港市由基农业科技开发有限公司有机草莓

东港市由基草莓合作社有机草莓

吉品‘丹红’草莓

君华生态草莓

看得见的自然美味

靓丽方队

2004 年 11 月 7 日“东港草莓”证明商标注册

全国著名商标——“广天牌”草莓罐头

鹿岛草莓酒，回味悠长

享受生日快乐

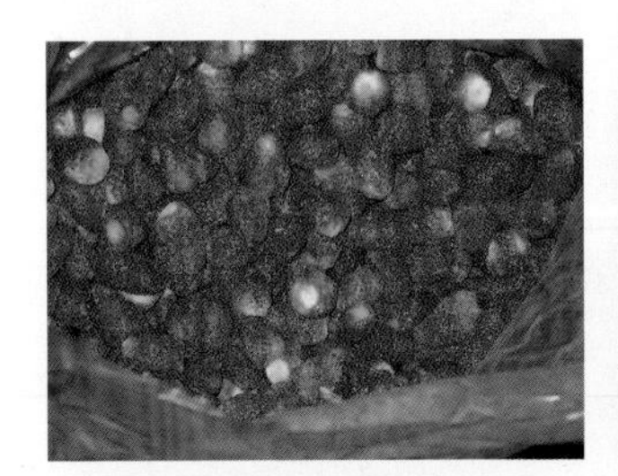

2003 年出口速冻草莓

2004 年出口冻干草莓

草莓干

冰冻草莓

东港草莓已成为上乘礼品

三、草莓品种

S 诺　阿尔比　阿以贝利

艾尔巴　艾尔桑塔　艾莎

爱娘　安娜 x 枥乙女　安娜

白雪公主　朝丰

初恋馨香

达赛莱克特

达善卡

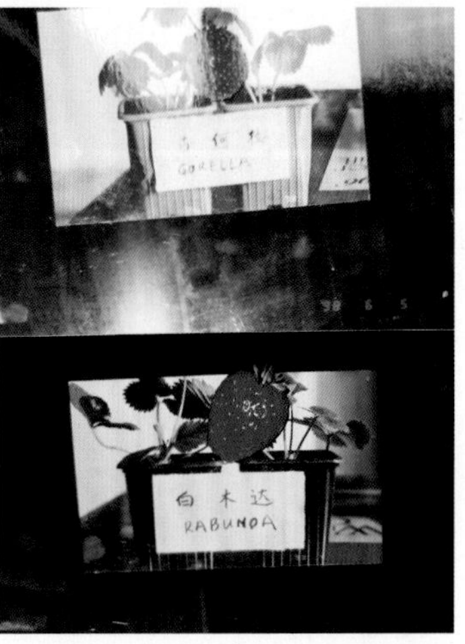

德国专家赠送的草莓苗

德玛

东京花坛

杜克拉

丰香

甘露

港丰

戈雷拉

鬼怒甘

哈尼

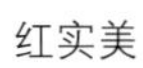

红实美

红袖添香

红颜

红珍珠

江雪

金莓

京藏香

君和

卡尔特一号

卡麦罗莎

卡米诺实

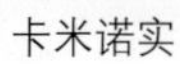

坎东嘎

丽红

枥乙女

林果

露茜

卢比

蜜宝

妙香七号

明宝

明日香珍珠

年末早生

宁丰

宁玉

女峰

品种示范

青育一号

日庄一号

赛娃

桑特拉斯

森嘎那

圣诞红

石莓一号

书香

苏珊娜

太空 2008

桃熏白

天使果实（白衣天使）

天香

甜查理

图得拉

托泰姆

温塔娜

五峰二号

香莓

香野（隋珠）

新希望

星都一号

幸香

雪霸

雪兔

樱玉

燕香

越后姬

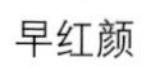

早红颜

章姬

紫金久红

佐贺清香

紫金四季

杂交育种优系（1）

杂交育种优系(2)

杂交育种优系(3)

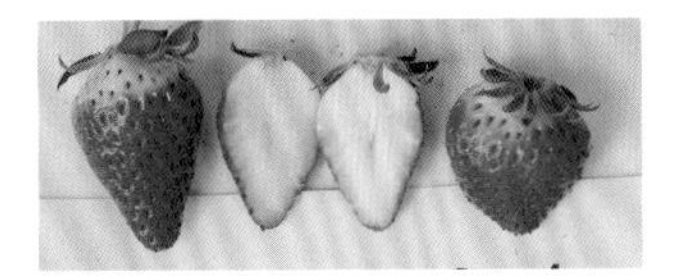

杂交育种优系(4)

杂交育种优系(5)

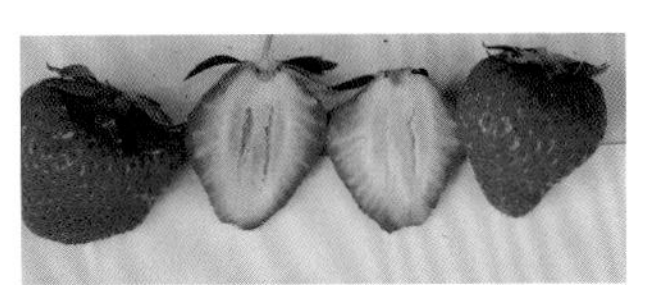

杂交育种优系(6)

杂交育种优系(7)

杂交育种优系(8)

杂交育种优系(9)

杂交育种优系(10)

杂交育种优系(11)

杂交育种优系(12)

杂交育种优系(13)

杂交育种优系(14)

杂交育种优系(15)

杂交育种优系(16)

四、科学研究与新技术推广服务

1996 年最早从日本引进 5 株
'章姬'草莓种苗

1997 年 10 月 28 日丹东草莓专业技术研究会年会暨
二氧化碳气肥推广会

1999 年 1 月 7 日辽宁省草莓新优品种大面积开发
推广项目鉴定会

1999 年草莓研究所品种对比试验

1999 年邓明琴教授在东港市指导

2000 年草莓研究所举办二氧化碳气肥推广会

2001 年草莓研究所草莓脱毒培养室

2002 年 5 月 12 日草莓新品种‘章姬’引进及配套生产技术研究通过省级成果鉴定

2002 年科技人员在精心操作草莓脱毒组培苗

2003 年草莓硫黄熏蒸防白粉病

2004 年 8 月 24 日辽宁省引智培训班

2004 年科技人员在进行草莓脱毒组培工作

2005 年 1 月 10 日中国园艺学会草莓分会理事长、北京市农林科学院张运涛研究员来东港技术指导

2005 年 7 月 2 日东港市草莓研究所承办辽宁省引智草莓技术培训班

2005 年 10 月 3 日沈阳农业大学草莓脱毒组培专家林丽华老师（右四）来草莓研究所技术指导

2005 年‘红实美’新品种审定与成果鉴定会

2006 年 3 月 24 日丹东三珂动植物增长素推广演示会

2006 年 7 月 3 日河北省农林科学院郝宝春研究员（左一）、杨莉研究员（左二）来东港市技术指导

2006 年科技人员在精心操作

2006 年沈阳农业大学博士生导师张志宏教授（右二）来东港市考察指导

2006 年草莓研究所承担省、地、市科技培训任务

2007 年 6 月 4 日科技人员在田间指导

2007 年 7 月 24 日科技人员应邀在本溪桓仁县为农民技术培训

2007 年科技人员应邀到河北省技术指导

2008 草莓科技特派团为对口乡镇宽甸县虎山镇技术培训

2008 年 1 月 15 日科技人员向农民介绍新品种

2008 年 5 月 8 日新型有机农药应用技术培训

2008 年 7 月 11 日科技人员应邀到鞍山市千山区为农民技术培训

2008 年 7 月 26 日中国农业科学院植物保护研究所博士生导师曹坳程教授为农民和科技人员作技术报告

2008 年 7 月 26 日中国农业科学院植物保护研究所与东港市草莓研究所举办技术培训班

2008 年 7 月草莓温室棉隆土壤消毒现场演示会

2008 年 8 月 23 日科技人员应邀到本溪市桓仁县培训讲课

2008 年 12 月 5 日新型肥料推广会

2008 年科技人员为辽宁省农民培训师培训

2008 年沈阳农业大学博士生导师雷家军教授作技术报告

2008 年政府农业部门领导与科技人员田间调查

2009 年 6 月 25 日科技人员应邀到新疆伊宁市做草莓技术培训

2010 年黑沟镇草莓生产技术培训

2011 年 2 月沈阳农业大学植物保护专家纪明山教授（左一）来东港市技术指导

2011 年 8 月 16 日由丹东市农委主办，东港市农经局承办丹东市草莓生产质量安全培训班

2011 年 8 月科技人员应邀到安徽长丰县作技术报告

2011 年科技人员与马家店镇政府领导田间技术调研

2011 年沈阳农业大学雷家军教授（右一）、戴汉萍教授（左二）在东港市技术指导

2012 年草莓新品种‘红颜’引进及优质高产技术研究通过省级成果鉴定

2012 年科技人员为外地农民讲课

2012 年硫黄熏蒸防治草莓白粉病技术研究通过省级成果鉴定

2014 年 6 月 23 日沈阳农业大学博士生导师雷家军教授（左一）现场指导组培苗生产技术

2014 年科技人员在江苏省作技术报告

2014 年应辽阳市老科协邀请为当地农民技术培训指导

2015 年 5 月 16 日青岛农业大学教授姜卓俊在东港市小甸子镇举办草莓栽培技术培训班

2015 年 5 月 16 日沈阳农业大学教授、博士生导师张志宏来东港市举办草莓栽培技术培训班

2015 年 5 月 17 日青岛农业大学姜卓俊教授（左二）、沈阳农业大学张志宏教授（右一）应邀到辽宁草莓科学技术研究院进行现场指导

2015 年 12 月 26 日科技人员应天津市农业局邀请作技术报告

2015 年草莓安全生产专题技术培训

2016 年 7 月 6 日草莓研究院科技人员在黄土坎镇为农民培训土壤消毒技术

2016 年 7 月 16 日科技人员应邀到陕西省宝鸡市技术指导

2017 年 5 月 25 日沈阳农业大学张志宏教授到小甸子镇为农民技术培训

2017 年科技人员为庄河市新型职业农民技术培训

2018 年 7 月 3 日辽宁草莓科学技术研究院与沈阳农业大学技术交流

2018 年 8 月 16 日沈阳农业大学雷家军教授到东港市举办草莓栽培技术培训班

2018 年 9 月 27 日草莓研究院科技人员为凤城市农民技术培训

2018 年 10 月科技人员应福建省福鼎市“中国扶贫第一村”邀请前往进行技术指导

2018 年丹红浆果科技有限公司品种对比试验

2018 年科技人员应邀到大连庄河市为新型职业农民培训

2018 年科技人员应邀为湖北十堰市农民技术培训

2019 年 7 月 26—27 日谷军（二排左四）应全国农技协邀请在济南为全国天天学农学员培训草莓生产技术

2019 年 7 月沈阳农业大学纪明山教授到东港市作技术报告

2019 年 8 月 8 日沈阳农业大学张志宏教授到东港市为农民培训绿色草莓生产技术

2019 年 8 月草莓研究院科技人员作
绿色草莓生产技术培训

2019 年 12 月张运涛博士在东港市
首届草莓文化节上致辞

2019 年草莓研究院草莓种质资源圃

2019 年 5 月日本草莓专家伏原肇先生
来东港市作技术报告

2005 年科技人员技术专著

2010 年科技人员技术专著

2015 年科技人员技术专著

2016 年科技人员技术专著

五、政府支持与引导

1990 年 10 月邓明琴教授（前排左四）在丹东培训授课后与农业部、全国农业中心领导等合影

1997 年辽宁省外国专家局局长考察草莓研究所

1997 年农业部和全国农业技术推广总站领导考察东港草莓

1997 年全国农业中心、辽宁省科技厅等领导考察东港草莓与科技推广工作

1998 年 10 月农业部和全国农业技术推广总站相关领导来东港市考察指导草莓产业工作

1999 年邓明琴教授（右四）等专家组验收东港市为农业部优质果品（草莓）生产基地

2001 年农业部教育司领导（左一）视察指导
草莓研究所工作

2002 年国家政协常委全树仁（左一）视察
东港草莓产业

2002 年省委书记闻世震（前排左一）、
常务副省长郭廷标（前排左二）等视察东港草莓
产业及草莓研究所

2003 年东港市市长于国平（主席台左三）等
出席草莓协会成立大会

2004 年 2 月 29 日中央电视台录制东港草莓
专题节目，在乡村大世界专栏展播

2004 年 5 月 16 日王立威市长（左二）、尤泽军副
市长（左一）以及农业、科技、财政、科协等部门
领导到草莓生产基地和草莓研究所考察、
调研和指导相关工作

2004年5月东港市委书记于国平（右二）陪同丹东市领导对草莓研究所工作调研指导

2004年国家、省、市科协领导在山东寿光国际农业博览会上关注东港草莓及科普工作

2004年辽宁省农业厅厅长万福民（左二）考察指导东港草莓生产和科技工作

2004年市政府领导出席草莓协会工作会议

2005年5月东港市政府召开露地草莓销售工作会议

2006年3月辽宁省科技厅厅长徐明（前排左四）等来东港市考察指导草莓科技工作

2007 年 9 月 13 日辽宁省科协主席王天然（右二）
等领导来东港市考察指导草莓科学普及工作

2008 年东港市副市长尤泽军（二排左三）、
东港市草莓研究所所长谷军（二排左二）
出席中国代表团参加世界草莓大会

2009 年 10 月国家农业部相关领导视察
草莓研究所

1999 年东港市政府建设东港市
草莓研究所

2011 年中国第六届（丹东·东港）草莓文化节
隆重举办

2011 年农业部、中国农业科学院、中国农业大学、
辽宁省政府领导莅临中国第六届（丹东·东港）
草莓文化节

2011 年中国第六届（丹东 · 东港）草莓文化节
第一次峰会

2011 年中国第六届（丹东 · 东港）草莓文化节
第二次峰会

2012 年东港市政府、市人大及农业、科技、科协等
部门领导与西班牙艾诺斯公司草莓专家交流

2012 年东港市政府建设辽宁草莓科学技术
研究院

2012 年东港市人大主任朱连德（左四）、市政府
副市长尤泽军（左五）、农业局局长孙凤德（左三）、
科技局局长孙凤友（左二）、科协主席付良云
（左一）、东港市草莓研究所所长谷军（右三）等与
西班牙艾诺斯种业公司会谈

2012 年东港市人大主任朱连德（前排右二）、副市
长尤泽军（前排右一）率团参加世界草莓大会

2012 年市人大主任朱连德在北京世界草莓大会期间接受媒体采访东港草莓情况

2013 年 12 月丹东市委市政府成立草莓院士专家工作站

2015 年 12 月 26 日天津市农技推广骨干培训团来东港市考察学习草莓产业经验

2016 年 12 月 27 日中国第十二届（辽宁·东港）草莓文化节

2016 年 12 月 27 日东港市政府与京东集团合作

2017 年 1 月 19 日东港市在北京京东总部举办东港生鲜馆年货节暨“东港 99 草莓”狂欢季活动现场

2017 年 1 月 19 日东港市领导在北京京东总部参加东港生鲜馆年货节暨“东港 99 草莓”狂欢季活动

2017 年 2 月 7 日丹东市副市长张鸣（右一）、农委主任刘洪旗（左一）等到草莓研究院考察指导

2017 年 2 月 14 日在北京京东总部进行东港草莓宣传，场面火爆

2017 年 2 月 14 日东港市领导出席北京京东总部举办的东港生鲜馆浪漫情人节活动

2017 年 5 月 9 日农业部国家现代农业产业园专家组来东港市考察草莓产业与科技工作

2018 年 6 月 6 日辽宁省副省长郝春荣（左二）来东港市考察调研草莓产业

2019 年 1 月 22 日丹东市市长张淑萍（右四）到辽宁草莓科学技术研究院调研

2019 年 2 月 21 日东港市市长刘洋（右三）到辽宁草莓科学技术研究院检查指导工作

2019 年 2 月国家编委领导到
草莓研究院调研

2019 年 12 月 16 日副市长郑毅（主席台右三）
参加东港市草莓协会第二届代表大会

2019 年 12 月 26 日东港市市长刘洋在
首届东港草莓文化节致辞

2020 年 1 月丹东市副市长刘国栋（右二）
到草莓研究院进行调研

2020 年 2 月东港市委书记姜乃东（左三）视察指导
草莓研究院工作

2020 年 2 月 25 日丹东市委书记裴伟东（右二）
到草莓研究院调研

2020 年 12 月东港市委组织部领导听取辽宁草莓科学技术研究院院长李柱（左四）工作汇报

六、东港草莓与引智

1993 年法国、日本专家考察东港草莓

1994 年 5 月 18—28 日日本著名草莓专家，日本国农产部园艺农产课技术顾问斋藤明彦（主席台左二）应邀到东港市技术交流

1994 年 8 月 24—27 日日中农业友好协会（辽宁）会长今村安幸先生（右三）应邀到东港市考察草莓生产和技术交流

1994 年德国专家考察东港市露地草莓生产并对东港市草莓研究所考察技术交流

1995 年 5 月 25 日智利草莓专家米切尔·雷卡拉（右三）等来东港市技术交流和指导

1995 年 9 月 16—25 日荷兰水果专家 Van der Vliet Fooyt Cornlis（凡得·福利特）应邀到东港市技术交流

1995 年日本专家斋藤明彦（左图左四，右图右一）在东港市进行草莓生产田间指导

1995 年智利专家考察东港草莓

1996 年 3 月韩国味元集团果蔬加工专家一行 6 人在东港市副市长冯孟宝（左一）陪同下考察东港草莓产业

1997 年李天来（现院士）（左二）等陪同日本专家考察东港市草莓研究所

1999 年 1 月 23—24 日日本著名草莓专家金指信夫（左三）应邀来东港市技术交流

1999 年 8 月 1—2 日以色列植物保护专家李维克在东港市作技术报告

1999 年 9 月 23 日日本专家斋藤明彦在东港市技术指导

2000 年 3 月 24 日俄罗斯专家考察东港草莓与草莓研究所，与科技人员交流草莓生产技术

2000 年 3 月 31 日法国和中国香港草莓专家应邀来东港市技术交流

2002 年英国专家鲁珀特・诺尔斯作草莓生产新技术报告

2003 年南非林波省地方事务局长马丁・马郝西先生到东港市考察交流

2003 年西班牙、法国、英国和比利时草莓专家考察东港草莓

2003 年西班牙专家凯诺（右一）、阿根廷专家路易斯（右二）、法国专家马克（右三）等来东港市考察草莓产业与技术交流

2003 年英国专家鲁伯特·诺尔斯到东港市考察讲学

2004 年东港市草莓研究所承办辽宁省引智成果草莓技术培训班

2004 年东港市草莓研究所所长谷军（右一）与中国园艺学会草莓分会理事长张运涛（左一）应邀在西班牙技术交流

2004 年东港市政府经济技术顾问、日本著名草莓专家斋腾明彦（左二）为中国草莓新品种、新技术开发应用做出突出贡献

2004 年法国院士考察团组到东港市考察草莓生产情况

2004 年国务院政府特殊津贴专家谷军所长在西班牙巴塞罗那第二届中西论坛上介绍东港草莓

2004 年荷兰专家给斯先生技术指导、交流

2004 年日本专家斋藤明彦（左二）到东港市技术指导

2004 年新西兰专家到东港市技术交流

2004 年意大利果品加工专家考察东港草莓产业

2005 年 7 月国家引智成果培训班为来自全国的农民、科技人员培训

2005 年东港市草莓培训团赴西班牙学习交流

2005 年美国专家作技术报告

2005 年智利果蔬考察团考察东港草莓产业情况

2005 年世界著名草莓专家柯克・拉尔松（左图前排右二，右图右二）、道格拉斯（左图前排右三，右图右三）、哈维尔・凯诺・柏希（左图二排左三，右图左一）与科技人员技术交流

2006 年 7 月日本专家宫本重信与草莓研究所科技人员交流

2006 年 8 月西班牙专家哈维尔・凯诺・柏希到东港市技术交流指导

2006 年日本大分市农业考察团参观考察东港草莓产业与科技

2006 年日本专家佐腾琢磨指导种苗组织培养

2006 年为西班牙专家哈维尔・凯诺・柏希颁发省政府友谊奖

2007 年德国果蔬加工专家布鲁诺・泽德舒技术交流

2007 年 3 月美国、西班牙草莓专家来东港市技术交流指导

2007 年 6 月 12 日德国专家布鲁诺 · 汉德舒作草莓加工技术报告

2007 年 11 月日本专家宫本重信（前排右三）、村山宪二（前排左三）与科技人员技术交流

2007 年布鲁诺 · 汉德舒作草莓深加工技术报告

2007 年日本专家宫本重信（右二）与科技人员田间技术交流

2008 年 12 月西班牙、阿根廷、法国专家来东港市技术交流指导

2008 年美国博士团组考察东港草莓产业

2008 年瑞典专家玛格那斯与科技人员技术研讨

2008 年瑞典专家玛格那斯作技术报告

2008 年意大利专家安东尼·奥与科技人员技术交流

2008 年东港市副市长尤泽军（前排左二）等参加西班牙第六届世界草莓大会，共同成功争取第七届世界草莓大会中国举办权

2009 年以色列专家拉松到东港市技术交流

2010 年 9 月与中国台湾地区专家举办
新型营养剂推广会

2010 年法国专家雅曼·吉尔草莓科技培训
暨“海晟宝”推广报告会

2010 年法国专家雅曼·吉尔田间指导

2011 年 8 月丹东市草莓技术考察团在中国台湾地区
考察和技术交流

2014 年 6 月 24 日沈阳农业大学博士生导师雷家
军教授（右一）和意大利草莓专家安东尼·奥先生
（左二），到草莓研究院种苗生产基地进行现场指导

2015 年 2 月 2 日韩国专家、B.C.K 农作法研究会
会长、农学博士郑必云教授（左二）来东港市技术
交流指导

2015 年 5 月 21 日日本草莓专家伏原肇先生技术报告会

2017 年 2 月 28 日日本专家一行三人到辽宁草莓科学技术研究院考察与技术交流

2018 年 8 月 15 日日本草莓专家彦齐泰永到东港市举办草莓技术培训班

2019 年 9 月 17 日日本专家伏原肇（左三）应邀到东港市技术交流指导和学术报告

2019 年 9 月 19 日科技人员应邀到朝鲜平壤技术指导

七、东港草莓产业荣誉

1996 年 6 月 26 日东港市政府被国家四部委评为全国农业引智工作先进单位

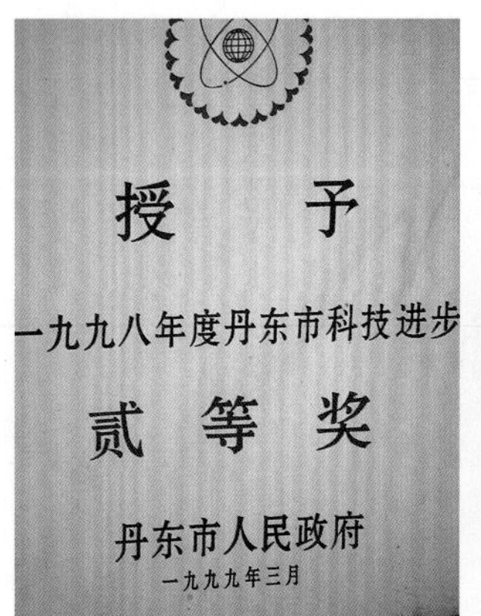

授　予

一九九八年度丹东市科技进步

贰　等　奖

丹东市人民政府

一九九九年三月

1998 年草莓研究所草莓新优品种引进开发成果获丹东市科学技术进步奖二等奖

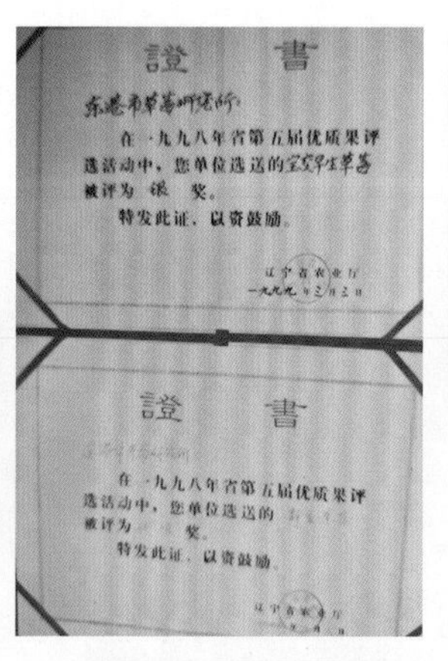

證　書

东港市草莓研究所：

在一九九八年省第五届优质果评选活动中，您单位选送的宝交早生草莓被评为银　奖。

特发此证，以资鼓励。

辽宁省农业厅

一九九九年三月三日

證　書

在一九九八年省第五届优质果评选活动中，您单位选送的　　被评为　　奖。

特发此证，以资鼓励。

辽宁省农业厅

1998 年东港市‘宝交早生’草莓获辽宁省第五届优质果擂台赛银奖

奖励證書

授　予

一九九八年度丹东市科技进步

贰等奖

丹东市人民政府

1999 年 3 月草莓研究所草莓新品种引进开发推广成果获丹东市政府科学技术进步二等奖

1999 年 7 月 8 日农业部优质果品生产基地东港市优质草莓基地揭牌仪式

辽 宁 省 农 业 厅

证　　明

由东港市草莓研究所完成的《草莓新优品种大面积开发推广》项在一九九九年辽宁省农业厅科技进步奖评审中被评为一等奖，因关草莓品种为引进品种，正在申报省品种审定委员会认定，因此省农业厅科技进步奖评审委员会决定，项目获奖继续有效，待其种获得认定后，办理相关手续，补发证书。现其品种已经获得认定，辽宁省农业厅科技进步奖于 2000 年已经停止，不能补发证书，特证明。

二〇〇[illegible]年四月[illegible]日

1999 年草莓研究所草莓新优品种大面积开发推广项目获辽宁省农业厅科学技术进步奖一等奖

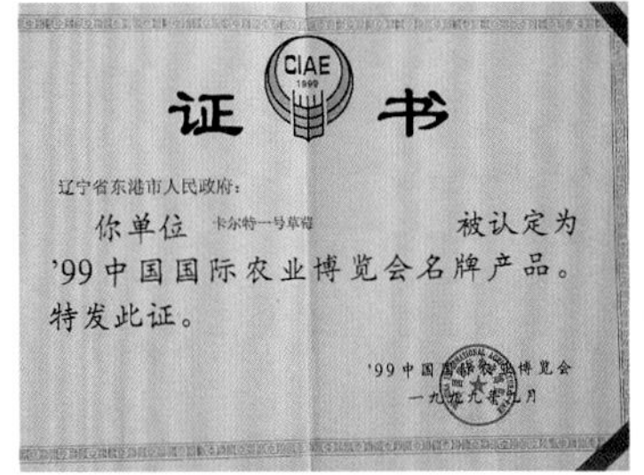

1999 年东港草莓被国际农博会授予名牌产品荣誉

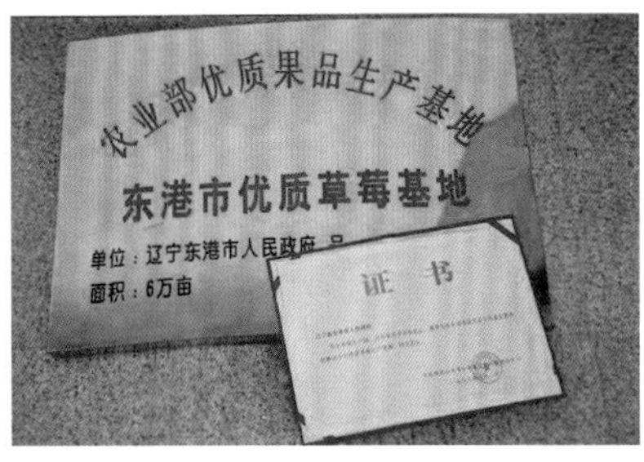

1999 年东港市被农业部质检中心验收为全国优质草莓生产基地

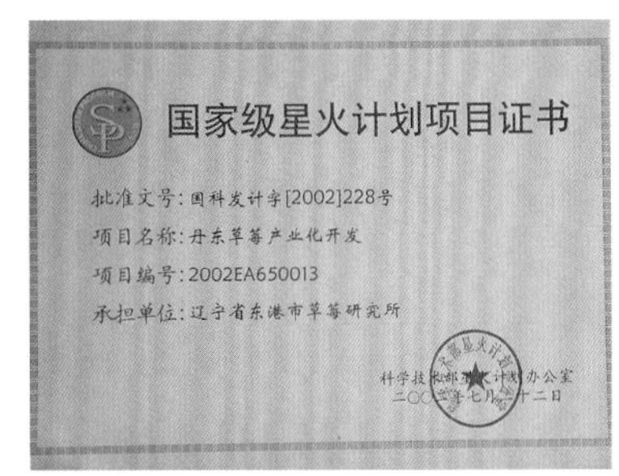

2002 年承担国家级星火计划任务

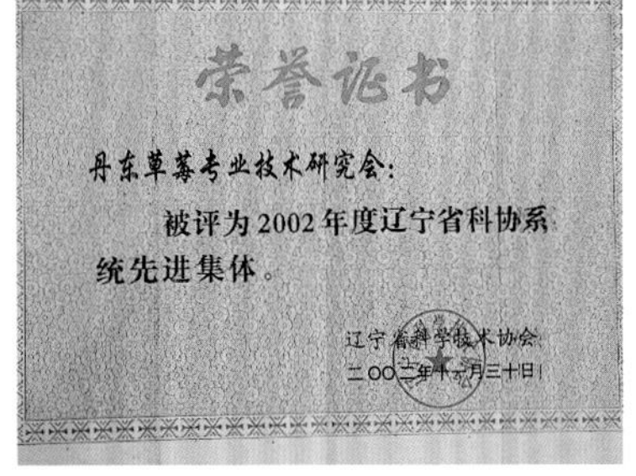

2002 年丹东草莓专业技术研究会获辽宁省科协系统先进集体荣誉

2003 年草莓研究所草莓脱毒苗工厂化生产技术研究成果获丹东市科学技术进步奖二等奖

奬勵證書

2003-3-1

编號:

东港市草莓研究所:

你單位 草莓新品种章姬引进及配套生产技术研究 项目獲得二00三年度丹東市科技進步 叁等獎,特發此狀。

丹東市人民政府

2003 年草莓研究所‘章姬’新品种引进及配套生产技术研究成果获丹东市科学技术进步奖三等奖

2003 年中国地理标志“东港草莓”证明商标由草莓研究所注册使用

2004 年草莓研究所被国家外专局核批为国家引进外国智力成果示范推广基地（优质草莓良种选育）

荣誉证书

丹东草莓专业技术研究会

2004 年度辽宁省科协系统先进集体

辽宁省科学技术协会

二〇〇四年十二月

2004 年丹东草莓专业技术研究会获辽宁省科协系统先进集体荣誉

商标注册证

DONG GANG
东港草莓
STRAWBERRY

2004 年东港草莓证明商标注册使用

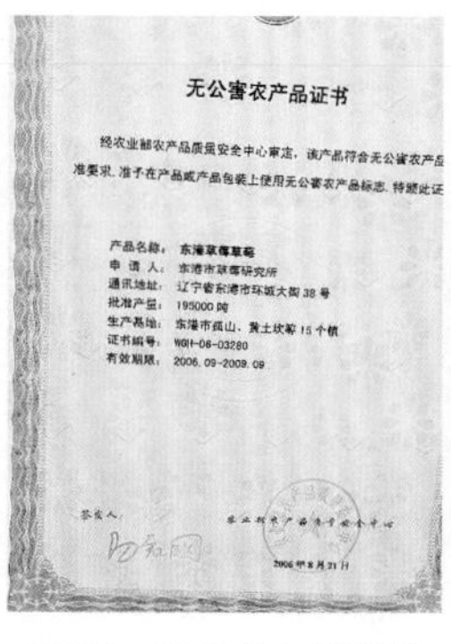

无公害农产品证书

产品名称：东港草莓

2005—2018 年东港草莓获无公害农产品证书

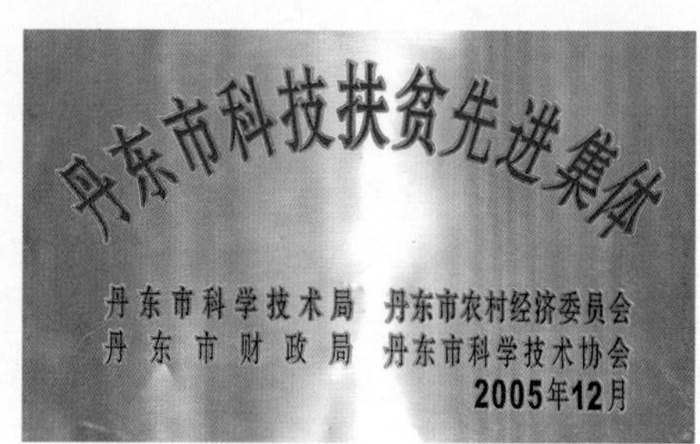

2005 年草莓研究所被评为丹东市科学技术扶贫先进集体

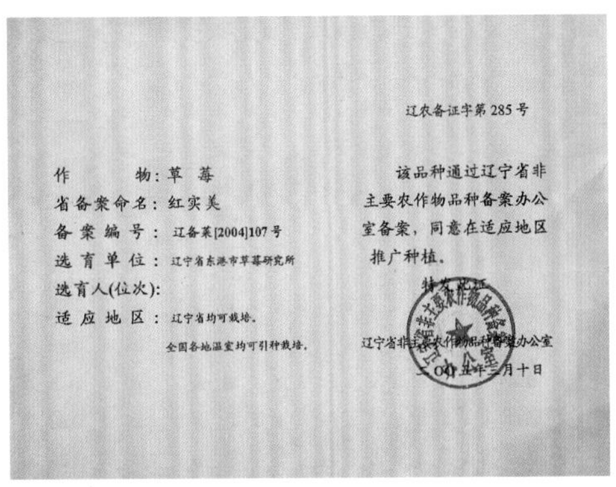

辽农备证字第285号

作　　物：草　莓
省备案命名：红实美
备案编号：辽备莱[2004]107号
选育单位：辽宁省东港市草莓研究所
选育人(位次)：
适应地区：辽宁省均可栽培。
全国各地温室均可引种栽培。

该品种通过辽宁省非主要农作物品种备案办公室备案，同意在适应地区推广种植。

特发此证

辽宁省非主要农作物品种备案办公室
二○○五年三月十日

2005 年草莓研究所选育出‘红实美’新品种

批准文号：国科星办字〔2004〕13号　　编号：1-0436

国家星火计划

农村专业技术示范协会证书

东港市草莓协会：

根据《关于印发“农村科技服务体系建设管理细则(试行)”的通知》(国科星办字〔2004〕8号)，经专家评审，现核准你单位为国家星火计划农村专业技术示范协会。

科学技术部星火计划办公室
二○○四年八月

2005 年东港市草莓协会获国家星火计划
农村专业技术示范协会荣誉

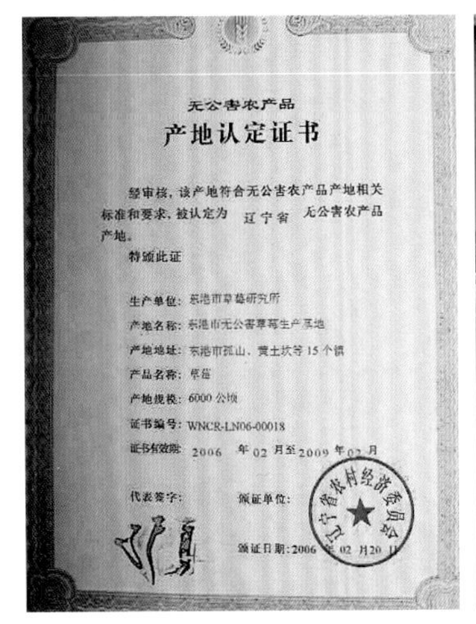

无公害农产品

产地认定证书

经审核，该产地符合无公害农产品产地相关标准和要求，被认定为　辽宁省　无公害农产品产地。

特颁此证

生产单位：东港市草莓研究所
产地名称：东港市无公害草莓生产基地
产地地址：东港市孤山、黄土坎等15个镇
产品名称：草莓
产地规模：6000公顷
证书编号：WNCR-LN06-00018
证书有效期：2006　年 02 月至 2009 年 02 月

代表签字：　　颁证单位：辽宁省农村经济委员会

颁证日期：2006 年 02 月 20 日

2006—2018 年东港草莓通过无公害
生产基地认证

2007 年第一届中国草莓文化节东港草莓声誉鹊起

中华名果

CHINA FAMOUS FRUIT

单位：辽宁省东港市草莓协会
品种：草莓（枥乙女）
品牌：东港

中国果品流通协会
2007年1月

2007 年东港草莓获中华名果荣誉

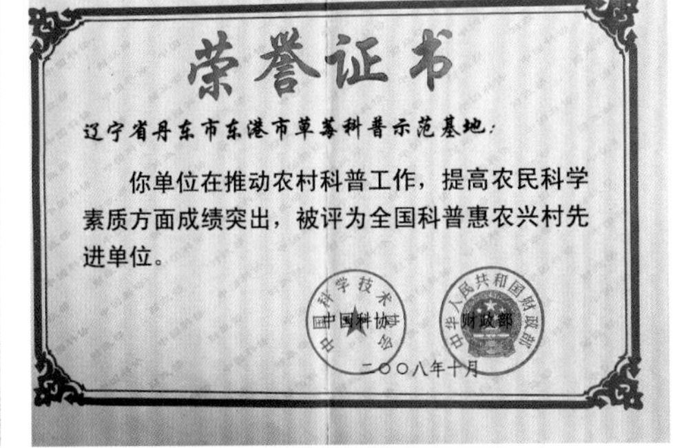

荣誉证书

辽宁省丹东市东港市草莓科普示范基地：

你单位在推动农村科普工作，提高农民科学素质方面成绩突出，被评为全国科普惠农兴村先进单位。

中国科协　　中华人民共和国财政部
二○○八年十月

2008 年草莓研究所获全国科普惠农兴村
先进集体荣誉

2008 年‘红实美’新品种获
辽宁省科技成果转化认定

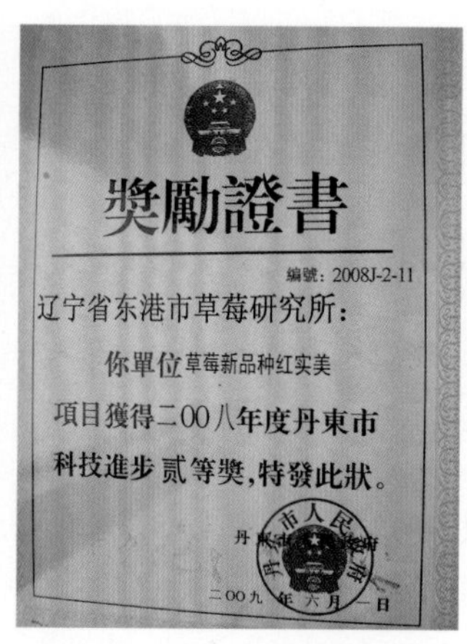

2008 年‘红实美’新品种选育成
果获丹东市科学技术进步奖二等奖

2009 年东港草莓获中国区域
农产品价值百强地位

2011 年草莓研究所科技特派团获辽宁省科技特派
行动先进集体荣誉

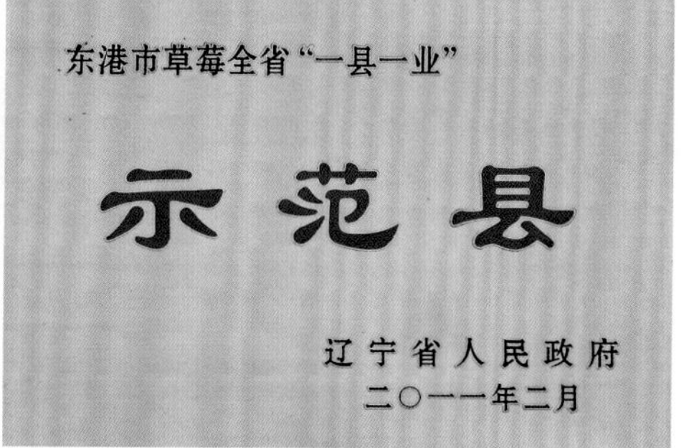

2011 年东港草莓产业获一县一业示范县荣誉

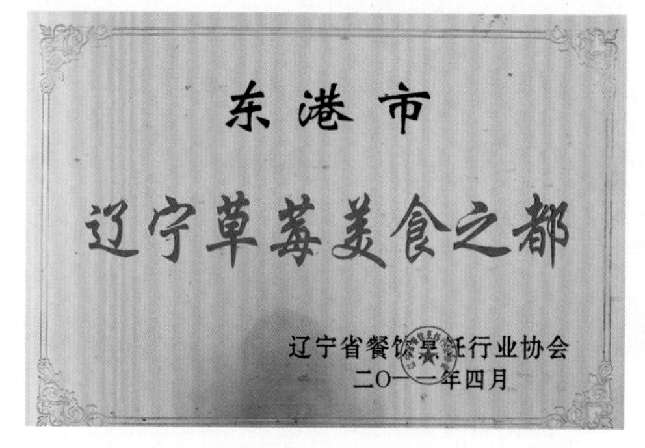

2011 年东港草莓获辽宁草莓美食之都荣誉

中国草莓第一县(市)
中国园艺学会草莓分会
二〇一一年四月

2011 年东港市获“中国草莓第一县”荣誉

2011 年中国第六届（丹东·东港）草莓文化节 上被授予“中国草莓第一县（市）”

2011 年中国第六届（丹东·东港）草莓文化节上被授予“辽宁草莓美食之都”

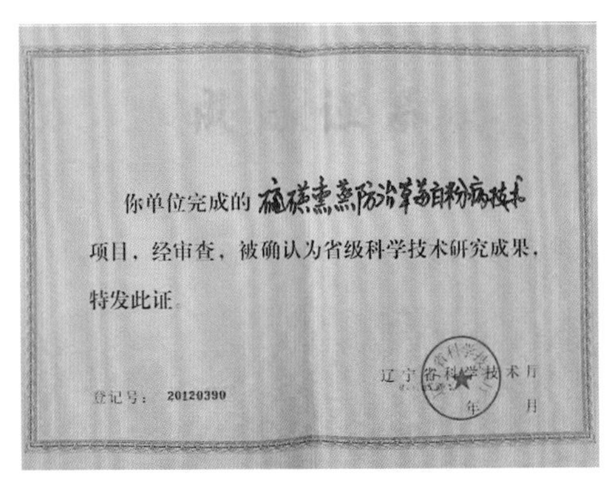

你单位完成的硫磺熏蒸防治草莓白粉病技术项目，经审查，被确认为省级科学技术研究成果，特发此证。

登记号：20120390

辽宁省科学技术厅

年　月

2012 年草莓研究所硫黄熏蒸防治草莓白粉病技术研究获辽宁省科技成果

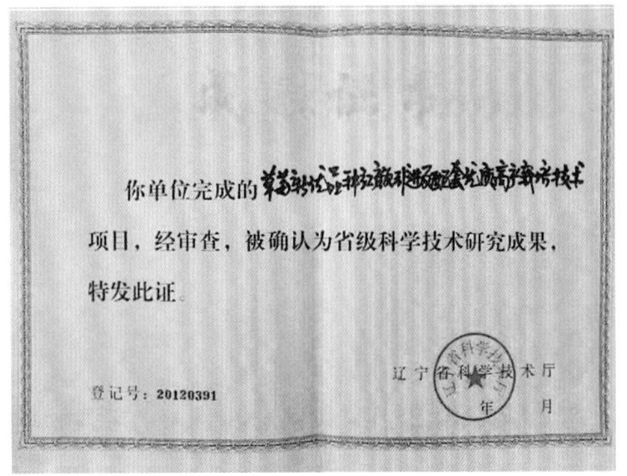

你单位完成的草莓新品种红颜引进及配套优质高产栽培技术项目，经审查，被确认为省级科学技术研究成果，特发此证。

登记号：20120391

辽宁省科学技术厅

年　月

2012 年草莓研究所草莓新品种‘红颜’引进及配套优质高产栽培技术获辽宁省科技成果

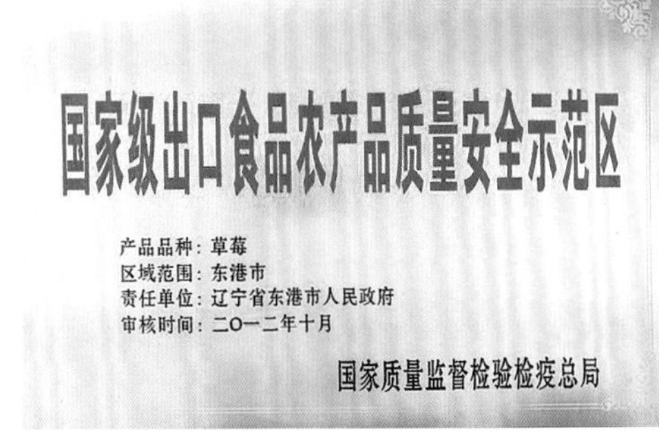

国家级出口食品农产品质量安全示范区

产品品种：草莓
区域范围：东港市
责任单位：辽宁省东港市人民政府
审核时间：二〇一二年十月

国家质量监督检验检疫总局

2012 年东港草莓获国家级出口食品农产品质量安全示范区荣誉

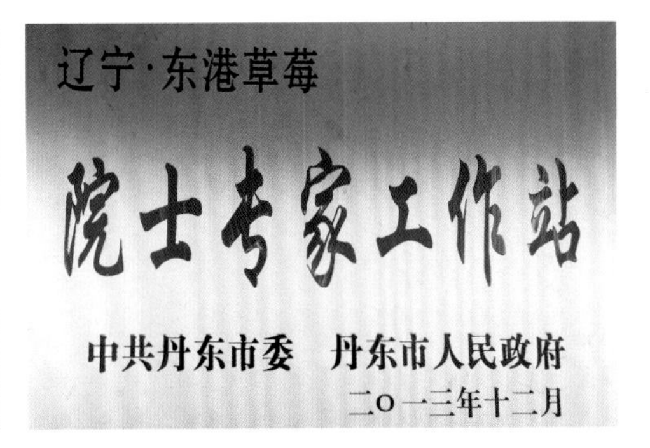

辽宁·东港草莓

院士专家工作站

中共丹东市委　丹东市人民政府

二〇一三年十二月

2013 年 12 月东港草莓院士专家工作站成立

2014年‘红颜’草莓新品种引进及优质高产栽培技术研究成果获辽宁省农业科学技术贡献奖一等奖

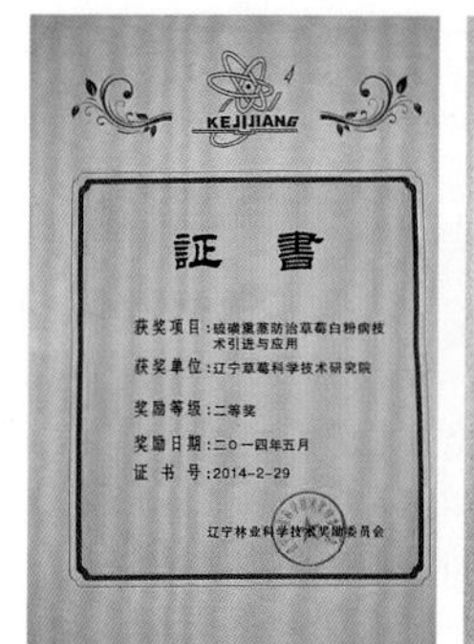

2014年硫黄熏蒸防治草莓白粉病技术研究获辽宁林业科学技术奖二等奖

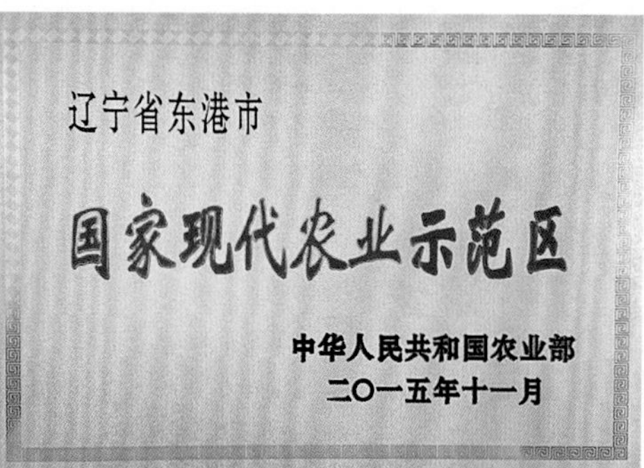

2015年东港草莓获国家现代农业示范区荣誉

2016年7月18日‘丹莓1号’草莓品种选育获丹东市政府科学技术进步奖三等奖

2017年6月22日丹东‘红颜’草莓低温预冷促早熟技术获丹东市政府科学技术进步奖二等奖

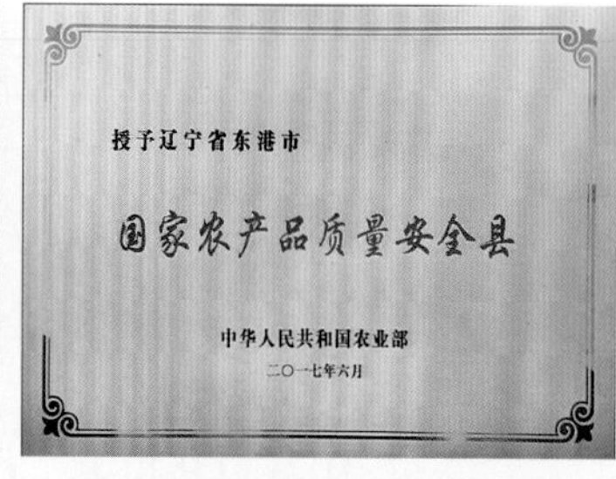

2017年6月东港市被农业部授予国家级农产品质量安全县

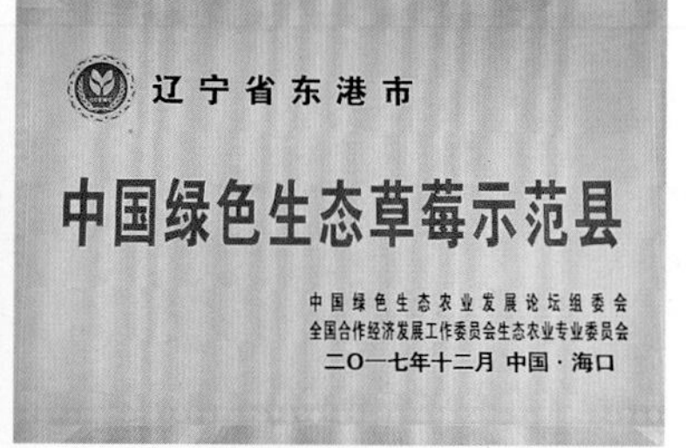

2017年东港市获中国绿色生态草莓示范县荣誉

第16届 中国(临沂)草莓文化旅游节 暨 中国·临沂草莓

荣誉证书

辽宁草莓科学技术研究院

贵单位选送的丹莓2号品种，在第16届 中国（临沂）草莓文化旅游节 中国·临沂草莓·大会（2018）的中国精品草莓擂台赛中，荣获

金奖

中国园艺学会草莓分会　第16届中国(临沂)草莓文化旅游节组委会

2018年3月

2018 年 4 月草莓研究院育成‘丹莓二号’草莓新品种获全国擂台赛金奖

2019年草莓区域品牌及企业（产品）品牌价值评价结果通知书

东港市草莓协会：

依据品牌价值评价有关国家标准，经专家评审、技术机构测算，中国优质农产品开发服务协会专家委员会审定，“东港草莓”区域品牌2018年品牌价值为77.5亿元。

中国优质农产品开发服务协会

2019年3月

2019 年 3 月东港草莓品牌获全国草莓 2018 年区域品牌价值 77.5 亿元

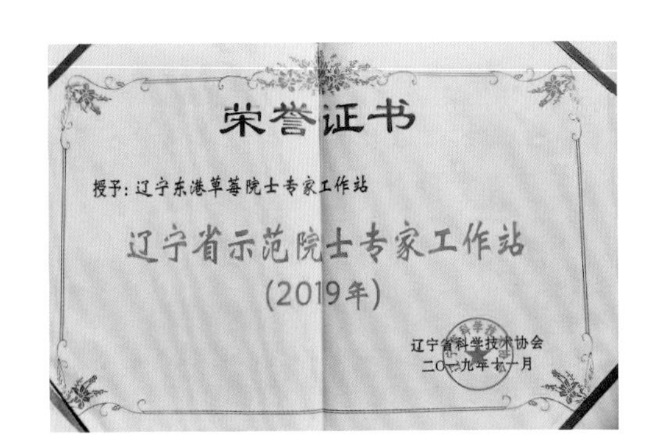

荣誉证书

授予：辽宁东港草莓院士专家工作站

辽宁省示范院士专家工作站

（2019年）

辽宁省科学技术协会

二〇一九年十一月

2019 年 11 月辽宁东港草莓院士工作站被辽宁省科协授予辽宁省示范院士专家工作站荣誉

作者简介

孙承颜，男，汉族，1963 年 9 月出生，中共党员，大专学历，1984 年 8 月参加工作，先后任辽宁省东沟县长安镇农科站技术员、东沟县农牧业局人秘股股长、局长助理、副局长、东港市农村经济局副局长、东港市商业局（服务业局）党委书记、局长等职务，现任东港市农村工作领导小组办公室主任、东港市农业农村局党组书记、局长、市农业综合行政执法队队长（兼）、四级调研员。先后参加完成国家星火计划、科技成果转化以及省市科技攻关、成果推广、草莓产业化发展等几十项科技研发与草莓产业相关项目任务，参与组织实施东港市《电子商务进农村工作实施方案》和“国家现代农业产业园建设（草莓）”等重大政府项目创建工作，在《新农业》等刊物发表科普文章十余篇。先后获全国农牧渔业丰收奖一等奖、全国农业系统普法先进个人、辽宁省农村能源综合建设先进个人、辽宁省粮食大丰收竞赛技术指导奖等荣誉。

李柱，男，汉族，中共党员，1978 年 6 月出生，1998 年 8 月参加工作，高级农艺师，曾任东港市农村经济局党政办公室主任、东港市农业信息中心主任、东港市农业技术推广中心主任等职，现任东港市农业农村发展服务中心主任兼辽宁草莓科学技术研究院院长。多年来，扎根农业科技研发、推广、示范一线，创新思路，全面优化培训指导，每年都组织聘请辽宁省农业科学院、沈阳农业大学等的农业专家在东港市举办培训班，并深入现场解答难题，取得了显著成果。组织市本级农业专家深入镇村举办培训班，年开班 60 多场次，直接培训农民 5 600 余人，发放材料 8 万余份。每年组织科技人员、新型职业农民等到外地考察、培训。组织专家论证和编制《农事生产作业历》《优良品种推荐公告》，先后印发 20 多万份，提高了农民科技致富的能力，使东港市优良品种覆盖率达到了 100%。组织科技人员持续加大草莓科研、培训、推广力度，实施国家现代农业产业园（草莓）建设项目，快速推进草莓“配肥工厂”“种苗工厂”和“高效种植示范基地”建设，不断提高“东港草莓”和“中国草莓第一县”品牌影响力，为实现“百年历史、百亿产值”的产业发展目标做出不懈努力。先后获中国农业部“全国农牧渔业丰收奖”、辽宁省农业科技贡献奖、丹东市政府科学技术进步奖、东港市政府科学技术进步奖等部省市级科研成果奖12项。发表学术论文10余篇，主编发行《东港市28年农技成果荟萃》。参与完成专利技术、生产标准制定2项。先后获丹东市农委“农业工作先进工作者”、辽宁省农委“农民科技培训先进工作者”和“优秀农业信息联络员”、东港市委“创先争优优秀党务工作者”、中国技术市场协会“三农科技服务金桥奖”先进个人、东港市“创新争先科技工作者标兵”等荣誉。

谷军，男，汉族，1952年出生，中共党员，大学文化，教授级高级农艺师、国务院政府特殊津贴专家、辽宁省高层次科技专家、原中国园艺学会草莓分会常务理事、丹东市首届自然科学学科带头人。曾责任组建东港市草莓研究所、东港市草莓协会、丹东市草莓专业技术研究会并任东港市草莓研究所所长，兼任丹东草莓专业技术研究会会长、东港市草莓协会会长。现为辽宁省东港市政府草莓产业科技顾问、辽宁省和丹东市老科协理事、东港市老科协副会长。1984年开始从事草莓科技工作。研发推广草莓新优品种、种苗脱毒、反季节栽培、土壤消毒、硫黄熏蒸防治白粉病、有机生产等20多项先进技术，主持育成‘红实美’‘丹莓一号’‘丹莓二号’草莓新品种，最早引进‘红颜’‘章姬’等国外品种，曾经到日本、俄罗斯、西班牙、美国、葡萄牙、朝鲜、意大利等国家草莓技术考察交流与指导。先后主持完成国家星火计划、科技成果转化、科普惠农兴村、农业引智成果示范推广以及省市科技攻关、成果推广、草莓产业化发展等几十项科技研发项目任务。获省市级科技成果9项，获厅地级科技进步奖8项。先后主编出版《草莓栽培实用技术》《有机草莓栽培技术》《新编草莓栽培实用技术》《土壤熏蒸与草莓高产栽培彩色图说》。副主编出版《二十一世纪农业病虫害防治技术》《中国甲基溴土壤消毒替代技术筛选》《有机草莓栽培实用技术》等。参加编著《中国草莓》《草莓研究进展》等。在《中国果树》《北方果树》等期刊发表科技论文、科普文章逾百篇。先后获全国引智工作先进个人、国家星火计划先进个人、全国科普工作先进个人、全国老有所为先进个人、中国草莓十大突出贡献先进个人以及辽宁省科技扶贫先进个人、丹东市劳动模范、丹东市有突出贡献人员、“最美丹东人”、东港市特等劳动模范等荣誉。

后　记

本书史料考证过程中，丹东市档案局、东港市档案局、沈阳农业大学和辽东学院给予了热情支持；在汇集全市草莓产业发展现状和产业链信息过程中，东港市委市政府相关部门、各乡镇政府以及相关企业鼎力相助；文稿撰写中得到东港市农业农村局和辽宁草莓科学技术研究院领导密切关注和指导，并派人员配合调研，为出版工作提供便利；出版过程中，东港市档案局李增进先生以及中国农业科学技术出版社编审人员对书稿认真修改，提出专业性指导意见，等等，本书作者心怀感激。

回首东港草莓百年历程，饱含农民的辛苦和科技工作者的智慧，更有社会变革与政府推波逐浪。以史为鉴，登高望远，相信和希望东港草莓产业将会创造一个又一个辉煌。

编者

2021 年 3 月